"十四五"职业教育国家规划教材

本教材第3版曾获首届全国教材建设奖全国优秀教材二等奖

现代通信工程制图与概预算
（第5版）

黄艳华　冯友谊　主　编

虞　沧　副主编

位明念　参　编

杜　军　主　审

电子工业出版社

Publishing House of Electronics Industry

北京·BEIJING

内 容 简 介

本书依据通信工程高技能应用型人才培养目标，结合企业通信工程实际应用案例编写。本书以通信工程设计岗位的工作流程为主线，分析、整合通信工程设计岗位职业能力，采用递进式模块化设计，按照认知由易到难、技能由单一到综合的顺序，设计了认识通信工程、AutoCAD 应用、通信工程制图、认识通信建设工程定额、信息通信建设工程费用计算、通信建设工程工程量计算、通信建设工程概预算编制、通信工程设计共八个模块，每个模块有若干工作任务，每个任务都基于真实工程项目。本书配有实例、习题和综合实训，具有很强的操作性，教师可进行任务驱动教学。本书结构合理，内容新颖，概预算部分基于 451 定额标准，教学案例、综合实训均来自企业实际工程项目，采用当前主流的工程技术方案。

本书可作为应用型本科和高职高专院校通信类专业的教材，也可供从事通信建设工程规划、设计、施工和监理的有关人员参考，还可作为技能培训教材使用。

本书为"十三五""十四五"职业教育国家规划教材，本教材第 3 版曾获首届全国教材建设奖全国优秀教材二等奖。

未经许可，不得以任何方式复制或抄袭本书之部分或全部内容。
版权所有，侵权必究。

图书在版编目（CIP）数据

现代通信工程制图与概预算 / 黄艳华，冯友谊主编.
5 版. -- 北京 : 电子工业出版社，2025. 8. -- ISBN 978-7-121-50456-3

Ⅰ. TN91

中国国家版本馆 CIP 数据核字第 2025EE7655 号

责任编辑：王艳萍
印　　刷：三河市鑫金马印装有限公司
装　　订：三河市鑫金马印装有限公司
出版发行：电子工业出版社
　　　　　北京市海淀区万寿路 173 信箱　邮编 100036
开　　本：787×1 092　1/16　印张：19.25　字数：517.5 千字
版　　次：2011 年 2 月第 1 版
　　　　　2025 年 8 月第 5 版
印　　次：2025 年 8 月第 1 次印刷
定　　价：59.00 元

凡所购买电子工业出版社图书有缺损问题，请向购买书店调换。若书店售缺，请与本社发行部联系，联系及邮购电话：(010) 88254888，88258888。
质量投诉请发邮件至 zlts@phei.com.cn，盗版侵权举报请发邮件至 dbqq@phei.com.cn。
本书咨询联系方式：(010) 88254574，wangyp@phei.com.cn。

前　言

党的二十大报告指出，"坚持把发展经济的着力点放在实体经济上，推进新型工业化，加快建设制造强国、质量强国、航天强国、交通强国、网络强国、数字中国。"新型工业化是新时期、新目标、新格局下我国实现中国式现代化的物质基础和产业支撑，以创新为主要动力，以高端化、智能化、绿色化转型为核心路径，推动我国经济高质量发展。

在网络建设中，以无线和宽带业务为重点的通信建设市场持续发展，光纤取代电缆成为主要的传输介质，电路交换向分组交换转变，移动通信网络中 4G 和 5G 共存，接入技术的宽带化、IP 化和无线化等趋势，使现代通信工程对网络规划、工程设计、工程施工、维护和建设管理从业人员提出了更高的业务要求。

各类通信工程技术人员所要具备的基本技能就是工程制图能力和工程概预算编制能力。因此，很多院校的通信类专业开设了"通信工程制图和概预算"课程。该课程属于工学结合的课程，与企业实际通信工程建设紧密关联，具有很强的时效性。本教材编写采用校企双元合作开发模式，并根据通信行业技术和工艺发展，及时更新教材。本书第 1 版于 2011 年 2 月出版；第 3 版于 2020 年入选"十三五"职业教育国家规划教材，并于 2021 年获评首届全国教材建设奖全国优秀教材二等奖；第 4 版于 2021 年 9 月出版，于 2023 年入选"十四五"职业教育国家规划教材。

本次改版是在第 4 版的基础上，调整了以下两方面的内容。

一是教材结构的调整。将第 4 版的章节体例结构调整为模块任务结构，并基于岗位工作流程将内容整合为八个模块，每个模块下有若干工作任务。模块 1 认识通信工程，从通信工程基本建设程序出发，通过对通信线路工程和通信设备安装工程的介绍，认识现代通信工程设计文件的构成和相关规范要求；模块 2 AutoCAD 应用，讲解目前常用通信工程制图软件 AutoCAD 的使用；模块 3 通信工程制图，结合通信线路工程、基站设备安装工程、FTTx 接入工程等图纸范例，讲解如何规范绘制通信工程施工图；模块 4 认识通信建设工程定额，讲解通信建设工程 451 定额及定额的套用方法；模块 5 通信建设工程费用计算，讲解通信建设工程费用的构成以及单项工程费用的计算方法；模块 6 通信建设工程工程量计算，讲解通信设备安装工程及通信线路工程工程量计算规则，并结合实际案例进行工程量计算分析；模块 7 通信建设工程概预算编制，讲解通信建设工程概预算文件的编制程序和方法，通过光缆线路和移动基站设备安装工程两个案例，具体分析概预算文件的编制程序和方法；模块 8 通信工程设计，讲解 FTTx 工程设计、5G 基站设计、室内分布系统设计 3 个综合设计案例。

二是案例的更新。模块 8 中的案例室内分布系统设计更新为 5G 内容，模块 3 中使用的工程图纸范例也基于现有技术进行了更新。

本书由黄艳华、冯友谊担任主编，虞沧担任副主编，位明念参编，黄艳华统稿。其中，黄艳华编写了模块 1、3、4 及模块 6~8，冯友谊编写了模块 2，虞沧编写了模块 5，模块 3 中的工程图纸范例由湖北君信达科技有限公司位明念编写。中国联通教授级高工杜军担任本书的主审，给予了很多帮助并提出了很多建设性意见。本书中的一些工程案例由湖北联通网络建设部及其设计单位提供，在此一并表示感谢。

本书配套了资源库课程"通信工程勘测与概预算"，请有需要的老师和同学登录智慧职教平台进行学习。本书为重、难知识点配备了微课，可通过扫描二维码的方式进行学习。本书配有免费的电子教学课件及习题答案，请有需要的教师登录华信教育资源网（www.hxedu.com.cn）注册后免费下载，如有问题，请在网站留言或与电子工业出版社联系（E-mail:wangyp@phei.com.cn）。

由于编者水平有限，书中难免会有不妥之处，恳请广大读者批评指正。读者可通过电子邮件 1109669841@qq.com 直接与编者联系。

编　者

目 录

模块 1 认识通信工程 …………………………………………………………………… (1)
    任务 1.1   了解通信建设项目 ………………………………………………………… (1)
        1.1.1   建设项目的概念 …………………………………………………………… (1)
        1.1.2   建设项目分类 ……………………………………………………………… (2)
        1.1.3   通信工程建设程序 ………………………………………………………… (3)
        1.1.4   通信工程设计 ……………………………………………………………… (6)
    任务 1.2   了解通信线路工程 ………………………………………………………… (8)
        1.2.1   线路系统简介 ……………………………………………………………… (8)
        1.2.2   光缆线路施工流程 ………………………………………………………… (8)
        1.2.3   光缆线路工程设计 ………………………………………………………… (11)
    任务 1.3   了解通信设备安装工程 …………………………………………………… (14)
        1.3.1   机房布局要求 ……………………………………………………………… (14)
        1.3.2   机房工艺要求 ……………………………………………………………… (15)
        1.3.3   设备安装工程设计 ………………………………………………………… (18)
    习题 ………………………………………………………………………………………… (20)
    综合实训 …………………………………………………………………………………… (20)

模块 2 AutoCAD 应用 …………………………………………………………………… (21)
    任务 2.1   AutoCAD 工作界面及基础操作 …………………………………………… (21)
        2.1.1   AutoCAD 工作界面 ……………………………………………………… (21)
        2.1.2   AutoCAD 的命令和操作 ………………………………………………… (23)
        2.1.3   图形文件管理 ……………………………………………………………… (25)
        2.1.4   设置 AutoCAD 的绘图环境 ……………………………………………… (26)
        2.1.5   设置图层、线型、线宽及颜色 …………………………………………… (30)
    任务 2.2   基本图形的绘制 …………………………………………………………… (31)
        2.2.1   绘制直线 …………………………………………………………………… (31)
        2.2.2   绘制圆和圆弧 ……………………………………………………………… (32)
        2.2.3   绘制正多边形和矩形 ……………………………………………………… (33)
        2.2.4   绘制椭圆和椭圆弧 ………………………………………………………… (34)
        2.2.5   绘制点 ……………………………………………………………………… (35)
        2.2.6   绘制多段线和样条曲线 …………………………………………………… (36)
        2.2.7   图案填充 …………………………………………………………………… (37)
    任务 2.3   基本图形的编辑 …………………………………………………………… (39)
        2.3.1   修剪和延伸图形对象 ……………………………………………………… (40)
        2.3.2   删除和复制图形对象 ……………………………………………………… (41)
        2.3.3   改变图形对象的位置和大小 ……………………………………………… (46)
        2.3.4   编辑图形对象的边、角、长度 …………………………………………… (48)

任务 2.4　文字和表格的创建与编辑 ………………………………………………………… (49)
　　　　2.4.1　使用文字 ……………………………………………………………………… (50)
　　　　2.4.2　使用表格 ……………………………………………………………………… (52)
　　任务 2.5　尺寸标注 …………………………………………………………………………… (55)
　　　　2.5.1　尺寸标注的组成元素 ………………………………………………………… (56)
　　　　2.5.2　尺寸标注样式的设置 ………………………………………………………… (56)
　　　　2.5.3　创建尺寸标注 ………………………………………………………………… (57)
　　任务 2.6　图纸布局与打印输出 ……………………………………………………………… (64)
　　　　2.6.1　模型空间与图纸空间 ………………………………………………………… (65)
　　　　2.6.2　在模型空间中打印图纸 ……………………………………………………… (66)
　　　　2.6.3　在图纸空间中打印图纸 ……………………………………………………… (66)
　　综合实训 ………………………………………………………………………………………… (69)

模块 3　通信工程制图 ………………………………………………………………………… (72)

　　任务 3.1　掌握通信工程制图规范 …………………………………………………………… (72)
　　　　3.1.1　通信工程制图的总体要求 …………………………………………………… (72)
　　　　3.1.2　通信工程制图的统一规定 …………………………………………………… (73)
　　　　3.1.3　图形符号的使用 ……………………………………………………………… (79)
　　任务 3.2　绘制通信工程施工图 ……………………………………………………………… (80)
　　　　3.2.1　施工图绘制要求及注意事项 ………………………………………………… (80)
　　　　3.2.2　施工图设计阶段图纸应达到的深度 ………………………………………… (81)
　　　　3.2.3　通信线路工程图纸范例 ……………………………………………………… (82)
　　　　3.2.4　FTTx 接入工程图 ……………………………………………………………… (83)
　　　　3.2.5　5G 基站安装工程图 …………………………………………………………… (83)
　　习题 ……………………………………………………………………………………………… (106)
　　综合实训 ………………………………………………………………………………………… (106)

模块 4　认识通信建设工程定额 ……………………………………………………………… (109)

　　任务 4.1　探寻通信建设工程定额的发展历程 ……………………………………………… (109)
　　　　4.1.1　通信建设工程定额及其发展过程 …………………………………………… (109)
　　　　4.1.2　建设工程定额分类 …………………………………………………………… (110)
　　　　4.1.3　建设工程定额的特点 ………………………………………………………… (112)
　　任务 4.2　套用通信建设工程预算定额 ……………………………………………………… (113)
　　　　4.2.1　预算定额的作用 ……………………………………………………………… (114)
　　　　4.2.2　现行通信建设工程预算定额的构成 ………………………………………… (114)
　　　　4.2.3　预算定额项目选用的原则 …………………………………………………… (118)
　　任务 4.3　了解工程量清单计价的建安工程费组成 ………………………………………… (119)
　　习题 ……………………………………………………………………………………………… (121)
　　综合实训 ………………………………………………………………………………………… (122)

模块 5　信息通信建设工程费用计算 ………………………………………………………… (124)

　　任务 5.1　掌握信息通信建设工程费用的构成 ……………………………………………… (124)
　　任务 5.2　计算信息通信建设工程费用 ……………………………………………………… (126)
　　　　5.2.1　建筑安装工程费 ……………………………………………………………… (126)

		5.2.2 设备、工器具购置费	(135)
		5.2.3 工程建设其他费	(136)
		5.2.4 预备费和建设期利息	(140)
	习题		(140)
	综合实训		(141)

模块6 通信建设工程工程量计算 (142)

  任务6.1 通信设备安装工程工程量计算 (142)
    6.1.1 设备机柜、机箱的安装工程量计算 (142)
    6.1.2 设备缆线布放工程量计算 (144)
    6.1.3 安装附属设施及其他工程量计算 (145)
    6.1.4 系统调测工程量计算 (145)
  任务6.2 通信线路工程工程量计算 (146)
    6.2.1 开挖（填）土（石）方 (146)
    6.2.2 通信管道工程 (150)
    6.2.3 光（电）缆敷设 (152)
    6.2.4 光（电）缆防护 (152)
    6.2.5 综合布线工程 (155)
  任务6.3 工程量计算典型案例分析 (156)
    6.3.1 杆路工程量的统计 (156)
    6.3.2 光（电）缆线路工程量的统计 (157)
    6.3.3 EPON设备安装、调测工程量的统计 (158)
  习题 (161)
  综合实训 (161)

模块7 通信建设工程概预算编制 (164)

  任务7.1 认识通信建设工程概预算 (164)
    7.1.1 概预算的定义 (164)
    7.1.2 概预算的构成 (164)
  任务7.2 通信建设工程概预算文件的编制 (165)
    7.2.1 总则 (165)
    7.2.2 设计概算与施工图预算的编制 (166)
    7.2.3 引进设备安装工程概预算的编制 (167)
    7.2.4 概预算文件的组成 (167)
    7.2.5 概预算文件编制程序 (175)
    7.2.6 应用计算机辅助编制概预算 (176)
  任务7.3 通信建设工程预算文件编制案例分析 (177)
    7.3.1 光缆线路工程预算 (177)
    7.3.2 移动基站设备安装工程预算 (188)
  习题 (199)
  综合实训 (200)

模块8 通信工程设计 (202)

  任务8.1 FTTx工程设计 (202)

8.1.1　认识FTTx ……………………………………………………………（202）
　　8.1.2　设备安装工程设计 ……………………………………………………（203）
　　8.1.3　ODN 设计 ………………………………………………………………（204）
　　8.1.4　FTTx 工程设计案例 ……………………………………………………（207）
任务 8.2　5G 基站设计 ……………………………………………………………（234）
　　8.2.1　5G 网络架构 ……………………………………………………………（234）
　　8.2.2　5G 设备与站点组网介绍 ………………………………………………（235）
　　8.2.3　5G 基站勘察注意事项 …………………………………………………（239）
　　8.2.4　5G 基站工程设计案例 …………………………………………………（245）
任务 8.3　室内分布系统设计 ……………………………………………………（253）
　　8.3.1　室内分布系统结构 ……………………………………………………（253）
　　8.3.2　室内分布系统设计 ……………………………………………………（254）
　　8.3.3　5G 室内覆盖解决方案 …………………………………………………（259）
　　8.3.4　5G 室内分布系统工程设计案例 ………………………………………（260）
　综合实训 …………………………………………………………………………（283）
附录 A　通信工程制图中的常用图形符号 ……………………………………（285）

模块 1　认识通信工程

改革开放以来，我国通信行业取得了跨越式发展，从网络强国到宽带中国，再到智能制造，移动互联网技术飞速发展，通信基础设施建设不断提速提质，为我国经济社会发展打通了"信息大动脉"，通信逐渐成为推动我国经济发展的支柱性产业之一。

通信工程，简单说就是通信网络建设及设备施工，包括通信线路敷设、通信设备安装调试、通信附属设施的施工等。通信工程建设需遵循基本的程序，实行工程项目管理，这对提高工程质量、保证工期、降低建设成本有重要作用。其中，通信工程设计环节是通信工程项目建设的基础，也是技术的先进性、可行性及项目建设的经济效益和社会效益的综合体现。

任务 1.1　了解通信建设项目

【任务描述】

掌握通信建设项目的基本概念，了解通信工程基本建设程序，是做好通信工程设计的前提条件。

【任务目标】

- 掌握通信建设项目的概念。
- 归纳建设项目的分类。
- 了解通信工程基本建设程序。
- 掌握通信工程设计阶段的划分。
- 培养学生职业自豪感。

1.1.1　建设项目的概念

扫一扫看建设项目的概念

建设项目是指建设单位按一个总体设计进行建设，行政上有独立的组织形式并统一管理，经济上统一核算，形成综合生产能力的项目。凡属于一个总体设计中分期分批进行建设的主体工程和附属配套工程、综合利用工程等都应作为同一个建设项目。不能把不属于一个总体设计的工程，按各种方式归算为一个建设项目，也不能把同一个总体设计内的工程，按地区施工单位分为几个建设项目。

一个建设项目一般可以包括一个或若干个单项工程。

单项工程是指具有单独的设计文件，建成后能够独立发挥生产能力或发挥效益的工程。单项工程是建设项目的组成部分。工业建设项目的单项工程一般是指能够生产出符合设计规定的主要产品的车间或生产线；非工业建设项目的单项工程一般是指能够发挥设计规定的主要效益的各个独立工程，如教学楼、图书馆的建设等。

单位工程是指具有独立的设计文件，可以独立组织施工，但建成后不能独立形成生产能力和发挥效益的工程，如住宅工程中的土建、给排水、电气照明等均是单位工程。单位工程是单项工程的组成部分，一个单位工程又包含若干个分部分项工程。

1.1.2 建设项目分类

为了加强建设项目管理，正确反映建设项目的内容及规模，可将建设项目按不同标准、原则或方法进行分类，如图 1-1 所示。

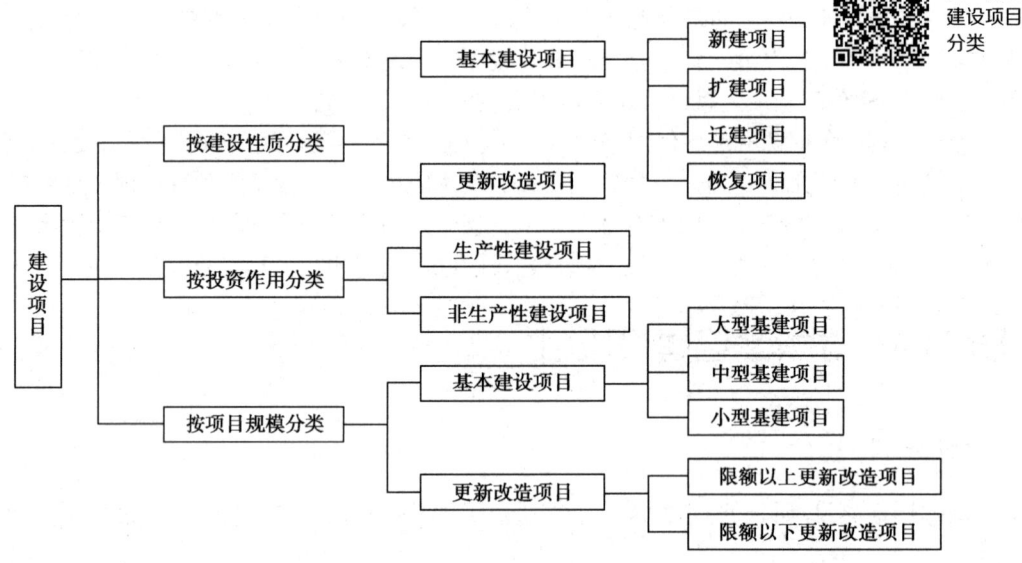

图 1-1　建设项目分类示意图

1. 按建设性质分类

按建设性质不同，建设项目可划分成基本建设项目和更新改造项目两大类。

（1）基本建设项目

基本建设项目简称基建项目，是指投资建设用于进行以扩大生产能力或增加工程效益为主要目的的新建、扩建工程及有关工作，具体包括以下几个方面。

① 新建项目。新建项目是指以技术、经济和社会发展为目的，从无到有的建设项目。现有企、事业和行政单位一般不应有新建项目，只有新增加的固定资产价值超过原有全部固定资产价值 3 倍以上时，才可算新建项目。

② 扩建项目。扩建项目是指企业为扩大生产能力或增加效益而增建的生产车间或工程项目，以及企、事业和行政单位增建业务用房等。

③ 迁建项目。迁建项目是指现有企、事业单位为改变生产布局或出于环境保护等其他特殊要求，搬迁到其他地点的建设项目。

④ 恢复项目。恢复项目是指原固定资产因自然灾害或人为灾害等已全部或部分报废，需要重新投资建设的项目。

（2）更新改造项目

更新改造项目是指建设资金用于对企、事业单位原有设施进行技术改造或固定资产更新，以及相应配套的辅助性生产、生活福利等的工程和有关工作。更新改造项目一般包括挖潜工程、节能工程、安全工程和环境工程等。更新改造应遵循专款专用、少搞土建、不搞外延的原则进行。

2．按投资作用分类

按投资在国民经济各部门中的作用，建设项目可分为生产性建设项目和非生产性建设项目。

（1）生产性建设项目

生产性建设项目是指直接用于物质生产或直接为物质生产服务的建设项目，主要包括以下四个方面。

① 工业相关建设。工业相关建设包括工业、国防和能源建设。

② 农业相关建设。农业相关建设包括农、林、牧和水利建设。

③ 基础设施建设。基础设施建设包括交通、电力、通信建设，地质普查、勘探建设和建筑业建设等。

④ 商业相关建设。商业相关建设包括商业、饮食、营销、仓储、综合技术服务业的建设。

（2）非生产性建设项目

非生产性建设项目包括用于满足人民物质和文化、福利需要的建设及非物质生产部门的建设，主要包括以下四个方面。

① 办公用房建设。办公用房建设包括国家党政机关、社会团体和企业管理机关等的办公用房建设。

② 居住建设。居住建设包括住宅、公寓和别墅等的建设。

③ 公共建设。公共建设包括科学、教育、文化艺术、广播电视、卫生、体育、社会福利事业、公用事业、咨询服务、宗教、金融和保险等方面的建设。

④ 其他建设。不属于上述各类的其他非生产性建设。

3．按项目规模分类

按照国家规定的标准，基本建设项目可划分为大型、中型、小型三类；更新改造项目可划分为限额以上和限额以下两类。不同等级标准的建设项目，国家规定的审批机关和报建程序也不尽相同。针对通信类固定资产投资计划项目规模，各类项目可做如下具体划分。

（1）大、中型基建项目

大、中型基建项目包括长度在 500km 以上的跨省（区）长途通信电缆、光缆，长度在 1000km 以上的跨省（区）长途通信微波和总投资在 5000 万元以上的其他基本建设项目。

（2）小型基建项目

小型基建项目是指建设规模或计划总投资在大、中型规模以下的基本建设项目。

（3）限额以上更新改造项目

限额以上更新改造项目是指限额在 5000 万元以上的更新改造项目。

（4）限额以下更新改造项目

限额以下更新改造项目是指计划投资在 5000 万元以下的更新改造项目。

1.1.3　通信工程建设程序

大、中型和限额以上的通信建设项目从前期准备到建设、投产要经过立项、实施和验收投产三个阶段。基本建设程序如图 1-2 所示。

扫一扫看通信工程建设程序

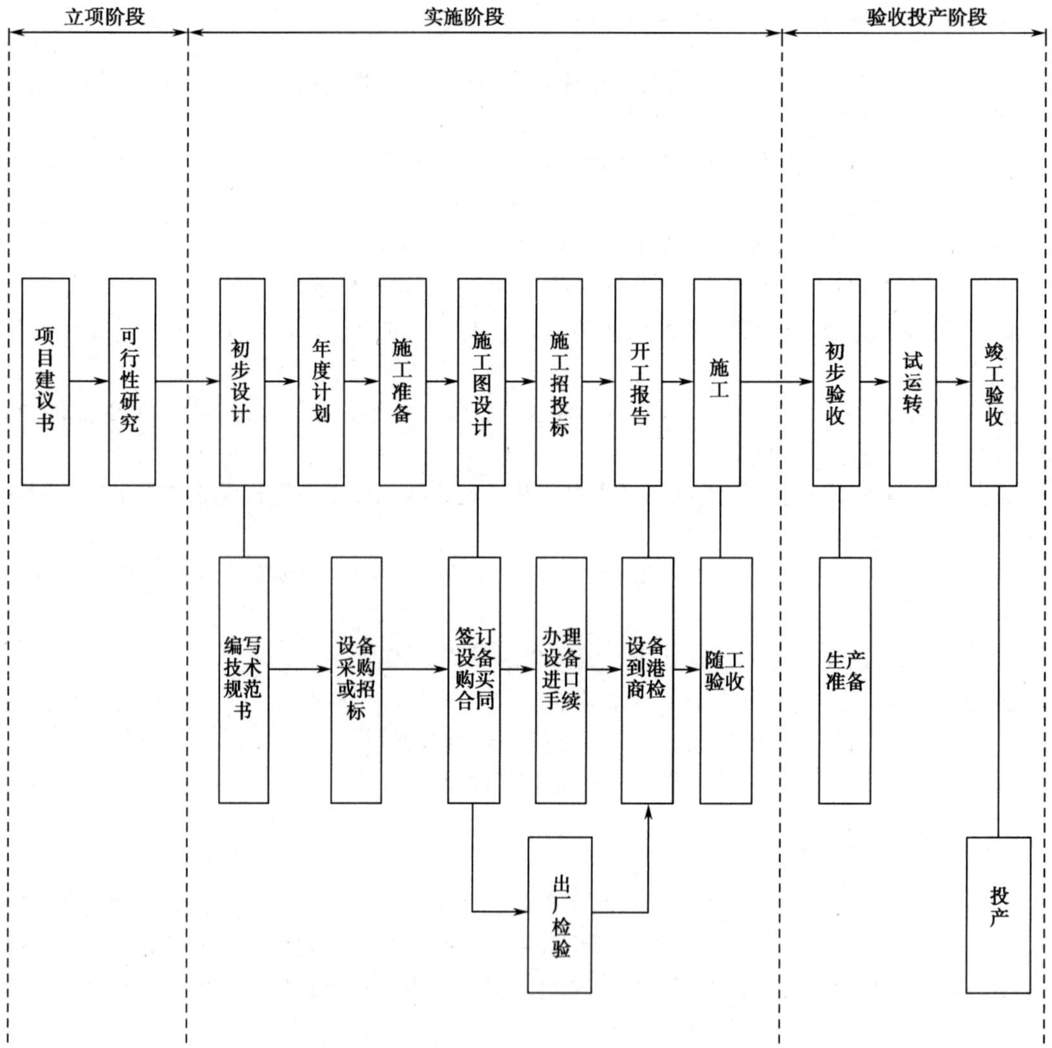

图1-2 基本建设程序

1. 立项阶段

（1）项目建议书

项目建议书是工程建设程序中最初阶段要完成的，在投资决策前拟定该建设项目的基本设想，包括项目提出的背景，建设的必要性和主要依据，建设规模、地点，工程投资估算和资金来源，工程进度，经济及社会效益等。

（2）可行性研究

可行性研究是在决策前对拟建项目进行方案比较、技术经济分析的一种科学分析方法。按《邮电通信建设项目可行性研究编制内容试行草案》规定，凡是达到国家规定标准的大、中型通信建设项目，以及利用外资的项目、技术引进项目、主要设备引进项目、国际出口局新建项目和重大技术改造项目等，都要进行可行性研究。小型通信建设项目也要求参照本试行草案进行技术经济论证。

2. 实施阶段

（1）初步设计

初步设计是根据批准的可行性研究报告，以及有关的设计标准、规范，在通过现场勘察工作取得可靠的设计基础资料后进行编制的。初步设计的主要任务是确定项目的建设方案、进行设备选型、编制建设项目的总概算。初步设计中的主要设计方案及重大技术措施等应通过技术经济分析，进行多方案比选论证，关于未采用方案的扼要情况及采用方案的选定理由均应写入设计文件中。

（2）年度计划

年度计划包括基本建设拨款计划、设备和主材（采购）储备贷款计划、工期组织配合计划等，是保证建设项目总进度按要求进行的重要文件。

建设项目必须具有经过批准的初步设计和总概算，对资金、物资、设计、施工能力等进行综合平衡后，才能列入年度计划。经过批准的年度计划是进行基本建设拨款或贷款的主要依据。年度计划中应包括整个建设项目和年度的投资及进度计划。

（3）施工准备

施工准备是基本建设程序中的重要环节，是衔接基本建设和生产的桥梁。建设单位应根据建设项目或单项工程的技术特点，适时组成机构，做好以下几项工作。

① 制定建设工程管理制度，落实管理人员。

② 汇总拟采购设备、主材的技术资料。

③ 落实生产物资的供货源。

④ 落实施工环境的准备工作，如征地、拆迁、"三通一平"（水、电、路通和平整土地）等。

（4）施工图设计

施工图设计应根据初步设计文件和主要设备订货合同进行编制，并绘制施工详图，标明房屋、其他建筑物、设备的结构尺寸，确定设备的配置关系和布线、施工工艺，提供设备、材料明细表，并编制施工图预算。

（5）施工招投标

施工招投标是指建设单位将建设工程发包，鼓励施工企业投标竞争，从中评定出技术、管理水平高，信誉可靠且报价合理的中标企业。

建设单位编制标书，公开向社会招标，预先明确拟建工程的技术、质量和工期要求，以及建设单位与施工企业各自应承担的责任与义务，依法建立合作关系。

建设工程招标依照《中华人民共和国招标投标法》规定，可采用公开招标和邀请招标两种形式。

（6）开工报告

经施工招投标，签订承包合同后，在落实年度资金拨款、设备和主材的供货及工程管理组织后，于开工前一个月由建设单位会同施工企业向主管部门提交建设项目开工报告。项目开工报告报批前，应由审计部门对项目的有关费用计取标准及资金渠道进行审计，通过后项目方可正式开工。

（7）施工

通信建设项目的施工应由持有通信工程施工资质证书的企业承担。施工企业应按批准的施工图进行施工。

3. 验收投产阶段

（1）初步验收

初步验收一般由施工企业在完成施工承包合同工程量后，依据合同条款向建设单位提出申请。初步验收由建设单位（或委托监理公司）组织，相关设计、施工、维护、档案及质量管理等部门参加。

（2）试运转

试运转由建设单位负责组织，供货、设计、施工和维护部门参加，对设备、系统的性能和各项技术指标及设计、施工质量等进行全面考核。经过试运转，如发现质量问题由相关责任单位负责免费返修。试运转期一般为三个月。

（3）竣工验收

竣工验收是工程建设的最后一个环节，是全面考核建设成果，检验设计和工程质量是否符合要求，审查投资使用是否合理的重要步骤。

项目竣工验收前，建设单位应向主管部门提交竣工验收报告，编制项目工程总决算，并整理出相关技术资料（包括竣工图纸、测试资料、重大障碍和事故处理记录等），清理所有财产和物资等，报上级主管部门审查。项目经竣工验收交接后，应迅速办理固定资产交付使用的转接手续，技术档案移交维护单位统一保管。

1.1.4 通信工程设计

1. 设计在建设中的地位和作用

设计是一门涉及科学、技术、经济和方针政策等各个方面的综合性的应用技术。设计的主要任务就是编制设计文件并对其进行审定。设计文件是安排建设项目和组织施工的主要依据，因此设计文件必须由具有工程勘察设计证书和相应资质等级的设计单位编制。

设计是基本建设程序中必不可少的组成部分。在规划、项目、场址和可行性研究等已确定的情况下，它是建设项目能否实现多快好省的一个决定性的环节。

一个建设项目在资源利用上是否合理，场区布置是否紧凑、适度，设备选型是否得当，技术、工艺、流程是否先进合理，生产组织是否科学、严谨，是否能以较少的投资取得产量大、质量好、效率高、消耗少、成本低、利润大的综合效果，在很大程度上取决于设计质量和设计水平的高低。

2. 设计阶段的划分

一般工业与民用建设项目按初步设计和施工图设计两个阶段进行，称为"两阶段设计"；技术复杂的项目，可按初步设计、技术设计、施工图设计三个阶段进行，称为"三阶段设计"。小型建设项目中技术简单的，可简化为"一阶段设计"，即施工图设计。

根据 YD/T 5211—2014《通信工程设计文件编制规定》，通信建设项目的工程设计，一般按两阶段设计进行，即初步设计及施工图设计。有些技术复杂的项目可增加技术设计；对于规模较小、技术成熟或套用标准设计的项目，可按一阶段设计进行。

（1）初步设计

初步设计是根据已批准的可行性研究报告、设计任务书、初步勘察资料及设计规范要求编制的。

每个建设项目都应编制总体部分的总体设计文件（即综合册）和各单项工程设计文件。在初步设计阶段，其内容深度要求如下。

① 总体设计文件内容包括设计总说明及附录、各单项设计总图、总概算编制说明及概算总表。

② 各单项工程设计文件一般由文字说明、图纸和概算三部分组成。另外，在初步设计阶段还应另册提出技术规范书、分交方案，说明工程要求的技术条件及有关数据等。其中，引进设备的工程技术规范书应分别用中、外文编写。

（2）技术设计

技术设计是指根据已批准的初步设计文件，对比较复杂的项目、遗留问题或特殊需要，通过更详细的设计和计算，进一步研究和阐明其可靠性和合理性，准确地解决各个主要技术问题。在技术设计阶段应编制修正概算。

（3）施工图设计

施工图设计文件应根据已批准的初步设计文件和主要设备订货合同进行编制，一般由文字说明、图纸和预算三部分组成。

各单项工程施工图设计文件应简要说明该工程初步设计方案的主要内容，并对修改部分进行论述，注明有关批准文件的日期、文号及标题，提出详细的工程量表，测绘出完整线路，绘制建筑安装施工图纸和设备安装施工图纸，还应包括建设项目的各部分工程详图和零部件明细表等。施工图设计是初步设计（或技术设计）的完善和补充，是施工的依据。

施工图设计的深度应满足设备、材料的订货，施工图预算的编制，设备安装工艺及其他施工技术要求等。

3．设计阶段概预算的编制

① 按三阶段设计时，在初步设计阶段编制概算，在技术设计阶段编制修正概算，在施工图设计阶段编制施工图预算。

② 按两阶段设计时，在初步设计阶段编制概算，在施工图设计阶段编制施工图预算。

③ 按一阶段设计时，只需编制施工图预算，但施工图预算应反映全部概算费用。

4．工程设计的主要技术条件

工程设计的技术条件，就是指进行设计所必需的基础资料和数据，一般包括以下几项内容。

① 矿藏条件。
② 水源及水文条件。
③ 区域地质和工程地质条件。
④ 设备条件。
⑤ 废物处理要求。
⑥ 职工生活区的安置方案及要求。
⑦ 政策性规定。
⑧ 其他，包括建设项目所在地区的机场、港口、码头、交通及军事设施对项目的要求、限制或影响等方面的资料。

任务 1.2　了解通信线路工程

【任务描述】

通信信号传输既可以采用有线传输方式，也可以采用无线传输方式。有线传输方式稳定、可靠、效率高，又可获得大容量的通信通道，是目前通信网络主要采用的传输方式，其传输线路主要由对称电缆、同轴电缆和光缆等构成。随着最近十几年来运营商推进"光进铜退"，不只在骨干侧，在接入侧光缆也已经成为主要的传输介质。

掌握通信线路工程的各种敷设方式、光缆线路施工的基本流程，了解光缆线路工程设计的规范，是正确进行光缆线路工程工程量计算的基础。

【任务目标】

- 掌握通信线路工程的基本知识。
- 了解光缆线路施工的流程。
- 了解光缆线路工程设计的规范。
- 培养学生职业责任感。

扫一扫看线路工程概述

1.2.1　线路系统简介

通信光（电）缆根据敷设方式不同，可分为架空光（电）缆、地下光（电）缆（直埋、管道式）和水底光（电）缆。架空光（电）缆架挂在电杆间的钢绞线上，地下光（电）缆直接埋设在土壤中，或通过人孔放入管道中。通信光（电）缆跨越江河时，一般将钢丝铠装光（电）缆敷设在水底。过海的通信光（电）缆敷设在海底，称为海底光（电）缆。通信线路按其业务不同，可分为市内通信线路、长途通信线路。

市话电缆线路工程用到的主体物品为电缆和电缆接头盒，其他物品有电缆交接箱、分线盒（箱）、接续器件（扣式接线子、压接模块）、镀锌钢绞线、吊线抱箍、拉线抱箍、挂钩、电杆、水泥拉线盘、拉线铁柄和衬环等。

光缆线路工程用到的主体物品为光缆和光缆接头盒，其他物品有光配线架（ODF）、光缆尾纤、适配器、镀锌钢绞线、吊线抱箍、拉线抱箍、挂钩、混凝土水泥杆、拉线盘、拉线铁柄和衬环等。

管道线路工程用到的主体物品由各种管材（PVC 管、硅芯管、水泥管等）组成，其他物品有人孔口圈、井盖、电缆托架、电缆托板、拉力环、接水罐、钢筋和水泥等。

1.2.2　光缆线路施工流程

扫一扫看光缆线路施工流程

1. 路由复测

目的：确定光缆敷设的具体路由位置，丈量与地面的准确距离，为光缆配盘、敷设和明确保护地段等提供必要的依据。

2. 单盘检验

工作内容：对运达现场的光缆及连接器材的规格、程式、数量进行核对、清点，进行外观检查和光电主要特性的测量。

3. 光缆配盘

目的：合理使用光缆，减少光缆接头和降低光缆接头损耗，节省光缆和提高光缆通信工程质量。

应根据路由复测计算出的光缆敷设总长度、光纤全程传输质量要求、单盘检验的光缆长度及施工现场的实际，选择配置单盘光缆。

4. 光缆敷设

光缆线路常见的敷设方式有直埋敷设、架空敷设、管道敷设和水下敷设四种。长途光缆在许多地方采用了新的施工方法，即硅芯管道法。硅芯管道法是指通过预设带有硅芯内衬的半硬塑料管，利用气送缆技术将光缆敷设到管内，在主要方向上一次开挖，完成多条光缆敷设，减少了反复开孔产生的施工工程量和赔补费用，同时实现了光缆敷设的机械化作业。如图1-3（a）、（b）所示分别为架空敷设和管道敷设。

（a）架空敷设　　　　　　　　（b）管道敷设

图1-3　光缆敷设

5. 光缆接续与安装

（1）光纤接续

① 固定接续。一般采用熔接方式，按一次熔接的纤数分为单纤熔接和多纤熔接。要求连接损耗要小（0.1dB以下），连接损耗稳定性要好，具有足够的机械强度和使用寿命，接头体积小，易于操作，易于放置和保护。固定接续是光缆线路施工中最普遍的接续方式。

② 活动连接。采用活动连接器连接，要求连接损耗要小（0.5dB以下），具有较好的互换性和稳定性，不受气温影响，体积小，质量轻。其常用于更换光纤链路、光端机设备与光缆线路连接、光缆线路测试连接。

（2）光缆接续

光缆接续是指光缆的整体连接，包括光纤、加强芯、铜导线和屏蔽层等的连接。一般采用光缆接头盒连接，要求接头盒有良好的密封性。

（3）光缆接头盒的安装

架空光缆的接头盒一般安装在杆旁，并做伸缩弯。管道光缆的接头盒应安装在人孔内，并尽量安装在较高位置，减少积水浸泡。直埋光缆接头盒应安装在专用接头坑内，硅芯管保护直埋光缆接头盒安装在手孔内。如图1-4所示为人孔内光缆接头盒。

图1-4　人孔内光缆接头盒

6．光缆成端

光缆线路在终端局外无论采用哪一种敷设方式，最终都必须进入终端局或中继站内，终端局与中继站统称为局站。光缆线路到局站后需与光端机相连接，这种连接称为光缆成端。

光缆成端有光缆终端盒（箱）成端和光配线架（ODF）成端两种方式。光缆终端盒成端，即通过终端盒把光缆接上尾纤，一般较小的局、无人值守中继站、设备间多采用这种方式。ODF成端方式是指把光缆引至传输机房并进入ODF，然后通过ODF的光分配盘把光缆接上尾纤。一般情况下，一个ODF可进多条光缆，而一条光缆可能占据多个光分配盘。如图1-5（a）、（b）所示分别为光缆终端盒和光配线架。

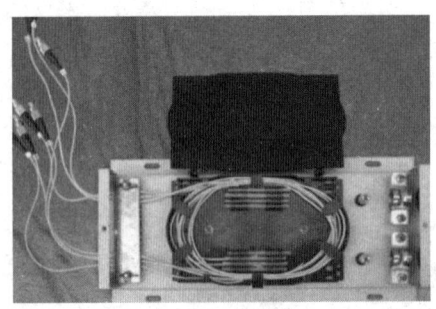

（a）光缆终端盒　　　　　　（b）光配线架

图 1-5　光缆成端

7．光缆线路测量

（1）光缆单盘测量

光缆单盘测量的内容一般包括：用OTDR（光纤测试仪）测量光纤是否有裂纹或断纤；用OTDR测量光纤长度再转换成光缆长度；用OTDR测量光纤的传输损耗。

（2）光纤连接损耗测量

一般用OTDR测量光纤的连接损耗。

（3）光缆链路中继段测量

光缆链路中继段测量包括中继段链路衰减测量及用OTDR测量光纤后向散射曲线。

8．光缆线路防护

（1）防强电

光纤是非金属材料，不受强电影响。光缆中有金属材料，需考虑强电对光缆的影响。

（2）防雷电

光纤是非金属材料，不受雷电影响。光缆中有金属材料，会受到雷电的影响。

（3）其他防护

① 防蚀。保护好光缆的外护套。

② 防白蚁。路由避开，进行防蚁毒土处理，采用防蚁光缆。

③ 防鼠类等的啃咬。路由避开，用塑料管或钢管保护。

1.2.3 光缆线路工程设计

1. 光缆线路路由选择

(1) 参考 GB 51158—2015《通信线路工程设计规范》按实际建设需求确定传输线路路由。

(2) 光缆线路路由的选择应以工程设计任务书和通信网发展规划为依据,并进行多方案比较,以保证光缆线路安全可靠、走向合理、经济合理、施工维护方便。

(3) 选择光缆线路路由应考虑现有地形、地物、建筑设施和既定的建设规划,以及有关部门的发展规划。同时,应选择线路距离最短、弯曲较少的路由。

(4) 尽量沿定型的道路敷设光缆,避免将来因道路扩建等原因造成光缆被破坏。

(5) 应选择地质稳定的地段,在平原地区要避开湖泊、沼泽和排涝蓄洪地带,尽量少穿越水塘、沟渠;在山区要避开陡峭沟壑,以及滑坡、泥石流、洪水灾害、水土流失易发生的地方。

(6) 尽量与城市道路或公路平行,避免往返穿越城市道路或铁路、公路。

(7) 避免穿越大的厂房、仓库、矿区等,不宜通过伐木林区。

(8) 光缆线路应尽量远离高压线,避开高压线杆塔及变电站和杆塔的接地装置,如要穿越时尽可能与高压线垂直,最小交越角度不小于45°。

2. 光缆线路敷设方式选择

(1) 市话光缆线路或长途光缆线路进入市区的部分,应尽可能采用管道敷设方式,只有在没有管道又无条件新建管道时,可采用直埋敷设方式。当直埋敷设也存在困难时,可采用架空敷设方式做短期过渡。

(2) 长途光缆线路在郊外一般要采用直埋敷设方式,但是在下列情况下可采用架空敷设方式。

① 个别山区地形特别复杂或含大片石质、埋设十分困难的地段。
② 水网地区无法避让、直埋十分困难的地段。
③ 跨越河沟、峡谷,直埋特别困难而使施工费用过高的地段。
④ 省内二级干线以下的通信网络,已有杆路可以利用的地段。

(3) 农村本地网光缆线路,除县城地段采用管道敷设方式外,其余地段一般采用现有的农话杆路加挂方式。

(4) 跨越河流的光缆线路,尽可能利用固定在桥梁上的管道或槽道敷设,如没有管道和槽道,可与有关部门协商,在桥上安装支架敷设。当上述条件无法满足时,则采用水线敷设方式。

3. 光缆与光纤选择

(1) 光缆结构选择

① 在采用市话管道或长途硬塑料管道敷设方式时,一般采用 PE 或 PVC 护套、层绞式或中心管式结构光缆,缆中以镀锌钢丝绳做加强芯,通常在护套和缆芯之间加 PE 防水层。

② 在采用架空敷设方式时,一般采用与管道敷设条件下结构相同的光缆,而在农村本地网架空光缆线路建设中也可以选用束管式光缆或自承式光缆,以降低工程造价。

③ 在采用直埋敷设方式时,选用的光缆结构除满足管道敷设条件外,还应加钢带铠装或钢丝铠装层,也有的加皱纹钢管层,以增加光缆的抗侧压力。如图1-6所示为铠装光缆。

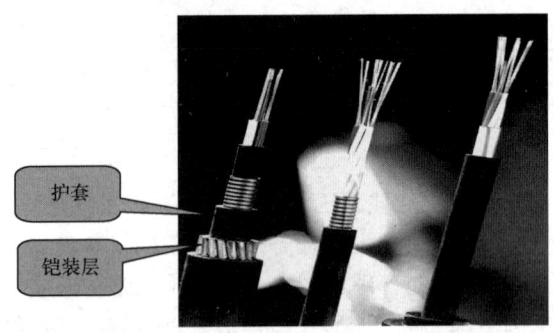

图 1-6　铠装光缆

④ 在采用水线敷设方式时，可选用钢丝铠装光缆，以更好地保证机械强度。

⑤ 电力部门使用的光缆可选用复合光缆，把光纤置于光缆中间，外面是满足强电输送条件的金属构件。

⑥ 在强电场区域或雷击特别严重的地段可选用无金属光缆，即全介质自承式光缆。它能有效地避免电磁感应。

⑦ 在计算机机房及数据通信网或用户光通信网中可选用带状光缆或室内光缆。

⑧ 室内光缆宜采用具有阻燃性能的外护层结构，如 PVC 外护层。

不论采用哪种敷设方式和选用哪种结构的光缆，在野外条件下敷设的光缆都必须使光纤防水、防潮，所以光缆中应该填充防水油膏或具有其他防潮层，以阻挡水分或潮气进入光缆，保证光缆可长年使用，传输性能不致劣化。

（2）光纤类型选择

各类光纤的主要性能与应用特点如下。

① G.652 光纤。G.652 光纤是目前最常用的单模光纤，也是 1310nm 波长性能最佳单模光纤，主要用于 1310nm 波长区开通长距离 2.5Gb/s 及其以下系统，在 1550nm 波长区开通 2.5Gb/s 以上 SDH 系统或 $N×2.5$Gb/s 波分复用系统。有 PMD（偏振模色散）要求的 G.652B 则可支持 $N×10$Gb/s 波分复用系统。

② G.653 光纤。G.653 光纤是 1550nm 波长性能最佳光纤，又称为色散位移光纤，是将零色散波长由 1310nm 移到最低衰减的 1550nm 波长区的单模光纤，在 1550nm 波长区，它不仅具有最低衰减特性，又是零色散波长，因此，这种光纤主要用于在 1550nm 波长区开通长距离 10Gb/s 及其以上系统。由于工作波长零色散区将产生严重的四波混频效应，其不支持波分复用系统，故仅适用于单信道高速系统。

③ G.654 光纤。G.654 光纤是 1550nm 波长衰减最小单模光纤，一般用于长距离海底光缆系统，陆地传输一般不采用。

④ G.655 光纤。G.655 光纤又称非零色散位移光纤，它在 1550nm 波长处有一低的色散（但不为零），能有效抑制四波混频效应。我国从 2000 年开始在长途骨干网上大规模引入 G.655 光纤，主要应用在 1550nm 波长区，开通以 10Gb/s 为基础的波分复用系统。

4．光缆线路勘察设计要求

（1）设计人员必须到现场全程实地勘察，并做好相关的勘察作业。

（2）拍照：勘察中需对每段线路起止点、特殊点（飞线、割接点、穿越河流、桥梁、铁路处等）、人手孔断面、机房 ODF 成端或光交成端等位置进行拍照，照片应清晰，信息完整。

(3) 测量：路由的测量应当准确、真实，规范记录数据。

(4) 草图绘制一般要求如下。

① 参照物：标明路由两侧的参照物，地形地貌、指北针等。

② 设计草图：分为架空光缆设计、管道光缆设计、直埋光缆设计等。

③ 关键点的说明，如跨江，过河，穿越铁路、高速公路、燃气管道等场景，跨越电力线位置，新老路由割接点，引上位置等。

④ 安全风险点标注。

⑤ 标明机房平面图、成端位置图、ODF 位置等。

⑥ 其他需要标注的信息。

(5) 进行架空光缆设计时，按图例标明新建、加挂、附挂墙吊、墙钉、墙附等敷设方式，原有光缆条数及位置，新建杆路角杆的三角定标，标明跨路作业、电力交越、过河飞线、直埋引上等关键点。

(6) 进行管道光缆设计时，区分人孔和手孔，标明人手孔间距离、管道断面图及光缆占孔位、管道产权归属等。

(7) 进行直埋光缆设计时，需标明跨越沟、渠、坎、塘等的长度、高度、数量，跨越水塘、桥梁、隧道、边沟等位置的解决方案。直埋光缆线路工程草图示例如图 1-7 所示。

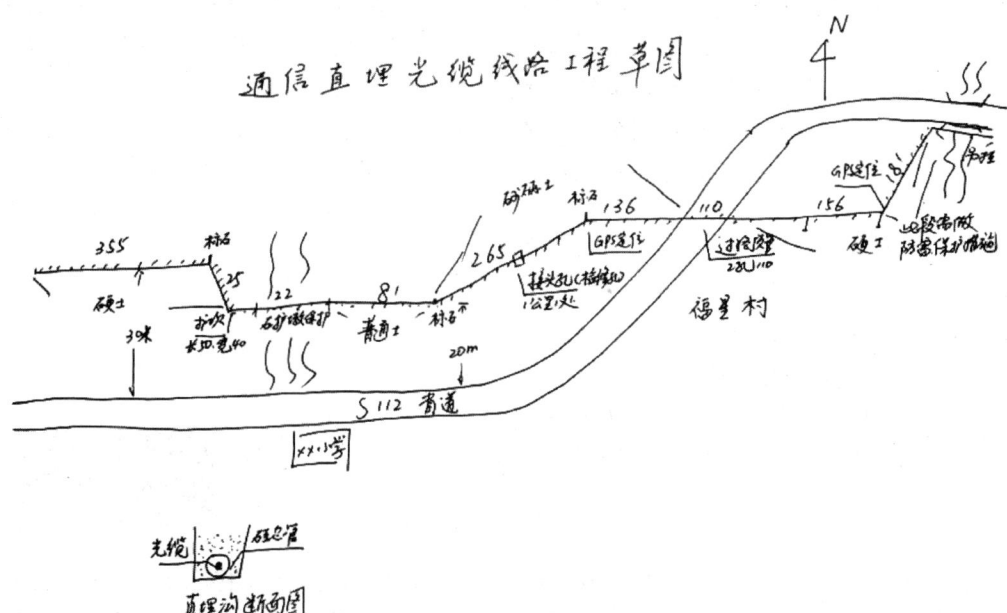

图 1-7　直埋光缆线路工程草图示例

(8) 易发生洪灾地区新建核心、汇聚层光缆杆路选取位置必须高于洪水线。

(9) 光缆引上保护：一般采用镀锌钢管或塑料管，内套塑料子管保护，并进行封堵。

(10) ODF 及光交面板图需标明新旧光缆成端位置、已成端情况和本次占用纤芯。

(11) 机房 ODF、光缆交接箱、割接点处应标注光缆熔接方案。

(12) 架空光缆路由图中需体现地线、光缆预留、接头等标识。

(13) 光缆预留要求。依据 GB 51158—2015《通信线路工程设计规范》，光缆敷设安装的重叠、增长和预留长度可结合工程实际情况，如表 1-1 所示。

表1-1 光缆预留长度

项目	敷设方式			
	直埋	管道	架空	水线
接头每侧预留长度	5～10m	5～10m	5～10m	—
人（手）孔内自然弯曲增长	—	0.5～1m	—	—
光缆沟或管道内弯曲增长	7‰	10‰	—	按实际
架空光缆弯曲增长	—	—	7‰～10‰	—
地下局站内每侧预留长度	5～10m，可按实际需要调整			
地面局站内每侧预留长度	10～20m，可按实际需要调整			
因水利、道路、桥梁等建设规划导致的预留长度	按实际需要调整			

任务1.3 了解通信设备安装工程

【任务描述】

机房内通信设备的安装是通信工程施工的另一个重要项目。通信设备按专业可分为程控交换设备、传输设备、数据通信设备、移动通信设备、接入网设备、电源设备及其他配套设备等，不同专业设备安装可作为单项工程，单独进行设计、施工、管理。

通信设备通常集中放置在通信机房里，建设科学合理的通信机房是网络通信正常运行的基础。进行设备安装工程之前，首先要考虑通信机房的设计与建设。

【任务目标】

- 掌握通信机房布局。
- 了解通信机房工艺要求。
- 了解通信设备安装工程设计的流程。
- 能根据要求完成现有通信机房的勘察。
- 培养学生的职业责任感。

扫一扫看
通信机房
平面布局

1.3.1 机房布局要求

通信机房建设是通信工程建设的重要组成部分，通信机房的地址应根据通信网络规划和通信技术要求及水文、地质、地震、交通等因素综合考虑。通信机房不应设在高温、多尘、易爆或低压地区；应避开有害气体，避开经常有大震动或强噪声的地方，远离有总降压变电所和牵引变电所的地方。专用的通信机房可为通信设备安装和通信设备的安全运行提供良好的环境。

为了维护和管理上的方便，通信机房总体要求安排紧凑，典型的机房平面图如图1-8所示。

机房布局总的原则如下。

机房最好设计成套间，里间装机器，外间为控制室，里外间的隔墙可做成铝型材玻璃墙，或在普通砖墙上安装宽幅玻璃窗，便于维护人员在外间隔着玻璃观察机器的工作状况。

传输室设置在靠近配线室和程控交换室处。通常，传输设备安装在传输室中，不具备传输室时，将传输设备放置在配线室或程控交换室中。

通信线缆、电源线缆等要尽量短，避免迂回，既可减少线路投资，又利于降低通信故障率，提高工作效率。

机房内设备布放一般有三种形式：矩阵形式布放、面对面形式布放和背靠背形式布放。矩阵形式布放居多，另外两种特殊形式也有应用。矩阵形式布放的布局图如图1-9所示。

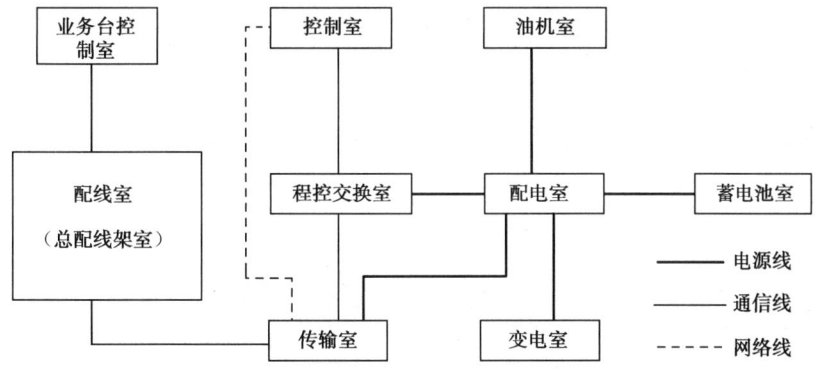

图1-8　典型的机房平面图

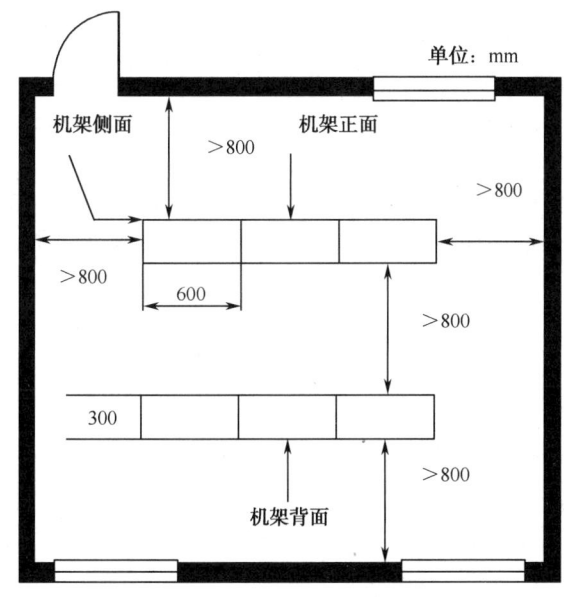

图1-9　矩阵形式布放的布局图

1.3.2　机房工艺要求

1．机房空间

机房的使用面积应能满足通信建设长远规划要求，能满足将来业务需求，可根据现有装机容量及可预见的装机要求确定机房的建筑面积。

2．机房地面、墙面、房顶

（1）对地面的要求

机房地面应坚固耐用，防止不均匀下沉；表面光洁、不起灰，易于清洁，建议采用水磨石或深灰色地面。无论是平房地面还是楼层地面，承重均需考虑设备的载荷。

（2）对墙面的要求

机房墙面应坚固耐用，防止起皮、脱落，防止积灰，易于清洁。墙的饰面色彩以明快、淡雅为宜。

（3）对房顶的要求

机房房顶应坚固耐用，防止起皮、脱落，防止积灰，能做吊挂，灯具安装应牢固。顶面和墙面颜色及喷涂材料应一致。房顶上面应做防水处理，应有隔热层。

3．机房门窗

各通信机房的大门应向走道开启，门洞宽不宜小于 1.5m，门洞高不宜小于 2.2m；不安装通信设备及通信电源设备的房间外门，其宽度可根据实际需要确定，但不宜小于 0.9m。

对空调长年处于打开状态、无人值守的通信机房不宜设窗，必要时可设双层窗、中空玻璃窗。通信机房的外窗，应具有较好的防尘、防水、抗风、隔热和节能的性能。

4．机房照明

通信机房应采用荧光灯作为主要照明光源；电缆进线室、发电机房、水泵房、冷冻机房等，应以高光效、显色性好的节能灯、金卤灯等作为主要照明光源；对于需要防止电磁波干扰的场所，或需要防止因频闪效应影响视觉作业时，不宜采用荧光灯。机房内灯具布置应尽可能避开列架、走线架。

照明电缆应与工作电缆（设备用电及空调用电）分开布放。

各机房内应安装带有保护接地的插孔、插座，其电源不宜与照明电源在同一回路中。

5．机房耐火等级

建筑高度超过 50m 或任一层建筑面积超过 1000m^2 的高层通信专用房屋属于一类建筑物，一类建筑物的耐火等级应为一级。

其余的通信专用房屋属于二类建筑物，二类建筑物的耐火等级应不低于二级。油浸变压器室的耐火等级应为一级。

与高层主体建筑相连的附属建筑，其耐火等级应不低于二级。高层通信专用房屋地下室的耐火等级应为一级。

6．机房温度、湿度

通信机房及控制室应设置长年运转的恒温、恒湿空调设备，并要求机房在任何情况下均不得出现结露现象。机房内，温度、湿度范围有如下标准。

温度：18℃～28℃；湿度：30%RH～75%RH。

空调电源线应从交流配电箱中引接，不能在走线架上布放，应沿墙壁布放，并用 PVC 管保护。

7．走线方式

机房多采用上走线的方式。走线架高度应根据机房最高设备的高度确定，走线架上端到梁下最少要留有 150mm 的操作空间。

主走线架可以采用 600mm 宽度，列走线架可以采用 300～450mm 宽度。一般主走线架高于列走线架 250～300mm。垂直槽道宽度根据实际情况考虑 300mm、450mm 或 600mm。

机房内电源线和信号线在走线架上应分开布放。如采用同一路由布放时，电缆之间平行距离应至少保持在 100mm 以上。如图 1-10 所示为机房上走线示例。

8. 防雷与接地

① 在建筑物易受雷击的部位架设避雷网或避雷带，突出屋面的物体，如烟囱、天线等，应在其上部安装架空防雷线或避雷针进行防护。

② 通信专用房屋应按联合接地体方式进行防雷接地设计，即建筑物的防雷接地（含天线铁塔的防雷接地）、设备的工作接地及其保护接地共同组成一个联合接地网。

③ 一般综合机房，接地电阻不大于 3Ω；大型综合楼、接口局、国际局、万门以上交换局，接地电阻不大于 1Ω。

④ 如果大楼没有总接地汇集排，应在现场制作接地体。电力室的直流电源接地线必须从总接地汇集排上引入。

⑤ 设备的保护接地应从总接地汇集排或机房内的分接地汇集排上引入。机房分接地汇集排可以选用 200mm×300mm×10mm 的铜排，一般可以安装在机房走线架下方 100～200mm 处，也可固定在走线架上。如图 1-11 所示为机房接地铜排。

图 1-10　机房上走线示例

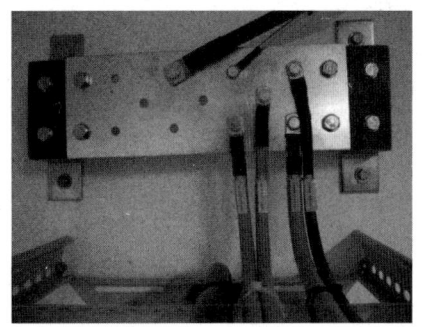

图 1-11　机房接地铜排

⑥ 局内射频同轴电缆外导体和屏蔽电缆的屏蔽层两端，均应与所连设备的金属机壳的外表面保持良好的电气接触。

⑦ 保护接地线的截面积，应根据最大故障电流确定。一般宜采用截面积不小于 $35mm^2$ 的多股铜导线。

9. 市电引入

① 市电分为三相四线制（A、B、C 三个相线及零线）和三相五线制（A、B、C 三个相线和零线及保护地线），通信机房市电引入宜采用三相五线制，保护地线单独引入。如机房所在区域较偏远，引入交流电压不稳，有较大的波动，可在市电引入机房后加装交流稳压器或采用专用变压器。

② 市电供应分为四个等级：一类市电、二类市电、三类市电和四类市电，它们的区别主要在于根据通信机房所处的级别和重要性不同，对市电的高、低要求标准不同，导致允许停电时间长短不同。例如，通信接入机房供电至少为三类市电，要求有一路可靠市电引入，交流供电电压为三相 380V，电压波动范围为 323～418V。

1.3.3 设备安装工程设计

通信机房内安装的设备类型众多，包括为用户提供通信业务的交换设备、数据设备、无线设备，为各类业务信号提供传输链路的传输设备和接入设备，以及对通信网起支撑作用的信令、同步、网管和计费系统等。如图 1-12 所示为通信系统互连示意图。

通信系统由于业务增长的需求，需要实施相应的工程增强整个系统的通信能力，需要对设备安装工程做出一个合理可行、可指导施工的方案，并做出相关生产环节的概算或预算。不同专业类型的设备，其施工安装规范、设计要求各不相同，设计者需根据专业类型，掌握相关通信设备原理知识，熟悉设备安装施工规范及设计规范，设计要符合或高于通信行业相关安装工程规范。

进行设备安装工程设计的大致流程如下。

（1）了解网络系统。

（2）熟悉设备安装规范。

（3）掌握设备性能：外形尺寸、安装尺寸、应用环境、接口类型、数量等。

（4）进行工程勘察，掌握现有技术条件、现有网络情况，收集与项目设计相关的文件、资料、数据（包括网络运行数据、业务经营数据等），了解建设单位相关人员对建设方案的意见和要求。

（5）编制设计文件。

设计文件一般由设计说明、设计图纸和工程概预算三部分组成。

（1）设计说明

设计说明是指向建设单位、主管部门和一切参与本项目的有关人员说清楚项目的主要情况，同时反映出设计单位对该项目所做工作内容的文件，主要包括以下内容。

① 设计依据。列述编制本文件的重要依据性文件。这些文件包括上一阶段的设计文件及其批复，建设单位和工程主管部门与本工程设计有关的来往文电，与本工程设计有关的重要会议纪要等。

② 主要技术方案的说明。设计文件对与工程建设方案有关的重大技术、经济问题，应当逐一说明。这些问题包括：现有网络设备及其运行状况；业务量变化发展的相关数据及其分析处理结果；确定建设规模的理由和结论；工程设计方案的说明，包括总体方案的说明和主要技术方案的说明；其他需要说明的问题等。

为了得到合理的建设方案，往往需要进行多方案比较论证，综合比较技术先进性和经济合理性。

（2）设计图纸

设计图纸包括各种系统图、房屋平面图、机房设备布置图和各种接线图等。一般来说用图纸能比较方便、直观地表示清楚的内容，就用图纸表示，可以不在说明中详细交代。凡有标注尺寸的图纸，应按照比例和相关规定绘制；自由尺寸的图纸或各种示意图，主要考虑图面布置美观，表达清楚。不同设计阶段图纸的深度，应当符合相关内容格式的规定。

（3）工程概预算

工程概预算是设计文件的重要组成部分，是工程费用支出的依据，也是管理部门控制工程投资的依据。因此，工程概预算准确与否和工程造价关系很大，而且可能影响到项目建成后的经济效益，必须十分重视，力求准确，把概预算与工程实际需要投资的偏差控制在规定的范围内。

模块1 认识通信工程

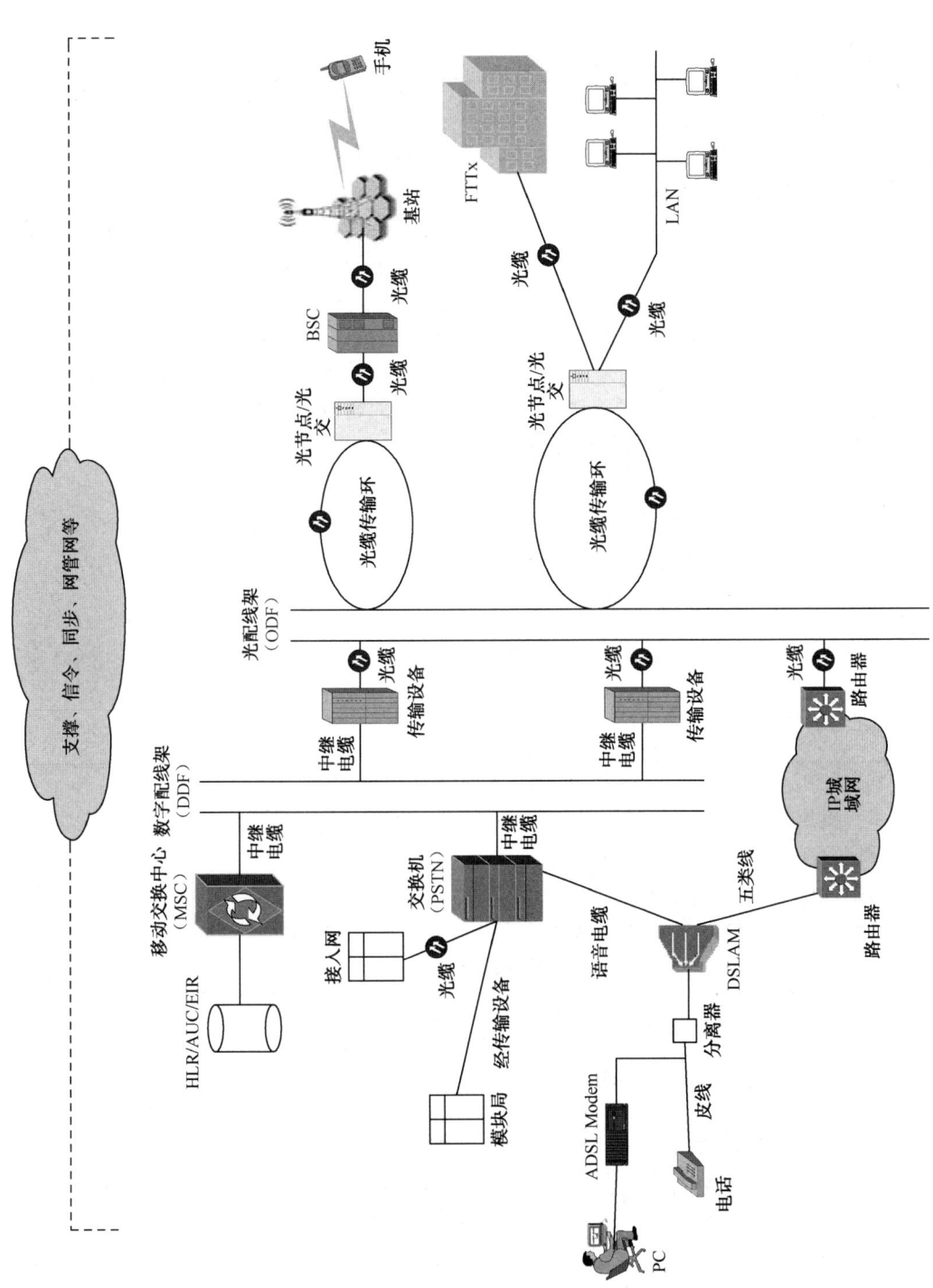

图1-12 通信系统互连示意图

习题

1. 名词解释。
（1）建设项目　　（2）单项工程　　（3）基本建设项目　　（4）施工图设计
2. 填空题。
（1）大、中型和限额以上通信建设项目从前期准备到建设、投产要经过_____、_____和_____三个阶段。
（2）技术复杂的项目，可按_____、_____和施工图设计三个阶段进行，称为"三阶段设计"。
（3）初步设计是根据已批准的_____、_____、_____及_____编制的。
3. 画图说明通信工程基本建设程序。
4. 与通信电缆相比，光纤、光缆具有哪些优点？目前其主要采用哪种敷设方式？
5. 光缆线路工程设计大致可分为哪几个阶段？主要内容有哪些？
6. 光缆线路路由应符合哪些要求？
7. 简述设备安装工程设计的大致流程。
8. 怎么进行通信局、站址选择？
9. 进行机房设计时，需要考虑哪些要素？

综合实训

1. 实训目的

（1）掌握卷尺、红外测距仪等机房勘察工具的使用方法。
（2）掌握机房勘察的方法和注意事项。
（3）掌握草图绘制的方法。
（4）认识通信机房电源系统。
（5）认识交直流电力电缆型号、规格。
（6）培养学生一丝不苟、严谨求实的工匠精神。

2. 实训内容

结合实际，完成某个通信机房的勘察和草图绘制。

扫一扫看
机房勘察
草图示例

扫一扫看
机房现场
勘察示例

模块 2　AutoCAD 应用

在通信工程制图领域，工程图纸的绘制工作不仅繁重，而且涉及的技术层面也相当复杂。因此，掌握计算机辅助设计（Computer Aided Design，CAD）技术，成为了通信工程设计人员不可或缺的技能。

AutoCAD 作为美国 Autodesk 公司的旗舰产品，以其广泛的应用和强大的功能，成为了行业内最受欢迎的计算机辅助制图工具之一。该软件不仅能够满足通信工程设计中的各种通用绘图和设计需求，还提供了丰富的接口，使得设计成果能够轻松与其他设计软件实现共享。同时，AutoCAD 在文件管理方面的便捷性也极大地提高了工作效率。

考虑到通信工程制图的专业特性，许多通信工程设计施工单位倾向于将 AutoCAD 与通信线路工程、通信设备工程等具体行业内容相结合。通过在 AutoCAD 中嵌入与行业内容紧密相关的功能库，设计人员能够迅速完成图纸的绘制，大大提高了工作效率和质量。因此，要想使用计算机辅助绘制通信工程图，学习并熟练掌握 AutoCAD 软件是至关重要的。虽然 AutoCAD 的版本众多，但不论是哪个版本，其基本的命令和功能都是相似的。本书将重点介绍 AutoCAD 2015 中文版的实用操作方法，这些内容同样适用于其他版本。

任务 2.1　AutoCAD 工作界面及基础操作

【任务描述】

熟悉 AutoCAD 工作界面，掌握其操作，打好熟练使用 AutoCAD 进行绘图的基础。

【任务目标】

- 熟悉 AutoCAD 工作界面的布局及其各部分的功能。
- 掌握 AutoCAD 命令输入与响应的操作方式。
- 掌握 AutoCAD 图形文件的基本操作。
- 掌握 AutoCAD 绘图环境的设置流程。
- 掌握 AutoCAD 中图层、线型、线宽及颜色的设置方法。
- 培养学生一丝不苟的工作态度。

2.1.1　AutoCAD 工作界面

AutoCAD 中文版工作界面主要由菜单栏浏览器、快速访问工具栏、标题栏、菜单栏、功能区、绘图区、命令行窗口、布局选项卡、图形状态栏、其他项目与窗口等部分组成。启动 AutoCAD，其工作界面如图 2-1 所示。

1. 菜单栏浏览器

菜单栏浏览器位于工作界面左上角，图形标志为 A，单击该按钮，可以展开 AutoCAD 用于管理图形文件的命令，可执行新建、打开、保存、打印、输出等操作，以及查看最近使用的文件等。

2. 快速访问工具栏

快速访问工具栏位于菜单栏浏览器右侧，图形标志为 ，它提供了常用的快捷按钮，默认情况下由 7 个快捷按钮组成，依次为【新建】【打开】【保存】【另存为】【打印】【重做】【放弃】。

3. 标题栏

标题栏位于工作界面的上端，它显示系统正在运行的应用程序和用户正在打开的图形文件信息，第一次打开时默认情况下文件名为：Drawing1.dwg。

4. 菜单栏

AutoCAD 的菜单栏位于标题栏下方，包含 12 个子菜单，分别是【文件】【编辑】【视图】【插入】【格式】【工具】【绘图】【标注】【修改】【参数】【窗口】和【帮助】，几乎包含了该软件的所有命令。单击菜单栏中的某一子菜单，即弹出相应的下拉菜单。通过逐层选择相应的菜单，可以激活 AutoCAD 软件命令或者弹出相应对话框。

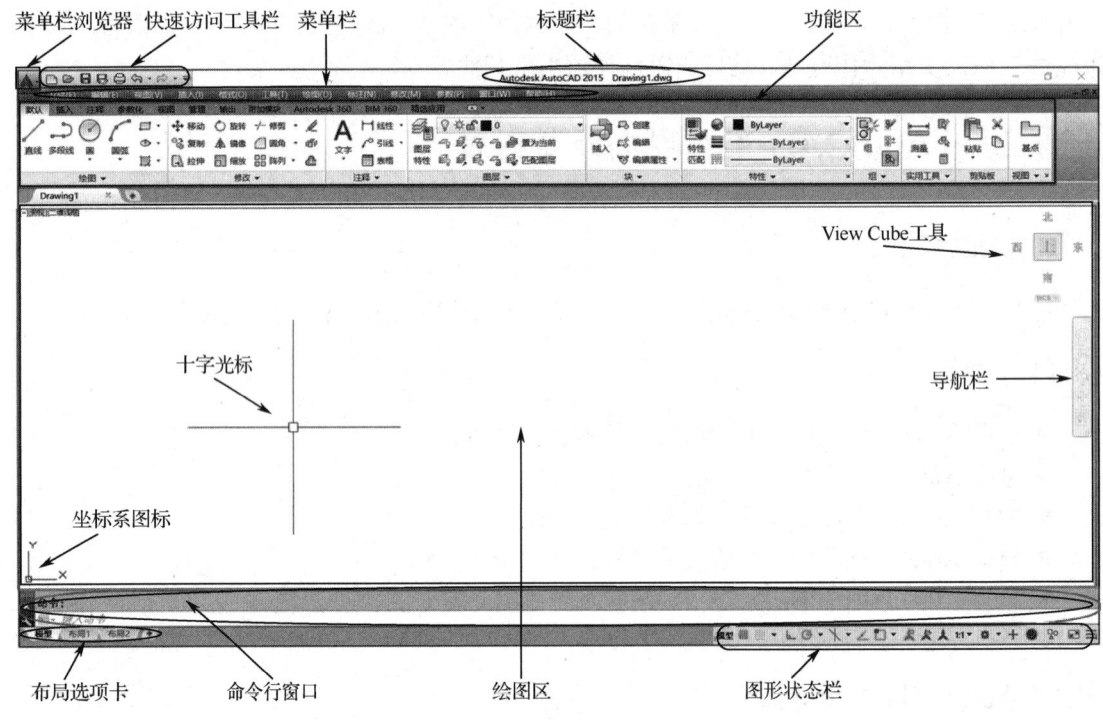

图 2-1 AutoCAD 的工作界面

5. 功能区

功能区是一组图标型工具的集合，它为用户提供了另一种调用命令和实现各种操作的快捷方式。AutoCAD 将常用命令进行分类，分别放置于各选项卡中，包括【默认】【插入】【注释】【参数化】【视图】【管理】【输出】和【附加模块】等。每个选项卡中又包含若干工具栏，如【默认】选项卡下又有【绘图】【修改】【注释】【图层】【块】【特性】【组】【实用工具】等工具栏，每个工具栏中放置相应的按钮，单击按钮，即可执行相应的命令。

6．绘图区

绘图区是用户进行绘图的工作区域，所有的绘图结果都直观地反映在这个区域中，类似于手工绘图时的图纸。其默认的背景颜色为黑色，用户可以根据自己的习惯改变背景颜色。

绘图区中的光标为十字光标，用于绘制图形及选择图形对象，十字线的交点为光标的当前位置，十字线的方向与当前用户坐标系的 X 轴、Y 轴方向平行。

在绘图区的左下角有一个坐标系图标，它表示当前绘图所采用的坐标系，并指明 X 轴、Y 轴的方向。绘图区右上角是 View Cube 工具，用于控制图形的显示和视角。绘图区右侧是导航栏，用于控制图形的缩放、平移、回放、动态观察等。

7．命令行窗口

命令行窗口默认位于绘图区下方，用于接收用户输入的命令，并显示 AutoCAD 提示信息。命令行窗口中显示的命令行数可以通过拖动光标来调整，如果想查看命令行中已经运行过的命令，可以选择菜单栏中的【视图】→【显示】→【文本窗口】命令或按【F2】键来打开 AutoCAD 文本窗口，它记录了已执行的命令运行过程和参数设置。

8．布局选项卡

工作界面的底部左侧是【模型】和【布局】选项卡，单击其标签可以在模型空间与图纸空间之间进行切换。

9．图形状态栏

图形状态栏位于工作界面的底部右侧，用来完成 AutoCAD 的辅助作图功能，其中按钮均属于开关型按钮，可以通过单击按钮启用或关闭相应功能。

10．其他栏目与窗口

在 AutoCAD 中，用户还可以根据自己的习惯或爱好打开或关闭一些栏目和窗口，如【工具选项板】【图纸管理器】等。

2.1.2 AutoCAD 的命令和操作

在 AutoCAD 中，所有的操作都可以使用命令来完成，可以通过命令来告诉 AutoCAD 要进行什么操作，AutoCAD 将对命令做出响应，并在命令行中显示执行状态或给出执行命令需要进一步选择的选项。

1．输入命令

命令的输入方式有很多种，用户可以根据实际应用的需要和自己的习惯进行调用。一般来说有以下方式。

- 菜单栏：使用菜单栏调用命令；
- 功能区：在功能区中单击相应的命令按钮；
- 右键快捷菜单：单击鼠标右键，在弹出的右键快捷菜单中选择相应的命令；
- 命令行：在命令行中用键盘直接输入命令。

在这些输入命令的方式中，在命令行中直接输入是最基本的方式。使用菜单栏、功能区和右键快捷菜单，则既容易又快捷。无论用哪种输入方式，AutoCAD 都会以同样的方式执行命令，都等同于在命令行中输入命令。

2. 响应命令

在激活命令后，AutoCAD 将在命令行窗口中显示使用状态，提示用户进行下一步的操作。例如，提示输入点坐标值，选择对象、命令选项或输入数据等，要求用户做出回应来完成命令。这时可以通过键盘、鼠标或者右键快捷菜单来响应。

（1）AutoCAD 命令行提示规则

在 AutoCAD 中，所有命令都用统一的命令行提示。例如，激活绘制圆命令后，在命令行窗口中显示如下提示：

命令：_circle 指定圆的圆心或[三点(3P)/两点(2P)/相切、相切、半径(T)]：

AutoCAD 的提示规则是：用"或"字将命令行提示文字分为两段，"或"字前面是默认选项（命令行提示中尖括号"< >"中的内容也为默认值），可以直接响应；"或"字后面用"[ ]"将命令的其他选项括起来，其中由"/"分隔的部分是选项，选项后面的"( )"内的字母是该选项的别名。

（2）使用键盘响应提示

● 如果选择命令行提示中默认选项，可以直接按【Enter】键（即回车键）确认（回车键常用"↙"来表示）。
● 对于命令行提示中的非默认选项，输入"[ ]"中"( )"内的选项字母，然后按回车键或空格键确认。
● 对于要求输入坐标值或数据的命令行提示，可以直接从键盘上输入坐标值或数据，然后按回车键或空格键确认。

（3）使用鼠标或者右键快捷菜单

对于在 AutoCAD 命令行中输入坐标值或数据的提示，还可以使用鼠标来响应。当出现输入点坐标值提示时，可在绘图窗口中单击点（即拾取点）确认；当出现输入距离或角度提示时，可在绘图窗口中依次拾取两点确认。

对于 AutoCAD 命令行中选项的提示也可以通过右击产生的快捷菜单来响应。如果激活了某一个命令，在绘图窗口中右击，则会出现一个快捷菜单。例如，激活绘制圆命令后右击产生的快捷菜单中，包括了绘制圆命令中所有选项，以及【确认】【取消】等选项。其中，选择【确认】选项的功能等同于按下回车键。对于不同的命令，快捷菜单中显示的内容也不相同。

（4）利用动态输入方式响应

动态输入方式使得对命令的响应变得更加直接，在菜单栏中选择【工具】→【绘图设置】命令，就会打开【草图设置】对话框，在此对话框中选择【动态输入】页面，将对应的【动态提示】框打钩，就可以进入动态输入方式。

在动态输入方式下绘制图形时，AutoCAD 会不断给出对几何关系及命令参数的提示，以便用户在设计中获得更多的信息。

3. 退出命令

一般情况下，完成一个命令后，AutoCAD 将自动退出该命令，进入等待下一个命令输入的状态。但某些 AutoCAD 命令需要做出相应的操作，才能退出。

当命令完成后，退出命令的方法有三种，可以选择其中一种。

① 按下回车键退出命令；
② 按下【Esc】键退出命令（若操作中途想退出命令，也可按【Esc】键）；
③ 在绘图区按下鼠标右键，在弹出的快捷菜单中选择【确认】命令退出。

2.1.3 图形文件管理

1. 新建图形文件

启动 AutoCAD 时会自动新建一个图形文件，在保存之前其名称默认为 Drawing1.dwg，用户还可以随时创建新图形文件。

在 AutoCAD 中新建图形文件的操作方式如下（三种操作方式可任选一种，效果相同，本模块中后面操作类似）：
- 快速访问工具栏：【新建】按钮 ；
- 菜单栏：【文件】→【新建】；
- 命令行：new↵ 或 qnew↵。

执行新建图形文件命令后，系统弹出【选择样板】对话框，如图 2-2 所示。在该对话框中的图形样板（*.dwt）列表中选择需要的样板文件，单击【打开】按钮即可以指定样板创建新图形文件。在 AutoCAD 中，系统提供了许多具有统一格式和图纸幅面的样板文件。用户可以直接选用系统提供的样板，也可以按照行业规范，设置符合行业或企业设计习惯的样板图。

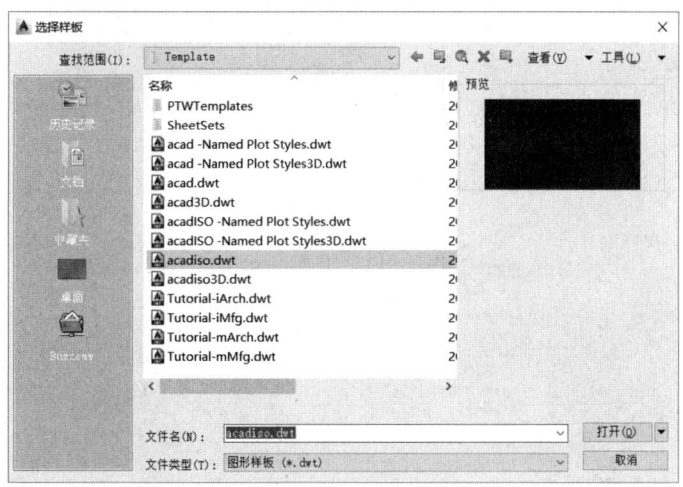

图 2-2 【选择样板】对话框

2. 打开图形文件

在 AutoCAD 中打开图形文件的操作方式如下：
- 快速访问工具栏：【打开】按钮 ；
- 菜单栏：【文件】→【打开】；
- 命令行：open↵。

执行打开图形文件命令后，系统弹出【选择文件】对话框，如图 2-3 所示。在该对话框中的图形文件列表中选中要打开的图形文件，在右侧的【预览】框中将显示该图形的预览效果，然后单击【打开】按钮即可打开选中的图形文件。

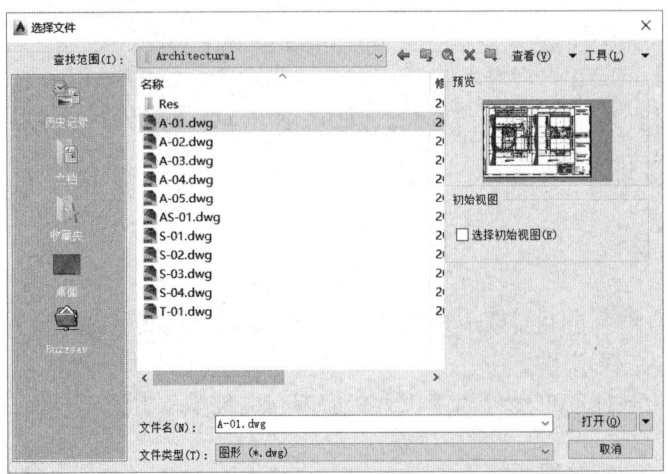

图 2-3 【选择文件】对话框

3. 保存图形文件

在 AutoCAD 中保存图形文件的操作方式如下:
- 快速访问工具栏:【保存】按钮;
- 菜单栏:【文件】→【保存】;
- 菜单栏:【文件】→【另存为】;
- 命令行: qsave✓。

第一次保存图形文件时,系统会弹出【图形另存为】对话框,如图 2-4 所示。用户可以在【文件名】文本框中为图形文件指定名称。系统默认文件保存类型为"*.dwg",单击【保存】按钮即可。

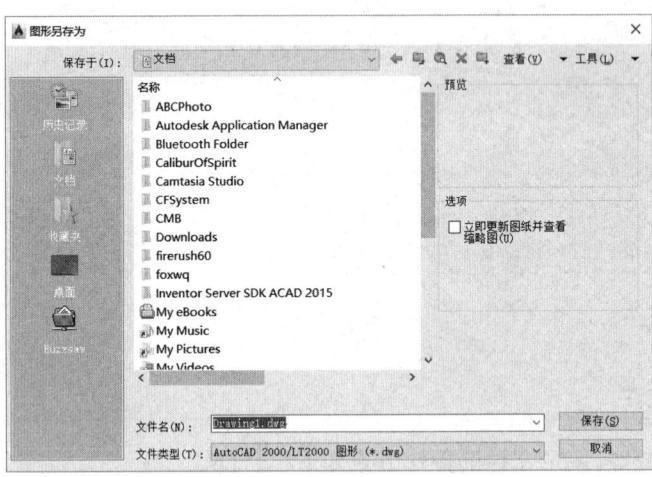

图 2-4 【图形另存为】对话框

2.1.4 设置 AutoCAD 的绘图环境

在使用 AutoCAD 绘图之前,通常要先做一些准备工作,如确定画多大的图,采用什么图形单位等。这一准备过程称为绘图环境的设置。

1. 设置参数选项

设置参数选项的操作方式如下：
- 菜单栏：【工具】→【选项】；
- 命令行：option✓。

执行上述命令后，系统弹出【选项】对话框，如图 2-5 所示。在该对话框中包含【文件】【显示】【打开和保存】【打印和发布】【系统】【用户系统配置】【绘图】【三维建模】【选择集】和【配置】10 个选项卡，可以对相应的系统参数进行必要的设置。

图 2-5 【选项】对话框

操作实例 1——设置 AutoCAD 的绘图环境

在默认情况下，AutoCAD 的绘图区采用黑色背景、白色线条，用户可以对背景颜色进行修改。其操作过程如下：

（1）在如图 2-5 所示【显示】选项卡中，单击【窗口元素】区域中的【颜色】按钮，弹出【图形窗口颜色】对话框，如图 2-6 所示。

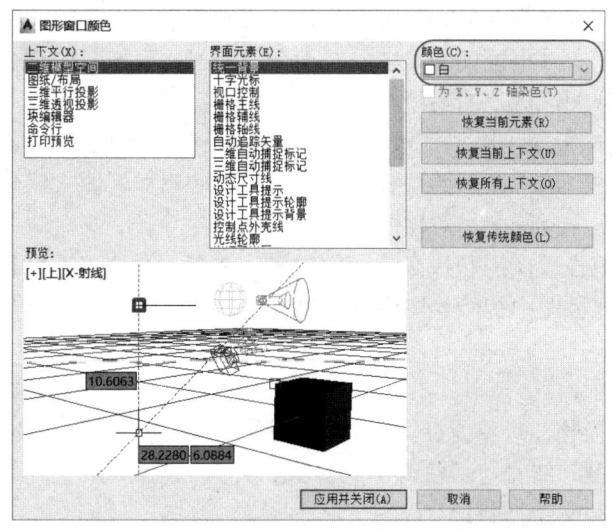

图 2-6 【图形窗口颜色】对话框

（2）单击【颜色】下拉列表框，在打开的下拉列表中选择需要的窗口颜色，然后单击【应用并关闭】按钮，此时绘图区背景变成了刚设置的窗口颜色。

2．设置图形单位

AutoCAD 提供了适合于各种类型图样的图形单位，在绘制一张新图之前，首先应该确定图形单位。设置图形单位的操作方式如下：

- 菜单栏：【格式】→【单位】；
- 命令行：units ✓。

执行上述命令后，系统会弹出【图形单位】对话框，如图 2-7 所示。在【图形单位】对话框中设置绘图时使用的长度单位、角度单位，以及单位的显示格式和精度等参数。

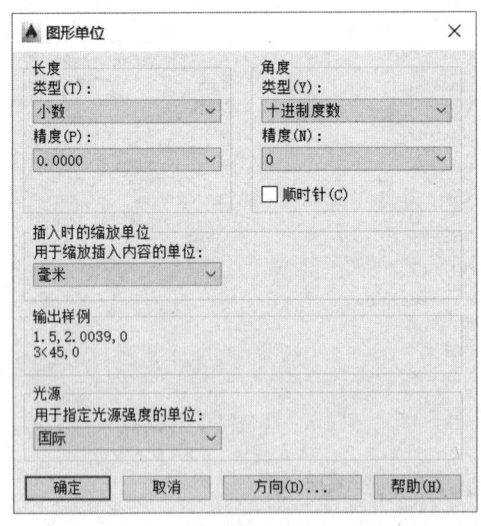

图 2-7　【图形单位】对话框

3．利用样板图设置初始绘图环境

在完成上述绘图环境的设置后，就可以开始正式绘图了。但是，如果每一次绘图前都要重复进行这些设置，会是一件很烦琐的事情，在一个设计部门内部，若每个设计人员都要单独来做这项工作，还会导致图纸规范的不统一。

AutoCAD 提供的样板图可以很好地解决这些问题。在 AutoCAD 中，设置好绘图环境后可以将文件保存为样板图。用户在开始绘制新图时，可以使用样板图来创建图形，这样新建的图形中就有了已经保存在样板图中的对绘图环境的设置。

为了按照统一规范设置图形和提高绘图的效率，使得一个设计项目具有统一的格式、标注样式、文字样式等，样板图中初始绘图环境的设置通常包括以下内容：

- 图形单位；
- 绘图区域的大小；
- 捕捉、栅格、极轴、对象捕捉、对象追踪等绘图辅助工具的设置；
- 预定义层、线型、线宽、颜色等；
- 尺寸标注样式和文字样式；
- 在图纸空间中绘制好图框和标题栏；

● 惯用的其他设置。

在 AutoCAD 中，将设置好绘图环境的图形保存为样板图非常简单，只需要在保存文件时选择保存类型为"*.dwt"即可。

4．AutoCAD 的坐标系和数据输入方式

绘图的关键之一就是要精确地给出输入点的坐标，因此有必要了解一下 AutoCAD 中的坐标概念。

（1）世界坐标系（WCS）和用户坐标系（UCS）

在 AutoCAD 中，系统默认世界坐标系（WCS）为当前坐标系，坐标原点位于绘图窗口的左下角。在绘图过程中，所有的位移都是相对于该坐标系的原点计算的。为了能够更加方便地绘制图形，用户经常需要改变坐标系的原点和方向，这时的坐标系就变成了用户坐标系（UCS）。用户坐标系的原点及坐标轴都是可以移动和旋转的，用户可以根据绘图的需要，选择菜单栏【工具】→【新建 UCS】中的子命令移动或创建用户坐标系。

（2）直角坐标和极坐标

直角坐标由三个相互垂直的坐标轴——X 轴、Y 轴和 Z 轴（在二维图形中，Z 轴没有显示）构成，以坐标原点（0,0,0）为基点定位输入点。平面中的点都用（X, Y）坐标值来指定，X 值表示距原点的水平距离，Y 值表示距原点的垂直距离，例如，图 2-8（a）中点 A 所示坐标（50,80）表示该点在 X 轴正方向上与原点相距 50 个单位，在 Y 轴正方向上与原点相距 80 个单位。

极坐标以坐标系原点（0,0）为极点，X 轴正方向为极轴，坐标系内所有的点都可以表示为（$L<\alpha$）的形式，其中，L 表示该点与原点的距离，α 表示该点与 X 轴正方向（水平向右）的夹角，例如，图 2-8（b）中点 A 所示坐标（60<30）表示该点距离原点 60 个单位且该点与 X 轴正方向的夹角为 30°。

（3）绝对坐标和相对坐标

绝对坐标是指输入点的坐标是相对于当前坐标系原点的坐标，如图 2-8（a）、（b）中点 A 所示的坐标。相对坐标是指相对于前一点的偏移值，以前一次输入的坐标点为基点来指定当前点的坐标值，输入方法是在绝对坐标值前加上符号"@"，例如，图 2-8（c）、（d）中点 B 所示的坐标是相对于前一点 A 的，分别表示相对直角坐标（@20,20）、相对极坐标（@30<60）。

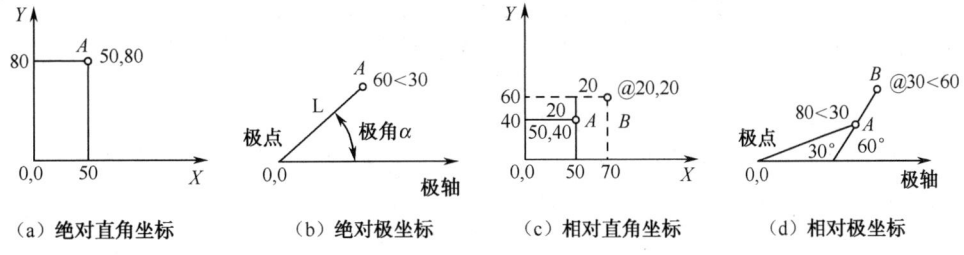

图 2-8　四种坐标图例

（4）输入坐标的方式

绝对坐标和相对坐标都可以作为输入坐标的一种方式，此外 AutoCAD 中还有一些其他的输入坐标的方式。

直接距离输入：这是一种更方便的输入坐标的方式，即在开始执行命令并指定第一个点后，通过移动光标来指示方向，然后输入相对于第一点的距离，即用相对极坐标的方式确定一个点，

特别是配合图形状态栏中的【正交】【极轴】一起使用更为方便。

动态输入：在动态输入方式下，AutoCAD 会跟随光标显示动态输入框，此时可直接输入距离值，然后用【Tab】键进行切换，输入准确的坐标值。

2.1.5 设置图层、线型、线宽及颜色

在 AutoCAD 中，所有的图形对象都具有图层、线型、线宽、颜色这四个基本属性。在绘制具体的图形之前，应先对这些基本属性进行设置，这样可以方便地控制图形对象的显示和编辑，从而提高绘制复杂图形的效率和准确性。

1．创建及设置图层

图层是 AutoCAD 为用户提供的管理图形对象的重要工具。一个图形中可以有多个图层，每个图层都相当于一张没有厚度的透明纸。实际绘制工程图时，用户可以将工程图中不同类型的图形对象绘制在不同的图层上，将这些透明的图层叠加起来，即可形成一个完整的工程图。例如，在绘制一间房屋的平面图时，可以分别将轴线、墙体、门窗、室内设备、文字、标注等放在不同的图层内绘制。这样，一个完整的图形就是由图形文件中所有图层上的对象叠加在一起形成的，从而使图形层次分明，更利于对图形进行相应的控制和管理。

当用户使用 AutoCAD 的绘图工具绘制图形对象时，该图形对象应位于当前图层上。AutoCAD 提供了几种方法来创建和设置图层。调用图层命令的操作方式如下：

- 【图层】工具栏：【图层特性管理器】按钮 ；
- 菜单栏：【格式】→【图层】；
- 命令行：layer↙。

执行图层命令后，系统弹出【图层特性管理器】对话框，如图 2-9 所示。该对话框左边是图层过滤器的树状列表，右边则显示与左边过滤条件相对应的图层列表。初始情况下系统自动创建一个名为"0"的图层为当前图层，并默认设置了图层的颜色、线型、线宽等特性。利用对话框左上方的 按钮，可以创建、冻结、删除图层，将某一图层设置为当前图层。

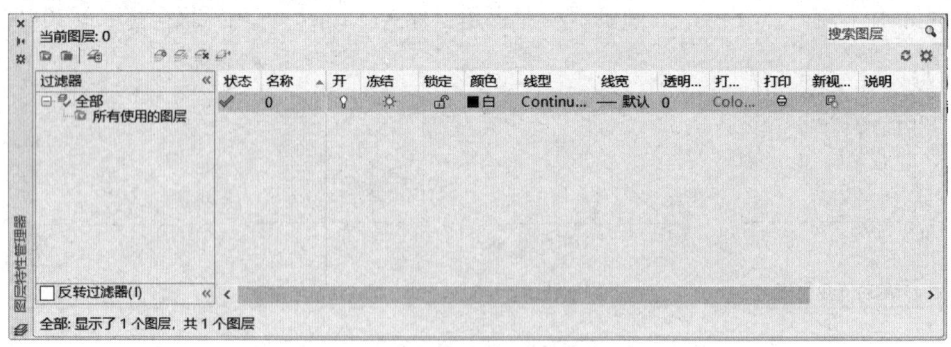

图 2-9　【图层特性管理器】对话框

2．改变图形对象颜色、线型及线宽

在某一图层上创建的图形对象在默认情况下都将使用该图层所设置的颜色、线型和线宽。AutoCAD 中还提供了以下几种改变某图层或某特定图形对象颜色、线型及线宽的操作方式：

- 【特性】工具栏：如图 2-10 所示，默认情况下为"ByLayer"（随层），用户可以通过该工具栏的下拉列表来修改图形对象的颜色、线型及线宽；
- 菜单栏：【格式】→【颜色】/【线型】/【线宽】；
- 命令行：color✓/linetype✓/lweight✓。

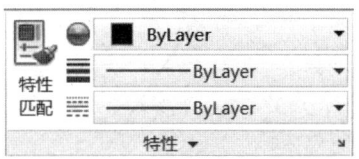

图 2-10　【特性】工具栏

采用以上操作方式均可打开对应的选择颜色、线型及线宽对话框，根据用户要求进行修改。

任务 2.2　基本图形的绘制

【任务描述】

任何一个工程图都是由基本图形元素，如直线、圆、圆弧、多边形等组合而成的，因此掌握基本图形元素的绘制是设计绘图的第一步。通过实际操作，掌握在 AutoCAD 中绘制基本图形元素的方法。根据给定的指导步骤，逐步完成图形的绘制，加深对 AutoCAD 绘图工具的理解和应用。

【任务目标】

- 掌握绘制直线类图形的操作。
- 掌握绘制圆及圆弧类图形的操作。
- 掌握绘制多边形类图形的操作。
- 掌握绘制椭圆及椭圆弧类图形的操作。
- 掌握绘制各类点的操作。
- 掌握绘制多段线和样条曲线类图形的操作。
- 掌握进行图案填充的操作。
- 通过操作实践，提高空间想象能力和绘图技能。
- 培养学生一丝不苟的工作态度。

2.2.1　绘制直线

绘制直线命令用于绘制一条或几条直线，或者由首尾相连的多条直线构成的平面、空间折线或封闭多边形。调用绘制直线命令的操作方式如下：

- 【绘图】工具栏：【直线】按钮 ╱ ；
- 菜单栏：【绘图】→【直线】；
- 命令行：line✓ 或 l✓（l 是 line 的简化形式）。

操作实例 2——绘制多边形

使用绘制直线命令绘制一个闭合多边形，如图 2-11 所示。其操作过程如下：

(1) 命令：line✓
(2) 指定第一点：100,100✓（输入绝对直角坐标，确定第 1 个点）
(3) 指定下一点或[放弃(U)]：@500,0✓（输入相对直角坐标，确定第 2 个点）
(4) 指定下一点或[放弃(U)]：400,380✓（输入绝对直角坐标，确定第 3 个点）
(5) 指定下一点或[闭合(C)/放弃(U)]：150,380✓（输入绝对直角坐标，确定第 4 个点）
(6) 指定下一点或[闭合(C)/放弃(U)]：c✓（封闭图形结束绘图）

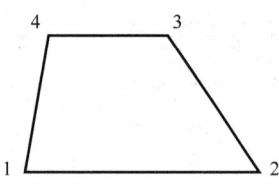

图 2-11 绘制多边形

上面提示中选项功能如下。

① 指定第一点：在该提示下，用户可以使用鼠标指定第一个点的位置，也可以通过输入点坐标的方法确定第一个点的位置。

② 指定下一点：在该提示下，用户可指定点的位置，系统则绘制以上一个点为起点，以该点为终点的直线。

③ 闭合(C)：用于绘制闭合直线。

④ 放弃(U)：用于删除上一条绘制的直线。

2.2.2 绘制圆和圆弧

1. 绘制圆

在 AutoCAD 中，可以通过指定圆心和半径或圆周上的点的方式绘制圆，也可以绘制与对象相切的圆。调用绘制圆命令的操作方式如下：

- 【绘图】工具栏：【圆】按钮 ;
- 菜单栏：【绘图】→【圆】下的子命令；
- 命令行：circle✓或 c✓。

操作实例 3—绘制圆

系统默认的画圆方式为指定圆心和半径方式。以指定圆心、半径方式绘制如图 2-12 所示的圆。其操作过程如下：

(1) 命令：circle✓

(2) 指定圆的圆心或[三点(3P)/两点(2P)/相切、相切、半径(T)]: 0,0✓（指定圆心）

(3) 指定圆的半径或[直径(D)] <100.0000>: 50✓（指定圆的半径）

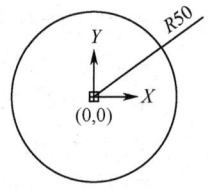

图 2-12 绘制圆

上面提示中选项功能如下。

① 三点(3P)：通过指定圆上的三个点绘制圆。

② 两点(2P)：指定两个点，并以这两个点之间的距离为直径绘制圆。

③ 相切、相切、半径(T)：绘制与两个对象相切，并以指定值为半径的圆。

2. 绘制圆弧

圆弧是圆的一部分，可以使用多种方法绘制圆弧。调用绘制圆弧命令的操作方式如下：

- 【绘图】工具栏：【圆弧】按钮 ;
- 菜单栏：【绘图】→【圆弧】下的子命令；
- 命令行：arc ✓或 a ✓。

操作实例 4—绘制圆弧

通过指定圆弧上三个点（如图 2-13 所示指定 A、B、C 三点）绘制一条圆弧。其操作过程如下：

(1) 命令：arc✓

(2) 指定圆弧的起点或[圆心(C)]：（拾取点 A）

(3) 指定圆弧的第二个点或[圆心(C)/端点(E)]：（拾取点 B）

(4) 指定圆弧的端点：（拾取点 C）

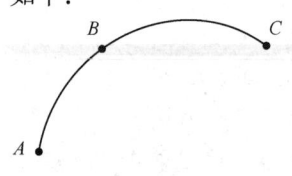

图 2-13 绘制圆弧

AutoCAD 为用户提供了 11 种绘制圆弧的方法，分别介绍如下。

① 三点(P)：通过指定三个点绘制圆弧，此为系统默认的绘制圆弧方式。
② 起点、圆心、端点(S)：通过指定圆弧的起点、圆心和端点来绘制圆弧。
③ 起点、圆心、角度(T)：通过指定圆弧的起点、圆心和角度来绘制圆弧。
④ 起点、圆心、长度(A)：通过指定圆弧的起点、圆心和弦长来绘制圆弧。
⑤ 起点、端点、角度(N)：通过指定圆弧的起点、端点和角度来绘制圆弧。
⑥ 起点、端点、方向(D)：通过指定圆弧的起点、端点和方向来绘制圆弧。
⑦ 起点、端点、半径(R)：通过指定圆弧的起点、端点和半径来绘制圆弧。
⑧ 圆心、起点、端点(C)：通过指定圆弧的圆心、起点和端点来绘制圆弧。
⑨ 圆心、起点、角度(E)：通过指定圆弧的圆心、起点和角度来绘制圆弧。
⑩ 圆心、起点、长度(L)：通过指定圆弧的圆心、起点和弦长来绘制圆弧。
⑪ 继续：该方法将以最后绘制的圆弧的端点作为新圆弧的起点，以所绘制圆弧终点的切线方向为新圆弧起点的切线方向来绘制新圆弧。

2.2.3 绘制正多边形和矩形

1．绘制正多边形

利用 AutoCAD 提供的绘制正多边形命令，可以创建包含 3～1024 条长度相等的边的闭合多段线。调用绘制正多边形命令的操作方式如下：
● 【绘图】工具栏：【正多边形】按钮；
● 菜单栏：【绘图】→【正多边形】；
● 命令行：polygon✓或 pol✓。

操作实例 5——绘制正多边形
绘制内接于圆的正多边形，如图 2-14 所示。其操作过程如下：
（1）命令：polygon✓
（2）输入边的数目<4>：6✓
（3）指定正多边形的中心点或[边(E)]：0,0✓
（4）输入选项 [内接于圆(I)/外切于圆(C)] <I>：i✓
（5）指定圆的半径：100✓

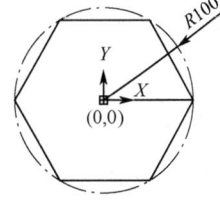

图 2-14　绘制内接于圆的正多边形

上面提示中选项功能如下。
① 边(E)：根据正多边形某条边的两个端点来绘制正多边形。
② 内接于圆(I)：根据外接圆绘制正多边形。
③ 外切于圆(C)：根据内切圆绘制正多边形。

2．绘制矩形

虽然使用绘制直线命令也能绘制矩形，但系统提供的专用绘制矩形命令更为方便。调用绘制矩形命令的操作方式如下：
● 【绘图】工具栏：【矩形】按钮；
● 菜单栏：【绘图】→【矩形】；
● 命令行：rectang✓或 rec✓。

可以通过指定矩形的两个对角点来绘制矩形，也可以通过指定矩形面积和长度或宽度来绘制矩形，绘制的矩形还可以有倒角、圆角、标高、厚度和宽度。

操作实例6—绘制矩形

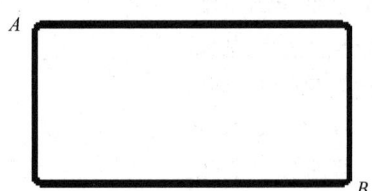

图2-15 绘制具有圆角的矩形

绘制具有圆角的矩形，如图2-15所示。其操作过程如下：

(1) 命令：rectang✓

(2) 指定第一个角点或[倒角(C)/标高(E)/圆角(F)/厚度(T)/宽度(W)]：f✓

(3) 指定矩形的圆角半径<0.0000>：10✓

(4) 指定第一个角点或[倒角(C)/标高(E)/圆角(F)/厚度(T)/宽度(W)]：w✓

(5) 指定矩形的线宽<0.0000>：5✓

(6) 指定第一个角点或[倒角(C)/标高(E)/圆角(F)/厚度(T)/宽度(W)]：（拾取点A）

(7) 指定另一个角点或[面积(A)/尺寸(D)/旋转(R)]：（拾取点B）

上面提示中选项功能如下。

① 指定第一个角点：默认选项，在此提示下，用户可通过指定矩形的两个角点来绘制矩形。

② 倒角(C)：用于设置矩形各顶点的倒角大小。

③ 标高(E)：用于确定矩形在三维空间内的某面高度，该选项一般用于三维绘图。

④ 圆角(F)：用于设置矩形各顶点的圆角半径。

⑤ 厚度(T)：用于设置矩形厚度，即Z轴方向的高度，一般用于三维绘图。

⑥ 宽度(W)：以指定的线宽来绘制矩形。

⑦ 面积(A)：通过指定矩形面积的大小来绘制矩形。

⑧ 尺寸(D)：以指定的长和宽绘制矩形，第二个指定点将矩形定位在与第一个角点相关的4个位置之一处。

⑨ 旋转(R)：用于绘制带有旋转角度的矩形。

2.2.4 绘制椭圆和椭圆弧

1. 绘制椭圆

椭圆是由中心点、长轴和短轴三个参数决定的。调用绘制椭圆命令的操作方式如下：

● 【绘图】工具栏：【椭圆】按钮 ▼ → 圆心按钮 圆心；

● 菜单栏：【绘图】→【椭圆】→【圆心】；

● 命令行：ellipse✓ 或 el✓。

操作实例7—绘制椭圆

绘制如图2-16所示的椭圆，了解绘制椭圆的方法。其操作过程如下：

(1) 命令：ellipse✓

(2) 指定椭圆的轴端点或[圆弧(A)/中心点(C)]：（拾取点A）

(3) 指定轴的另一个端点：（拾取点B）

(4) 指定另一条半轴长度或[旋转(R)]：（拾取点C）

上面提示中选项功能如下。

① 圆弧(A)：利用该选项可以绘制椭圆弧。

② 中心点(C)：通过指定椭圆中心点、轴的端点和轴的长度来绘制椭圆。

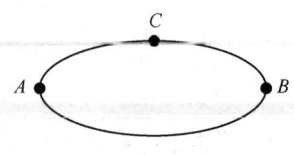

图2-16 绘制椭圆

③ 旋转(R)：通过旋转方式绘制椭圆。

2．绘制椭圆弧

椭圆弧是椭圆的一部分。调用绘制椭圆弧命令的操作方式如下：
- 【绘图】工具栏：【椭圆】按钮 ⊙ ▼ → 【椭圆弧】按钮 ⌒ 椭圆弧；
- 菜单栏：【绘图】→【椭圆】→【椭圆弧】；
- 命令行：ellipse↙或 el↙。

操作实例 8—绘制椭圆弧

绘制如图 2-17 所示的椭圆弧，了解绘制椭圆弧的方法。其操作过程如下：

(1) 命令：ellipse↙
(2) 指定椭圆的轴端点或 [圆弧(A)/中心点(C)]： a↙
(3) 指定椭圆弧的轴端点或 [中心点(C)]：（拾取点 A）
(4) 指定轴的另一个端点：（拾取点 B）
(5) 指定另一条半轴长度或 [旋转(R)]：（拾取点 C）
(6) 指定起始角度或 [参数(P)]：（拾取点 P1）
(7) 指定终止角度或 [参数(P)/包含角度(I)]：（拾取点 P2）

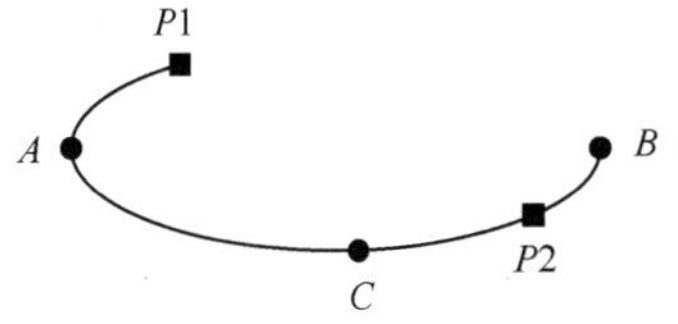

图 2-17　绘制椭圆弧

上面提示中选项功能如下。

① 指定起始角度：通过指定椭圆的起始角度、终止角度来绘制椭圆弧，其中，起始角度与终止角度是以椭圆的第一条轴为基准确定的。

② 参数(P)：通过设定参数来绘制椭圆弧。

2.2.5 绘制点

点是所有图形对象中最简单的，主要用作标记。用户可以直接绘制点，也可以在指定的直线、多段线、圆、圆弧、椭圆等对象上绘制点。另外，用户可以设置点的显示方式和显示标记大小。

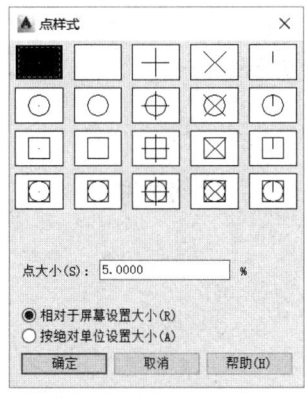

图 2-18　【点样式】对话框

1．设置点样式

在默认的情况下，点以一个小圆点的形式表现，不便于识别。通过设置点的样式，可使点能更清楚地显示在屏幕上。设置点样式的方法：选择菜单栏中的【格式】→【点样式】命令，系统弹出【点样式】对话框，如图 2-18 所示。该对话框中提供了 20 种点样式，用户可以设置点的样式及点的大小，设置完成后，单击【确定】按钮即可。

2．绘制单点和多点

调用绘制点命令的操作方式如下：
- 【绘图】工具栏：【点】按钮 · ；
- 菜单栏：【绘图】→【点】→【单点】/【多点】；
- 命令行：point↙或 po↙。

执行绘制点命令后，命令行提示"指定点:"，用户只需用光标确定或用键盘输入点的位置，就可绘制一个点。

2.2.6 绘制多段线和样条曲线

1. 绘制多段线

多段线是由单个对象组成的相互连接的系列线段，可以是直线、圆弧或两者的组合，但不论其由多少条直线和圆弧组成，多段线都被当成一个对象看待。

调用绘制多段线命令的操作方式如下：

- 【绘图】工具栏：【多段线】按钮⤵；
- 菜单栏：【绘图】→【多段线】；
- 命令行：pline✓或pl✓。

操作实例9—绘制多段线

图2-19 绘制多段线

绘制如图2-19所示的图形，了解绘制多段线命令的方法。其操作过程如下：

(1) 命令：pline✓
(2) 指定起点：0,0✓
(3) 指定下一个点或 [圆弧(A)/半宽(H)/长度(L)/放弃(U)/宽度(W)]：w✓
(4) 指定起点宽度 <20.0000>：30✓
(5) 指定端点宽度 <30.0000>：30✓
(6) 指定下一个点或 [圆弧(A)/半宽(H)/长度(L)/放弃(U)/宽度(W)]：@500,0✓
(7) 指定下一点或 [圆弧(A)/闭合(C)/半宽(H)/长度(L)/放弃(U)/宽度(W)]：a✓
(8) 指定圆弧的端点或[角度(A)/圆心(CE)/闭合(CL)/方向(D)/半宽(H)/直线(L)/半径(R)/第二个点(S)/放弃(U)/宽度(W)]：（拾取点A）
(9) 指定圆弧的端点或[角度(A)/圆心(CE)/闭合(CL)/方向(D)/半宽(H)/直线(L)/半径(R)/第二个点(S)/放弃(U)/宽度(W)]：l✓
(10) 指定下一点或[圆弧(A)/闭合(C)/半宽(H)/长度(L)/放弃(U)/宽度(W)]：（拾取点B）
(11) 指定下一点或[圆弧(A)/闭合(C)/半宽(H)/长度(L)/放弃(U)/宽度(W)]：c✓

上面提示中选项功能如下。

① 圆弧(A)：用于将绘制直线方式切换为绘制圆弧方式。
② 半宽(H)：用于指定多段线的半宽值，即从多段线的中线到多段线边界的宽度。
③ 长度(L)：用于指定将要绘制的直线的长度。
④ 放弃(U)：用于取消最后绘制的多段线。
⑤ 宽度(W)：用于设置多段线的宽度，起点宽度和终点宽度可不同。

2. 绘制样条曲线

样条曲线是一种高级的光滑曲线，可理解为经过一系列指定点的光滑曲线，也可以理解为在指定的公差范围内把光滑的曲线拟合成一系列的点，用于创建形状不规则的曲线。

调用绘制样条曲线命令的操作方式如下：

- 【绘图】工具栏：【样条曲线拟合点】按钮〜/【样条曲线控制点】按钮〜；
- 菜单栏：【绘图】→【样条曲线】→【拟合点】/【控制点】；
- 命令行：spline✓。

操作实例 10——绘制样条曲线

绘制如图 2-20 所示的图形，了解绘制样条曲线的方法。其操作过程如下：

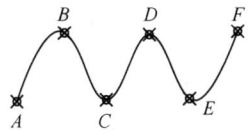

图 2-20　绘制样条曲线

(1) 命令：spline↙

(2) 输入第一个点或[方式(M)节点(K)/对象(O)]：（拾取点 A）

(3) 输入下一点[端点相切(T)/公差(L)放弃(U)/闭合(C)]：（拾取点 B）

(4) 输入下一点[端点相切(T)/公差(L)放弃(U)/闭合(C)]：（拾取点 C）

(5) 输入下一点[端点相切(T)/公差(L)放弃(U)/闭合(C)]：（拾取点 D）

(6) 输入下一点[端点相切(T)/公差(L)放弃(U)/闭合(C)]：（拾取点 E）

(7) 输入下一点[端点相切(T)/公差(L)放弃(U)/闭合(C)]：（拾取点 F）

(8) 输入下一点[端点相切(T)/公差(L)放弃(U)/闭合(C)]：↙

上面提示中各选项功能如下：

① 对象(O)：用于将编辑多段线得到的二次或三次拟合曲线转换成等价的样条曲线。

② 闭合(C)：用于按输入的点绘制一条封闭的样条曲线。

③ 公差(L)：用于设置样条曲线的拟合公差。拟合公差是指实际样条曲线与指定拟合点之间所允许偏离的最大值。公差值越小，样条曲线与拟合点越接近。

④ 端点相切：用于指定样条曲线终点处的切线方向。

2.2.7　图案填充

图案填充指的是用某种图案填充图形对象中的指定区域，这一功能在用户绘制剖面图或利用不同的图案来表示不同物体时非常有用。调用图案填充命令的操作方式如下：

● 【绘图】工具栏：【图案填充】按钮 ；
● 菜单栏：【绘图】→【图案填充】；
● 命令行：bhatch↙或 bh↙。

执行完图案填充命令后，在命令行中选择【设置】选项，弹出【图案填充和渐变色】对话框，单击对话框右下角的 按钮，将展开更多选项，如图 2-21 所示。该对话框包含【图案填充】和【渐变色】两个选项卡。

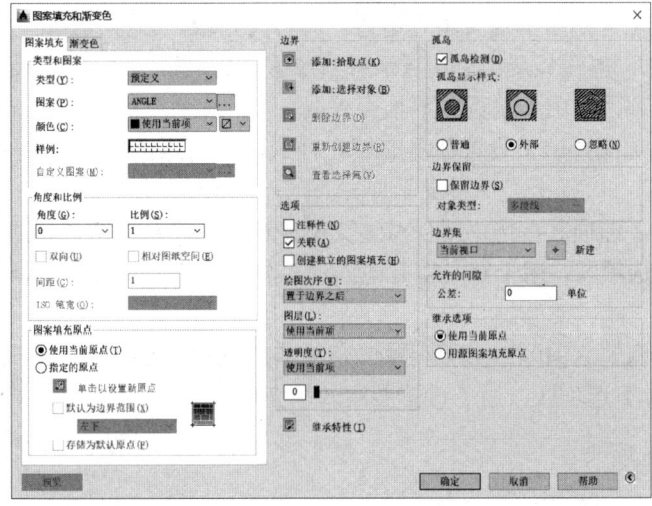

图 2-21　【图案填充和渐变色】对话框

1.【图案填充】选项卡

该选项卡用于快速设置图案填充。其中选项的含义如下。

(1)【类型和图案】选项区：用于设置填充的类型和图案。

①【类型】下拉列表框：用于设置填充图案的类型，有"预定义""用户定义"和"自定义"3个选项。"预定义"选项：选择AutoCAD提供的填充图案；"用户定义"选项：选择用户临时定义的简单填充图案；"自定义"选项：选择用户事先定义好的填充图案。

②【图案】下拉列表框：主要用于设置填充的图案，在选中【类型】下拉列表框中的"预定义"选项时才可用。单击右侧的 按钮，系统会弹出【填充图案选项板】对话框，如图2-22所示，可利用该对话框选择填充图案。

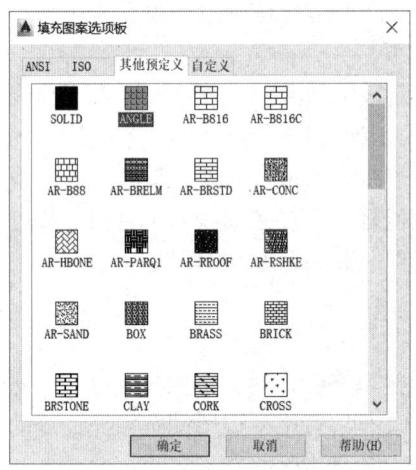

图2-22 【填充图案选项板】对话框

③【样例】预览框：显示所选图案的样式。单击样例，系统同样弹出【填充图案选项板】对话框。

(2)【角度和比例】选项区：用于设置填充图案的旋转角度和缩放比例。

(3)【图案填充原点】选项区：用于设置图案填充原点的位置。

(4)【边界】选项区：用于选择填充边界。单击【拾取点】按钮，系统将自动搜索包含该点的区域边界，并以虚线显示；单击【选择对象】按钮，系统将提示选择实体边界。

(5)【选项】选项区：用于设置图案是否关联。

(6)【孤岛】选项区：用于设置孤岛的填充样式。孤岛是指填充边界里包含的闭合区域，包括"普通""外部"和"忽略"3种显示样式。

(7)【边界保留】选项区：选中【保留边界】复选框，表示保留选择的填充边界。

(8)【边界集】选项区：用于定义填充边界的对象集，即AutoCAD将根据哪些对象来确定填充边界。

(9)【允许的间隙】选项区：用于设置填充区域允许的最大间隙。

(10)【继承选项】选项区：用于设置图案的填充原点。

2.【渐变色】选项卡

该选项卡用于对图形区域进行渐变填充，如图2-23所示。其中选项的含义如下。

(1)【颜色】选项区：该选项区包含两个单选按钮。

①【单色】单选按钮：使用一种颜色产生的渐变色来填充图形。单击其后的【浏览】按钮，系统弹出【选择颜色】对话框，通过该对话框可以选择需要的颜色，通过拖动滑块可调整渐变色的渐变程度。

②【双色】单选按钮：使用由两种颜色形成的渐变色来填充图形。

(2)【方向】选项区：用于设置填充渐变色的位置和角度。

①【居中】复选框：选中该复选框，所选颜色将以居中的方式渐变。

②【角度】下拉列表框：用于设置渐变的方向。

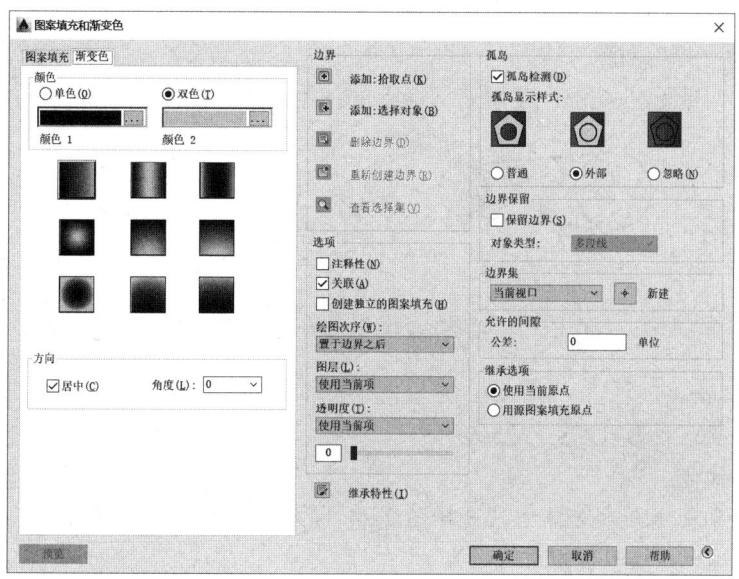

图 2-23 【渐变色】选项卡

任务 2.3 基本图形的编辑

【任务描述】

在已创建图形对象的基础上还需对已有的对象进行修改、复制等编辑操作，以简化作图过程，更好地提高设计和绘图的效率。根据给定的指导步骤进行实际操作，逐步完成图形的编辑，掌握在 AutoCAD 中编辑基本图形元素的方法，进一步加深对 AutoCAD 绘图工具的理解和应用。

【任务目标】

- 掌握对图形对象进行修剪和延伸的操作。
- 掌握对图形对象进行复制、镜像和偏移的操作。
- 掌握改变图形对象位置和大小的操作。
- 掌握对图形对象的边、角及长度进行编辑的操作。
- 通过操作实践，优化设计、提高绘图技能和绘图效率。
- 培养学生一丝不苟的工作态度。

2.3.1 修剪和延伸图形对象

1. 修剪对象

修剪命令是工程设计中经常用到的命令,指按照指定的边界修剪对象,将多余的部分去除。调用修剪命令的操作方式如下:
- 【修改】工具栏:【修剪】按钮 ⊸⊸ ；
- 菜单栏:【修改】→【修剪】；
- 命令行:trim✓或 tr✓。

操作实例 11—修剪对象

绘制如图 2-24 所示的图形,了解修剪命令的使用方法。其操作过程如下:

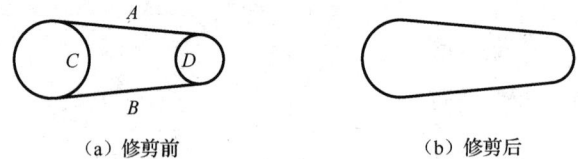

（a）修剪前　　　　　　　　（b）修剪后

图 2-24　修剪对象

(1) 命令:trim✓

　　当前设置:投影=UCS,边=无

　　选择剪切边...

(2) 选择对象或 <全部选择>:（选择图 2-24（a）中的直线 A 和直线 B）

(3) 选择对象:✓（回车结束选择）

(4) 选择要修剪的对象,或按住 Shift 键选择要延伸的对象,或[栏选(F)/窗交(C)/投影(P)/边(E)/删除(R)/放弃(U)]:（单击图 2-24（a）中的圆 C 右侧）

(5) 选择要修剪的对象,或按住 Shift 键选择要延伸的对象,或[栏选(F)/窗交(C)/投影(P)/边(E)/删除(R)/放弃(U)]:（单击图 2-24（a）中的圆 D 左侧）

(6) 选择要修剪的对象,或按住 Shift 键选择要延伸的对象,或[栏选(F)/窗交(C)/投影(P)/边(E)/删除(R)/放弃(U)]:✓（回车结束选择,修剪结果如图 2-24（b）所示）

上面提示中选项功能如下。

① 栏选(F):通过指定栏选点修剪对象。
② 窗交(C):通过指定窗交对角点修剪对象。
③ 投影(P):用于设置在修剪对象时系统使用的投影模式,默认为当前用户坐标。
④ 边(E):用于设置修剪边的隐含延伸模式。
⑤ 删除(R):确定要删除的对象。
⑥ 放弃(U):用于取消上一次操作。

2. 延伸对象

延伸对象和修剪对象的作用正好相反,延伸命令可以将对象精确地延伸到其他对象定义的边界处。调用延伸命令的操作方式如下:
- 【修改】工具栏:【延伸】按钮 ⊸⊸ ；

- 菜单栏:【修改】→【延伸】;
- 命令行:extend↙或 ex↙。

操作实例 12——延伸对象

绘制如图 2-25 所示的图形,了解延伸命令的使用方法。其操作过程如下:

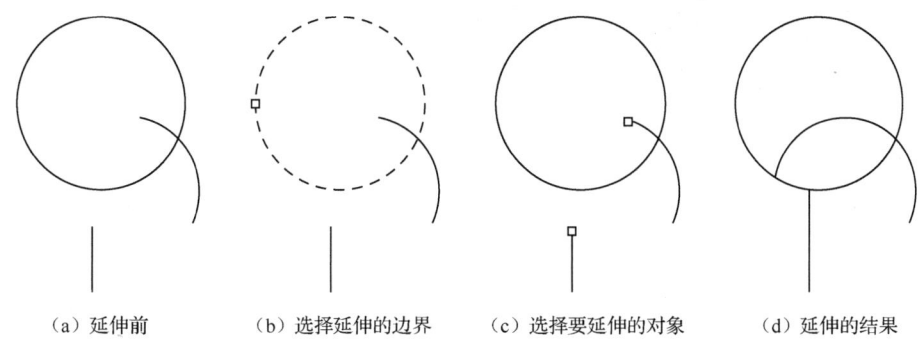

(a) 延伸前　　　(b) 选择延伸的边界　　　(c) 选择要延伸的对象　　　(d) 延伸的结果

图 2-25　延伸对象

(1) 命令:extend↙

　　　当前设置:投影=UCS,边=延伸

　　　选择边界的边...

(2) 选择对象或 <全部选择>:(选择图 2-25 (b) 中的圆)

(3) 选择对象:↙ (回车结束选择)

(4) 选择要延伸的对象,或按住 Shift 键选择要修剪的对象,或[栏选(F)/窗交(C)/投影(P)/边(E)/放弃(U)]:(单击图 2-25 (c) 中的直线)

(5) 选择要延伸的对象,或按住 Shift 键选择要修剪的对象,或[栏选(F)/窗交(C)/投影(P)/边(E)/放弃(U)]:(单击图 2-25 (c) 中的圆弧)

(6) 选择要延伸的对象,或按住 Shift 键选择要延伸的对象,或[栏选(F)/窗交(C)/投影(P)/边(E)/放弃(U)]:↙ (回车结束选择,延伸结果如图 2-25 (d) 所示)

2.3.2　删除和复制图形对象

图形对象的删除和复制操作包括删除对象、复制对象、镜像对象、旋转对象、缩放对象、阵列对象、偏移对象等,使用这些操作可以减少大量的重复性工作,提高绘图效率。

1. 删除对象

利用删除命令可以删除图形中不需要或不合适的对象。调用删除命令的操作方式如下:

- 【修改】工具栏:【删除】按钮 ✐;
- 菜单栏:【修改】→【删除】;
- 命令行:erase↙或 e↙。

也可以先在未激活任何命令的状态下选择对象,使其为高亮状态,然后单击工具栏中【删除】按钮,删除对象。

2. 复制对象

利用复制命令可以复制图形中相同的、需反复出现的对象。调用复制命令的操作方式如下:

- 【修改】工具栏：【复制】按钮 ；
- 菜单栏：【修改】→【复制】；
- 命令行：copy✓或 co✓或 cp✓。

操作实例 13—复制对象

绘制如图 2-26 所示的图形，了解复制命令的使用方法。其操作过程如下：

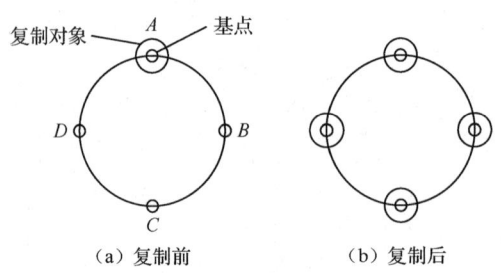

(a) 复制前　　　　(b) 复制后

图 2-26　复制对象

(1) 命令：copy✓
(2) 选择对象：(选择图 2-26（a）中圆 A 为要复制的对象）
(3) 选择对象：✓
(4) 指定基点或 [位移(D)] <位移>：(拾取圆 A 的圆心为基点）
(5) 指定第二个点或 <使用第一个点作为位移>：(拾取点 B)
(6) 指定第二个点或 [退出(E)/放弃(U)] <退出>：(拾取点 C)
(7) 指定第二个点或 [退出(E)/放弃(U)] <退出>：(拾取点 D)
(8) 指定第二个点或 [退出(E)/放弃(U)] <退出>：✓（复制后的对象如图 2-26（b）所示）
上面提示中选项功能如下。

① 基点：复制对象的基准点，基点可以指定在被复制的对象上，也可以不指定在被复制的对象上。
② 位移(D)：用于指定第一点和第二点之间的距离。

3．镜像对象

在工程设计中经常遇到上下、左右对称的图形，利用镜像命令复制对象，可以快速生成整个对象。调用镜像命令的操作方式如下：

- 【修改】工具栏：【镜像】按钮；
- 菜单栏：【修改】→【镜像】；
- 命令行：mirror✓或 mi✓。

操作实例 14—镜像对象

绘制如图 2-27 所示的图形，了解镜像命令的使用方法。其操作过程如下：

(1) 命令：mirror✓
(2) 选择对象：(选择图 2-27（b）中的圆 C)
(3) 选择对象：✓
(4) 指定镜像线的第一点：(拾取点 A，如图 2-27（c）所示）
(5) 指定镜像线的第二点：(拾取点 B，如图 2-27（c）所示）
(6) 要删除源对象吗？[是(Y)/否(N)] <N>：✓（镜像的结果如图 2-27（d）所示）

模块2 AutoCAD应用

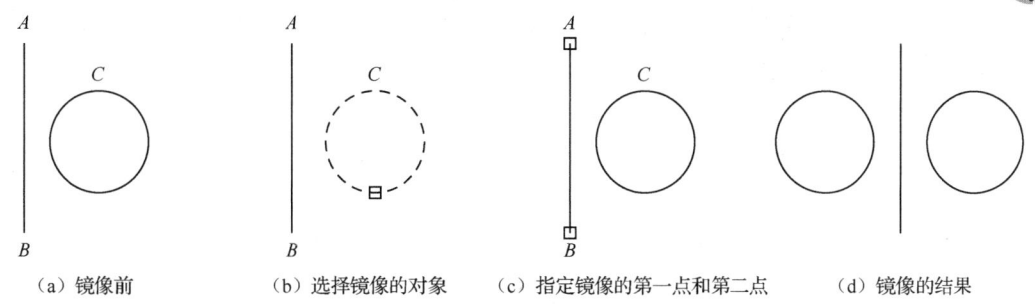

(a) 镜像前　　　　　(b) 选择镜像的对象　　　(c) 指定镜像的第一点和第二点　　(d) 镜像的结果

图 2-27　镜像对象

4．旋转对象

可以通过指定一个基点和一个相对或绝对的旋转角度来对选择的对象进行旋转，源对象可以删除也可以保留。调用旋转命令的操作方式如下：

- 【修改】工具栏：【旋转】按钮 ；
- 菜单栏：【修改】→【旋转】；
- 命令行：rotate✓或 ro✓。

操作实例 15—旋转对象

绘制如图 2-28 所示的图形，了解旋转命令的使用方法。其操作过程如下：

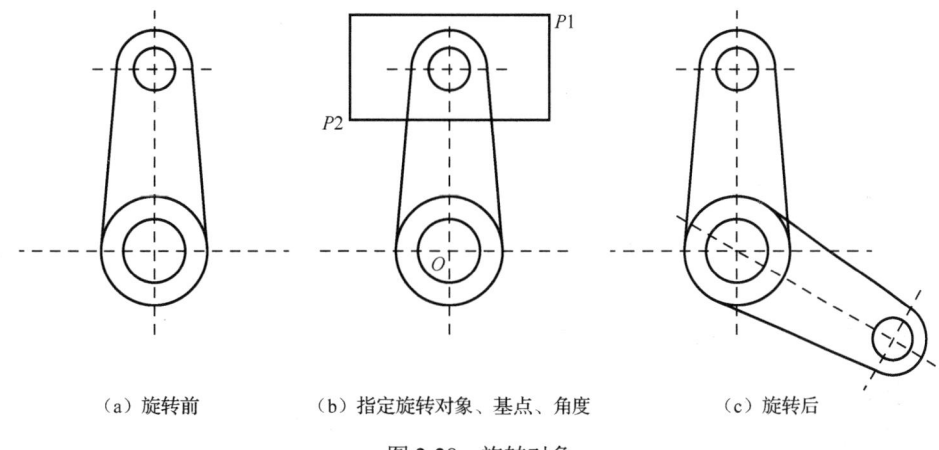

(a) 旋转前　　　　(b) 指定旋转对象、基点、角度　　　(c) 旋转后

图 2-28　旋转对象

(1) 命令：rotate✓

　　UCS 当前的正角方向：ANGDIR=逆时针　ANGBASE=0

(2) 选择对象：（拾取 P1 和 P2 之间的对象，如图 2-28（b）所示）

(3) 选择对象：✓

(4) 指定基点：（拾取圆心 O 点，如图 2-28（b）所示）

(5) 指定旋转角度，或 [复制(C)/参照(R)] <0>: c✓（选择以复制方式旋转）

(6) 指定旋转角度，或 [复制(C)/参照(R)] <50>: -120✓（顺时针旋转 120°，如图 2-28（c）所示）

上面提示中选项功能如下。

① 复制(C)：用于创建要旋转的对象的副本。

② 参照(R)：用于将对象从指定的角度旋转到新的绝对角度。

5．缩放对象

缩放命令可将任意图形放大或缩小，源对象可以删除也可以保留。调用缩放命令的操作方式如下：

- 【修改】工具栏：【缩放】按钮；
- 菜单栏：【修改】→【缩放】；
- 命令行：scale↙或sc↙。

操作实例16—缩放对象

对已知的圆进行两次复制缩放，如图2-29所示。其操作过程如下：

（1）命令：scale↙

（2）选择对象：（选择图2-29（a）中的圆作为缩放对象）

（3）选择对象：↙

（4）指定基点：（指定圆的最低象限点为缩放基点）

（5）指定比例因子或 [复制(C)/参照(R)] <1.0000>：c↙

（6）指定比例因子或 [复制(C)/参照(R)] <1.0000>：1.5↙或0.5↙（结果如图2-29（b）、（c）所示）

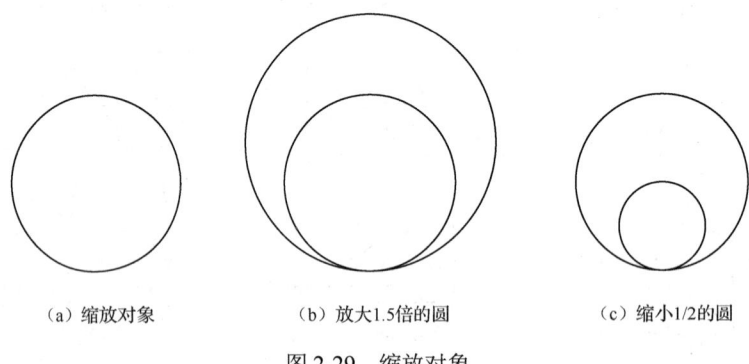

(a) 缩放对象　　　　(b) 放大1.5倍的圆　　　　(c) 缩小1/2的圆

图2-29　缩放对象

上面提示中各选项功能如下。

① 复制(C)：用于对多个对象进行重复缩放。

② 参照(R)：将参考值作为比例因子来缩放对象。

6．阵列对象

阵列命令用于复制均匀排列的图形元素。使用该命令可以创建矩形阵列、路径阵列和环形阵列。调用阵列命令的操作方式如下：

- 【修改】工具栏：【阵列】按钮 →　矩形阵列／路径阵列／环形阵列；
- 菜单栏：【修改】→【阵列】→【矩形阵列】／【路径阵列】／【环形阵列】；
- 命令行：array↙或ar↙。

操作实例17—阵列对象

绘制如图2-30所示的图形，了解阵列命令的使用方法。其操作过程如下：

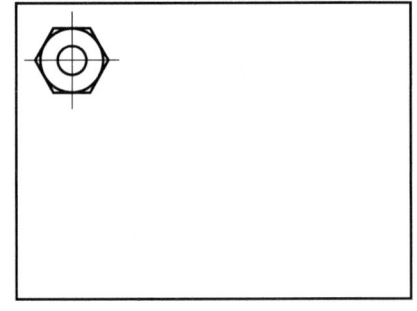
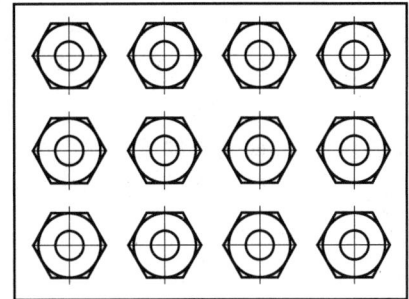

（a）阵列前　　　　　　　　　　　　　　　（b）阵列后

图 2-30　阵列对象

（1）命令：array✓

（2）选择对象：（选择要阵列的六边形，如图 2-30（a）所示，回车结束选择）

（3）输入阵列类型 [矩形(R)/路径(PA)/极轴(PO)]<矩形>：r✓（此时，系统功能区自动弹出【阵列创建】选项卡，如图 2-31 所示。在此选项卡中可以分别设置【列数】【行数】、列间距【介于】、行间距【介于】等参数，如图 2-31 所示，将【列数】设为 4，【行数】设为 3，阵列结果如图 2-30（b）所示）

（4）选择夹点以编辑阵列或 [关联(AS)/基点(B)/计数(COU)/间距(S)/列数(COL)/行数(R)/层数(L)/退出(X)]<退出>：x ✓

图 2-31　【阵列创建】选项卡

7. 偏移对象

偏移命令用于创建一个选定对象的等距曲线对象，即创建一个与选定对象类似的新对象，并把它放在和源对象有一定距离的位置。调用偏移命令的操作方式如下：

- 【修改】工具栏：【偏移】按钮；
- 菜单栏：【修改】→【偏移】；
- 命令行：offset✓或 o✓。

操作实例 18—偏移对象

绘制如图 2-32 所示的图形，了解偏移命令的使用方法。其操作过程如下：

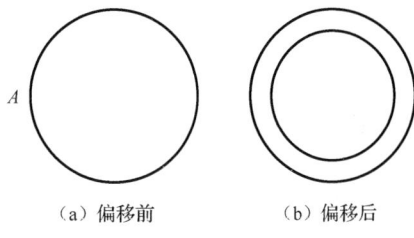

（a）偏移前　　　（b）偏移后

图 2-32　偏移对象

（1）命令：offset✓

　　当前设置：删除源=否　图层=源　OFFSETGAPTYPE=0

（2）指定偏移距离或 [通过(T)/删除(E)/图层(L)]<通过>：20✓

（3）选择要偏移的对象，或[退出(E)/放弃(U)]<退出>：（选择圆 A，如图 2-32（a）所示）

（4）指定要偏移的那一侧上的点，或[退出(E)/多个(M)/放弃(U)]<退出>：（在圆 A 的内侧任

意一点单击)

(5) 选择要偏移的对象，或[退出(E)/放弃(U)] <退出>：✓（偏移后对象如图 2-32（b）所示）
上面提示中选项功能如下。
① 通过(T)：选择该选项可创建通过指定点的偏移对象。
② 删除(E)：选择该选项可在偏移后删除源对象。
③ 图层(L)：用于指定偏移对象的图层特性。
④ 退出(E)：用于结束偏移命令。
⑤ 放弃(U)：用于取消偏移命令。

2.3.3 改变图形对象的位置和大小

要改变图形对象的位置和大小，除了利用前面讲述的缩放、复制、旋转等命令来实现，还可以利用移动、拉伸、拉长等命令来实现。这些命令将选中的对象根据指定的矢量方向和大小进行移动和拉伸，从而改变对象的实际位置和形状。

1．移动对象

移动对象是指在图形中选择要移动的对象，把对象从当前位置移至目标位置，移动过程中不改变对象的大小。调用移动命令的操作方式如下：
- 【修改】工具栏：【移动】按钮 ；
- 菜单栏：【修改】→【移动】；
- 命令行：move✓ 或 m✓。

操作实例 19——移动对象

将图 2-33 中的正六边形从点 A 移动到点 B。其操作过程如下：

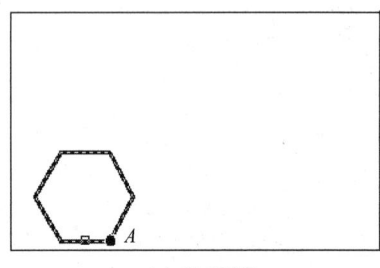
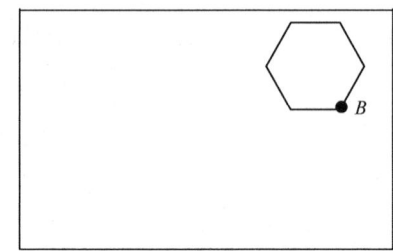

(a) 选择对象　　　　　　　　　　　　　(b) 移动到新位置

图 2-33　移动对象

(1) 命令：move✓
(2) 选择对象：(选择图 2-33（a）中的正六边形)
(3) 选择对象：✓
(4) 指定基点或 [位移(D)] <位移>：(指定图 2-33（a）中点 A 作为位移的基点)
(5) 指定第二个点或 <使用第一个点作为位移>：(指定图 2-33（b）中点 B 作为位移的第二个点)

2．拉伸对象

使用拉伸命令可以移动图形对象中的指定部分，同时保持与图形对象未移动部分相连接。

直线、圆弧、多段线、多线、图案填充等对象都可以被拉伸。调用拉伸命令的操作方式如下：
- 【修改】工具栏：【拉伸】按钮；
- 菜单栏：【修改】→【拉伸】；
- 命令行：stretch✓或s✓。

操作实例20—拉伸对象

将如图2-34（a）所示窗口内对象向右拉伸30。其操作过程如下：

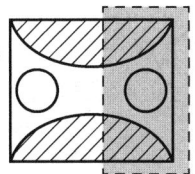 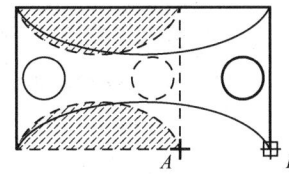 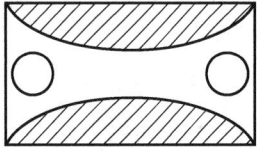

（a）通过构造交叉窗口选择对象　　（b）向右移动光标　　（c）拉伸结果

图2-34　拉伸对象

(1) 命令：stretch✓

以交叉窗口或交叉多边形选择要拉伸的对象…

(2) 选择对象：指定对角点：（通过构造交叉窗口来选择对象，如图2-34（a）所示）

(3) 选择对象：✓

(4) 指定基点或 [位移(D)]<位移>：（指定点A为基点，如图2-34（b）所示）

(5) 指定第二个点或 <使用第一个点作为位移>：30✓（输入拉伸距离，确定第二个点B，拉伸结果如图2-34（c）所示）

3．拉长对象

使用拉长命令可以修改直线、圆弧、椭圆弧、开放的多段线和样条曲线的长度及圆弧的包含角。修改结果与延伸、修剪的结果相似。调用拉长命令的操作方式如下：
- 【修改】工具栏：【拉长】按钮；
- 菜单栏：【修改】→【拉长】；
- 命令行：lengthen✓或len✓。

操作实例21—拉长对象

使用拉长命令改变圆弧的长度，如图2-35所示。其操作过程如下：

(1) 命令：lengthen✓

(2) 选择对象或 [增量(DE)/百分数(P)/全部(T)/动态(DY)]: de ✓（指定增量选项）

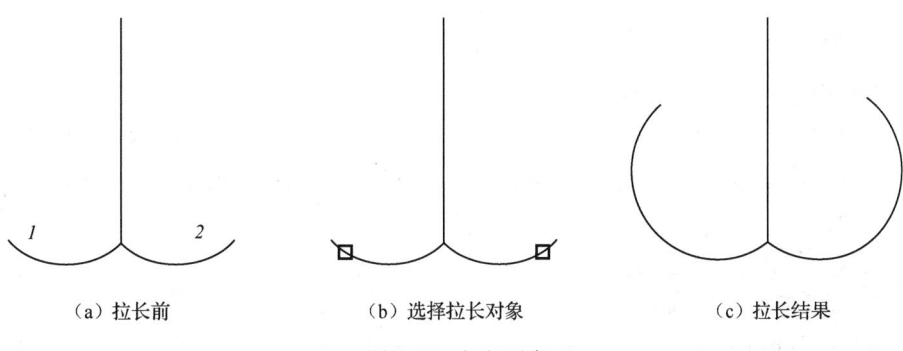

（a）拉长前　　　　　　（b）选择拉长对象　　　　　（c）拉长结果

图2-35　拉长对象

(3) 输入长度增量或 [角度(A)] <0>：a✓（选择角度）

(4) 输入角度增量 <0>：100✓

(5) 选择要修改的对象或 [放弃(U)]：（在圆弧 1 要拉长的一端单击，如图 2-35（b）所示）

(6) 选择要修改的对象或 [放弃(U)]：（在圆弧 2 要拉长的一端单击，如图 2-35（b）所示）

(7) 选择要修改的对象或 [放弃(U)]：✓（结束操作，拉长结果如图 2-35（c）所示）

2.3.4 编辑图形对象的边、角、长度

绘图时，有时候需要将一个对象断开分成两个或者将两个对象合并成一个，另外有一些边、角需要做一些圆角或斜角处理，AutoCAD 可以对这些边、角进行进一步编辑。

1. 打断对象

使用打断命令可以将一个对象打断为两个对象，对象之间可以有间隙，也可以没有间隙。该命令可以打断大多数几何对象，但不包括：块、标注、多线和面域。调用打断命令的操作方式如下：

- 【修改】工具栏：【打断】按钮 □ 或 □ （使用 □ 按钮打断对象将产生间隙，使用 □ 按钮打断对象不会产生间隙）；
- 菜单栏：【修改】→【打断】；
- 命令行：break✓ 或 br✓。

操作实例 22——打断对象

使用打断命令，将两个指定点之间的部分删除来创建间隙，如图 2-36 所示。其操作过程如下：

(1) 命令：break✓

(2) 选择对象：（在直线或圆周上拾取点 1，如图 2-36（a）所示）

(3) 指定第二个打断点或 [第一点(F)]：（在直线或圆周上拾取点 2，打断结果如图 2-36（b）所示）

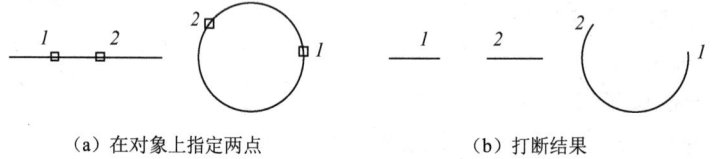

(a) 在对象上指定两点　　　　　(b) 打断结果

图 2-36　打断对象

2. 合并对象

合并对象是指将多个同类对象合并成一个，即将位于同一条直线上的两条或多条直线合并成一条直线，将位于一个圆周上的多条圆弧（椭圆弧）合并为一条圆弧或整圆（椭圆），或将一条多段线和其首尾相连的一条或多条直线、多段线、圆弧或样条曲线合并在一起。调用合并命令的操作方式如下：

- 【修改】工具栏：【合并】按钮 ✦ ；
- 菜单栏：【修改】→【合并】；
- 命令行：join✓ 或 j✓。

3. 圆角和倒角

在工程和产品设计中经常会对图形进行圆角和倒角处理。圆角是指按照指定的半径创建一条圆弧，或自动修剪和延伸圆角的对象使之光滑相连。倒角是指连接两个非平行的对象，通过延伸或修剪使之相交或用斜线连接。调用圆角和倒角命令的操作方式如下：

- 【修改】工具栏：【圆角】按钮 ⌒ 圆角 ▼ → ⌒ 圆角 / ⌒ 倒角
- 菜单栏：【修改】→【圆角】/【倒角】
- 命令行：fillet✓或 f✓/chamfer✓或 cha✓

操作实例 23—圆角对象

在图 2-37 中添加圆角。其操作过程如下：

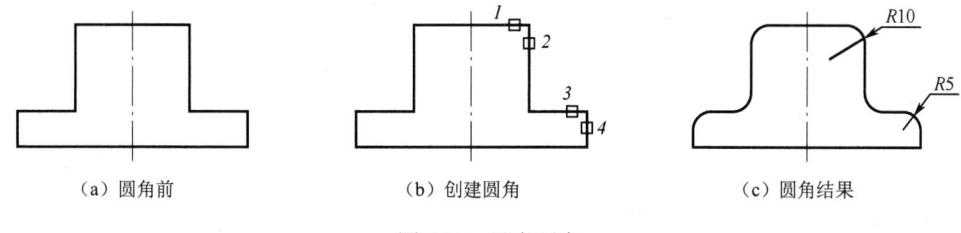

（a）圆角前　　　　　　（b）创建圆角　　　　　　（c）圆角结果

图 2-37　圆角对象

(1) 命令：fillet✓

　　当前设置：模式＝修剪，半径＝0.0000

(2) 选择第一个对象或 [放弃(U)/多段线(P)/半径(R)/修剪(T)/多个(M)：r ✓（选择半径方式）

(3) 指定圆角半径 <0.0000>：10 ✓（输入半径值）

(4) 选择第一个对象或[放弃(U)/多段线(P)/半径(R)/修剪(T)/多个(M)]：（拾取边 1）

(5) 选择第二个对象，或按住 Shift 键选择要应用角点的对象：（拾取边 2）

用同样方法输入半径值 5，拾取边 3 和边 4，可以添加 R5 圆角。

上面提示中选项功能如下。

① 放弃(U)：用于放弃圆角命令。

② 多段线(P)：用于按指定的圆角半径在该多段线各个顶点处倒圆角。

③ 半径(R)：用于输入连接圆角半径值。

④ 修剪(T)：用于确定倒圆角时是否修剪边界。

⑤ 多个(M)：用于对多个对象进行圆角操作。

任务 2.4　文字和表格的创建与编辑

【任务描述】

通信工程图中通常包含一些文字和表格来标注图样中的一些信息，如技术要求、施工要求、标题栏和明细表等。

掌握在 AutoCAD 中文字的输入方法和文字样式的设置方法，掌握表格样式的设置方法和表格的绘制及修改方法。同时，通过实际操作练习，加深对 AutoCAD 文字与表格处理功能的理解，为后续绘图工作打下坚实基础。

【任务目标】

- 掌握在 AutoCAD 中输入文字的方法。
- 掌握在 AutoCAD 中设置文字样式和编辑文字的方法。
- 掌握 AutoCAD 中创建表格样式的方法。
- 掌握在 AutoCAD 中编辑表格单元的方法。
- 通过操作实践，进一步优化设计，提高绘图技能和绘图效率。
- 培养培养学生一丝不苟的工作态度。

2.4.1 使用文字

在 AutoCAD 中，系统在【注释】工具栏中给出了文字按钮，其中有两种输入文字的命令：单行文字和多行文字。

1. 输入单行文字

使用单行文字命令可为图形标注一行或多行文字，每一行文字作为一个实体。用户不仅可以通过该命令设定文字的对齐方式和倾斜角度，还能够用十字光标在不同的位置选取点来定位文字。调用单行文字命令的操作方式如下：

- 【注释】工具栏：【文字】按钮 → 【单行文字】按钮；
- 菜单栏：【绘图】→【文字】→【单行文字】；
- 命令行：dtext✓或 text✓或 dt✓。

操作实例 24—输入单行文字

图 2-38 输入单行文字

创建如图 2-38 所示文字，其字高为 160，旋转角度为 0°，正中对齐。其操作过程如下：

（1）命令：text✓

当前文字样式："Standard"当前文字高度：1.0000（系统显示当前文字样式和文字高度）

（2）指定文字的起点或[对正(J)/样式(S)]：j ✓

（3）输入选项[对齐(A)/调整(F)/中心(C)/中间(M)/右(R)/左上(TL)/中上(TC)/右上(TR)/左中(ML)/正中(MC)/右中(MR)/左下(BL)/中下(BC)/右下(BR)]：mc✓（以正中方式对齐）

（4）指定文字的中间点：（在绘图区中拾取一点作为文字中间点）

（5）指定高度<5.0000>：160 ✓（指定文字高度为 160）

（6）指定文字的旋转角度<0>：✓（默认文字的旋转角度为 0°）

此时可在绘图区域指定位置输入一行或多行文字，如输入一行文字："通信工程制图"，按【Esc】键退出，如图 2-38 所示。

2. 输入多行文字

多行文字可由任意数目的文本行组成，所有文字构成一个单独的实体。调用多行文字命令的操作方式如下：

● 【注释】工具栏：【文字】按钮 → 【多行文字】按钮；
● 菜单栏：【绘图】→【文字】→【多行文字】；
● 命令行：mtext✓或 mt✓。

操作实例 25——输入多行文字

创建多行文字，了解多行文字的使用方法。其操作过程如下：
(1) 命令：mtext✓
(2) 当前文字样式："Standard" 文字高度： 2.5 注释性： 否
    指定第一角点：（在绘图区中拾取一点）
(3) 指定对角点或 [高度(H)/对正(J)/行距(L)/旋转(R)/样式(S)/宽度(W)]：（将光标向右下方移动一段距离后拾取第二点）

此时系统自动启动【文字编辑器】选项卡，可以对文字的样式、格式、段落、插入、拼写检查等特性进行设置；在绘图区中可在文本框中输入文字："欢迎使用中文版 AutoCAD"，如图 2-39 所示。

图 2-39 【文字编辑器】选项卡和文本框

以上提示中各选项功能如下。
① 高度(H)：用于设置文字的高度。
② 对正(J)：用于确定文本行的排列形式。
③ 行距(L)：用于设置多行文字间的距离。
④ 旋转(R)：用于设置文本行的倾斜角度。
⑤ 样式(S)：用于设置文字样式。
⑥ 宽度(W)：用于设置文本行的宽度。

3．文字样式

在 AutoCAD 中，所有文字都有与之相关联的文字样式。在创建文字注释和尺寸标注时，AutoCAD 通常默认使用当前的文字样式，用户可以根据具体要求重新设置文字样式或创建新的样式。文字样式包括【字体】【字型】【高度】【宽度系数】【倾斜角】【反向】【倒置】及【垂直】。调用文字样式命令的操作方式如下：

● 【注释】工具栏：【文字样式】按钮；
● 菜单栏：【格式】→【文字样式】；
● 命令行：style✓。

执行文字样式命令后，系统弹出【文字样式】对话框，如图 2-40 所示。用户可以利用该对话框新建和设置文字样式。

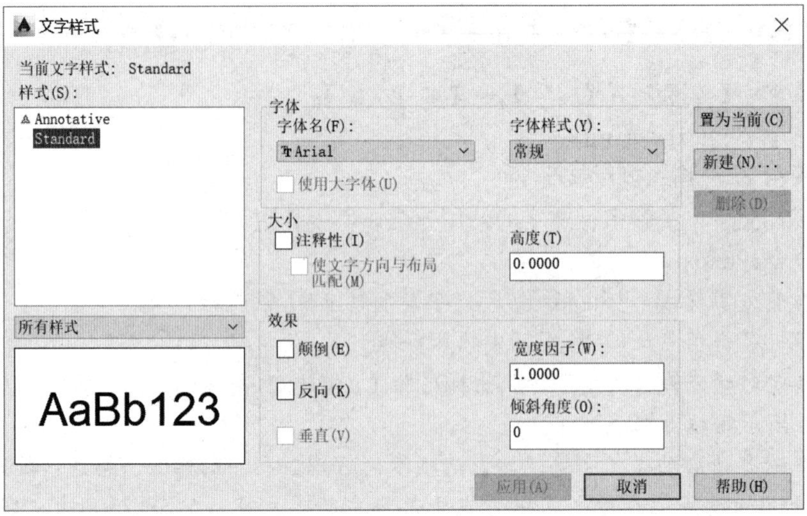

[图片: 【文字样式】对话框]

图 2-40　【文字样式】对话框

4. 编辑文字

AutoCAD 还为用户提供了编辑文字功能，利用该功能，用户可以对图形中的文字内容及属性进行编辑和修改。调用编辑文字命令的操作方式如下：

- 双击要编辑的文字对象；
- 菜单栏：【修改】→【对象】→【文字】→【编辑】；
- 命令行：ddedit✓或 ed✓。

执行编辑文字命令后，系统提示：

选择注释对象或[放弃(U)]：

如果选中的对象是由单行文字命令创建的，系统会直接将文字放入一个文本编辑器中，在此可以编辑文字内容，按回车键即可结束命令；如果选中的对象是由多行文字命令创建的，系统会弹出【文字格式】编辑器，对多行文字进行编辑后，单击【确定】按钮即可退出。

2.4.2　使用表格

在 AutoCAD 中，用户可以使用相关命令来创建数据表格或标题块。用户可以使用默认的表格样式，也可以根据需要自定义表格样式。

1. 创建表格样式

表格样式是用来控制表格基本形状和间距的一组格式。在创建表格之前要先进行表格样式的设置。调用表格样式命令的操作方式如下：

- 【注释】工作栏：【表格】按钮 → 【表格样式】按钮；
- 菜单栏：【格式】→【表格样式】；
- 命令行：tablestyle✓或 ts✓。

操作实例 26—创建表格样式

以创建一个材料明细栏为例，说明表格样式的创建方法。其操作过程如下：

（1）输入命令：tablestyle，系统弹出【表格样式】对话框，如图 2-41 所示。在【表格样式】

对话框的【样式】列表中有一个系统默认的"Standard"表格样式,不用改动它,单击【新建】按钮,弹出【创建新的表格格式】对话框,如图2-42所示。

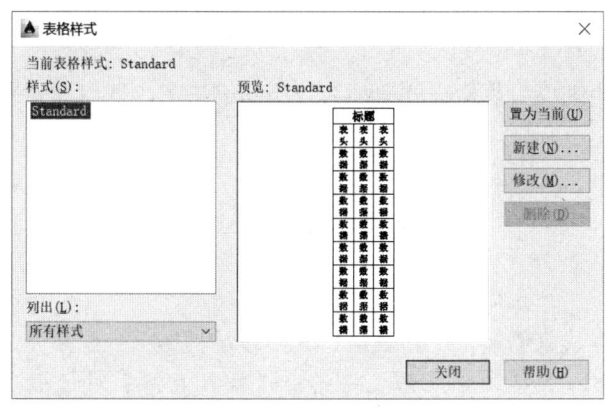

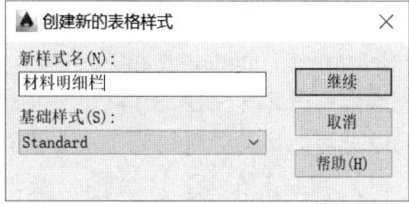

图2-41 【表格样式】对话框   图2-42 【创建新的表格样式】对话框

(2)在【创建新的表格样式】对话框的【新样式名】文本框中输入"材料明细栏",表示新建了一个名为"材料明细栏"的表格样式。

(3)单击【继续】按钮,弹出【新建表格样式:材料明细栏】对话框,如图2-43所示。在该对话框中可以设置起始表格、表格方向、单元样式,在【单元样式】选项区中还有【常规】【文字】【边框】这三个选项卡。【文字】选项卡中的选项控制所有的数据行内文字的特性,将文字高度改为5;【边框】选项卡中的选项控制表格边框线的特性,将外边框线宽更改为0.4,内边框线宽更改为0.15(注意:此处的更改要先选择线宽,再单击需要更改的边框按钮)。在【表格方向】下拉列表框中选择"向下",表明表格向下扩展。

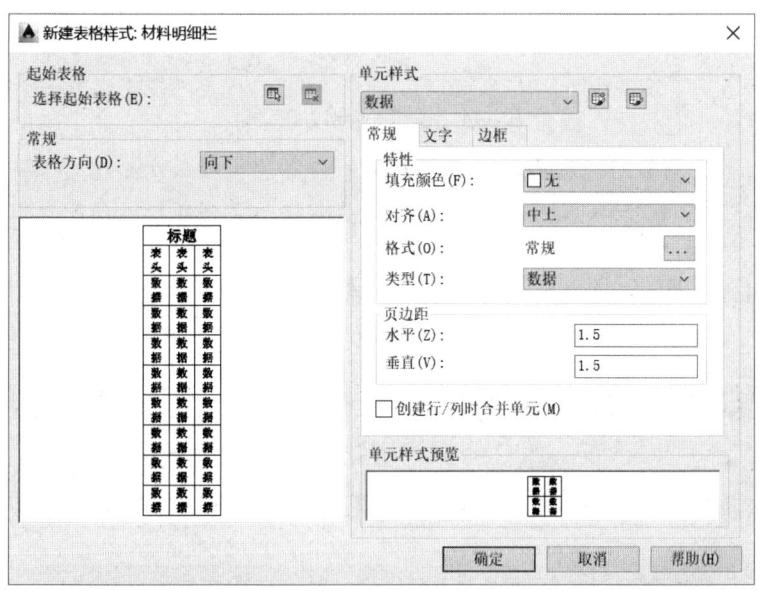

图2-43 【新建表格样式:材料明细栏】对话框

(4)单击【确定】按钮,返回【表格样式】对话框,此时【样式】列表中将多出一行为"材料明细栏",单击【关闭】按钮,结束表格样式的创建。

创建完表格样式后,可以在屏幕右上角的【表格样式】下拉列表框中选择"材料明细栏"作为当前表格样式。

2. 插入表格

接下来可以利用上面创建的"材料明细栏"表格样式来插入一个新表格了,调用插入表格命令的操作方式如下:

- 【注释】工具栏:【表格】按钮;
- 菜单栏:【绘图】→【表格】;
- 命令行:table✓或tb✓。

操作实例27—插入表格

以上面创建的"材料明细栏"表格样式来创建一个新表格。其操作过程如下:

(1)单击【表格】按钮,激活插入表格命令,系统将弹出【插入表格】对话框,如图 2-44 所示。

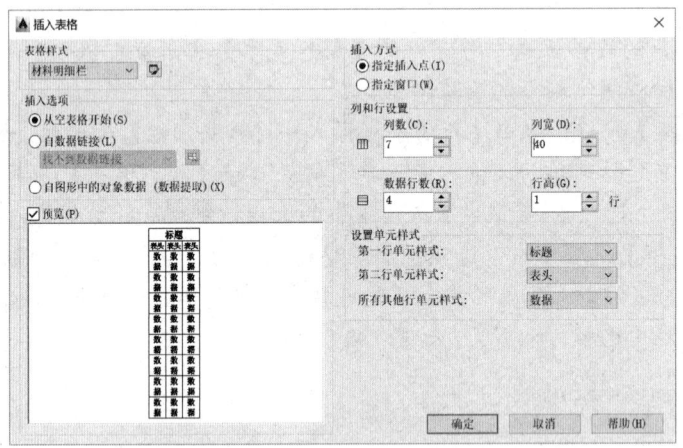

图 2-44 【插入表格】对话框

(2)在【插入表格】对话框中将【表格样式】设置为"材料明细栏",将【插入方式】设为"指定插入点",在【列和行设置】选项区中设置表格为 7 列 4 行,列宽为 40,行高为 1 行,如图 2-44 所示,单击【确定】按钮。

(3)在绘图区中指定一点作为表格插入点,系统会自动插入一个空表格,并自动启动【表格单元】选项卡,显示表格编辑器,用户可以逐行逐列输入相应的文字或数据,如图 2-45 所示。

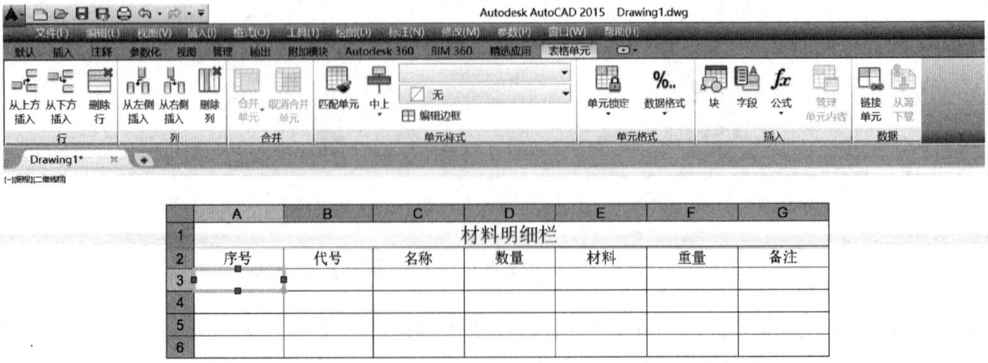

图 2-45 插入表格

3. 编辑表格单元

在 AutoCAD 中,用户还可以使用快捷菜单来编辑表格单元。

(1) 编辑多个表格单元

按住鼠标左键并拖动可以选择多个表格单元或整个表格,所选中的表格单元将以虚线和夹点表示,再单击鼠标右键,弹出右键快捷菜单,如图 2-46 所示。从快捷菜单中可以看到,用户可以对表格进行剪切、复制、锁定、合并等操作,还可以调整表格的行、列大小。

(2) 编辑单个表格单元

用鼠标单击某一个表格单元,这个表格单元将被选中,再单击鼠标右键,将弹出右键快捷菜单,如图 2-47 所示,用户可以根据快捷菜单进行相应的操作。用鼠标双击某一个表格单元,将弹出【文字格式】编辑器,用户可以修改其中的文字内容。

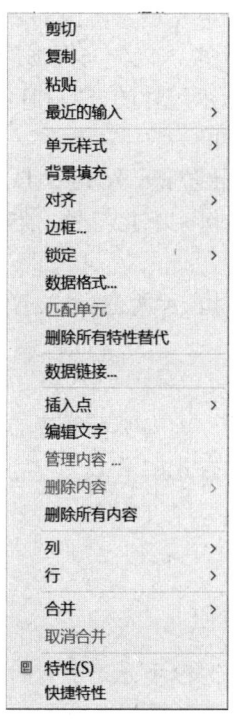 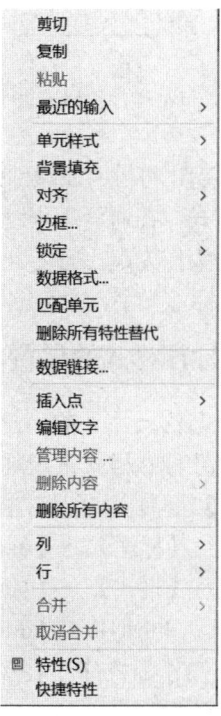

图 2-46 选中多个表格单元时的右键快捷菜单   图 2-47 选中单个表格单元时的右键快捷菜单

任务 2.5 尺寸标注

【任务描述】

尺寸标注是通信工程制图的一项重要内容,常用于确定图形的大小、形状和位置等,是进行图形识读和实际施工的主要技术依据。

了解尺寸标注的组成元素,掌握尺寸标注样式的设置方法,使用不同的标注命令来创建准确的尺寸标注,是绘图工作中不可或缺的基本技能。

【任务目标】

- 理解尺寸标注的组成元素及其规范。
- 掌握尺寸标注样式的设置方法。
- 掌握常用尺寸标注的创建方法。
- 培养学生一丝不苟的工作态度。

2.5.1 尺寸标注的组成元素

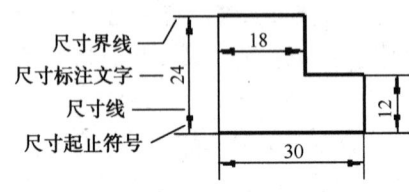

图 2-48 尺寸标注的组成元素

尺寸标注有着严格的规范,一个完整的尺寸标注由尺寸线、尺寸界线、尺寸起止符号和尺寸标注文字四部分组成,如图 2-48 所示。

(1)尺寸界线:用来界定度量范围的直线,通常与被标注的对象保持一定的距离,以便与图形的轮廓相区分。

(2)尺寸线:用来指示尺寸的方向和范围的线条,一般放在两条尺寸界线之间。

(3)尺寸起止符号:在尺寸线两端,用以表明尺寸线的起止位置。AutoCAD 提供了多种尺寸起止符号形式,在通信工程制图中,建筑标记通常以粗斜线作为起止符号,半径、直径、角度标注则用箭头作为起止符号。

(4)尺寸标注文字:通常位于尺寸线的上方或中断处,用以表示所选标注对象的具体尺寸。

2.5.2 尺寸标注样式的设置

在为对象标注尺寸之前,设置尺寸标注样式是必不可少的。因为所有创建的尺寸标注,其格式都是由尺寸标注样式来控制的。设置尺寸标注样式的操作方式如下:

- 【注释】工具栏:【标注样式】按钮 ;
- 菜单栏:【标注】→【标注样式】;
- 菜单栏:【格式】→【标注样式】;
- 命令行:dimstyle✓ 或 ddim✓。

执行以上操作都将打开【标注样式管理器】对话框,如图 2-49 所示。所有对标注样式进行的管理都可在该对话框中完成。

在【标注样式管理器】对话框中单击【新建】按钮,在弹出的【创建新标注样式】对话框中即可创建标注样式,如图 2-50 所示。新建标注样式时,可以在【新样式名】文本框中输入样式名,例如:"新样式"。单击【继续】按钮,系统弹出【新建标注样式:新样式】对话框,如图 2-51 所示。该对话框由 7 个选项卡组成,用于设置标注样式的参数。

(1)【线】选项卡:用于设置尺寸线、尺寸界线的格式和特性。

(2)【符号和箭头】选项卡:用于设置箭头、圆心标记、弧长符号和折弯半径标注的格式和位置。

(3)【文字】选项卡:用于设置标注文字的特性。

(4)【调整】选项卡:用于设置尺寸线、箭头和文字的放置规则。

(5)【主单位】选项卡:用于设置标注的主单位特性。

(6)【换算单位】选项卡:用于设置标注的辅助单位特性。

(7)【公差】选项卡:用于设置公差。

模块2　AutoCAD应用

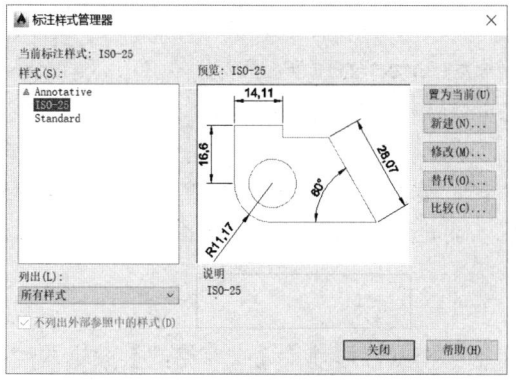

图 2-49　【标注样式管理器】对话框

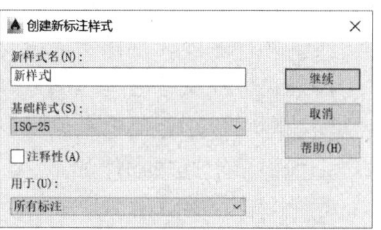

图 2-50　【创建新标注样式】对话框

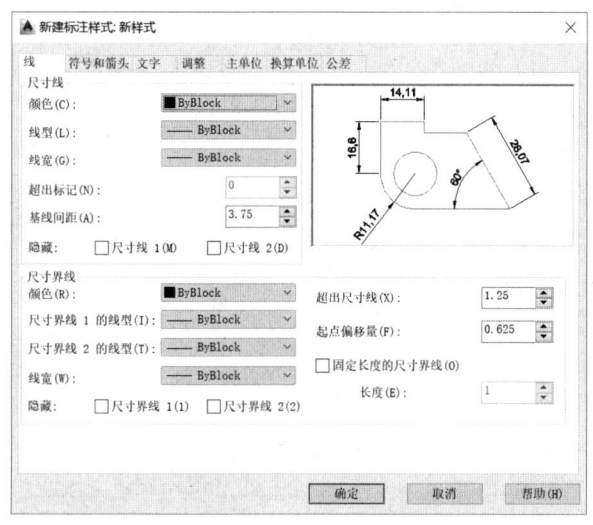

图 2-51　【新建标注样式：新样式】对话框

2.5.3　创建尺寸标注

设置好尺寸标注的样式后，便可以利用相应的尺寸标注命令对图形对象进行尺寸标注。常见的尺寸标注有多种，下面分别进行说明。

1．线性标注

线性标注用来标注水平和垂直方向的尺寸。调用线性标注命令的操作方式如下：
- 【注释】工具栏：　→　线性；
- 菜单栏：【标注】→【线性】；
- 命令行：dimlinear↙。

操作实例 28—线性标注

创建如图 2-52 所示的线性标注，其操作过程如下：
(1) 命令：dimlinear ↙
(2) 指定第一条尺寸界线原点或 <选择对象>：↙
(选择"选择对象"方式)

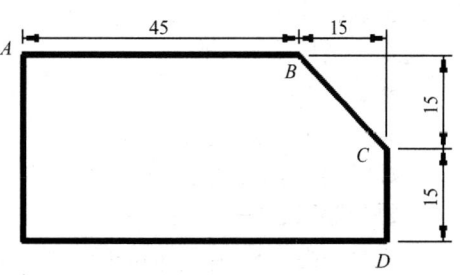

图 2-52　线性标注

(3) 选择标注对象：（拾取直线 AB）

(4) 指定尺寸线位置或[多行文字(M)/文字(T)/角度(A)/水平(H)/垂直(V)/旋转(R)]：（向上移动光标将尺寸线放置在合适的位置，然后单击鼠标，完成线性标注）

标注文字=45（系统提示测量数据）

重复执行命令，继续标注直线 BC 的水平尺寸 15、垂直尺寸 15，直线 CD 的垂直尺寸 15。

注意：标注文字时并没有手动输入"45""15"，而是由 AutoCAD 根据拾取到的两个标注点之间实际的投影距离自动给出的值。

上面提示中选项功能如下。

① 多行文字(M)：选择该选项将进入多行文字编辑模式，可使用【文字格式】编辑器输入并设置标注文字。

② 文字(T)：选择该选项后，用户可以以单行文字的形式输入标注文字。

③ 角度(A)：用于设置标注文字的放置角度。

④ 水平(H)/垂直(V)：用于设置将标注文字水平放置还是垂直放置。

⑤ 旋转(R)：用于旋转尺寸线。

2．对齐标注

对齐标注用于与标注点对齐的长度尺寸的标注。调用对齐标注命令的操作方式如下：

● 【注释】工具栏：┤├┤ → ✏对齐；

● 菜单栏：【标注】→【对齐】；

● 命令行：dimaligned✓。

操作实例 29—对齐标注

创建如图 2-53 所示的对齐标注，其操作过程如下：

(1) 命令：dimaligned✓

(2) 指定第一条尺寸界线原点或<选择对象>：（拾取如图 2-53 所示的点 B）

(3) 指定第二条尺寸界线原点：（拾取如图 2-53 所示的点 C）

(4) 指定尺寸线位置或[多行文字(M)/文字(T)/角度(A)]：（拖动鼠标指定尺寸线的位置）

标注文字 = 21.21

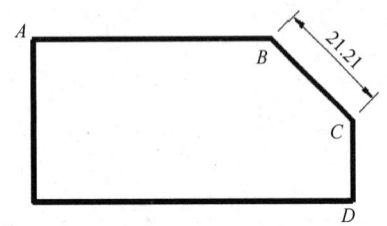

图 2-53　对齐标注

3．弧长标注

弧长标注用于标注圆弧（或弧线段）或多段线圆弧（或弧线段）部分的弧长。调用弧长标注命令的操作方式如下：

● 【注释】工具栏：┤├┤ → ⌒弧长；

● 菜单栏：【标注】→【弧长】；

● 命令行：dimarc✓。

操作实例 30—弧长标注

创建如图 2-54 所示的弧长标注，其操作过程如下：

(1) 命令：dimarc✓

(2) 选择弧线段或多段线弧线段：（选择弧线段）

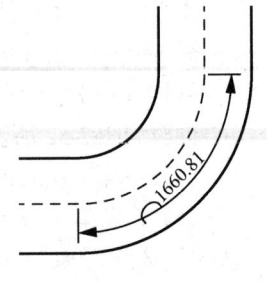

图 2-54　弧长标注

(3) 指定弧长标注位置或[多行文字(M)/文字(T)/角度(A)/部分(P)/引线(L)]：（拖动鼠标指定尺寸线的位置）

标注文字 = 16660.81

上面提示中部分选项功能如下。

① 部分(P)：用于缩短弧长标注的长度。

② 引线(L)：用来添加引线对象。当圆弧（或弧线段）角度大于90°时才显示此选项。引线是按径向绘制的，指向所标注圆弧的圆心。

4．坐标标注

坐标标注命令用于标注基于一个原点（基准点）、显示任意图形点的 X 或 Y 坐标。调用坐标标注命令的操作方式如下：

- 【注释】工具栏：
- 菜单栏：【标注】→【坐标】；
- 命令行：dimordinate↵。

操作实例31——坐标标注

创建如图2-55所示的坐标标注，其操作过程如下：

(1) 命令：dimordinate↵

(2) 指定点坐标：（拾取如图2-55所示的点 A）

(3) 指定引线端点或[X基准(X)/Y基准(Y)/多行文字(M)/文字(T)/角度(A)]：x ↵

(4) 指定引线端点或[X基准(X)/Y基准(Y)/多行文字(M)/文字(T)/角度(A)]：（拖动鼠标指定尺寸线的位置）

标注文字 = 4519.046

上面提示中部分选项功能如下。

① X基准(X)：表示要标注的指定点的 X 坐标。

② Y基准(Y)：表示要标注的指定点的 Y 坐标。

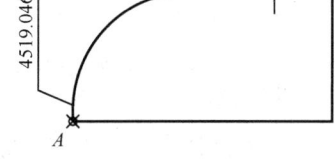

图2-55 坐标标注

5．半径标注和直径标注

半径标注和直径标注用于标注圆和圆弧的半径或直径。调用半径标注和直径标注命令的操作方式如下：

- 【注释】工具栏：
- 菜单栏：【标注】→【半径】/【直径】；
- 命令行：dimradius↵/dimdiameter↵。

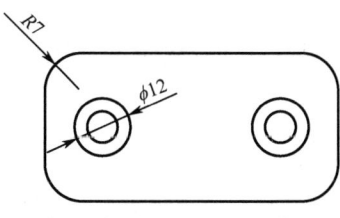

图2-56 半径标注和直径标注

操作实例32——半径标注和直径标注

创建如图2-56所示的半径标注和直径标注，其操作过程如下：

(1) 命令：dimradius↵/dimdiameter↵

(2) 选择圆弧或圆：（选择左上角的圆弧/选择左边两个圆中的外圆）

标注文字 =7/标注文字 = 12

(3) 指定尺寸线位置或[多行文字(M)/文字(T)/角度(A)]：（拖动鼠标指定尺寸线的位置）

6. 折弯标注

有些图形中需要对大圆弧进行标注，这些圆弧的圆心甚至在整张图纸之外，在工程图中对这样的圆弧进行省略的折弯标注。调用折弯标注命令的操作方式如下：

- 【注释】工具栏：；
- 菜单栏：【标注】→【折弯】；
- 命令行：dimjogged ↙。

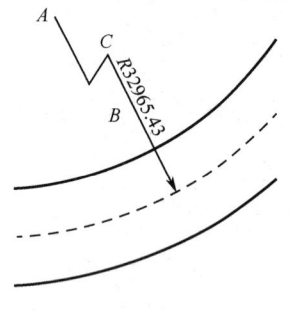

图 2-57 折弯标注

操作实例 33——折弯标注

创建如图 2-57 所示的折弯标注，其操作过程如下：

（1）命令：dimjogged↙
（2）选择圆弧或圆：（选择弧线段）
（3）指定中心位置替代：（拾取如图 2-57 所示的点 A）
（4）标注文字 = 32965.43
（5）指定尺寸线位置或[多行文字(M)/文字(T)/角度(A)]：（拾取如图 2-57 所示的点 B）
（6）指定折弯位置：（拾取如图 2-57 所示的点 C）

7. 角度标注

角度标注用于标注圆和圆弧的角度、两条直线间的角度或者三点间的角度。调用角度标注命令的操作方式如下：

- 【标注】工具栏：；
- 菜单栏：【标注】→【角度】；
- 命令行：dimangular ↙。

操作实例 34——角度标注

创建如图 2-58 所示的角度标注，其操作过程如下：

（1）命令：dimangular ↙
（2）选择圆弧、圆、直线或<指定顶点>：（选择斜线段）
（3）选择第二条直线：（选择斜线段下面的垂直线段）
（4）指定标注弧线位置或[多行文字(M)/文字(T)/角度(A)]：（拖动鼠标指定尺寸线的位置）
   标注文字 = 45

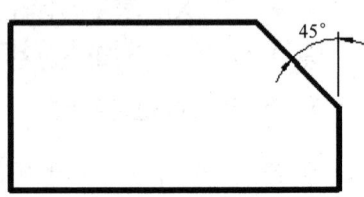

图 2-58 角度标注

8. 基线标注

基线标注用于标注一系列由相同的标注原点测量出来的尺寸。调用基线标注命令的操作方式如下：

- 菜单栏：【标注】→【基线】；
- 命令行：dimbaseline ↙。

基线标注和后面要讲到的连续标注都需要预先指定一个已完成的标注作为基准，这个标注可以是线性标注、坐标标注、角度标注，一旦指定为基准，接下来的基线标注或连续标注和作为基准的标注的形式相同。

操作实例 35——基线标注

创建如图 2-59 所示的基线标注,其操作过程如下:

(1) 创建线性标注作为下面基线标注的基准,标注点 A 和点 B 之间的一段距离,如图 2-59 (a) 所示。

(2) 创建基线标注。

① 命令: dimbaseline✓

② 指定第二条尺寸界线原点或[放弃(U)/选择(S)] <选择>:(拾取点 C)
   标注文字 = 45

③ 指定第二条尺寸界线原点或[放弃(U)/选择(S)] <选择>:(拾取点 D)
   标注文字 = 78

④ 指定第二条尺寸界线原点或[放弃(U)/选择(S)] <选择>:(拾取点 E)
   标注文字 = 100

⑤ 指定第二条尺寸界线原点或[放弃(U)/选择(S)] <选择>:✓

⑥ 选择基准标注:✓(效果如图 2-59 (b) 所示)

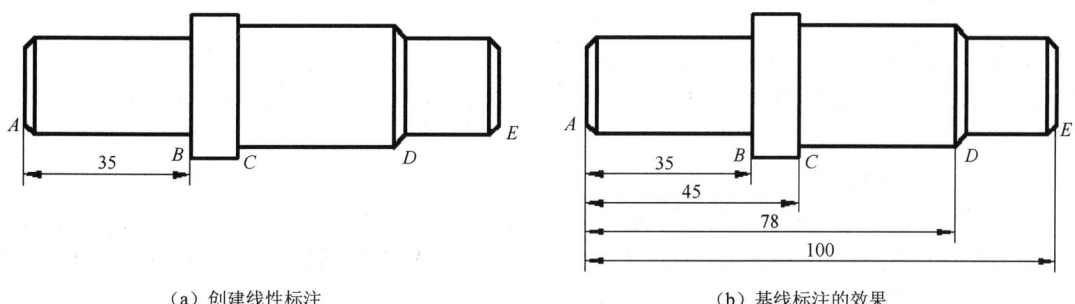

(a) 创建线性标注　　　　　　　　　(b) 基线标注的效果

图 2-59　基线标注

上面提示中部分选项功能如下。

① 放弃(U):放弃最后一个基线标注。

② 选择(S):选择该选项,可以重新确定新的基准。

9. 连续标注

连续标注命令用于创建一系列端对端放置的标注,每个连续标注都从前一个标注的第二个尺寸界线处开始。调用连续标注命令的操作方式如下:

● 菜单栏:【标注】→【连续】;

● 命令行: dimcontinue ✓。

操作实例 36——连续标注

创建如图 2-60 所示的连续标注,其操作过程如下:

(1) 创建线性标注,如图 2-59 (a) 所示。

(2) 创建连续标注。

① 命令: dimcontinue✓

② 指定第二条尺寸界线原点或[放弃(U)/选择(S)] <选择>:(拾取点 C)
   标注文字 = 10

③ 指定第二条尺寸界线原点或[放弃(U)/选择(S)] <选择>：（拾取点 D）
　标注文字 =33
④ 指定第二条尺寸界线原点或[放弃(U)/选择(S)] <选择>：（拾取点 E）
　标注文字 =22
⑤ 指定第二条尺寸界线原点或[放弃(U)/选择(S)] <选择>：✓
⑥ 选择连续标注：✓（效果如图 2-60 所示）

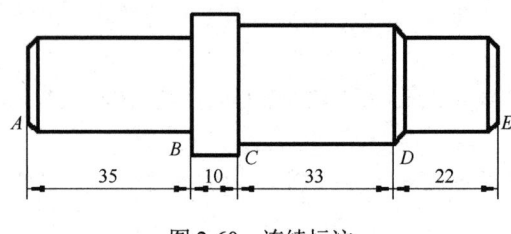

图 2-60　连续标注

10．引线标注

在工程图样中常需要给一些标注或注释添加引线，例如，给倒角尺寸、基准符号、装配图中的序号及一些文字注释添加引线等，这种用引线连接图形对象和图形注释的标注方法称为引线标注。

(1) 设置引线格式

在使用引线标注命令时，默认情况下命令行将显示"指定第一个引线点或[设置(S)]<设置>:"提示信息，在该提示下直接回车，系统弹出【引线设置】对话框，如图 2-61 所示，该对话框包含【注释】【引线和箭头】【附着】3 个选项卡。

- 【注释】选项卡：该选项卡用于设置引线标注中注释类型、多行文字选项，以及是否重复使用注释。
- 【引线和箭头】选项卡：该选项卡用于设置引线和箭头的样式。
- 【附着】选项卡：该选项卡用于设置最后一段引线相对于多行文字注释的位置。

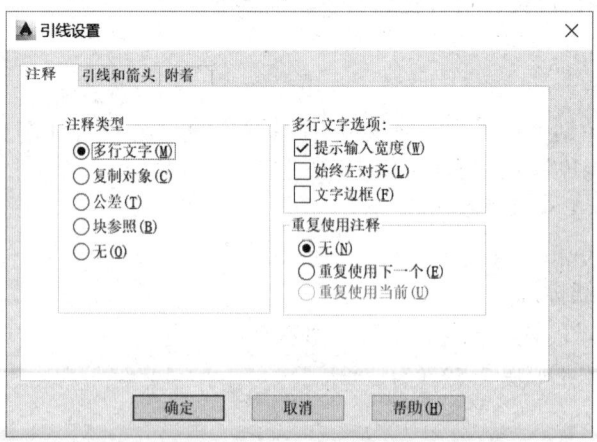

图 2-61　【引线设置】对话框

(2) 创建引线标注

调用引线标注命令的操作方式如下：

- 【注释】工具栏：🖉 → 🖉引线；
- 菜单栏：【标注】→【引线】；
- 命令行：qleader ✓。

操作实例37——引线标注

创建如图2-62所示的引线标注，对图形中的倒角进行标注。其操作过程如下：

(1) 命令：qleader✓

(2) 指定第一个引线点或[设置(S)] <设置>：（拾取点A作为引线起点）

(3) 指定下一点：（拾取点B）

(4) 指定下一点：（拾取点C）

(5) 指定文字宽度<0>：✓（直接回车确认）

(6) 输入注释文字的第一行<多行文字(M)>：C2（输入需要标注的文字，C2表示倒角45°，倒角距离为2）

(7) 输入注释文字的下一行：✓（直接回车结束命令）

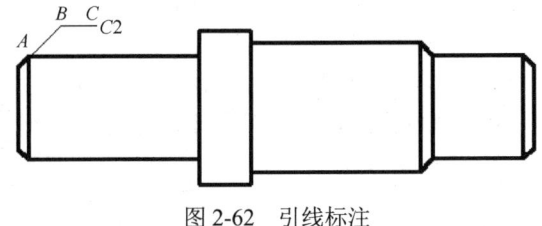

图2-62 引线标注

11．快速标注

快速标注命令用于快速创建成组的基线标注、连续标注和坐标标注，快速标注多个圆、圆弧，以及编辑现有标注的布局。调用快速标注命令的操作方式如下：

- 菜单栏：【标注】→【快速标注】；
- 命令行：qdim✓。

操作实例38——快速标注

创建如图2-63所示的快速标注，其操作过程如下：

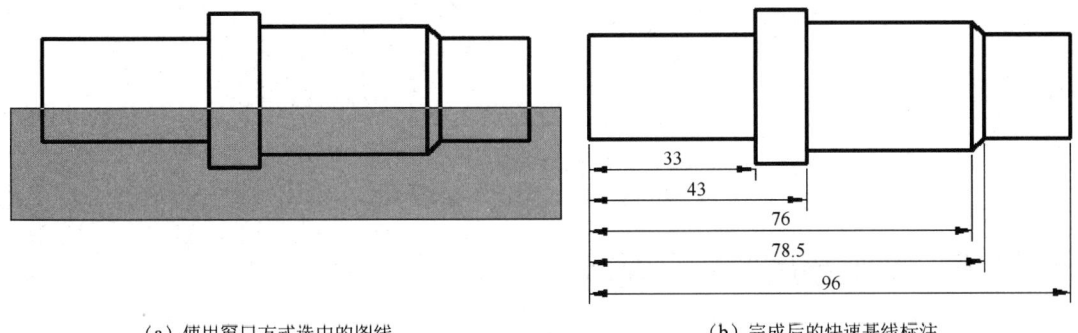

(a) 使用窗口方式选中的图线　　　　(b) 完成后的快速基线标注

图2-63 快速标注

(1) 命令：qdim ✓

　　关联标注优先级 = 端点

(2) 选择要标注的几何图形：（使用窗口方式选中如图 2-63（a）所示的图线）
  指定对角点：找到 5 个
(3) 选择要标注的几何图形：✓（直接回车结束选择）
(4) 指定尺寸线位置或[连续(C)/并列(S)/基线(B)/坐标(O)/半径(R)/直径(D)/基准点(P)/编辑(E)/设置(T)]<连续>：b ✓（创建一系列的基线标注）
(5) 指定尺寸线位置或[连续(C)/并列(S)/基线(B)/坐标(O)/半径(R)/直径(D)/基准点(P)/编辑(E)/设置(T)]<基线>：（拖动鼠标确定尺寸线的位置，单击结束命令，效果图如图 2-63（b）所示）

上面提示中选项功能如下：
① 连续(C)：选择该选项，可以创建一系列连续标注。
② 并列(S)：选择该选项，可以创建一系列并列标注。
③ 基线(B)：选择该选项，可以创建一系列基线标注。
④ 坐标(O)：选择该选项，可以创建一系列坐标标注。
⑤ 半径(R)：选择该选项，可以创建一系列半径标注。
⑥ 直径(D)：选择该选项，可以创建一系列直径标注。
⑦ 基准点(P)：选择该选项，用于重新设置基准点。
⑧ 编辑(E)：选择该选项，允许用户删除或添加快速标注的点。
⑨ 设置(T)：为指定尺寸界线原点设置默认对象捕捉方式。

12．圆心标注

圆心标注命令用于标注圆或圆弧的圆心或中心线。调用圆心标注命令的操作方式如下：
- 菜单栏：【标注】→【圆心标注】；
- 命令行：dimcenter ✓。

操作实例 39—圆心标注
标注如图 2-64 所示的圆心，其操作过程如下：
(1) 命令：dimcenter ✓
(2) 选择圆弧或圆：（选择左边两个圆中的内圆）

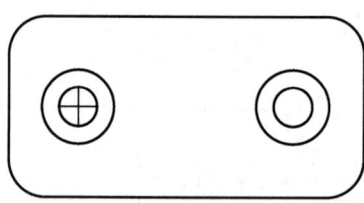

图 2-64　圆心

任务 2.6　图纸布局与打印输出

【任务描述】

图纸布局与打印输出是工程制图的最后环节。掌握在 AutoCAD 中进行图纸布局与打印输出的基本方法和技巧，有利于图形识读和后期资料积累。

【任务目标】

- 理解 AutoCAD 中模型空间与图纸空间的概念及作用。
- 掌握在模型空间中打印图纸的方法。
- 掌握在图纸空间中创建布局的基本步骤。
- 掌握在图纸空间中管理布局并打印输出的方法。
- 培养学生一丝不苟的工作态度。

2.6.1 模型空间与图纸空间

在 AutoCAD 中有两个工作空间，分别是模型空间和图纸空间。通常，我们在模型空间中按 1∶1 进行设计绘图。为了与其他设计人员进行交流或者方便工程施工，需要输出图纸，这就需要在图纸空间中进行排版，即规划视图的位置与大小，将不同比例的视图安排在一张图纸上并标注尺寸，给图纸加上图框、标题栏、文字注释等内容，然后打印输出。可以这么说，模型空间是设计空间，而图纸空间是表现空间。

在 AutoCAD 中，系统为用户提供了使用模型空间和图纸空间对图形文件进行输出设置与打印的功能。利用如图 2-65 所示绘图窗口左下角的【模型】和【布局】选项卡，可实现模型空间和图纸空间的切换。

图 2-65 【模型】和【布局】选项卡

1．模型空间

模型空间中的所谓"模型"是指在 AutoCAD 中用绘制与编辑命令生成的代表现实世界物体的对象，而模型空间是指模型建立时所处的 AutoCAD 环境。在模型空间里，可以按照物体的实际尺寸绘制、编辑二维或三维图形，也可以进行三维实体造型，可以全方位地显示图形对象，它是一个三维环境。当启动 AutoCAD 后，系统默认处于模型空间，绘图窗口左下角的【模型】选项卡是激活的，而图纸空间是关闭的。

2．图纸空间

图纸空间中的"图纸"与真实的图纸相对应，图纸空间是设置、管理视图的 AutoCAD 环境。在图纸空间中可以显示模型对象在不同方位的视图，并按合适的比例在"图纸"上表示出来，还可以定义图纸的大小、生成图框和标题栏。模型空间中的三维对象在图纸空间中是用二维平面上的投影来表示的，因此它是一个二维环境。

3．布局

布局，相当于图纸空间环境。一个布局就是一张图纸，并提供预置的打印页面功能。在布局中可以创建和定位视口，并生成图框、标题栏等。利用布局可以在图纸空间中方便快捷地创建多个视口来显示不同的视图，而且每个视图可以有不同的显示缩放比例。

在一个图形文件中模型空间只有一个，而布局可以设置多个。这样就可以用多张图纸多角度地反映同一个实体或图形对象。例如，将在模型空间中绘制的装配图拆成多张零件图，或将某一工程的总图拆成多张不同专业的图纸。

2.6.2　在模型空间中打印图纸

如果仅仅创建具有一个视图的二维图形，可以在模型空间中完整创建图形并对图形进行注释，并且直接在模型空间中打印，而不用设置【布局】选项卡，这是 AutoCAD 创建图形的传统方法。调用打印命令的操作方式如下：

- 【快速访问】工具栏：【打印】按钮🖨；
- 菜单栏：【文件】→【打印】；
- 命令行：plot✓。

执行打印命令，系统弹出【打印-模型】对话框，如图 2-66 所示，进行相关设置后，就可打印输出。

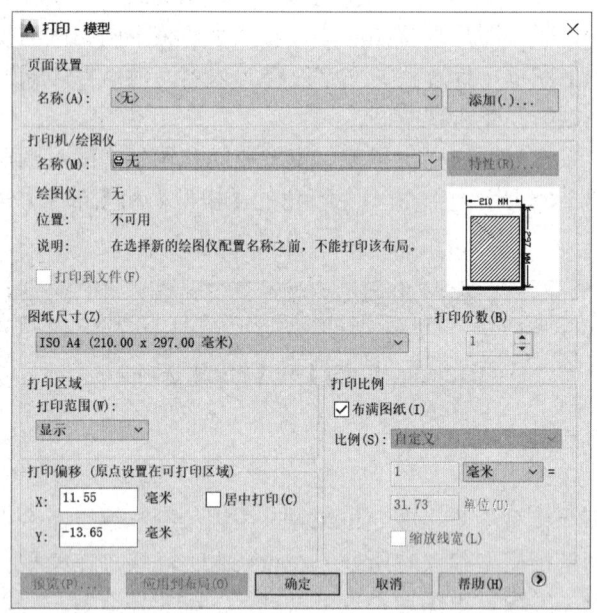

图 2-66　【打印-模型】对话框

2.6.3　在图纸空间中打印图纸

图纸空间在 AutoCAD 中的表现形式就是布局，为了使图形能够合理地输出到图纸上，用户在打印输出图形之前，应该进行布局的设置。

1. 创建布局

在创建布局的过程中，用户可以设置打印样式、比例、方向、图纸大小等。调用创建布局命令的方法如下：

- 菜单栏：【工具】→【向导】→【创建布局】；
- 命令行：layoutwizard✓。

操作实例 40—创建布局

以如图 2-67 所示房屋平面图为例来创建一个布局，其操作过程如下：

激活创建布局命令，系统弹出【创建布局-开始】对话框，在对话框的左边列出了创建布局的步骤。

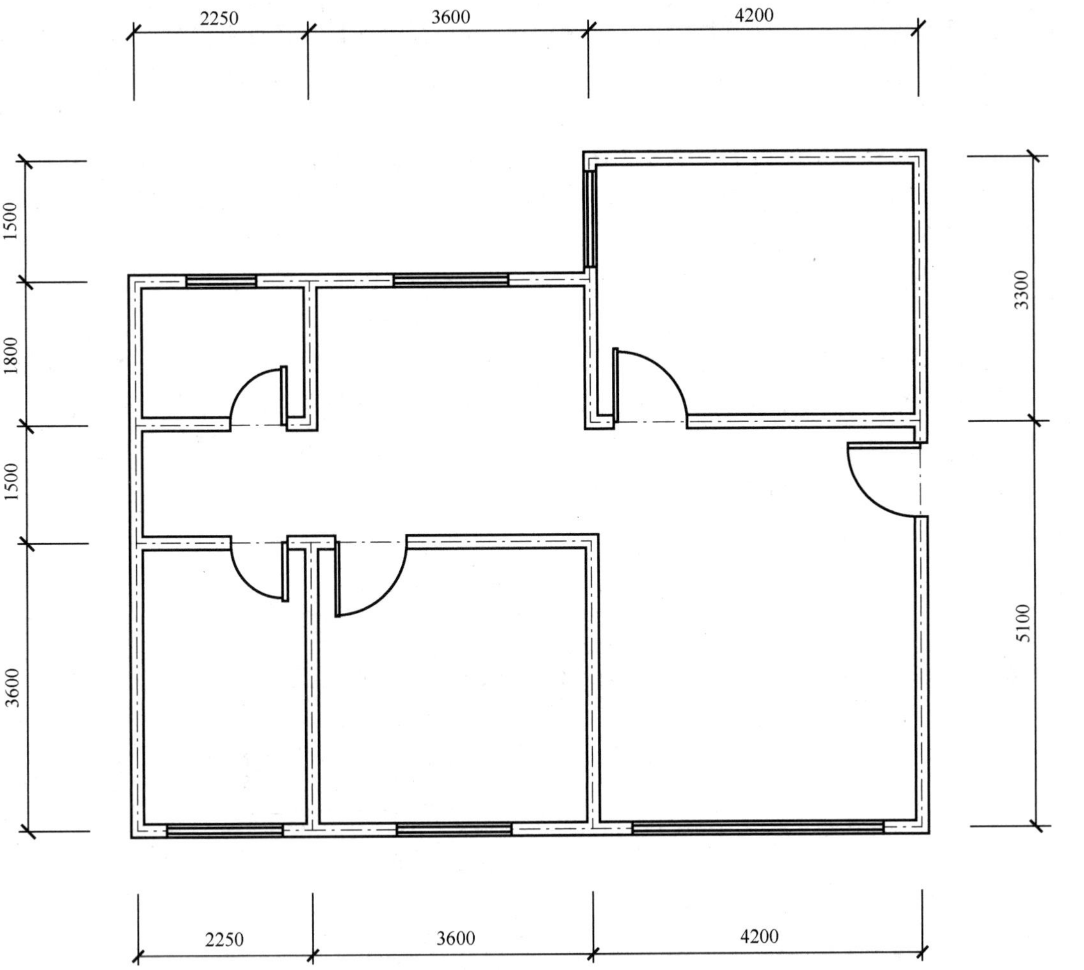

图 2-67 房屋平面图

（1）输入新布局的名称。在【创建布局-开始】对话框中的【输入新布局的名称】文本框中输入"房屋图"，如图 2-68 所示。单击【下一步】按钮，出现【创建布局-打印机】对话框。

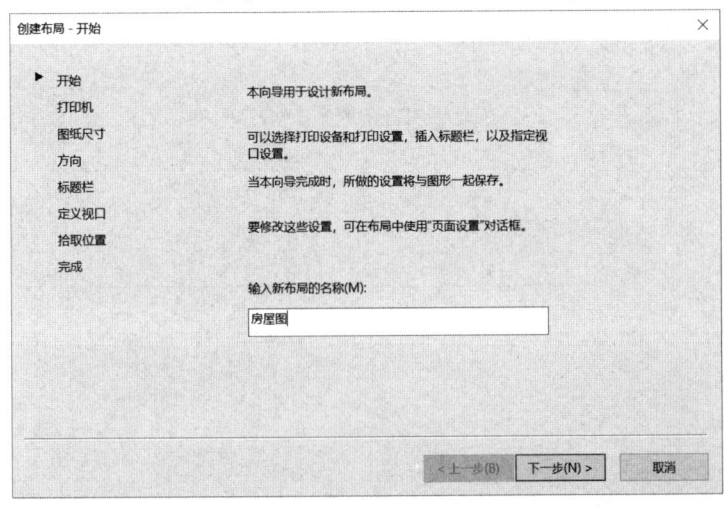

图 2-68 【创建布局-开始】对话框

（2）选择当前系统配置的打印机。在【创建布局-打印机】对话框中，为新布局选择一种已配置好的打印设备，如打印机"DWF ePlot.pc3"。单击【下一步】按钮，出现【创建布局-图纸尺寸】对话框。

（3）选择打印图纸的大小和单位。在【创建布局-图纸尺寸】对话框中，选择打印图纸为"ISO full bleed A3（420.00×297.00毫米）"，选择图形单位为"毫米"。单击【下一步】按钮，出现【创建布局-方向】对话框。

（4）设置打印的方向。在【创建布局-方向】对话框中，选择图形在图纸上的方向为"横向"。单击【下一步】按钮，出现【创建布局-标题栏】对话框。

（5）选择图纸的边框和标题栏样式。在【创建布局-标题栏】对话框中，选择图纸的边框和标题栏样式为"Architectural Title Block.dwg"（这里也可以选择自己事先设计好的边框和标题栏样式），在【类型】中选择标题栏以"块"插入，如图2-69所示。单击【下一步】按钮，出现【创建布局-定义视口】对话框。

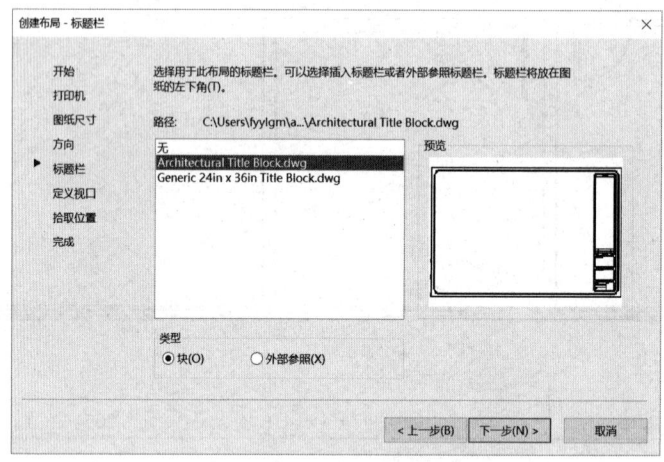

图2-69　【创建布局-标题栏】对话框

（6）对视口进行比例设置。在【创建布局-定义视口】对话框中，选择【视口设置】为"单个"，【视口比例】为"1∶100"，即将模型空间中的图形按1∶100显示在视口中，如图2-70所示。单击【下一步】按钮，出现【创建布局-拾取位置】对话框。

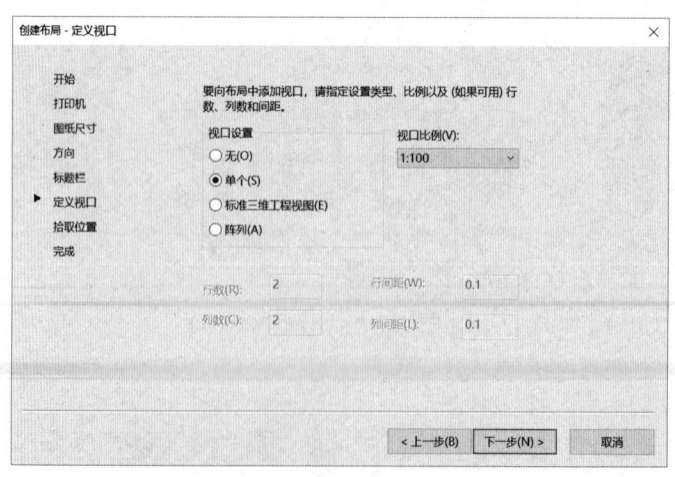

图2-70　【创建布局-定义视口】对话框

(7) 指定视口的大小和位置。在【创建布局-拾取位置】对话框中，单击【选择位置】按钮，AutoCAD 切换到绘图窗口，通过选定两个对角点确定视口的大小和位置，系统直接进入【创建布局-完成】对话框。

(8) 完成新布局的创建。在【创建布局-完成】对话框中单击【完成】按钮，就完成了新布局及视口的创建，所创建的布局出现在屏幕上。

2．管理布局

创建好布局以后，用户可以对布局进行管理，包括复制、删除、新建、重命名等操作。调用管理布局命令的操作方式如下：

- 命令行：layout✓；
- 在某个【布局】选项卡上右击鼠标，弹出如图 2-71 所示的快捷菜单。

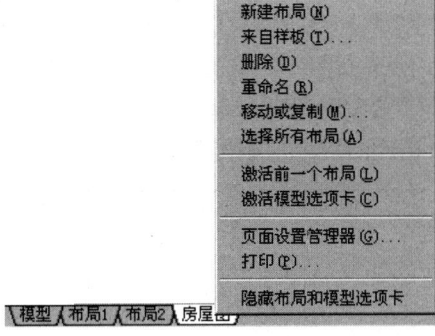

图 2-71　快捷菜单

3．布局中的图纸打印输出

创建好布局后，布局中的图纸打印输出和模型空间中的打印输出操作基本类似，甚至方便许多，因为布局实际上可以看作打印前的排版过程，在创建布局的时候，很多打印时需要设置的参数（如打印设备、图纸尺寸、打印方向、出图比例等）都已经设置好了，在打印时就不需要再进行设置了。

综合实训

1．实训目的

（1）能够掌握 AutoCAD 软件的操作方法，设置绘图环境；
（2）能够利用主要的绘图命令、编辑命令绘制平面图形；
（3）能够进行文字和表格的样式设置及文字和表格的插入与编辑；
（4）能够根据要求进行尺寸样式设置及能够熟练地对图形进行线性标注和角度标注；
（5）能够根据要求对图纸进行布局和打印输出。

2．实训内容

（1）按照如图 2-72 所示尺寸创建标题栏。

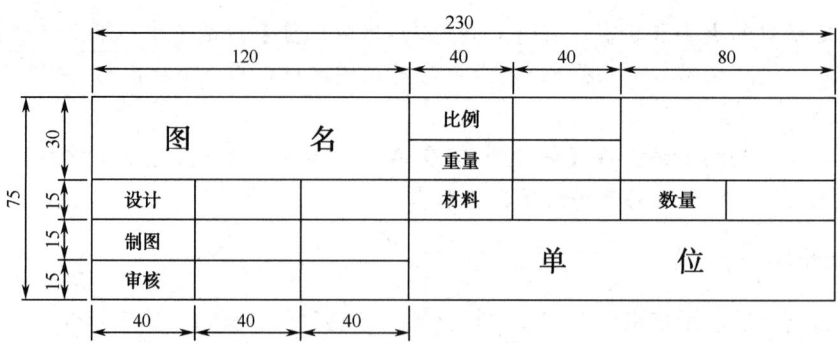

图 2-72 实训图 1

（2）使用 AutoCAD 绘制如图 2-73 所示的 A4 图框的工程样板图。要求按图纸所标注的尺寸绘制图框、图衔并插入文字，根据通信工程制图的具体要求，设置绘图单位和精度、图形界限（A4 图纸）、图层、文字样式、尺寸标注样式等，将其保存为样板图。

（3）绘制如图 2-74 所示机房平面图，并将其布局在 A4 图框中打印输出。要求按照图纸中所给尺寸进行绘制，绘图时设置三个图层，分别为"图框层""标注层"和"文字层"，将建筑墙线、尺寸标注和文字分别在相应图层上用不同颜色绘制。

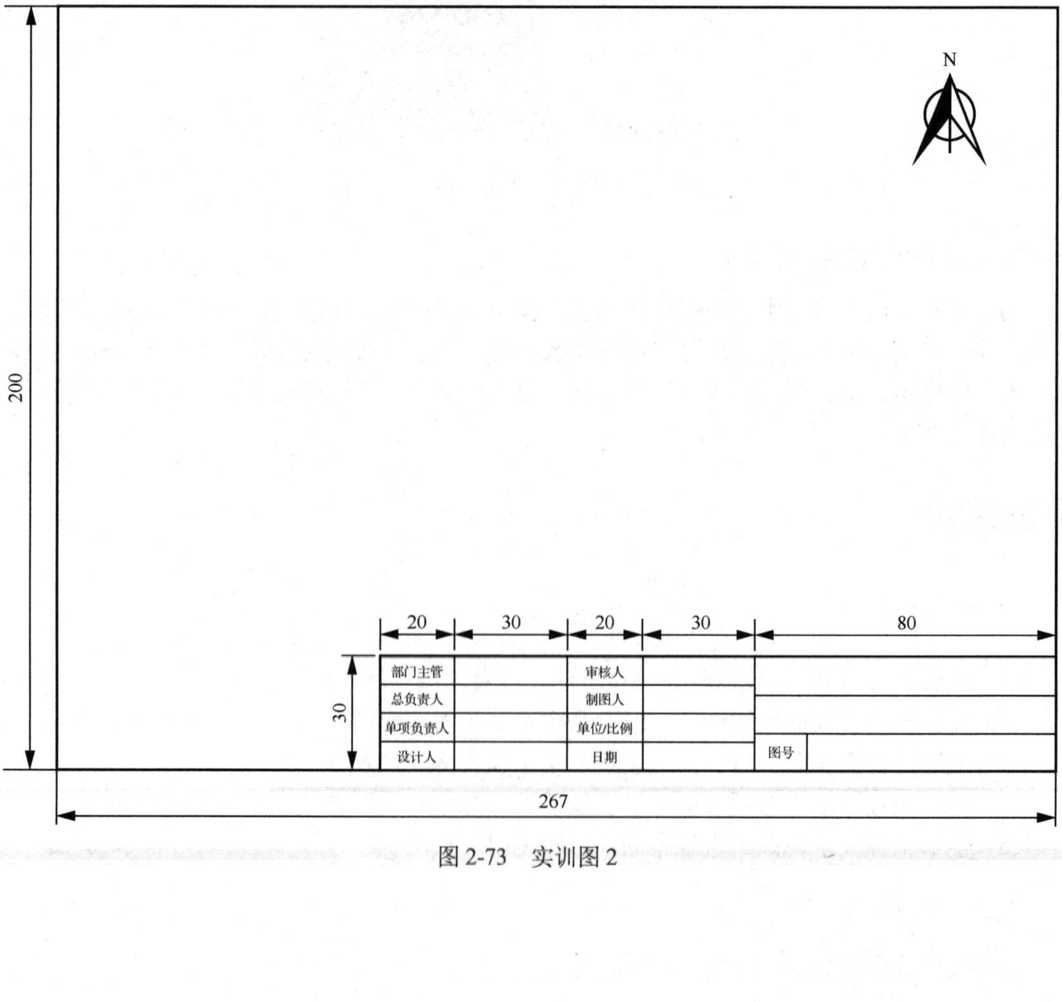

图 2-73 实训图 2

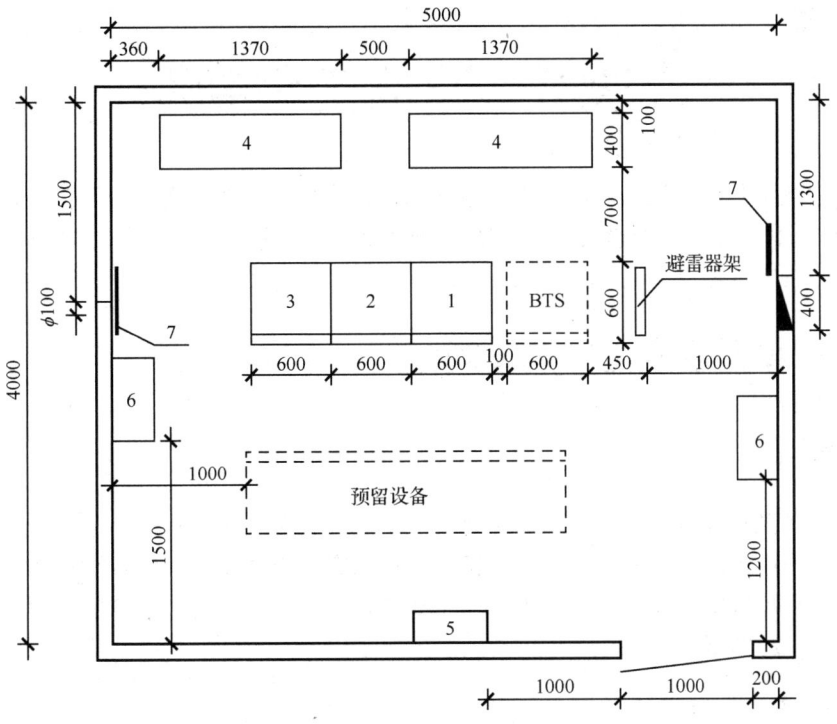

图 2-74 实训图 3

模块 3　通信工程制图

通信工程图纸是在对施工现场仔细勘察和认真搜索资料的基础上，通过图形符号、文字符号、文字说明及标注来表达具体工程性质的一种图纸。它是通信工程设计文件的重要组成部分，是指导施工的主要依据。

任务 3.1　掌握通信工程制图规范

【任务描述】

通信工程制图就是将图形符号、文字符号按不同专业的要求画在一个平面上，使工程施工技术人员通过阅读图纸就能够了解工程规模、工程内容，统计出工程量及编制工程概预算。只有准确的通信工程图纸，才能对通信工程施工具有指导价值。因此，通信工程设计人员必须规范地绘制通信工程图纸。

【任务目标】

- 能够规范使用通信工程常用的图形符号。
- 能够应用 Auto CAD 软件，规范绘制通信工程常用图框、图衔。
- 能够规范地对图纸进行标注。
- 培养学生的职业责任感。

3.1.1　通信工程制图的总体要求

通信工程制图的总体要求如下。

① 根据表述对象的性质、论述的目的与内容，选取适宜的图纸及表达手段，以便完整地表述主题内容。当几种手段均可达到目的时，应采用简单的方式。例如，描述系统时，若框图和电路图均能表达，应选择框图；当单线表示法和多线表示法均能明确表达时，宜使用单线表示法；当多种画法均可达到表达的目的时，图纸宜简不宜繁。

② 图面应布局合理，排列均匀，轮廓清晰，便于识别。

③ 应选取合适的图线宽度，避免图中的线条过粗或过细。标准通信工程制图图形符号的线条除有意加粗者外，一般都是粗细统一的，一张图上要尽量统一。但是，不同大小的图纸（如A1 和 A4 图）可有不同，为了识图方便，大图的线条可以相对粗些。

④ 正确使用国标和行标中规定的图形符号。派生新的符号时，应符合国标图形符号的派生规律，并应在适合的地方加以说明。

⑤ 在保证图面布局紧凑和使用方便的前提下，应选择合适的图纸幅面，使原图大小适中。

⑥ 应准确地按规定标注各种必要的技术数据和注释，并按规定进行书写和打印。

⑦ 工程设计图纸应按规定设置图衔，并按规定的责任范围签字。各种图纸应按规定顺序编号。

⑧ 总平面图、机房平面布置图、移动通信基站天线位置及馈线走向图上应设置指北针。

⑨ 对于线路工程，设计图纸应按照从左往右的顺序制图，并设指北针；线路图纸分段按

"起点至终点，分歧点至终点"的原则划分。

3.1.2 通信工程制图的统一规定

1. 图幅尺寸

工程设计图纸幅面和图框大小应符合国家标准 GB/T 6988.1—2024《电气技术用文件的编制 第1部分：规则》（2025年4月1日实施）的规定，一般采用 A0、A1、A2、A3、A4 及加长的图纸幅面。图纸幅面和图框尺寸、图框格式应符合如表 3-1 和如图 3-1 所示的要求。

表 3-1 图纸幅面和图框尺寸 （mm）

幅面代号	A0	A1	A2	A3	A4
图框尺寸（$B \times L$）	841×1189	594×841	420×594	297×420	210×297
侧边框距 c	10			5	
装订侧边框距 a	25				

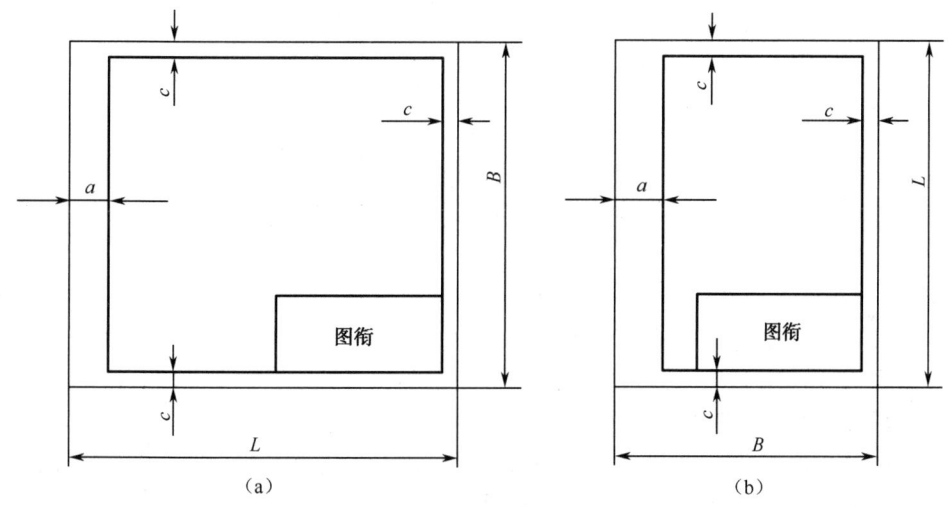

图 3-1 图框格式

当上述幅面不能满足要求时，可按照 GB/T 14689—2008《技术制图 图纸幅面和格式》的规定加大幅面，也可在不影响整体视图效果的情况下分割成若干张图进行绘制。根据表述对象的规模、复杂程度，所要表达的详细程度，有无图衔及注释的数量来选择较小的合适的幅面。

2. 线型及其应用

线型及其应用如表 3-2 所示。

表 3-2 线型及其应用

图线名称	线 型	一 般 用 途
实线	————	基本线条：图纸主要内容用线，可见轮廓线
虚线	- - - - -	辅助线条：屏蔽线、机械连接线、不可见轮廓线、计划扩展内容线

续表

图线名称	线　型	一　般　用　途
点画线	—·—·—·—·—	图框线：分界线、结构图框线、功能图框线、分级图框线
双点画线	—··—··—··—	辅助图框线：表示更多的功能组合或从某种图框中区分出不属于它的功能部件

　　图线的宽度一般为 0.25、0.3、0.35、0.5、0.6、0.7、1.0、1.2、1.4（单位为 mm）等。通常选用两种宽度的图线，粗线宽度为细线宽度的 2 倍，主要图线粗些，次要图线细些。对复杂的图纸也可采用粗、中、细三种线宽，线的宽度按 2 的倍数依次递增，但线宽种类也不宜过多。使用图线绘图时，应使图形的比例和配线协调恰当、重点突出、主次分明。在同一张图纸上，按不同比例绘制的图样及同类图形的图线粗细应保持一致。

　　细实线是最常用的线条。在以细实线为主的图纸上，粗实线主要用于主回路线，图纸的图框及需要突出的设备、线路、电路等。指引线、尺寸线、标注线应为细实线。当需要区分新安装的设备时，粗线表示新建，细线表示原有设施，虚线表示规划预留部分。在改建的电信工程图纸上，需要拆除的设备及线路用"×"来标注。

　　平行线之间的最小距离不宜小于粗线宽度的 2 倍，同时最小不能小于 0.7mm。在使用线型及线宽表示图形用途有困难时，可用不同颜色区分。

3．图纸比例

　　对建筑平面图、平面布置图、管道线路图、设备加固图及零部件加工图等，一般有比例要求；对系统框图、电路组织图、方案示意图等则无比例要求，但应按工作顺序、线路走向、信息流向排列。

　　对平面布置图、线路图和区域规划性质的图纸，推荐的比例为 1：10、1：20、1：50、1：100、1：200、1：500、1：1000、1：2000、1：5000、1：10000、1：50000 等，各专业应按照相关规范要求选用适合的比例。

　　对设备加固图及零部件加工图等推荐的比例为 1：2、1：4 等。

　　对通信线路及管道类的图纸，为了更为方便地表达周围环境情况，可采用沿线路方向按一种比例，而周围环境的横向距离采用另外一种比例或按示意性进行绘制的方法。

　　应根据图纸表达的内容深度和选用的图幅，选择适合的比例，并在图纸上及图衔相应栏目处注明。

4．尺寸标注

　　一个完整的尺寸标注应由尺寸数字、尺寸界线、尺寸线及其终端等组成。

　　图中的尺寸单位，除标高和管线长度以米（m）为单位外，其他尺寸均以毫米（mm）为单位，按此原则标注的尺寸可不加单位的文字符号。若采用其他单位时，应在尺寸数值后加注计量单位的文字符号，尺寸单位应在图衔相应栏目中填写。

　　尺寸界线用细实线绘制，由图形的轮廓线、轴线或对称中心线引出，也可使用轮廓线、轴线或对称中心线作为尺寸界线。尺寸线一般应与尺寸线垂直。

　　尺寸线的终端可以采用箭头或斜线两种形式，但同一张图中只能采用一种尺寸线终端形式，不得混用。

　　采用箭头形式时，两端应画出尺寸箭头，指到尺寸界线上，表示尺寸的起止。宜用实心箭头,箭头的大小应按可见轮廓线选定,其大小在图中应保持一致。

采用斜线形式时,尺寸线与尺寸界线必须互相垂直。宜用细实线,且方向及长短应保持一致。斜线方向应以尺寸线为基准,沿逆时针方向旋转45°,斜线长度约等于尺寸数字的高度。

图中的尺寸数字,一般应注写在尺寸线的上方或左侧方,也允许注写在尺寸线的中断处,但同一张图样上注法应尽量保持一致。尺寸数字应顺着尺寸线方向书写并符合视图方向,数值的高度方向应和尺寸线垂直,并不得被任何图线通过;当无法避免与图线交叉时,应将图线断开,在断开处填写数字。在不致引起误解的前提下,对非水平方向的尺寸,其数字可水平注写在尺寸线的中断处。标注角度时,角度数字应注写成水平方向,一般应注写在尺寸线的中断处。

建筑类专业设计图纸上的尺寸,可按 GB/T 50104—2010《建筑制图标准》要求标注。

5. 字体及写法

图中书写的文字(包括汉字、字母、数字、代号等)均应笔画清晰、排列整齐、间隔均匀,其书写位置应根据图面妥善安排,文字多时宜放在图的下面或右侧。

文字内容从左向右横向书写,标点符号占一个汉字的位置。用中文书写时,应采用国家正式颁布的简化汉字,字体宜采用长仿宋体。

文字的字高,应从 3.5、5、7、10、14、20(单位为 mm)系列中选用。如需要书写更大的字,其高度应按 $\sqrt{2}$ 的比值递增。图样及说明中的汉字,宜采用长仿宋体,字宽与字高的关系宜符合如表 3-3 所示的规定。图册封面、地形图中的汉字,也可书写成其他字体,但应易于辨认。

表 3-3 长仿宋体字宽与字高的对应关系   (mm)

字 高	20	14	10	7	5	3.5
字 宽	14	10	7	5	3.5	2.5

图中的"技术要求""说明"或"注"等字样,应写在具体内容的左上方,并使用比具体内容大一号的字体书写。标题下均不画横线,具体内容多于一项时,应按下列顺序号排列:

1、2、3、…

(1)、(2)、(3)、…

①、②、③、…

图中涉及数量的数字均应用阿拉伯数字表示,计量单位应使用国家颁布的法定计量单位。

6. 图衔

通信工程图纸应有图衔,图衔的位置应在图面的右下角。对于通信管道及线路工程图纸,当在一张图上不能将其完整画出时,可分为多张图纸,这时,第一张图纸使用标准图衔,其后序图纸使用简易图衔。

通信工程勘察设计常用标准图衔的规格要求如图 3-2(a)所示,简易图衔规格要求如图 3-2(b)所示。

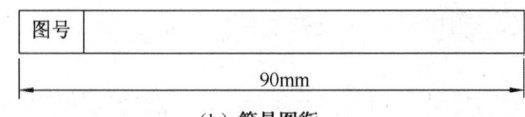

部门主管		审核人		（单位名称）
总负责人		制图人		（图名）
单项负责人		单位/比例		
设计人		日期		图号
20mm	30mm	20mm	20mm	90mm

(a) 常用标准图衔

图号	
	90mm

(b) 简易图衔

图3-2 通信工程勘察设计常用标准图衔、简易图衔的规格要求

图纸编号的排列应尽量简洁，一般设计阶段按以下规则处理：

工程项目编号 设计阶段代号—专业代号—图纸编号

对于同工程计划、同设计阶段、同专业而采用多册出版的，为避免编号重复可按以下规则处理：

工程项目编号 设计阶段代号（A）— 专业代号（B）— 图纸编号

工程项目编号应由设计单位根据工程建设方的任务委托和工程设计管理办法统一给定。
设计阶段代号见表3-4，常用专业代号见表3-5。

表3-4 设计阶段代号

设计阶段	代号	设计阶段	代号	设计阶段	代号
可行性研究	Y	初步设计	C	技术设计	J
规划设计	G	方案设计	F	设计投标书	T
勘察报告	KC	初步设计阶段的技术规范书	CJ	修改设计	在原代号后加X
咨询	ZX	施工图设计、一阶段设计	S		

表3-5 常用专业代号

名称	代号	名称	代号
光缆线路	GL	电缆线路	DL
海底光缆	HGL	通信管道	GD
光传输设备	GS	移动通信	YD
无线接入	WJ	交换	JH
数据通信	SJ	计费系统	JF
网管系统	WG	微波通信	WB
卫星通信	WD	铁塔	TT
同步网	TB	信令网	XL
通信电源	DY	电源监控	DJK

需要说明以下几点：

① （A）是在大型工程中分省、分业务区编制时的区分标识，可以是数字 1、2、3 或拼音字母的字头等。

② （B）用于区分同一单项工程中不同的设计分册（如不同的站册），一般用数字（分册号）、站名拼音字头或相应汉字表示。

③ 图纸编号为工程计划号、设计阶段代号、专业代号相同的图纸间的区分号，应采用阿拉伯数字简单编制（同一图纸编号的系列图纸用括号内加注分号的形式表示）。

在上述国家通信行业制图标准对设计图纸编号方法进行规定的基础上，每个设计单位都有自己内部的一套完整的规范，目的是进一步规范工程管理，配合项目管理系统，不断改进和完善图纸编号方法。

7．注释、标注及技术数据

当某些含义不便于用图示方法表达时，可以采用注释。当图中有多个注释或大段说明性注释时，应当把注释按顺序放在边框附近。有些注释可以放在需要说明的对象附近；当注释不在需要说明的对象附近时，应使用指引线（细实线）指向说明对象。

标注和技术数据应该放在图形符号的旁边。当数据很少时，技术数据也可以放在矩形符号的方框内（如继电器的电阻值）；当数据较多时可以用分式表示，也可以用表格形式列出。

当用分式表示时，可采用以下形式：

$$N\frac{A-B}{C-D}F$$

其中，N 为设备编号，一般靠前或靠上放；A、B、C、D 为不同的标注内容，可增可减；F 为敷设方式，一般靠后放。

当设计中需表示本工程前后有变化时，可采用斜线方式标注：（原有数）/（设计数）；当设计中需表示本工程前后有增加时，可采用加号方式标注：（原有数）+（增加数）；当设计中需表示本工程前后有减少时，可采用减号方式标注：（原有数）-（减少数）。

常用标注方式如表 3-6 所示，图中的文字符号应以工程中的实际数据代替。

表 3-6 常用标注方式

序　号	标注方式	说　明
1	N / P / P_1/P_2 P_3/P_4 (圆圈内)	对直接配线区的标注。 注：图中的文字符号应以工程数据代替（下同）。 其中　N——主干电缆编号，例如：0101 表示 01 电缆上第一个直接配线区； P——主干电缆容量（初设为对数，施设为线序）； P_1——现有局号用户数； P_2——现有专线用户数，当有不需要局号的专线用户时，再用+（对数）表示； P_3——设计局号用户数； P_4——设计专线用户数

续表

序号	标 注 方 式	说　　明
2	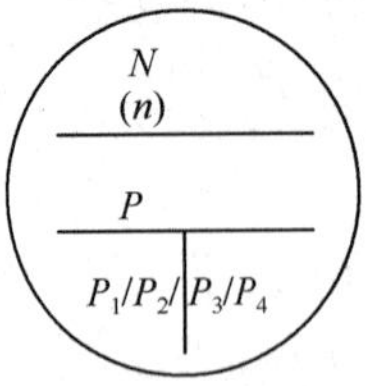 （图示：圆圈内标注 N，(n)，P，$P_1/P_2/P_3/P_4$）	对交接配线区的标注。 其中 N——交接配线区编号，例如：J22001 表示 22 局第一个交接配线区； n——交接箱容量，例如：2400（对）； P、P_1、P_2、P_3、P_4——含义同序号 1
3	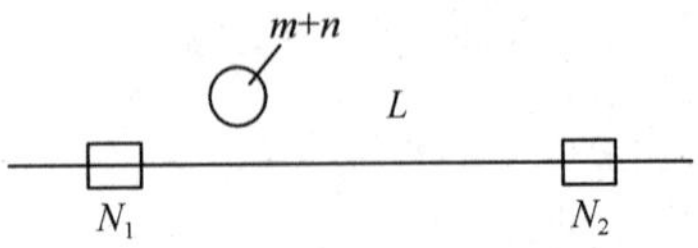 （图示：圆圈标注 m+n，两端 N_1、N_2 人孔，L 管道长度）	对管道扩容的标注。 其中 m——原有管孔数，可附加管孔材料符号； n——新增管孔数，可附加管孔材料符号； L——管道长度； N_1、N_2——人孔编号
4	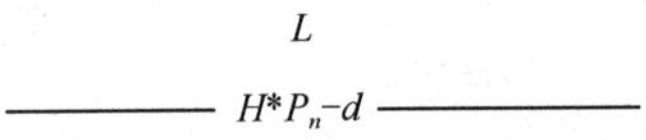 （图示：L，$H*P_n\text{-}d$）	对市话电缆的标注。 其中 L——电缆长度； H*——电缆型号； P_n——电缆百对数； d——电缆芯线线径
5	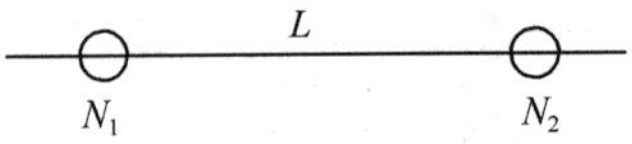 （图示：两端圆圈 N_1、N_2，L 杆路长度）	对架空杆路的标注。 其中 L——杆路长度； N_1、N_2——起止电杆编号（可加注杆材类别的代号）
6	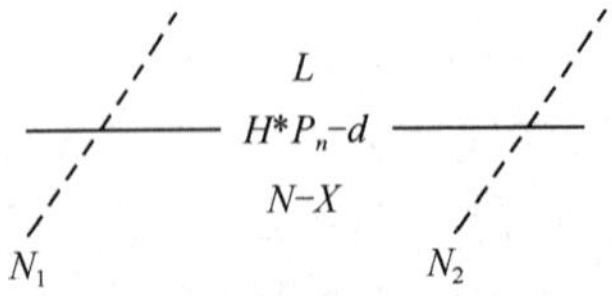 （图示：斜向虚线，L，$H*P_n\text{-}d$，N-X，N_1、N_2）	对管道电缆的简化标注。 其中 L——电缆长度；H*——电缆型号； P_n——电缆百对数；d——电缆芯线线径； X——线序； 斜向虚线——人（手）孔的简化画法； N_1 和 N_2——起、止人孔号； N——主干电缆编号
7	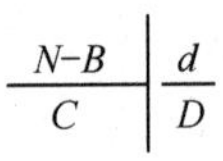 $\dfrac{N\text{-}B}{C}\bigg\vert\dfrac{d}{D}$	对分线盒的标注。 其中 N——编号；B——容量； C——线序；d——现有用户数； D——设计用户数
8	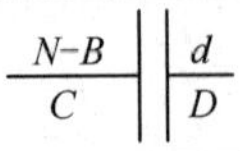 $\dfrac{N\text{-}B}{C}\bigg\vert\dfrac{d}{D}$	对分线箱的标注。 注：字母含义同序号 7
9	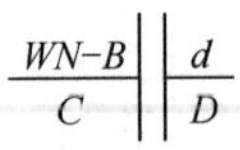 $\dfrac{WN\text{-}B}{C}\bigg\vert\dfrac{d}{D}$	对壁龛式分线箱的标注。 其中 WN——编号。 注：其他字母含义同序号 7

在对图纸进行标注时，其项目代号的使用应符合 GB/T 5094.1—2018《工业系统、装置与设备以及工业产品 结构原则与参照代号 第 1 部分：基本规则》的规定，文字符号的使用可参考 GB/T 20939—2007 的规定。

在通信工程设计中，由于文件名称和图纸编号多已明确，在项目代号和文字标注方面可适当简化，推荐的处理方法如下。

① 平面布置图中可主要使用位置代号或用顺序号加表格来说明。
② 系统方框图中可使用图形符号或用方框加文字符号来表示，必要时也可两者兼用。
③ 接线图应符合 GB/T 6988.1—2024《电气技术用文件的编制 第 1 部分：规则》的规定。

对安装方式的标注见表 3-7。

表 3-7 对安装方式的标注

序 号	代 号	安 装 方 式
1	W	壁装式
2	C	吸顶式
3	R	嵌入式
4	DS	管吊式

对敷设部位的标注见表 3-8。

表 3-8 对敷设部位的标注

序 号	代 号	安 装 方 式
1	M	钢索敷设
2	AB	沿梁或跨梁敷设
3	AC	沿柱或跨柱敷设
4	WS	沿墙面敷设
5	CE	沿天棚面顶板面敷设
6	SC	吊顶内敷设
7	BC	暗敷设在梁内
8	CLC	暗敷设在柱内
9	BW	墙内埋设
10	F	地板或地板下敷设
11	CC	暗敷设在屋面或顶板内

3.1.3 图形符号的使用

1．图形符号的使用规则

《通信工程制图与图形符号规定》中要求，当对同一项目给出几种图形符号形式时，选用时应遵守以下规则。

① 优先使用"优选形式"。
② 在满足需要的前提下，宜选用最简单的形式（如"一般符号"）。
③ 在同一种图纸上应使用同一种形式。

一般情况下，对同一项目宜采用同样大小的图形符号；特殊情况下，为了强调某方面或为了便于补充信息，允许使用不同大小的符号和不同粗细的线条。

绝大多数图形符号的取向是任意的。为了避免导线的弯折或交叉，在不引起错误理解的前提下，可以将符号旋转或取镜像形态，但文字和指示方向不得倒置。

标准中图形符号的引线是作为示例绘制的，在不改变符号含义的前提下，引线可以取不同的方向。但在某些情况下，引线符号的位置会影响符号的含义。

为了保持图形符号的布置均匀，围框线可以不规则地绘制，但是围框线不应与元器件相交。

2．图形符号的派生

《通信工程制图与图形符号规定》中只给出了有限图形符号的示例，如果某些特定的设备或项目无现成的符号，允许根据已规定的符号组图规律进行派生。

派生图形符号，是指利用原有符号加工成新的图形符号，应遵守以下的规则。

① （符号要素）+（限定符号）→（设备的一般符号）。
② （一般符号）+（限定符号）→（特定设备的符号）。
③ 2～3 个简单的符号→（特定设备的符号）。
④ 一般符号缩小后可以作为限定符号使用。

对急需的个别符号，如派生困难，一时找不出合适的符号，允许暂时使用在方框中加注文字符号的方法。

任务 3.2 绘制通信工程施工图

【任务描述】

通信工程施工图是指导施工的主要依据。施工图里包含了诸如路由信息、设备配置安放情况、技术数据和主要说明等内容。施工图应该在现场勘察和认真收集资料的基础上绘制而成。

【任务目标】

- 能熟练应用 CAD 软件，规范地绘制机房平面布局图。
- 能熟练应用 CAD 软件，规范地绘制光缆线路路由图。
- 培养学生严谨求实的工匠精神。

3.2.1 施工图绘制要求及注意事项

1．绘制线路施工图的要求

绘制线路施工图的要求如下。
① 线路图中必须有图框。
② 线路图中必须有指北针。
③ 如需反映工程量，要在图纸中绘制工程量表。

2．绘制机房平面图的要求

绘制机房平面图的要求如下。
① 机房平面图中内墙的厚度规定为 240mm。
② 机房平面图中必须有出入口，例如：门。

③ 必须按图纸要求尺寸将设备画进图中。
④ 图纸中如有馈孔，不要忘记将馈孔加进去。
⑤ 在图中主设备上加尺寸标注（图中必须有主设备尺寸及主设备到墙的尺寸）。
⑥ 平面图中必须标有"××层机房"字样。
⑦ 平面图中必须有指北针、图例、说明。
⑧ 机房平面图中必须有设备配置表。
⑨ 根据图纸、配置表将编号加进设备中。
⑩ 要在图纸外插入标准图衔，并根据要求在图衔中加注单位比例、设计阶段、日期、图名和图号等。

注：建筑平面图、平面布置图及走线架图必须在"单位"栏中填入 mm。

3．绘制图纸时的常见问题

通信建设工程设计一般包括以下几个部分：设计说明、概预算说明及表格、附表、图纸。当完成一项工程设计时，在绘制工程图方面，根据以往的经验，常会出现以下问题。
① 图纸说明中序号排列错误。
② 图纸说明中缺标点符号。
③ 图纸中出现尺寸标注字体不一致或标注文字太小的问题。
④ 图纸中缺少指北针。
⑤ 平面图或设备走线图在图衔中缺少单位。
⑥ 图衔中图号与整个工程编号不一致。
⑦ 前后图纸编号顺序有问题。
⑧ 图衔中图名与目录不一致。
⑨ 图纸中内容颜色有深浅之分。

3.2.2 施工图设计阶段图纸应达到的深度

扫一扫看
直埋光缆
线路查勘
草图绘制

1．有线通信线路工程

有线通信线路工程施工图设计阶段图纸内容及应达到的深度如下。
① 批准初步设计线路路由总图。
② 长途通信线路敷设定位方案的说明，并在比例为 1∶2000 的测绘地形图上绘制线路位置，标明施工要求，如埋深、保护段落及措施、必须注意的施工安全地段及措施等；地下无人站内设备安装及地面建筑的施工图；光缆进城区的路由示意图和施工图及进线室平面图、相关机房平面图等。
③ 线路穿越各种障碍点的施工要求及具体措施。较复杂的障碍点应单独为其绘制施工图。
④ 水线敷设、岸滩工程、水线房等的施工图及施工方法说明。水线敷设位置及埋深应以河床断面测量资料为依据。
⑤ 通信管道、人孔、手孔、光（电）缆引上管等的具体位置及建筑形式，孔内有关设备的安装施工图及施工要求；管道、人孔、手孔结构及建筑施工采用定型图纸，非定型设计应附结构及建筑施工图；对于有其他地下管线或障碍物的地段，应绘制剖面设计图，标明其交点位置、埋深及管线外径等。
⑥ 长途线路的维护区段划分、巡房设置地点及施工图（巡房建筑施工图由建筑设计单位

编发）。

⑦ 本地线路工程还应包括配线区划分、配线光（电）缆线路路由及建筑方式、配线区设备配置地点位置设计图，杆路施工图，用户线路的割接设计和施工要求。施工图应附中继、主干光缆和电缆、管道等的分布总图。

⑧ 枢纽工程或综合工程中有关设备安装工程进线室铁架安装图、电缆充气设备室平面布置图、进局光（电）缆及成端光（电）缆施工图。

2．通信设备安装工程

通信设备安装工程施工图设计阶段图纸内容及应达到的深度如下。
（1）数字程控交换工程设计
应附市话中继方式图、市话网中继系统图、相关机房平面图。
（2）微波工程设计
应附全线路由图、频率极化配置图、通路组织图、天线高度示意图、监控系统图、各种站的系统图、天线位置示意图及站间断面图。
（3）干线线路各种数字复用设备、光设备安装工程设计
应附传输系统配置图、远期及近期通路组织图、局站通信系统图。
（4）移动通信工程设计
① 移动交换局设备安装工程设计：应附全网网路示意图、本业务区网路组织图、移动交换局中继方式图、网路同步图。
② 基站设备安装工程设计：应附全网网路结构示意图、本业务区通信网路系统图、基站位置分布图、基站上下行传输损耗示意方框图、机房工艺要求图、基站机房设备平面布置图、天线安装及馈线走向示意图、基站机房走线架安装示意图、天线铁塔示意图、基站控制器等设备的配线端子图、无线网络预测图纸。
（5）寻呼通信设备安装工程设计
应附网路组织图、全网网路示意图、中继方式图、天线铁塔位置示意图。
（6）供热、空调、通风设计
应附供热、集中空调、通风系统图及平面图。
（7）电气设计及防雷接地系统设计
应附高、低压供电系统图，变配电室设备平面布置图。

3.2.3　通信线路工程图纸范例

常见通信线路工程图纸如图 3-3～图 3-9 所示。
（1）传输系统网络结构图（见图 3-3）
（2）传输机房设备平面布置图（见图 3-4）
（3）传输机房布线路由图（见图 3-5）
（4）传输设备面板图（见图 3-6）
（5）列头柜面板图（见图 3-7）
（6）时隙分配图（见图 3-8）
（7）机房电源系统图（见图 3-9）

3.2.4 FTTx 接入工程图

常见 FTTx 接入工程图如图 3-10～图 3-17 所示。
（1）接入机房设备平面布置及走线架布局图（见图 3-10）
（2）小区通信拓扑图（见图 3-11）
（3）小区主干光缆路由图（见图 3-12）
（4）小区配线光缆路由图（见图 3-13）
（5）小区配线光缆系统图（见图 3-14）
（6）小区主要工作量和材料表（见图 3-15）
（7）小区光缆线路施工立面图（见图 3-16）
（8）小区光交面板图（见图 3-17）

3.2.5 5G 基站安装工程图

常见 5G 基站安装工程图如图 3-18～图 3-24 所示。
（1）室外一体化机柜立面图（见图 3-18）
（2）设备接电端子图（见图 3-19）
（3）前传跳纤示意图（见图 3-20）
（4）天馈线系统俯视图（见图 3-21）
（5）天馈线系统侧视图（见图 3-22）
（6）安全风险因素及保障措施表 1（见图 3-23）
（7）安全风险因素及保障措施表 2（见图 3-24）

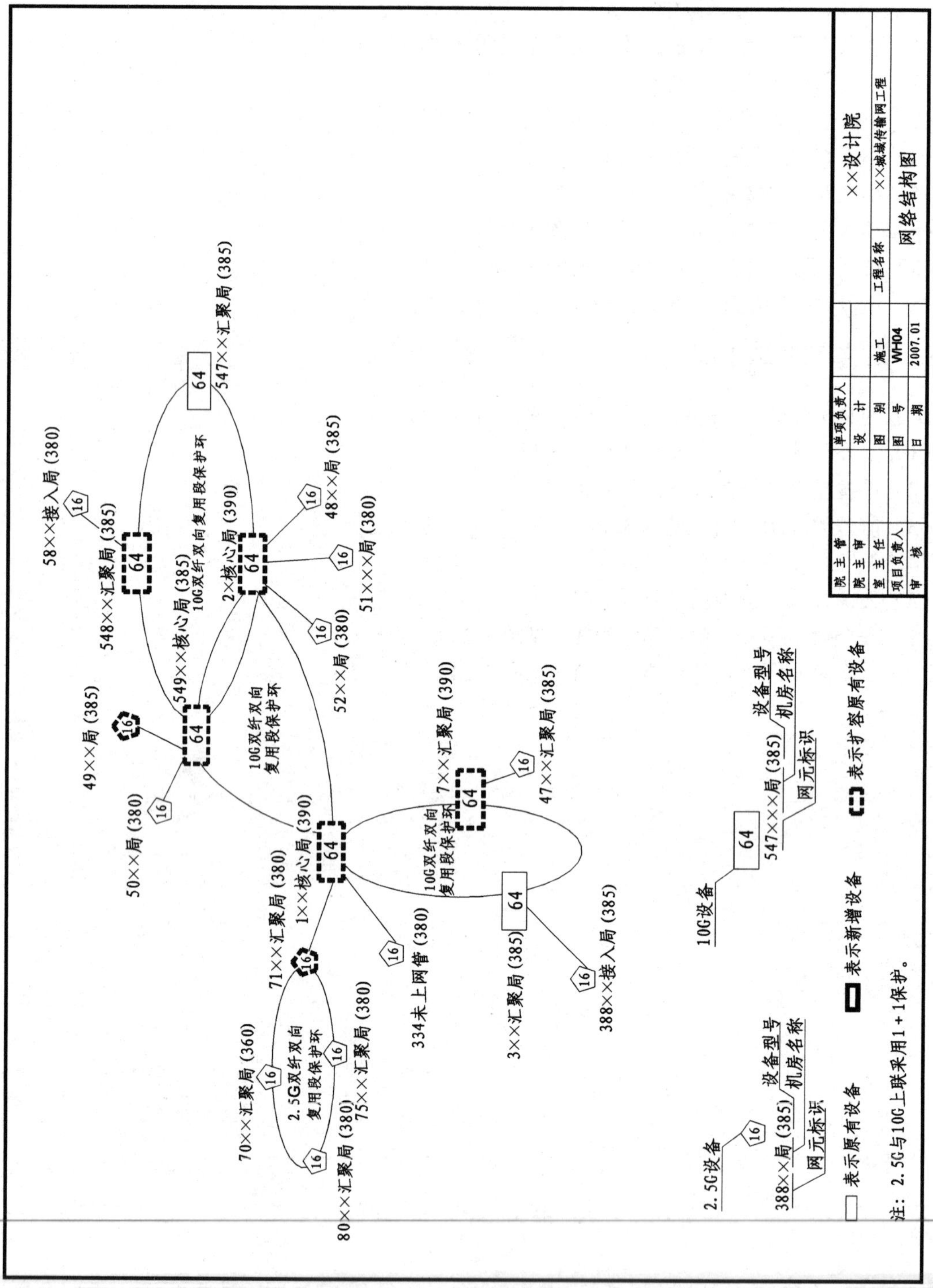

图 3-3 传输系统网络结构图

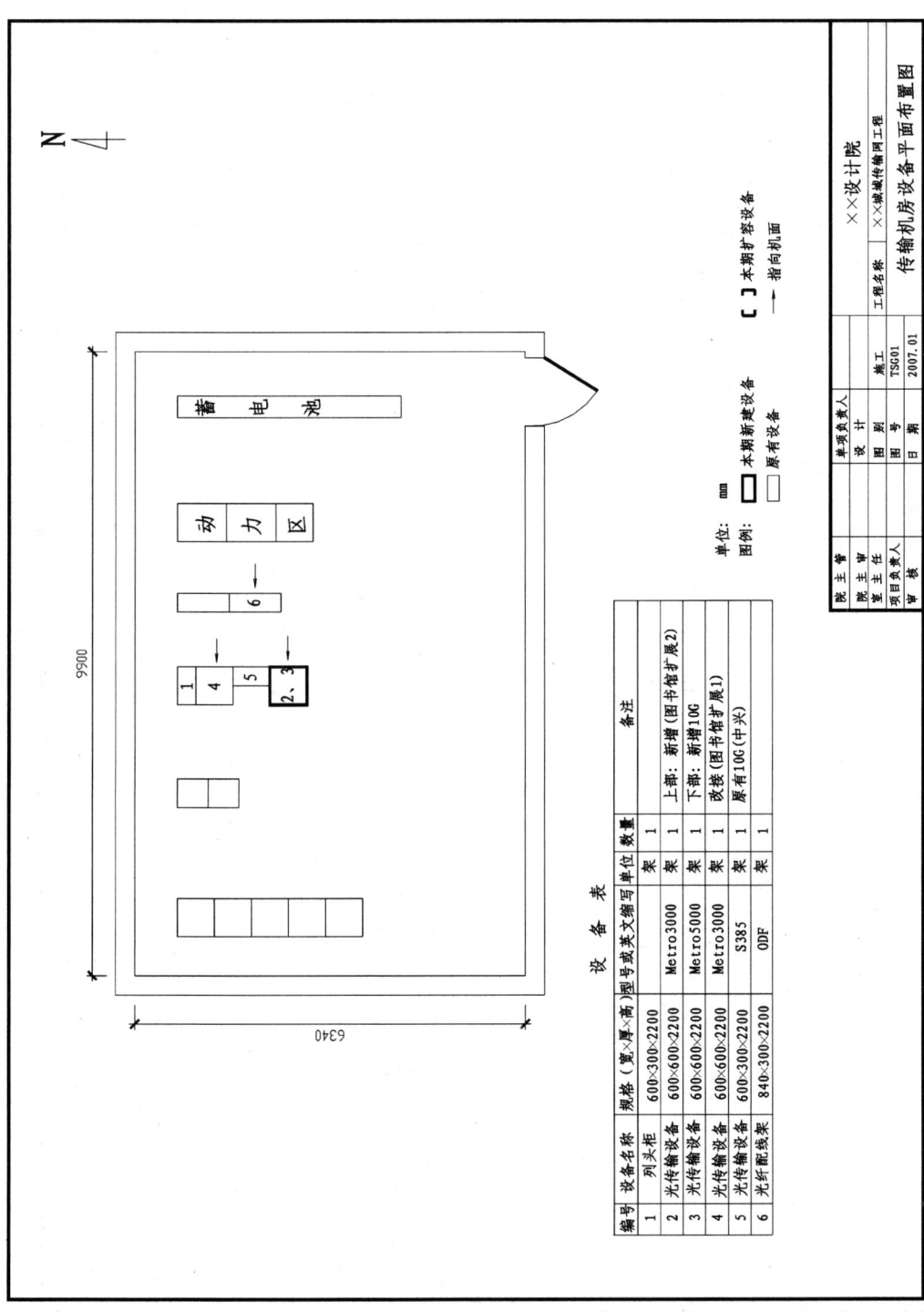

图 3-4 传输机房设备平面布置图

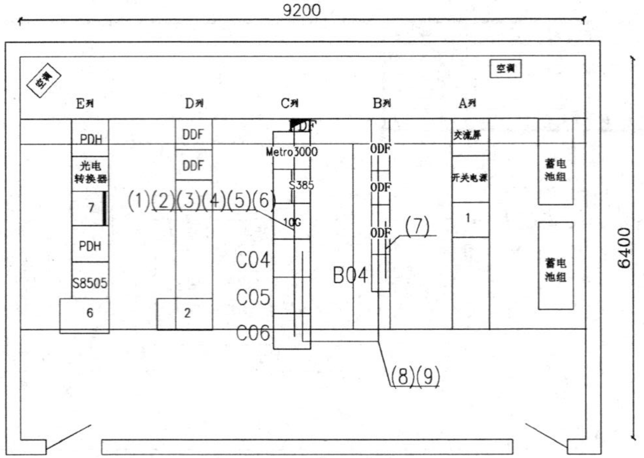

数据机房(十三楼)

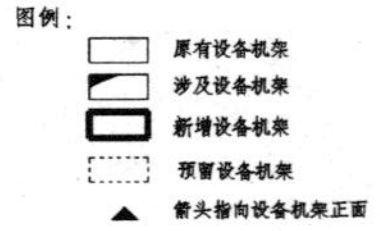

缆 线 布 放 计 划 表

缆线编号	缆线名称	缆 线 规 格	数量	长度(m)	总长度(m)	C01 列头柜	C04 W1600	C05 W1600	C06 W1600	B01 ODF	B03 ODF	B04 ODF	备 注
(1)	电源线	RVVZ 1×16mm²	4	5	20	●	●						烽火提供
(2)	电源线	RVVZ 1×16mm²	4	6	24	●	—	●					烽火提供
(3)	电源线	RVVZ 1×16mm²	4	7	28	●	—	—	●				烽火提供
(4)	保护地线	RVVZ 1×16mm²	1	5	5	●	●						烽火提供
(5)	保护地线	RVVZ 1×16mm²	1	6	6	●	—	●					烽火提供
(6)	保护地线	RVVZ 1×16mm²	1	7	7	●	—	—	●				烽火提供
(7)	保护地线	RVVZ 1×16mm²	1	1	1						●	●	烽火提供
(8)	尾纤	单模LC/PC-SC/PC	18	10	180		●	—	—	—	—	●	烽火提供
(9)	尾纤	单模LC/PC-SC/PC	4	20	80			●	—	●			烽火提供

说明：新增的W1600设备的保护地线由列头柜的保护地排引接，ODF架的保护地线采用并柜连接。

主 要 设 备 表

序号	机架编号	机架规格(高×宽×深)	设备名称	备 注
1	C01	2200×300×300	列头柜	本工程涉及设备
2	C04,C05,C06	2200×600×600	FONST W1600	本工程新增波分设备
3	B04	2200×600×300	ODF	新增设备侧ODF架
4	B01,B03	2200×800×300	ODF	线路侧ODF架

院 主 管		审 核		××设计院	
院 主 审		单项负责人		××机房布线路由图	
部 主 管		设 计			
项目负责人		日 期	2008.08	图 号	08001-SJ-27

图3-5 传输机房布线路由图

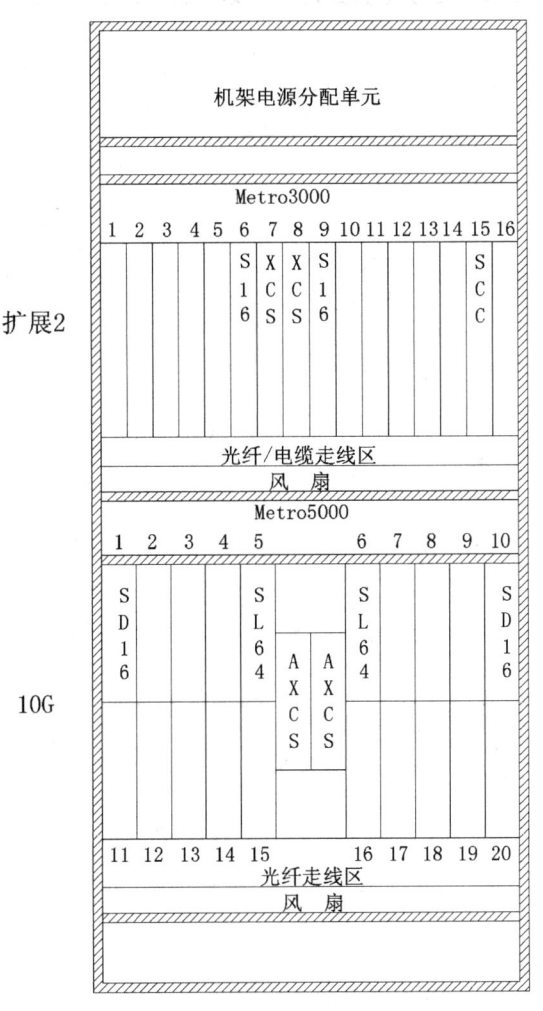

图 3-6 传输设备面板图

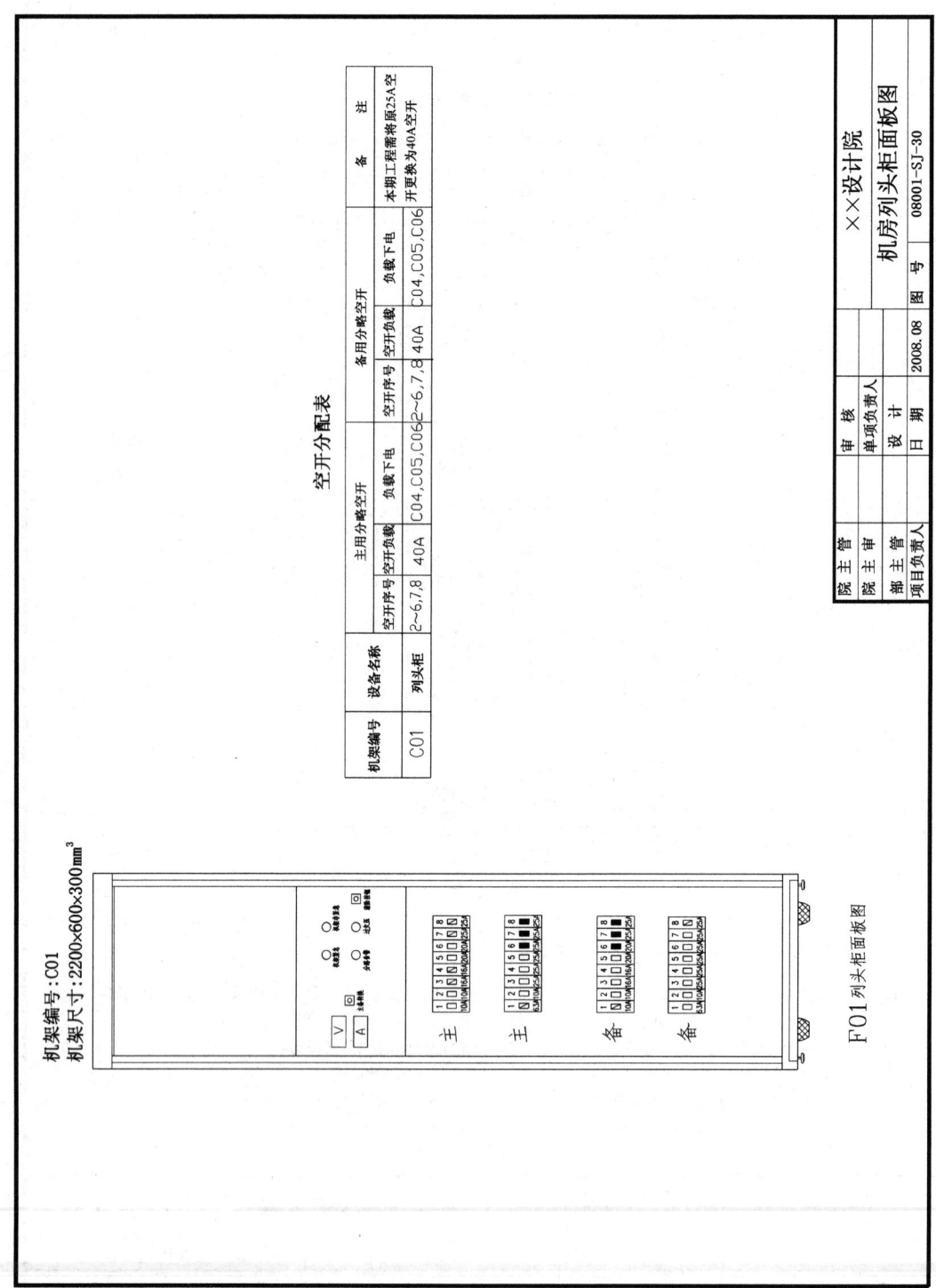

图 3-7 列头柜面板图

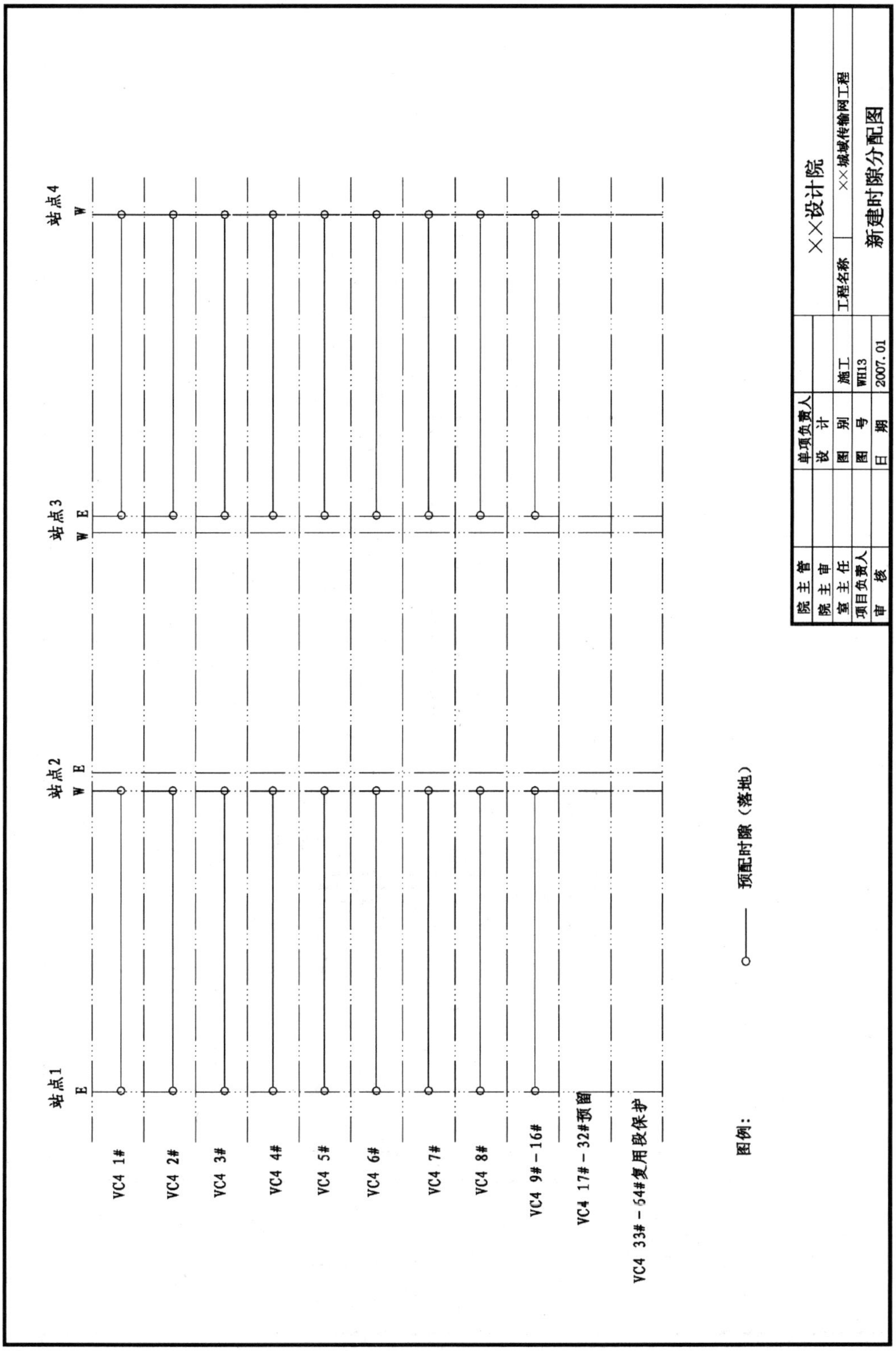
站点1
E
站点2
W E
站点3
W E
站点4
W
VC4 1#
VC4 2#
VC4 3#
VC4 4#
VC4 5#
VC4 6#
VC4 7#
VC4 8#
VC4 9#－16#
VC4 17#－32#预留
VC4 33#－64#复用段保护
图例：
预配时隙（落地）
院主管
院主审
室主任
项目负责人
审核
单项负责人
设计
图别 施工
图号 WH13
日期 2007.01
××设计院
工程名称 ××城域传输网工程
新建时隙分配图

图3-8 时隙分配图

图3-9 机房电源系统图

院主管		审核		××设计院	
院主审		单项负责人		××机房电源系统图	
部主管		设计			
项目负责人		日期	2008.03	图号	CYW-Y-SJ-25

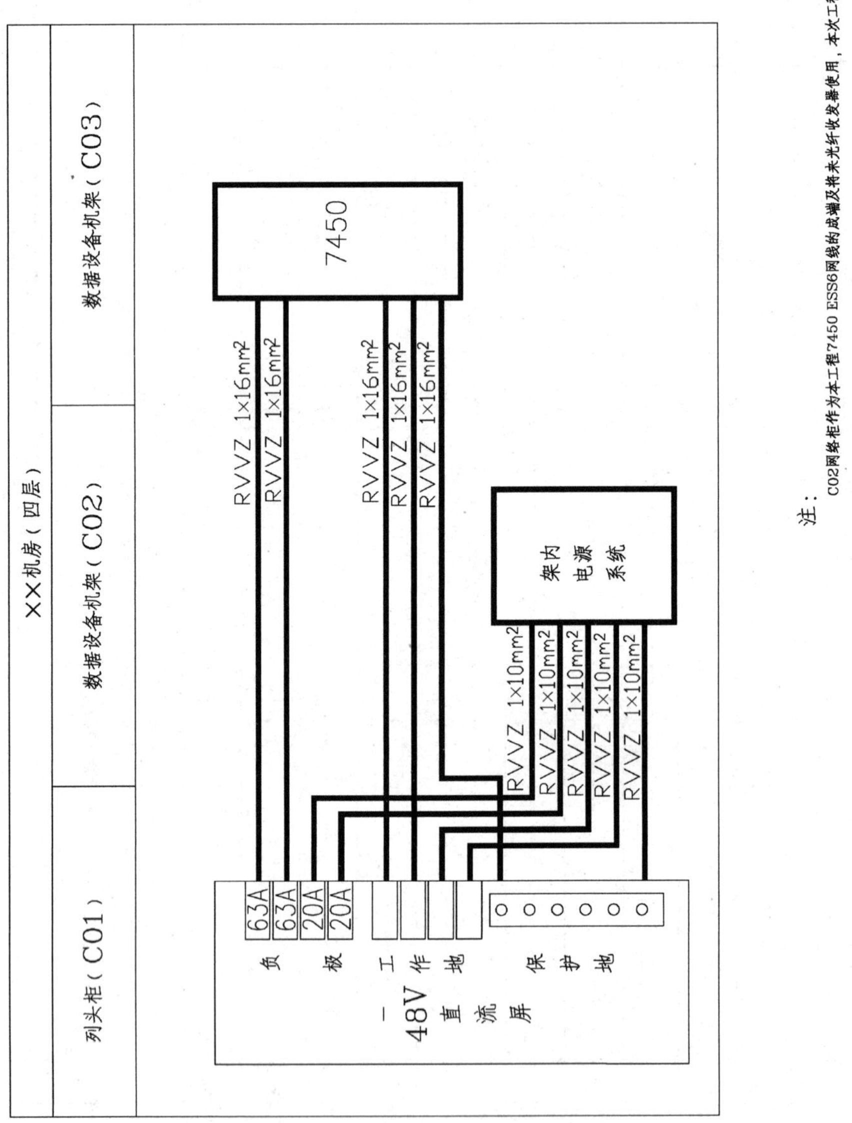

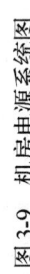

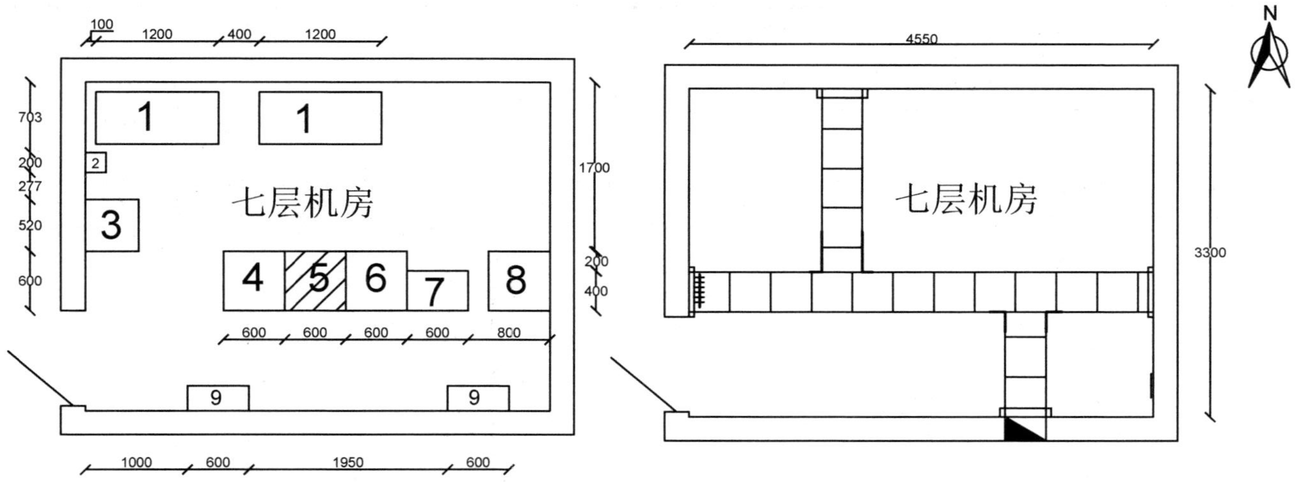

设 备 表

代号	设备名称	单位	数量	参考尺寸（mm³）	备注
1	蓄电池组	组	2	1200×520×960	
2	DDF	套	1	200×200×350	
3	交流配电箱	套	1	520×520×800	
4	开关电源	套	1	600×600×2200	本期新增一个48芯ODM和2台分光器
5	综合柜	套	1	600×600×2200	
6	BTS(GSM)	套	1	600×600×2200	
7	BTS(WCDMA)	套	1	600×400×1600	
8	直放站	套	1	600×600×2200	
9	壁挂式空调	台	2	600×250×400	

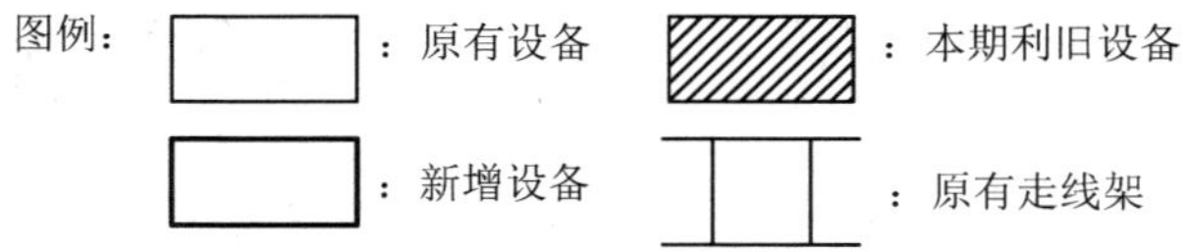

单位：mm

主 管		审核		X X设计院	
总负责人		制图、校核		X X接入机房设置平面布置及走线架布局图	
单项负责人		单位	mm		
设 计		日期	2015.08	图号	200803-577Y-XTX01

图 3-10 接入机房设备平面布置及走线架布局图

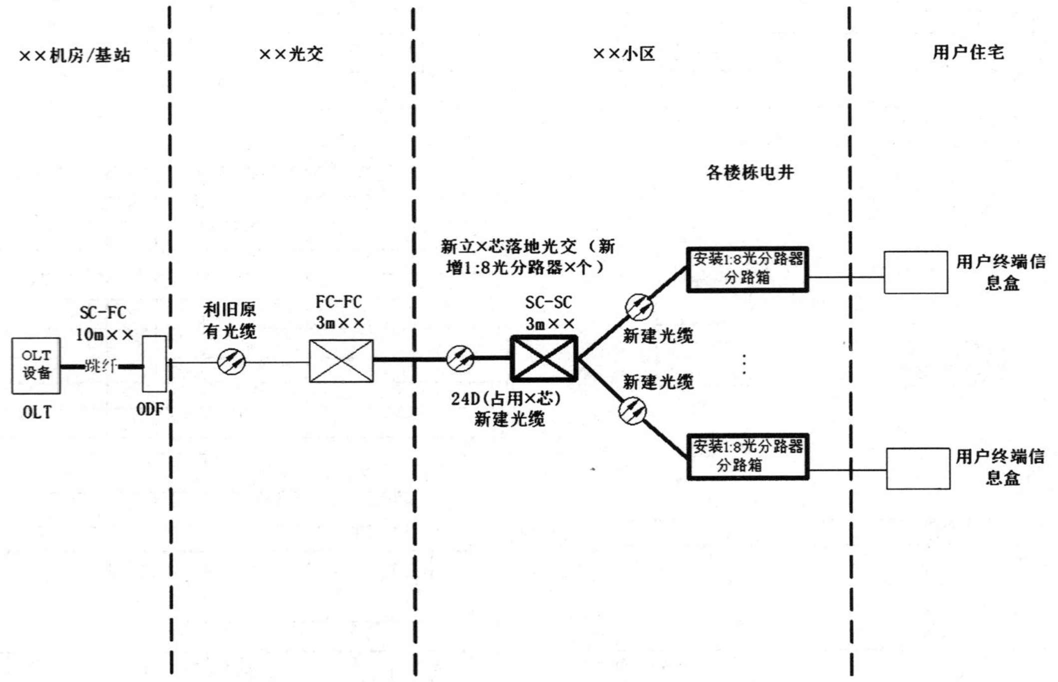

说明：1、细线为利旧原有线缆、设施，粗线为新增线缆、设施。
2、××小区共有×栋楼房共计×个单元，总计×户。
3、本工程共计安装1:8一级光分路器×个、1:8二级光分路器×个、光分路器端口配比×%；安装光分路箱24个、144芯落地式光交1座。

设计主管		审核		××××××设计院	
设计总负责人		单位		××小区通信拓扑图	
单项负责人		比例	示意		
设计		日期	2019年X月	图号	S-XQ-0X-00XX-01

图 3-11　小区通信拓扑图

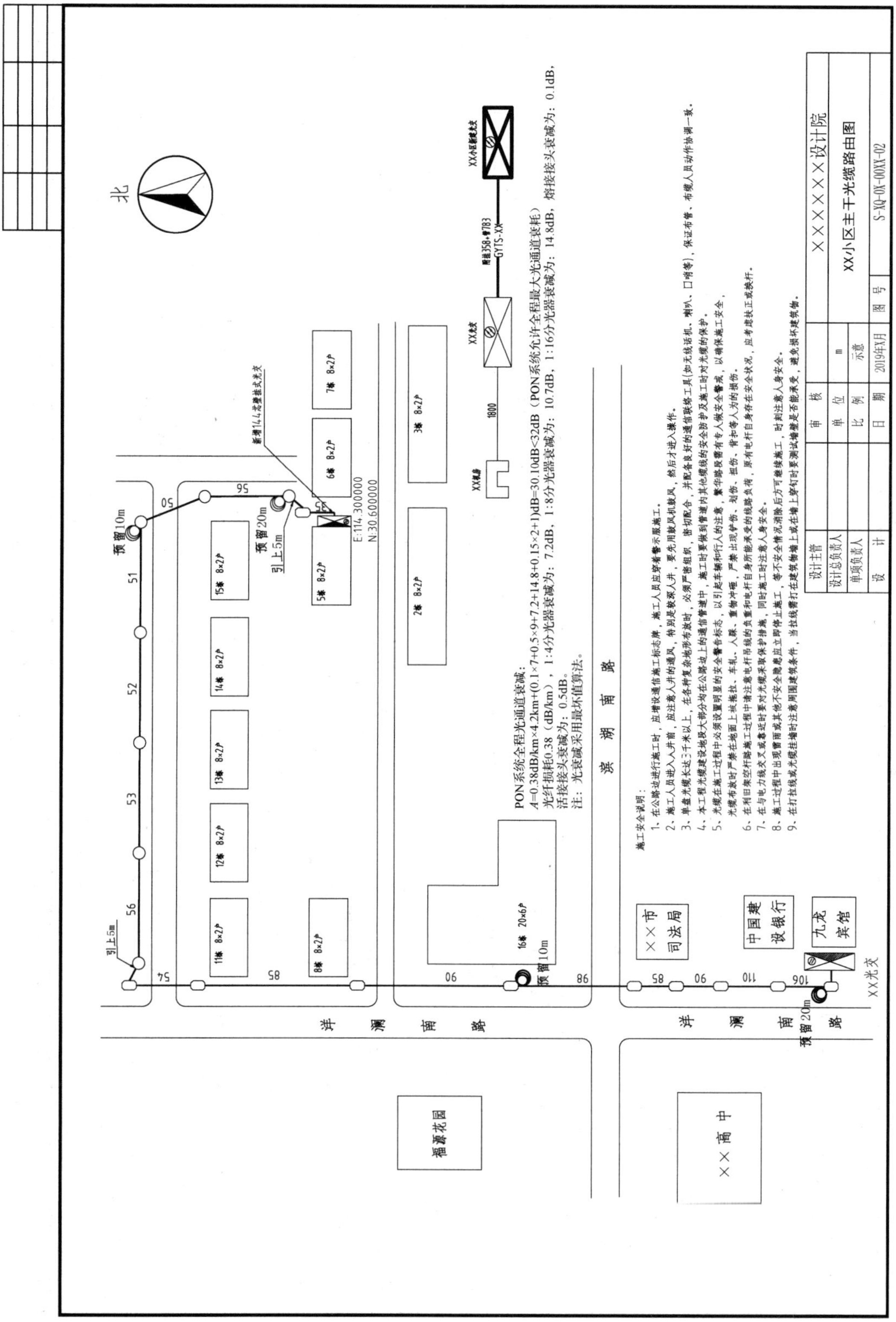

图 3-12 小区主干光缆路由图

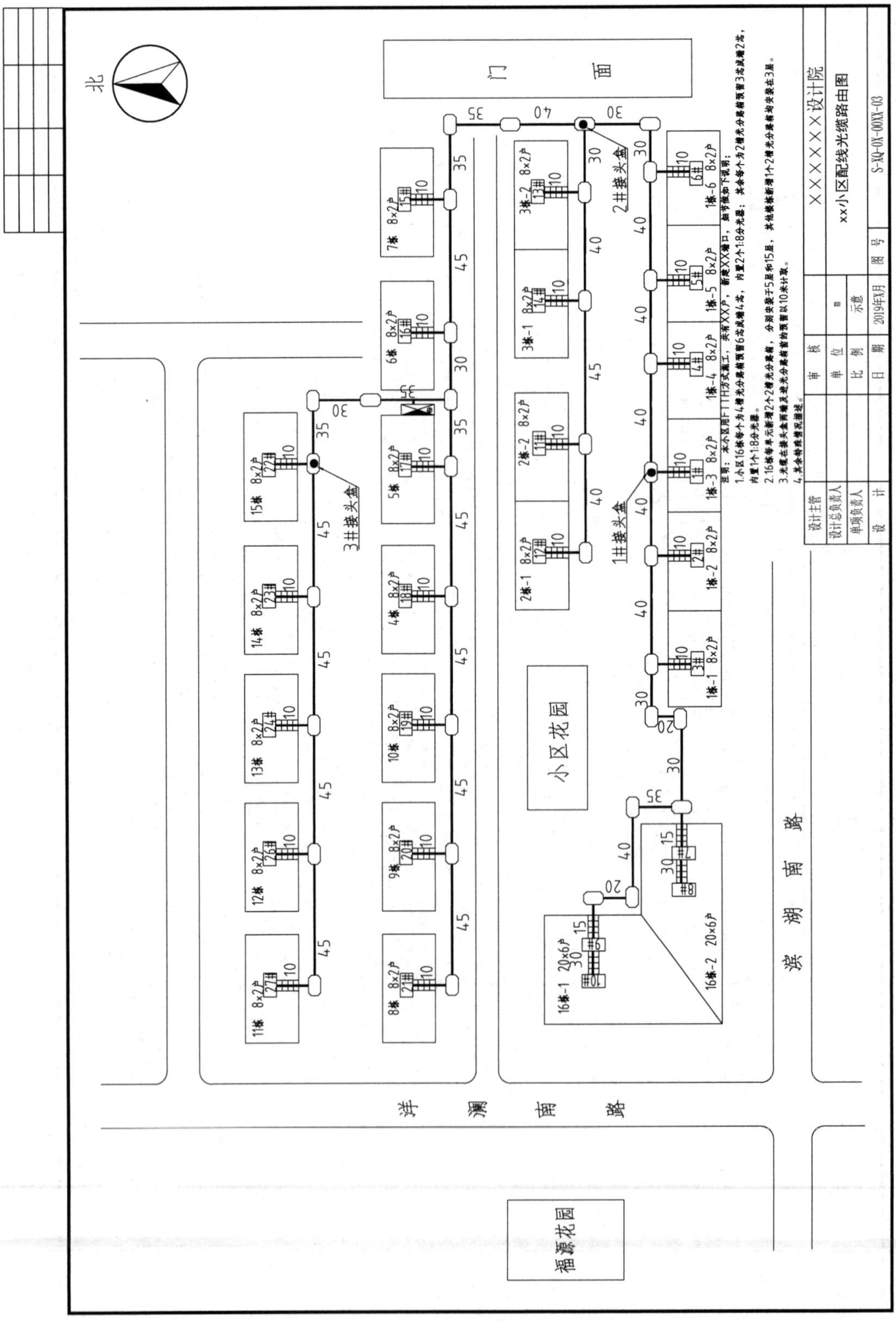

图 3-13 小区配线光缆路由图

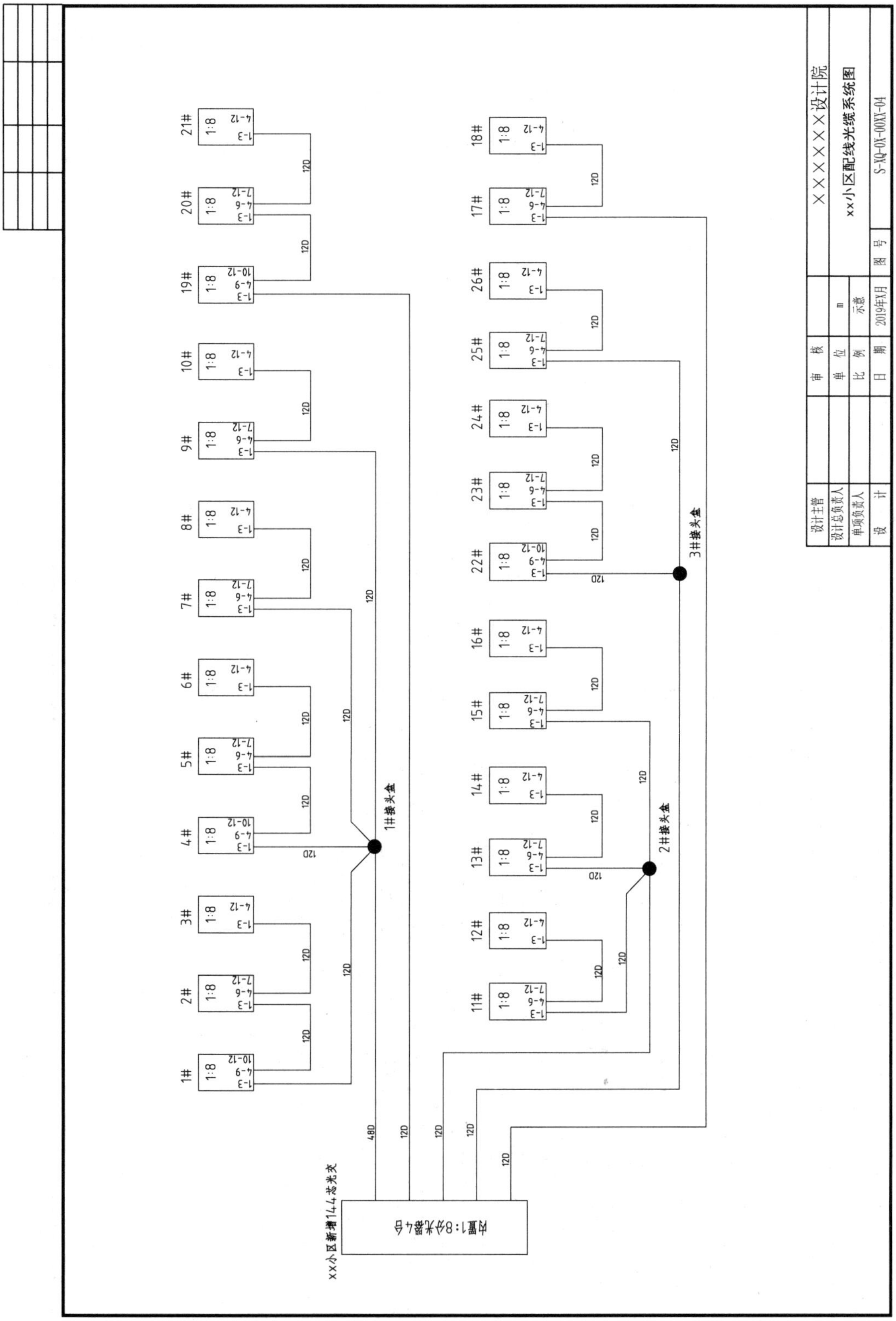

图 3-14 小区配线光缆系统图

主要工程量表

序号	项目名称	单位	数量
1	安装波纹软管	十米	12.000
2	放、绑软光纤（设备机架之间放、绑）（15m以下）	条	6.000
3	放、绑软光纤（中间站跳纤）	条	12.000
4	OLT设备本机测试（下联光接口）	端口	6.000
5	直埋光（电）缆工程施工测量	百米	0.210
6	架空光（电）缆工程施工测量	百米	8.080
7	管道光（电）缆工程施工测量	百米	23.810
8	人工开挖路面（水泥花砖路面）	百平方米	0.090
9	挖、夯填光（电）缆沟、接头坑（普通土）	百立方米	0.090
10	丘陵、水田、城区敷设埋式光缆（12芯以下）	千米·条	0.021
11	平原地区人工敷设小口径塑料管（1管）	千米	0.021
12	布放光（电）缆手孔抽水	个	29.000
13	敷设管道光缆（12芯以下）	千米·条	3.221
14	打人（手）孔墙洞（砖砌人孔）（3孔管以上）	处	2.000
15	打穿楼墙洞（砖墙）	个	8.000
16	打穿楼层洞（混凝土）（楼层）	个	178.000
17	光缆成端接头	芯	280.000
18	40千米以下光缆中继段测试（12芯以下）	中继段	1.000
19	用户光缆测试（4芯以下）	段	24.000
20	光分配网（ODN）光纤链路全程测试（光纤链路衰减测试1:4）	链路组	6.000
21	光分配网（0DN）光纤链路全程测试（光纤链路衰减测试1:16）	链路组	24.000
22	安装光分路器	台	30.000
23	光分路器与光纤线路插接	端口	54.000
24	安装光分纤箱、光分路箱	套	24.000
25	桥架、线槽、网络地板内明布光缆	百米·条	9.680

主要材料表

序号	名称	规格程式	单位	数量
1	尾纤	SC/PC-FC/PC（10m）	条	6. 000
2	尾纤	FC/PC-FC/PC（3m）	条	12.000
3	尾纤	SC/PC-SC/PC（3m）	条	30.000
4	插片式光分路器	1:4	个	6.000
5	插片式光分路器	1:16	个	24.000
6	4芯光缆	GYTS	千米	1.000
7	12芯光缆	GYTS	千米	3.500
8	144芯无跳接光交		座	1.000
9	4槽室外壁挂光分路箱		台	24.000

设计主管		审　核		××××××设计院	
设计总负责人		单　位		xx小区主要工作量和材料表	
单项负责人		比　例	示意		
设　　计		日　期	2019年X月	图　号	S-XQ-0X-00XX-05

图 3-15　小区主要工作量和材料表

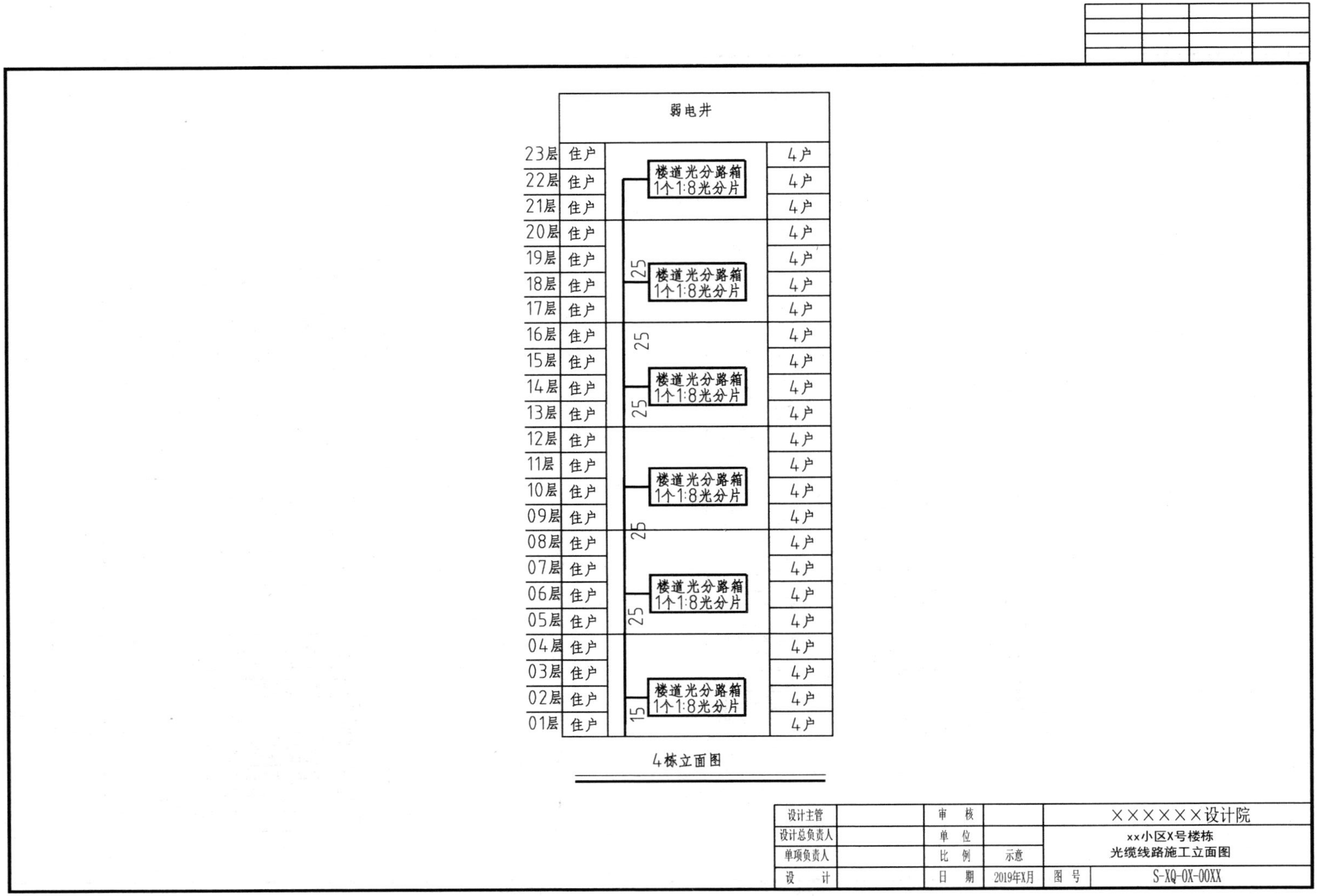

图 3-16 小区光缆线路施工立面图

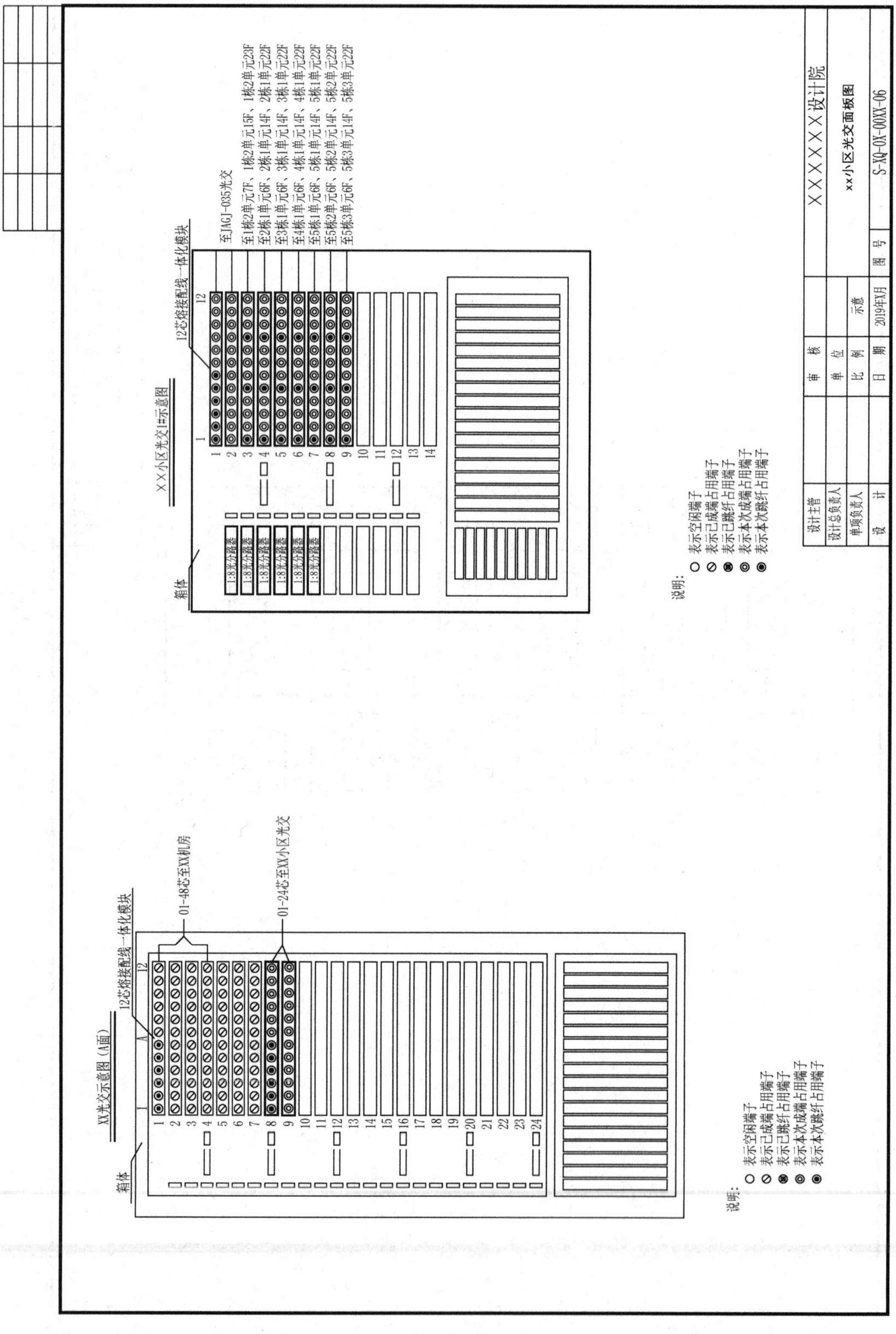

图 3-17 小区光交面板图

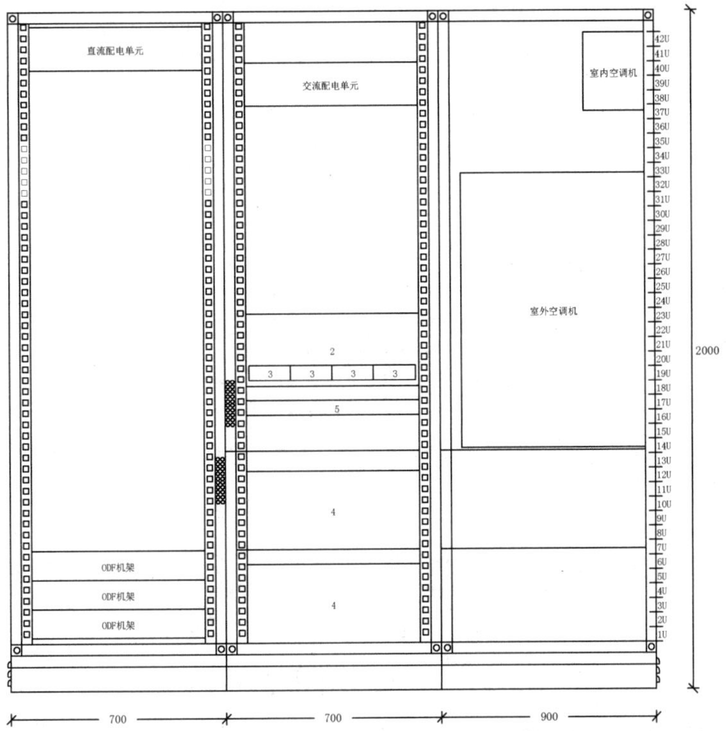

拼装机柜立面图

设备表					
序号	设备名称	规格尺寸（mm³）	单位	数量	备注
1	室外一体化机柜	700×700×2000	个	1	原有
2	嵌入式开关电源		套	1	原有
3	开关电源模块（50A×4）		块	4	原有
4	蓄电池（100A·h/48V）		组	2	原有
5	动环监控		套	1	原有

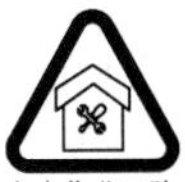

室内作业风险

本站安装生产要求				
序号	工程作业环节	风险因素	风险说明	风险处置方案及安全施工说明
1	设备安装	工器具经常使用	工器具掉落	在运行设备顶部操作时，应对运行设备采取防护措施，避免工具、螺钉等金属物品落入机柜内
2		用电频繁	易触电	插拔机盘、模块时应配戴接地良好的防静电手环
3	天馈线系统安装	用电操作	中断通信	在已有运行设备的机房内作业时，应划定施工作业区域，作业人员不得触碰在运行设备；不得随意关断电源开关
4	天馈线系统安装	管理疏忽	中断通信	使用机房原有电源插座时应核实电源容量，用电设备的总功率不得超过供电负荷
5	其他	其他安全事项详见设计说明中《安全生产》章节		
6	主要危险源	设备机柜狭小受限空间，未绑扎或松散的光缆及成端的尾纤，标签错误的光纤端口，摩擦而产生的静电，有严重缺陷的用电设备、工器具等		

说明：

1. 基站规模：本基站为XXXXXXX。
2. 设备类型及新装要求：本期工程利旧直流配电单元32A空开3个。
3. 机房情况：本机房产权为铁塔一体化机柜。
4. 设备供电：本期工程新装RRU由直流配电单元32A保险空开直接供电。
5. 设备接地：本期工程新装RRU接地线连接到铁塔接电处。
6. 开关电源情况：本期工程利旧一体化开关电源。
7. 蓄电池情况：铁塔新增蓄电池100A·h2组，经核算满足3小时备电时长。
8. 抗震要求：本站为6度抗震设防。
9. 其他防雷与接地要求根据GB/T 33676—2017《通信局（站）防雷装置检测技术规范》执行。

图例：原有设备　新增设备　预留设备　拆除设备　扩容设备　更换设备

项目总负责人		专业负责人		XXXXXX设计院有限公司	
设　计　人		单　　位	mm	XXX-5G基站	
校　审　人		比　　例	无	室外一体化机柜立面图	
专业审核人		出 图 日 期		图号	07000-0600-S-WX-2

图 3-18　室外一体化机柜立面图

直流配电单元端子分配图

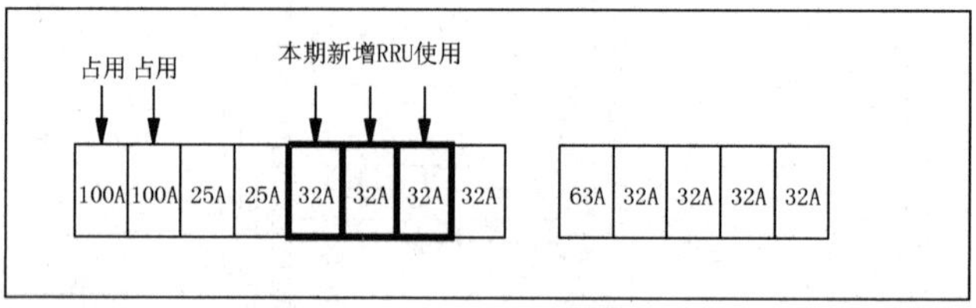

占用 占用　　本期新增RRU使用

| 100A | 100A | 25A | 25A | 32A | 32A | 32A | 32A | | 63A | 32A | 32A | 32A | 32A |

图例：□ 原有空开　□ 已占用空开　■ 本次占用

用电安全风险

本站安全生产要求

序号	工程作业环节	风险因素	风险说明	风险处理方案及安全施工说明
1	拔插电源熔断器	熔断器损坏	使用非专业工具，造成熔断器损坏或者通信中断	拔插电源熔断器应使用专用工具，不得用其他工具代替
2	拔插电源熔断器	用电安全	用电不当导致触电风险或者设备损坏	涉电作业应使用绝缘良好的工具，并由专业人员操作。在带电的设备、头柜、分支柜中操作时，不得佩戴金属饰物，并采取有效措施防止螺钉、垫片、金属屑掉落
3	主要危险源	拔插电源熔断器产生的静电，有缺陷的电源熔断器拔插工具，电源熔断器正负极反接，电源熔断器的规格不满足设计要求		

说明：
1、粗线框表示本次占用端子，有箭头表示已占用；
2、现站测定基站直流负荷为××A，预估设备安装后基站直流负荷增加40A（±30%），达到110A（±30%），现有整流模块50A×3。满足本期工程需求。

项目总负责人		专业负责人			XXXXXX设计院有限公司
设 计 人		单 位	无		XXX-5G基站 设备接电端子图
校 审 人		比 例	无		
专业审核人		出图日期		图号	07000-0600-S-HX-4

图 3-19 设备接电端子图

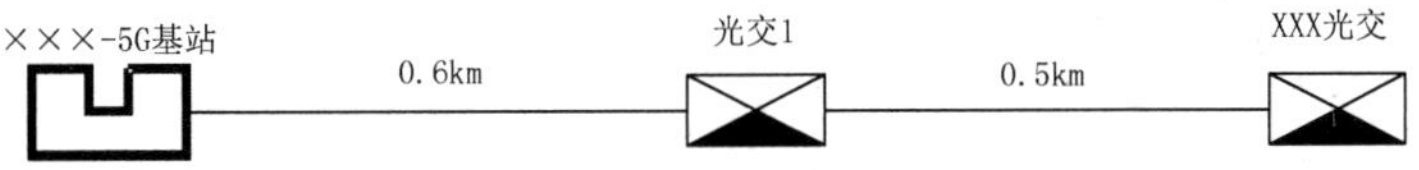

×××-5G基站 —— 0.6km —— 光交1 —— 0.5km —— XXX光交

站点IR前传光路全程光通道衰减预算为2.666dB<10dB（允许全程最大光通道衰减），设备安装前后均需进行光路验证。

环评保护距离要求（m）（水平）	环评保护距离要求（m）（垂直）	物理基站环评实际水平保护距离（区域）内有无敏感点	物理基站环评实际垂直保护距离（区域）内有无敏感点	是否在生态红线范围内	基站以任一天线地面投影点为圆心、半径50m范围内有无公众居住、工作或学习的建筑物
26	7	无	无	否	无
等效功率是否小于100W	是否自行评估	是否与联通共享	共享联通站名	是否与电信共享	共享电信站名
否	是	否	无	否	无

项目总负责人		专业负责人		XXXXXX设计院有限公司	
设 计 人		单 位		XXX 5G基站	
校 审 人		比 例	1:75	前传跳纤示意图	
专业审核人		出图日期		图号	07000-0600-S-HX-2

图 3-20　前传跳纤示意图

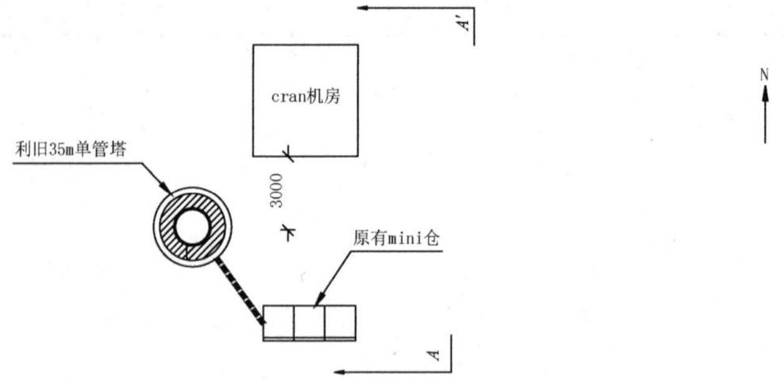

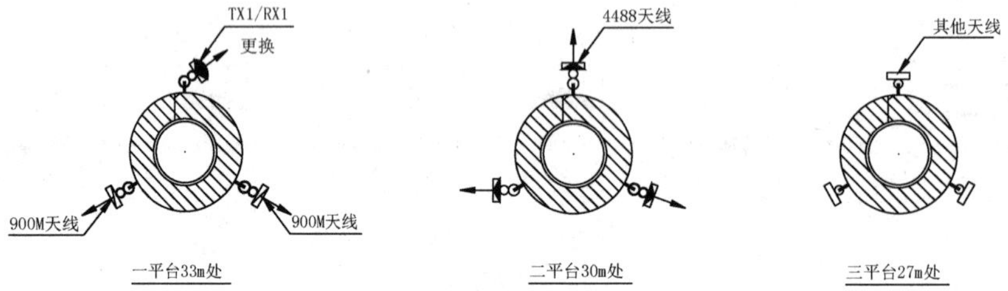

天线参数表							
小区	天线数量(副)	方位角(°)	机械下倾角(°)	内置下倾角(°)	挂高(m)	经度(°)	纬度(°)
I小区	1	55	3	3	33	XXX	XXX

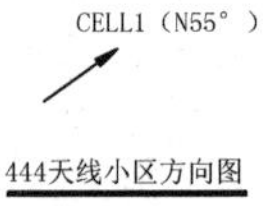

材料表

序号	材料名称	规格	单位	数量	备注
1	地面单管塔	35m	座	1	利旧
2	FDD天线	900m独立电调智能天线	副	1	主设备拆除
3	700M天线	“4+4+4” 700/900/1800M独立电调智能天线	副	1	主设备新装
4	跳线	1/2″（4条/小区/系统） G900/S1800（3m）	条	4	主设备新装
5	集束电缆	1套/小区/系统（4芯+5芯）（3m）	套		主设备新装
6	跳线	1/2″（4条/小区/系统） L700（3m）	条	4	主设备新装
7	电调天线控制线	6米/条/天线（连接700M RRU）	条	1	主设备新装
8	700M RRU		台	1	主设备新装
9	RRU直连光缆	2芯，50m×1（RRU采用级联方式连接）	m	50	主设备新装
10	RRU直流电源线	RVVZP-2×6mm²，50m	m	50	主设备新装
11	光模块	25G-10KM光模块×1（前传光模块）/25G-0.3KM光模块×4（级联光模块）	个	2	主设备新装
12	硅胶冷缩套管	ϕ40×140mm（天线侧700系统4个、900系统4个、1800系统4个（天线侧使用））	个	8	主设备新装
13	硅胶冷缩套管	ϕ45×140mm（天线侧TDD-F系统2个（集束电缆天线侧））	个		主设备新装
14	RRU接地线	RVVZP-1×16mm²，1.5m/1.5m	m	1.5	主设备新装
15	RRU电源线接地包		套	1	主设备新装

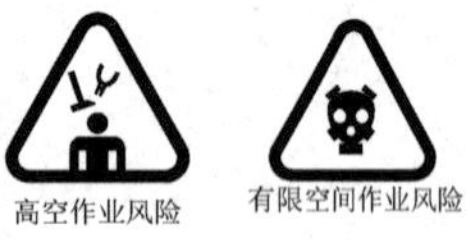

本站安全生产要求			
施工作业内容	风险因素	风险说明	风险处置方案及安全施工说明
上下塔及塔上高空作业	高空设备安装	施工作业位于高处天面或铁塔、通信杆上，未做好安全措施，易导致失足坠地的人员伤亡	高处作业人员必须持证上岗，应该严格遵守施工单位编制的经过审核的高处施工安全规定。施工人员作业时要遵守工程施工安全规范，不在高温环境下作业、不超负荷作业、不疲劳作业、不在酒后作业，确保工作的安全和质量
	高空物件掉落	作业使用的器具未做好安全防护，可能滑落	在施工前做好防护及隔离措施，安装现场设置围栏，确保施工的安全性。在天线吊装(包括市内楼房吊装)现场应设置安全作业警示区域，禁止车辆及无关人员穿行
	恶劣天气	在高温、强风、大雾、雷雨等恶劣天气下户外作业存在一定安全隐患	气候环境条件不符合施工要求时，严禁上塔施工作业。雷雨天气应停止户外作业防止遭遇雷击伤害，应到安全地点躲避，等雷电消除后方可继续施工
天馈线设备安装作业	设备运输搬运	设备材料运输途中人货混装、设备搬运操作不当，导致物体被损害	施工人员在设备搬运前后应该对设备做好防护措施，确保设备搬运过程中的安全，搬运时注意不要碰撞楼梯或电梯，搬运设备要遵守规定
天馈线设备吊装	天馈线设备吊装	无专人指挥或指挥混乱	起吊天线、天线座安装就位时，应有专人负责指挥。吊装天馈线等物时，应系好尾绳，严格控制物体上升的轨迹，应使天馈线与铁塔或楼房保持安全距离
其他	其他安全事项详见设计说明中《安全生产》章节		
危险源描述	铁塔平台上人体、物品的势能；大风、雷雨、浓雾等异常气候环境；侵入的雷电（包括直接雷、感应雷、线路来波、地电位反击等）；有冰、雪、霜易滑物的铁塔爬梯；馈线从高层建筑外墙空中进入馈线窗；不牢固的高层建筑外墙走线架；悬空和临边作业的危险环境；塔上失控坠落的工件或工具；存在缺陷的大绳、滑轮等吊装工具；存在隐患的施工车辆；恶劣道路条件等		

图例： 5G RRU　900M天线　1800M天线　4+4双频天线　LTE-FA频天线　LTE-D频天线
LTE-FA/D双频天线　4488天线　其他天线　700M天线　444天线　4448天线

项目总负责人		专业负责人		XXXXXX设计院有限公司
设 计 人		单　　位	mm	XXX-5G基站
校 审 人		比　　例	无	天馈线系统俯视图
专业审核人		出 图 日 期		图号 07000-0600-S-HX-3

图 3-21　天馈线系统俯视图

高空作业风险　有限空间作业风险

安全要求:
(1) 从事高处作业的施工人员,必须正确使用安全带、安全帽,经医生检查身体不适宜上塔的人员,严禁上塔作业。酒后严禁上塔作业,塔上作业时,必须将安全带固定在铁塔的主体结构上。
(2) 在高速公路、铁路、桥梁、通航的河道等特殊地段和城镇交通繁忙、人员密集处施工时必须设置有关部门规定的警示标志,必要时派专人警戒看守。
(3) 接地线中严禁加装开关或熔断器。
(4) 接地线与设备及接地排连接时必须加装铜接线端子,必须压(焊)接牢固。
(5) 机房内的导线应采用阻燃电缆或耐火电缆。
(6) 电源线中间严禁有接头。
(7) 防雷接地应遵循国家或行业规范要求,做好天馈线系统的防雷接地措施,符合安全生产操作规范,符合工程项目设计要求。
(8) 室外天线与天线支撑杆的连接应不少于两处。室外天线与支撑杆连接处的连接螺栓规格应不小于M8。

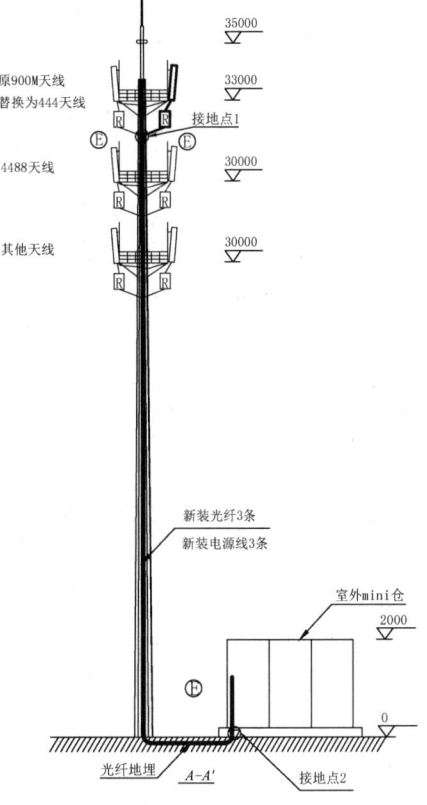

说明:
1、本基站为小区定向基站,采用BBU+RRU方式。天面利旧35m地面单管塔,原天面情况为:一平台33m处3副900M天线,二平台30m处3副4488天线(F+2.6G),三平台其他天线;本期工程拆除一平台33m处1副900M天线,新装1副"4+4+4" 700/900/1800多频电调天线,新装1台RRU,RRU安装位置不应影响天线方位角及下倾角调整。新增RRU、天线与支撑杆连接处的连接螺栓规格应不小于M8。
2、本工程所有线缆采用厂家配套物料固定,每0.8m固定一次。线缆进机房时应采用馈线窗密封。线缆长度为估算,具体以实际为准。
3、RRU及RRU电源线需做好防雷接地。RRU应在避雷针45°保护范围内,使用厂家配置的接地线就近接地。线缆屏蔽层两端应就近接地,当线缆水平长度大于60m时,应在线缆中部增加一个接地点。线缆接地需顺着下方向进行接地,为了减少接地线的电感,要求接地线的弯曲度大于90°,曲率半径大于130mm。
4、跳线应做好防水,跳线安装时,先传入冷缩套管。跳线与天线或馈线连接完成后,使用胶带从射频跳线连接器底部50mm处开始缠绕到连接器顶部,由下往上巡层缠绕。一层缠绕完成后剪短胶带,用手捏紧底部胶带,保证防水,然后使用冷缩套管密封。
5、室外线缆进入机房前需要做滴水弯。
6、对于新增改造天线及RRU、支臂和塔桅等可能影响房屋或塔桅结构安全的情况,土建单位应进行承重核实,并现场配合移动无线施工单位对移动无线网进行天面系统改造。
7、本站的经纬度为:E114.XXXX°,N30.XXXX°; 本站的物业点为:XXXXX。
8、本基站每副电调天线新增一条电调控制线,电调控制线连接至700M RRU,需要在电调控制线两端各用标签标示小区(I小区、II小区、III小区…以此类推)。
9、登高作业时,安全带必须使用双保险(安全绳+安全带)固定于塔上;拉线塔上下塔时安全带要求一步一扣;单管塔上下塔时必须使用自锁防坠缓降器固定在钢绞线上;在角钢塔或带平台的单管、拉线塔作业时必须使用挂钩式防坠器。
10、本次天面改造方案经勘察及多方核实确定。如现场与方案不一致,施工以现场情况为准并变更方案。

项目总负责人		专业负责人		XXXXXX设计院有限公司	
设 计 人		单 位	mm	XXX-5G基站	
校 审 人		比 例	无	天馈线系统侧视图	
专业审核人		出图日期		图号	07000-0600-S-HX-4

图3-22 天馈线系统侧视图

图例	安全风险点	防范措施
室内作业风险	设备搬运风险提示	1.采用人工搬运时,男工每人每次搬运物体质量不超过40kg,女工每人每次搬运物体质量不超过20kg。2.在设备和材料的运输、安装等过程中必须采取有效措施保证人身和财物的绝对安全;3.施工作业区严禁一切非工作人员进入;严禁非作业人员接近和触碰正在施工运行中的各种机具与设施;4.长条形工具或较大的工具应平放;长条形工具不得靠墙、汽车或电杆倚立
	施工工具使用风险提示	1.需要支搭脚手架时,脚手架要支搭牢固,脚后板要放置平稳,木板厚度不少于5cm,跨度不得超过2cm,不得支"探头板"。2.使用剖缆刀、壁纸刀等工具时,口应向下,用力均匀,不得向上挑拨避免划伤;不得将有锋刃的工具插入腰间或放在衣服口袋内,运输或存放这些工具时应正常放,刃口不可朝上或向外,拿入工具袋时刀口应向下。3.插拔机盘、模块时应配戴接地良好的防静电手环。测试仪表应接地,测量时仪表不得过载。插拔电源熔断器应使用专用工具,不得用其他工具代替。光纤激光不得正对眼睛。4.使用手锤、榔头时不应戴手套,抢锤人对面不得站人。铁锤木柄应牢固,木柄与锤头连接处应用楔子固定,防止锤头脱落。5.使用砂轮机时,应站在砂轮侧面,佩戴防护眼镜,不得戴手套操作。固定工件的支架离砂轮不得大于3mm,安装应牢固。工件对砂轮的压力不得过大。不得利用砂轮侧面磨工件,不得在砂轮上磨铅、铜等软金属。6.工具及材料装在工具袋内,用绳索吊上或放下,不得抛掷工具、材料
	机房内设备安装安全风险提示	1.安装位置、机面朝向应符合要求,预留一定的安装空间、维护空间、扩容空间等。2.安装垂直偏差应不大于机架高度的1‰。3.机架、设备、金属槽或钢管等必须安装接地线,接地电阻应符合要求。4.加工铁件应在指定的区域操作,不得在已安装设备的机房内切割铁件。5.抗震地脚附件要设置齐全,正确进行安装,保证设备安全。6.机架、底座、底板的连接需要保证坚固可靠,要保证机架在安装之后稳固不晃动。7.做好设备底座的防腐防锈处理,每一个螺母都要紧固完好。8.在施工中,禁止踩踏或损坏机房设备的动作和行为,施工中必须谨慎小心以免因为不慎和疏忽造成对机房设备和线缆的损坏。9.施工中涉及开挖孔洞和拆除墙壁等内容时,施工人员必须与机房的物业管理部门充分沟通,并取得其同意
	机房内施工管理安全风险提示	1.施工单位在施工前应对作业现场的作业环境进行勘察,并制定相应的安全生产和文明施工的防范措施,对登高、触电防护、作业现场、工具使用、装置检修等工序的安全防护进行详细规定。2.施工单位必须严禁使用未取得有关部门领发的《特种作业人员岗位操作证》的人员从事特种作业;禁止使用未经上岗培训的人员上岗作业。3.如果在施工过程中可能出现与设计文件不完全相符的地方,需要进行适当的修改或调整时,需要施工方、设计方、建设方和各单位安保部门等共同协商,按最佳方案实施。4.施工现场有两个以上施工单位交叉作业时,建设单位应明确各方的安全职责,对施工现场实行统一管理
	机房内消防安全风险提示	1.机房内不准吸烟,不准使用电热水器、电炉等电热器具,不准乱拉乱搭电线,不准用汽油等易燃液体擦拭地板,不准存放易燃、可燃液体和气体,不准把食物带入机房,机房内严禁带入易燃易爆物品,严禁使用易燃易爆物品和工具进行施工。2.机房施工、扩容、维修时的设备包装材料以及电报纸、打印纸等易燃物品,要随用随清理随运,不得堆放在机房内和走廊通道上;施工材料须及时清理。3.在机房内进行烧焊等动火施工时,要严格执行操作规程,报保卫部门批准,并落实监督人员,采取可靠的防护措施才能施工
用电安全风险	设备用电安全风险提示	1.施工现场用电应采用三相五线制的供电方式。用电应符合三级配电结构,即由总配电箱经分配电箱到开关箱。每台用电设备应有各自专用的开关箱,实行"一机一闸"制。2.检修各类配电箱、电气设备和电力工具时,切断电源,并在总配电箱或者分配电箱一侧悬挂"检修设备,请勿合闸"的警示标牌,必要时设专人看管。3.不同电压等级、相位电源线应用不同颜色区分,并用标签进行标识。4.设备用电源线中间严禁有接头。严禁接地线、交流中性线中加装开关或熔断器。严禁接图器、引下线及其支持件上悬挂信号线及电力线。5.不得将交流电源线挂在通信设备上。设备在加电前应进行检查,设备内不得有金属碎屑,电源正负极不得接反或短路,设备保护地线应引接良好,各级电源熔断器和空气开关规格应符合设计和设备的技术要求。设备加电时,应逐级加电,逐级测量
	临时用电安全风险提示	1.施工现场用电应遵照批准的临时用电方案,应采用绝缘护套导线,禁止将各类用电电缆乱拉乱接、随地缠绕,严禁将线头直接插到插座内使用,不得发生短路事故。2.施工时严禁使用高热灯具(如太阳灯等)做临时照明,严禁使用电热水器、电炉等非施工用电热器具,使用照明灯时,灯具的相线应经开关控制,不得直接引入灯具。3.使用机房原有电源插座时应核实电源容量,用电设备的总功率不得超过供电负荷。4.施工人员在机房内由于施工需要取用电时(施工工具用电和调测设备用电),禁止使用机房通信设备专用的交直流电源,只允许使用机房照明用电或其他电源,并征得机房维护人员同意和签字确认后才可使用
	工具使用风险提示	1.插线板、电烙铁、电锤、行灯及手电钻等设备的电源线应绝缘良好,布放合理,避免作业员踢被或被绊倒,并不得挂在通信设备上。铁架、机架及高凳上,不准存放工具和器材。2.选用的梯子应满足承重要求,长度适当,带电作业或在运行的设备附近作业时,应选择绝缘梯子。3.使用带有金属的工具时,应避免碰触电力线或带电物体。4.涉电作业应使用绝缘良好的工具,并由专业人员操作。4.带电的设备、头柜、分支柜中操作时,不得佩戴金属饰物,并采取有效措施防止螺钉、垫片、金属屑等金属材料掉落,以防引起电源短路。严禁自行擅自断运行设备的电源开关

项目总负责人		专业负责人			XXXXXX设计院有限公司
设 计 人		单 位	无		XXX-5G基站
校 审 人		比 例	无		安全风险因素及保障措施表1
专业审核人		出图日期	2023.10	图号	

图 3-23 安全风险因素及保障措施表 1

图例	安全风险点	防范措施
 当心溺水	特殊场景-河流、池塘周边风险提示	当心溺水
 地质隐患作业风险	地质灾害区安全风险提示	1.暴雨期陡峭山坡易崩塌，不得在下面逗留，掉落土石时应迅速向两边逃离。2.山体发生滑坡时，应迅速环顾四周，向较为安全的地段撤离，以向两侧跑为最佳选择。3.沟谷内有巨大轰鸣声，河水变混浊，主河因洪水上涨或正常流水突然断流时，需第一时间向沟岸两侧山坡撤离，不得停留在凹岸处和顺上游或下游撤离
	山地安全风险提示	1.谨慎用火，预防山林火灾。2.安排专人巡视斜坡地带，不得攀爬有裂缝、易松动的地方。3.在特别陡峭地设置临时台阶，便于施工与维护时上下山。4.在宽阔的地段堆放土石。5.提前排除松散的石块、悬垂的土层及其他可能坍塌的物体
 打穿墙洞作业风险	打穿楼层洞安全风险提示	1.施工前应向相关部门、人员核实建筑内水、强电、气、弱电等设施的线位。2.施工时应注意用电安全，不得私拉乱接电线
 用电安全风险	室外涉电作业风险提示	1.施工时要求遵守工程施工安全规范。2.送电前，先核实电源情况，做好送电前的通知、挂牌和看护。3.施工前需做好用电设备、工具的检查，及时更换各类老化电气设备、工具，施工时要求遵守工程施工安全规范
 电力线附近作业风险	电力线附近作业风险提示	1.在供电线路附近架空作业时，作业人员必须戴安全帽、绝缘手套，穿绝缘鞋，使用绝缘工具；作业人员应与电力线等其他线路保持安全距离。参照《国家电网公司电力安全工作规程（电网建设部分）（试行）》中要求的控制值。其中交流电压为（单位kV）：≤10、20~35、66~110、220、330、500、750、1000；控制值（单位m）为：4、6、6.5、8、9、11、14.5、17。3.塔吊等施工机械作业，应考虑施工机械回转半径对安全距离的影响。4.作业人员或机械器具与带电设备的最小距离小于对应控制值时，施工项目部应进行现场勘察，编写安全施工方案，并将安全施工方案报建设单位备案
 高空作业风险	高空设备安装安全风险提示	1.高处作业人员必须持证上岗，应该严格遵守施工单位编制的经过审核的高处施工安全规定。2.施工人员作业时要遵守工程施工安全规范，不在高温环境下作业、不超负荷作业、不疲劳作业、不酒后作业，确保工作的安全和质量。3.工作时必须使用符合国家标准的安全帽、安全带以及其他相应的劳保用品，严禁穿拖鞋、硬底鞋或赤脚上塔作业。4.作业中切勿接触潮湿的墙面、导电性强的物体，不能靠近避雷装置。安全用品及工具用完后必须放在规定的位置，不得与其他杂物放在一起。5.上塔前应检查铁塔是否存在锚固点松动、锈蚀，塔身材料开裂等安全隐患，如发现铁塔存在此类安全隐患，应立即终止作业，并将情况上报给相关维护部门。6.上、下塔时必须按规定路径攀登，人与人之间距离不小于3m，行动速度宜慢不宜快。上塔人员不得在防护栏杆、平台和孔洞边沿停靠、坐卧休息
	高空物件掉落安全风险提示	1.在高空作业时，应严格遵守高空作业施工规范。2.在施工时做好防护及隔离措施，安装现场设置围栏，确保施工的安全。3.在天线吊装（包括市内楼房吊装）现场应设置安全作业警示区域，禁止车辆及无关人员穿行
	恶劣天气安全风险提示	1.气候环境条件不符合施工要求时，严禁上塔施工作业。2.雷雨天气应停止户外作业防止遭遇雷击伤害，应到安全地点躲避，等雷电消除后方可继续施工。3.遇到强风、大雾等天气时，也应停止户外作业。可作业情况下，施工作业中应做好各项安全防护措施
 临边作业风险	高处坠落安全风险提示	1.临边作业应使用安全带，安全带系索的锚固点不能选择边缘处，同时调整安全带系索的长度，使作业人员不超出作业区域的边缘。2.在将安全带系索固定到锚固点之前，作业人员不应进入距边缘1m的作业区域。3.禁止无任何防护措施进行临边作业
 有限空间作业风险	有限空间安全风险提示	1.有限空间作业必须严格实行作业审批制度，严禁擅自进入有限空间作业。2.必须做到先通风、再检测、后作业，严禁通风、检测不合格作业。3.必须配备个人防中毒窒息等防护装备，设置安全警示标识，严禁无防护监护措施作业。4.必须对作业人员进行安全培训，严禁教育培训不合格上岗作业。5.必须制定应急措施，现场配备应急装备，严禁盲目施救

项目总负责人		专业负责人		XXXXXX设计院有限公司
设 计 人		单 位		XXX-5G基站
校 审 人		比 例	无	安全风险因素及保障措施表2
专业审核人		出图日期		图号

图 3-24 安全风险因素及保障措施表 2

习题

1. 线型通常分为几种？各自的用途是什么？
2. 在通信工程图纸上，对要拆除的设备、规划预留的设备各用什么线表示？
3. 图纸编号由哪四段组成？
4. 若同一个图名对应多张图，如何对这些图纸进行编号加以区分？
5. 同一项目中有几种图形符号形式可选时，宜遵守的选取规则是什么？
6. 选择题。

（1）下面图纸中无比例要求的是（　　）。
　　A．建筑平面图　　　B．系统框图　　　C．设备加固图　　　D．平面布置图

（2）用于表示可行性研究的设计阶段代号是（　　）。
　　A．Y　　　　　　B．K　　　　　　C．G　　　　　　D．J

（3）移动通信的专业代号为（　　）。
　　A．WJ　　　　　B．YD　　　　　C．GL　　　　　D．DL

（4）下面哪种图线宽度不是国标所规定的？（　　）
　　A．0.25mm　　　B．0.7mm　　　C．1.0mm　　　D．1.5mm

7. 判断题。

（1）通信工程图中的尺寸数字，一般应注写在尺寸线的上方、左侧或者尺寸线上。
（　　）

（2）在工程图纸上，为了区分原有设备与新增设备，可以用粗线表示原有设备，细线表示新建设备。（　　）

（3）图纸中如有"技术要求""说明"或"注"等字样，应写在具体内容的左上方，并使用比具体内容大一号的字体书写。（　　）

8. 请说明如图 3-25 所示的图形符号各自代表的含义。

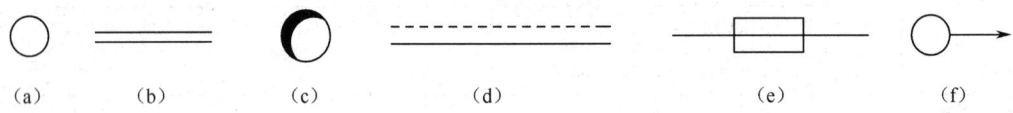

图 3-25　题 8 图

综合实训

1. 实训目的

（1）掌握识图的技能，了解所给通信图纸的用途、各种图形符号的含义。

（2）能够利用 AutoCAD 软件进行通信机房平面图、线路施工图、设备安装图等各种工程图的绘制。

（3）能够在绘制工程图的过程中，掌握通信工程施工的基本知识。

（4）通过实训，树立标准化意识，培养严谨求实的作风。

2．实训内容

（1）说明图 3-26 中所示标注的含义。

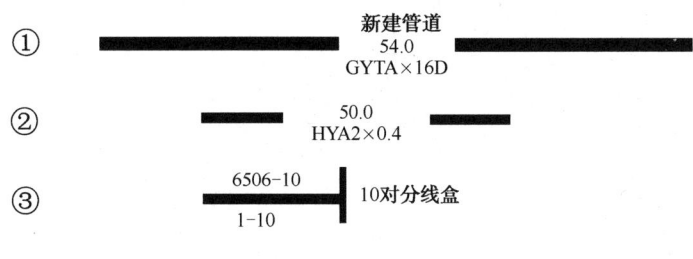

图 3-26　实训图

（2）根据已知条件，对下面线路及设备进行标注。

① 现直埋敷设 50m HYA 型市话通信电缆，容量为 100 对，线径为 0.5mm，试对该段市话电缆进行标注。

② 在 10 号和 11 号电杆间架设 GYTA 型 16 芯通信光缆，长度为 50m，试对该段架空光缆线路进行标注。

③ 编号为 15 的电缆进入第 5 号壁龛式分线箱，分线箱容量为 50 回线，线序为 1～50，试对分线箱进行标注。

④ 在 01 号和 02 号人孔间对 HYAT 型市内通信全塑电缆进行管道敷设，敷设长度为 100m，电缆线径为 0.5mm，容量为 100 对，试对该段管道电缆进行标注。

（3）依照所给图纸（见图 3-10）绘制通信机房设备平面布置图。

（4）依照所给图纸（见图 3-27）绘制通信线路施工图。

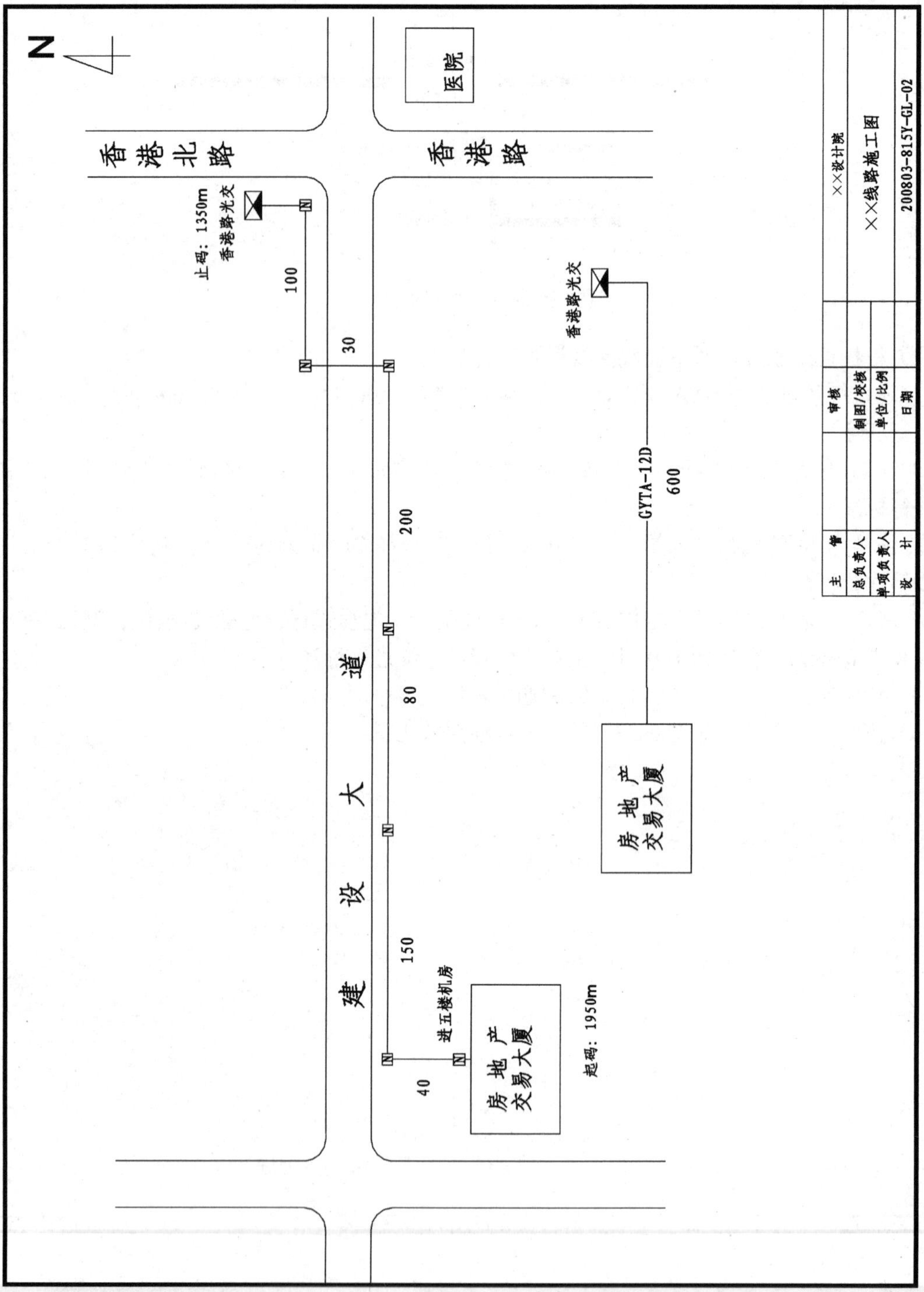

图 3-27 通信线路施工图

模块 4　认识通信建设工程定额

在生产过程中，要完成某一单位的合格产品，就要消耗一定的人工、材料、机具设备和资金。这些消耗受技术水平、组织管理水平及其他客观条件的影响，消耗水平是不相同的。因此，为了统一考核消耗水平，便于经营管理和经济核算，就需要有一个统一的平均消耗标准，便产生了定额。

所谓定额，就是在一定的生产技术和劳动组织条件下，完成单位合格产品在人力、物力、财力的利用和消耗方面所应当遵守的标准。它反映了行业在一定时期内的生产技术和管理水平，是企业搞好经营管理的前提，也是企业组织生产、引入竞争机制的手段，还是进行经济核算和贯彻"按劳分配"原则的依据。同时，它也是管理科学中的一门重要学科。

任务 4.1　探寻通信建设工程定额的发展历程

扫一扫看定额的概念

【任务描述】

随着建设项目管理的深入和发展，定额已被提升到一个非常重要的位置。在建设项目的各个阶段，采用科学的计价依据和先进的计价管理手段，是合理确定工程造价和有效控制工程造价的重要保证。定额属于技术经济范畴，是实行科学管理的基础工作之一。需要了解通信建设工程定额的发展，熟悉定额的分类，理解并认识通信建设工程定额的特点。

【任务目标】

- 掌握定额的概念。
- 了解通信建设工程定额的发展过程。
- 熟悉通信建设工程定额的分类。
- 培养学生的职业责任感。

4.1.1　通信建设工程定额及其发展过程

建设工程定额是根据国家一定时期的管理制度，根据不同的用途和适用范围，由指定的机构按照一定的程序制定，并按照规定的程序审批和颁布执行的。建设工程定额虽然是主观的产物，但是，它应正确反映工程建设和各种资源消耗之间的客观规律。

从 20 世纪 90 年代至今，我国通信建设工程定额发生了很大变化。

（1）1990 年，原邮电部根据原建设部、原中国人民建设银行〔89〕248 号《关于改进建筑安装工程费用项目划分的若干规定》及原中国人民建设银行〔1989〕4 号《建设工程价款建设结算办法》，以邮部字〔1990〕433 号颁布了《通信工程建设概算预算编制办法及费用定额》和《通信工程价款结算办法》，其费用定额和价款结算办法都较过去有所改进。

（2）1995 年，原邮电部根据原建设部、原中国人民建设银行〔1993〕894 号《关于印发〈关于调整建筑安装工程费用项目组成的若干规定〉的通知》，以邮部字〔1995〕626 号颁发了《通信建设工程概算、预算编制办法及费用定额》《通信建设工程价款结算办法》和《通信建设工程预算定额》（三册），贯彻了"量价分离""技普分开"的原则，使通信建设工程定额的改革前进了一步。

（3）2005 年底，原信息产业部根据财政部、原建设部财建〔2004〕369 号《关于印发<建设工程价款结算暂行办法>的通知》，以信部规〔2005〕418 号颁发了《通信建设工程价款结算暂行办法》。2008 年 5 月，工业和信息化部根据原建设部、财政部〔2003〕206 号《关于印发<建筑安装工程费用项目组成>的通知》，以工信部规〔2008〕75 号颁发了《通信建设概算、预算编制办法》《通信建设工程费用定额》《通信建设工程施工机械、仪表台班费用定额》和《通信建设工程预算定额》（五册）。

（4）2016 年底，工业和信息化部发布了《工业和信息化部关于印发信息通信建设工程预算定额、工程费用定额及工程概预算编制规程的通知》（工信部通信〔2016〕451 号），发布了修编的《信息通信建设工程预算定额》《信息通信建设工程费用定额》及《信息通信建设工程概预算编制规程》，自 2017 年 5 月 1 日起施行。

目前，我国整体的技术发展周期逐渐缩短，工程建设定额管理应随技术的不断更新、升级，及时地进行改革与调整，以适应经济发展的需要。

4.1.2 建设工程定额分类

建设工程定额是一个综合概念，是工程建设中各类定额的总称。为了对建设工程定额能有一个全面的了解，可以按照不同的原则和方法对它进行科学的分类。

1. 按建设工程定额反映的物质消耗内容分类

按建设工程定额反映的物质消耗内容，可以把建设工程定额分为劳动消耗定额、材料消耗定额和机械（仪表）消耗定额三种。

（1）劳动消耗定额

劳动消耗定额简称劳动定额。在施工定额、预算定额、概算定额、概算指标等多种定额中，劳动消耗定额都是其中重要的组成部分。"劳动消耗"在这里仅指活劳动的消耗，而不是指活劳动和物化劳动的全部消耗。劳动消耗定额是指完成一定的合格产品（工程实体或劳务）所需要消耗活劳动的数量标准。由于劳动消耗定额大多采用工作时间消耗量来计算劳动消耗的数量，所以劳动消耗定额的主要表现形式是时间定额，但同时也表现为产量定额。

（2）材料消耗定额

材料消耗定额简称材料定额。它是指完成一定合格产品所需要消耗材料的数量标准。材料是指工程建设中使用的原材料、成品、半成品、构配件等。材料作为劳动对象是构成工程的实体物资，需求数量大，种类繁多，所以材料消耗量多少、消耗是否合理，不仅关系到资源的有效利用，影响到市场供求状况，而且对建设工程的项目投资、建筑产品的成本控制都起着决定性作用。

（3）机械（仪表）消耗定额

机械（仪表）消耗定额简称机械（仪表）定额。它是指为完成一定合格产品（工程实体或劳务）所需要消耗施工机械（仪表）的数量标准。机械（仪表）消耗定额的主要表现形式是时间定额，但同时也表现为产量定额。

在我国机械（仪表）消耗定额主要以一台机械（仪表）工作一个工作班（八小时）为计量单位，所以又称为机械台班定额。和劳动消耗定额一样，在施工定额、预算定额、概算定额等多种定额中，机械（仪表）消耗定额是其中的组成部分。

2. 按定额的编制程序和用途分类

按定额的编制程序和用途可以把建设工程定额分为施工定额、预算定额、概算定额、投资估算指标和工期定额五种。

（1）施工定额

施工定额是施工单位直接用于施工管理的一种定额，是编制施工作业计划、施工预算，计算工料，向班组下达任务书的依据。施工定额主要包括：劳动消耗定额、机械（仪表）消耗定额和材料消耗定额三个部分。

施工定额是按照平均先进的原则编制的，它以同一性质的施工过程为对象，规定了劳动消耗量、机械（仪表）工作时间（生产单位合格产品所需的机械工作时间，单位为台班）和材料消耗量。

（2）预算定额

预算定额是编制预算时使用的定额，是确定一定计量单位的分部分项工程或结构构件的人工工日、机械台班和材料的消耗数量的标准。

每一项分部分项工程的定额，都规定了工作内容，以便确定该定额的适用对象，而定额本身规定了人工工日数（以等级表示或以平均等级表示）、各种材料的消耗量（次要材料可综合地以价值表示）和机械台班数量三个方面的实物指标。统一预算定额里的预算价值，是以某地区的人工工日、材料、机械台班预算单价为标准计算的，称为预算基价。预算基价可供进行设计、预算时比较参考。编制预算时，如不能直接套用预算基价，则应根据各地的预算单价和定额的工料消耗标准，编制地区估价表。

（3）概算定额

概算定额是编制概算时使用的定额，是确定一定计量单位的扩大分部分项工程的人工工日、材料和机械台班消耗量的标准，是设计单位在初步设计阶段确定建筑（构筑物）概略价值、编制概算、进行设计方案经济性比较的依据。它可供概略地计算人工工日、材料和机械台班的需求量，作为编制基建工程主要材料申请计划的依据。其内容和作用与预算定额相似，但其项目划分较粗，没有预算定额的准确性高。

（4）投资估算指标

投资估算指标是在项目建议书可行性研究阶段编制投资估算、计算投资需求量时使用的一种定额。它往往以独立的单项工程或完整的工程项目为计算对象，其概括程度与可行性研究阶段相适应，主要作用是为项目决策和投资控制提供依据。投资估算指标虽然往往根据历史上的预、决算和价格变动等资料编制，但其仍然要以预算定额和概算定额作为编制基础。

（5）工期定额

工期定额是指为各类工程规定的施工期限的定额天数，是评价工程建设速度、编制施工计划、签订承包合同、评价全优工程的可靠依据。它包括建设工期和施工工期两个层次。

建设工期是指建设项目或独立的单项工程在建设过程中所耗用的时间总量，一般以月数或天数表示。它是指从开工建设，到全部建成投产或交付使用所经历的时间，但不包括由于计划调整或缓停建设所延误的时间。施工工期一般是指单项工程或单位工程从开工到完工所经历的时间，它是建设工期的一部分。如单位工程施工工期，是指从正式开工至完成承包工程全部设计内容并达到验收标准的全部有效天数。

各类工程所需工期都有一个合理的界限，在一定的条件下，工期长短也是有规律的。如果违背这个规律就会造成质量问题或经济效益降低。在工期定额中已经考虑了季节性施工因素对工期的影响、地区性特点对工期的影响、工程结构和规模对工期的影响、工程用途对工期的影响响及施工技术和管理水平对工期的影响。

3. 按主编单位和管理权限分类

按主编单位和管理权限，建设工程定额可分为行业定额、地区性定额、企业定额和临时定额四种。

（1）行业定额

行业定额是各行业主管部门根据其行业工程技术特点，以及施工技术和管理水平编制的在本行业范围内使用的定额，如通信建设工程定额。

（2）地区性定额

地区性定额（包括省、自治区、直辖市定额）是各地区主管部门考虑本地区特点而编制的，在本地区范围内使用的定额。

（3）企业定额

企业定额是指由施工企业考虑本企业具体情况，参照行业或地区性定额水平编制的，只在本企业内部使用的定额。企业定额水平一般应高于行业或地区性现行施工定额，以满足生产技术发展、企业管理和市场竞争的需要。

（4）临时定额

临时定额是指随着设计、施工技术的发展，在现行各种定额不能满足需要的情况下，为了补充缺项由设计单位会同建设单位所编制的定额。设计中编制的临时定额只能一次性使用，并需向有关定额管理部门上报备案，作为修补定额的基础资料。

4. 现行通信建设工程定额的构成

目前，信息通信建设工程定额（简称通信建设工程定额）有预算定额、费用定额和工期定额。由于现在还没有概算定额，在编制概算时，暂时用预算定额代替。各种定额执行的文件如下。

（1）通信建设工程预算定额

《工业和信息化部关于印发信息通信建设工程预算定额、工程费用定额及工程概预算编制规程的通知》（工信部通信〔2016〕451号）。

（2）通信建设工程费用定额

《工业和信息化部关于印发信息通信建设工程预算定额、工程费用定额及工程概预算编制规程的通知》（工信部通信〔2016〕451号）。

4.1.3 建设工程定额的特点

扫一扫看定额的特点

1. 科学性

建设工程定额的科学性包括两重含义：一重含义是指建设工程定额必须和生产力发展水平相适应，反映工程建设中生产消费的客观规律；另一重含义是指建设工程定额管理在理论、方法和手段上必须科学化，以适应现代科学技术和信息社会发展的需要。

建设工程定额的科学性，首先表现在要用科学的态度制定定额，尊重客观实际，力求定额水平合理；其次表现在制定定额的技术方法上，利用现代科学管理的成就，形成一套系统、完整的、在实践中行之有效的方法；最后表现为定额制定和贯彻的一体化，也是对定额的信息反馈。

2. 系统性

建设工程定额是相对独立的系统，它是由多种定额结合而成的有机整体，它的系统性是由工程建设的特点决定的。按照系统论的观点，工程建设就是庞大的实体系统，建设工程定额是为这个实体系统服务的，因而工程建设本身的多种类、多层次决定了以它为服务对象的建设工程定额的多种类、多层次。各类工程的建设都有严格的项目划分，如建设项目、单项工程、单位工程、分部分项工程，在计划和实施过程中有严密的逻辑阶段，如规划、可行性研究、设计、施工、竣工交付使用及投入使用后的维修等，与此相适应必然形成建设工程定额的多种类、多层次。

3．统一性

建设工程定额的统一性主要是由国家对经济发展的有计划的宏观调控职能决定的。为了使国民经济按照既定的目标发展，就需要借助于某些标准、定额、参数等，对工程建设进行规划、组织、调节、控制，而这些标准、定额、参数必须在一定范围内有统一的尺度，才能实现上述职能，才能对项目的决策、设计方案、投标报价、成本控制进行比较、选择和评价。

建设工程定额的统一性按照其影响力和执行范围来看，有全国统一定额、地区性定额、行业定额等；按照定额的制定、颁布和贯彻使用来看，有统一的程序、原则、要求和用途。

4．权威性和强制性

主管部门通过一定程序审批颁发的建设工程定额，在一些情况下具有经济法规性质和执行的强制性。建设工程定额的权威性反映统一的意志和统一的要求，也反映信誉和信赖程度；强制性则反映刚性约束和定额的严肃性。

建设工程定额的权威性和强制性的客观基础是定额的科学性，只有科学的定额才具有权威性。在市场经济条件下，建设工程定额会涉及各有关方面的经济关系和利益关系，赋予其一定的强制性，对于定额的使用者和执行者来说，可以避开主观的意愿，必须按定额的规定执行。

5．稳定性和时效性

任何一种建设工程定额都是一定时期技术发展和管理水平的反映，因而在一段时期内都表现出稳定的状态，只是根据具体情况不同，稳定的时间有长有短。保持建设工程定额的稳定性是维护其权威性所必需的，更是有效地贯彻建设工程定额所必需的。如果建设工程定额长期处于修改变动之中，必然会造成执行的困难和混乱，容易导致建设工程定额权威性的丧失。

然而，建设工程定额的稳定性是相对的。任何一种定额，都只能反映一定时期的生产力水平，当生产力向前发展了，原有定额就会与已发展的生产力水平不相适应，使得它的作用被逐步弱化以致消失，甚至产生负效应。所以，建设工程定额在具有稳定性的同时又具有显著的时效性，当定额不再起到促进生产力发展的作用时，就要重新编写或修订。

总的来说，从一段时期来看，定额是稳定的；从长远来看，定额是变动的。

任务 4.2　套用通信建设工程预算定额

【任务描述】

在施工图设计阶段，需要套用预算定额，编制预算表格，当前通信工程领域的行业定额是工业和信息化部 2016 年颁布的 451 定额。需要掌握现行 451 定额的内容，并正确套用定额。

【任务目标】

- 掌握现行通信建设工程预算定额的构成。
- 能够根据不同工程子项，正确套用 451 定额。
- 培养学生的职业责任感。

4.2.1 预算定额的作用

预算定额的作用主要包括以下几点。
① 预算定额是编制施工图预算，确定和控制安装工程造价的计价基础；
② 预算定额是落实和调整年度建设计划，对设计方案进行经济性比较的依据；
③ 预算定额是施工企业进行经济活动分析的依据；
④ 预算定额是编制标底、投标报价的基础；
⑤ 预算定额是编制概算定额和概算指标的基础。

扫一扫看定额总说明

4.2.2 现行通信建设工程预算定额的构成

现行通信建设工程预算定额由总说明、册说明、章说明、定额项目表和附录构成。

1. 总说明

总说明阐述定额的编制原则、指导思想、编制依据和适用范围，同时说明编制定额时已考虑和未考虑的各种因素及有关规定和使用方法等。在使用定额时应首先了解和掌握这部分内容，以便正确地使用定额。总说明具体内容如下。

（1）《信息通信建设工程预算定额》（简称"预算定额"）是完成规定计量单位工程所需要的人工、材料、施工机械和仪表的消耗量标准。

（2）本定额按通信专业工程分册，包括如下内容。

第一册　通信电源设备安装工程（册名代号 TSD）
第二册　有线通信设备安装工程（册名代号 TSY）
第三册　无线通信设备安装工程（册名代号 TSW）
第四册　通信线路工程（册名代号 TXL）
第五册　通信管道工程（册名代号 TGD）

（3）本定额是编制通信建设项目投资估算、概算、预算和工程量清单的基础，也可作为通信建设项目招标、投标报价的基础。

（4）本定额适用于新建、扩建工程，改建工程可参照使用。本定额用于扩建工程时，其扩建施工降效部分的人工工日按乘以系数 1.10 计取，拆除工程的人工工日计取办法见各册的相关内容。

（5）本定额以现行通信工程建设标准、质量评定标准、安全操作规程等文件为依据，在符合质量标准的施工工艺、合理工期及劳动组织形式条件下进行编制。

① 设备、材料、成品、半成品、构件符合质量标准和设计要求。
② 通信各专业工程之间、与土建工程之间的交叉作业满足正常施工要求。
③ 施工安装地点、建筑物、设备基础、预留孔洞均符合安装要求。
④ 气候条件、水电供应等应满足正常施工要求。

(6) 定额子目编号原则。

定额子目编号由三个部分组成：第一部分为册名代号，表示通信行业的各个专业，由汉语拼音（字母）缩写表示；第二部分为定额子目所在的章号，由一位阿拉伯数字表示；第三部分为定额子目所在章内的序号，由三位阿拉伯数字表示。

(7) 关于人工。

① 定额人工分为技工和普工。

② 定额人工消耗量包括基本用工、辅助用工和其他用工。

基本用工——完成分项工程和附属工程实体单位产品的用工量。

辅助用工——定额中未说明的工序用工量，包括施工现场某些材料的临时加工、排除故障、维持安全生产的用工量。

其他用工——定额中未说明而在正常施工条件下必然发生的零星用工量，包括工序间搭接、工种间交叉配合、设备与器材施工现场转移、施工现场机械（仪表）转移、质量检查配合及不可避免的零星用工量。

(8) 关于材料。

① 材料分为主要材料和辅助材料。定额中仅计列构成工程实体的主要材料，辅助材料以费用的方式表现，其计算方法按《信息通信建设工程费用定额》的相关规定执行。

② 定额中的主要材料消耗量包括直接用于安装工程的主要材料净用量和规定的损耗量。规定的损耗量是指施工运输、现场堆放和生产过程中不可避免的合理损耗量。

③ 施工措施性消耗部分和周转性材料按不同施工方法、不同材质分别列出一次使用量和一次摊销量。

④ 定额不含施工用水、电、蒸汽消耗量。此类费用在设计概预算时根据工程实际情况在建筑安装工程费中按相关规定计列。

(9) 关于施工机械。

① 施工机械单位价值在 2000 元以上、构成固定资产的列入定额的机械台班。

② 定额的机械台班消耗量是按正常合理的机械配备综合取定的。

(10) 关于施工仪表。

① 施工仪器仪表单位价值在 2000 元以上、构成固定资产的列入定额的仪表台班。

② 定额的施工仪表台班消耗量是按通信建设标准规定的测试项目及指标要求综合取定的。

(11) 本定额适用于海拔高程 2000m 以下、地震烈度七度以下地区，超出上述情况，按有关规定处理。

(12) 在特殊地区施工时，定额按下列规则调整。

① 在高原地区施工时，定额人工工日、机械台班消耗量乘以高原地区调整系数，见表 4-1。

表 4-1 高原地区调整系数表

海拔高程/m		2000 以上	3000 以上	4000 以上
调整系数	人工	1.13	1.30	1.37
	机械	1.29	1.54	1.84

② 在原始森林地区（室外）及沼泽地区施工时人工工日、机械台班消耗量乘以系数 1.30。

③ 在非固定沙漠地带进行室外施工时，人工工日乘以系数 1.10。

④ 其他类型的特殊地区按相关规定处理。

以上四类特殊地区若在施工中同时存在两种及以上情况，只能参照较高标准计取一次，不应重复计列。

（13）"预算定额"中用括号表示的消耗量，供设计选用；"*"表示由设计确定其用量。

（14）凡是定额子目中未标明长度单位的均指单位为"mm"。

（15）本定额中注有"××以内"或"××以下"者均包括"××"本身，注有"××以外"或"××以上"者则不包括"××"本身。

（16）本说明未尽事宜，详见各专业册章节和附注说明。

扫一扫看册说明解读

2．册说明

通信建设工程预算定额包括五册，册说明阐述该册的内容、编制基础和使用该册应注意的问题及有关规定等。以第四册《通信线路工程》为例，其册说明如下。

（1）《通信线路工程》预算定额适用于通信光（电）缆的直埋、架空、管道、海底等线路的新建工程。

（2）通信线路工程，当工程规模较小时，人工工日以总工日为基数按下列规定系数进行调整。

① 工程总工日在100工日以下时，增加15%。

② 工程总工日为100~250工日时，增加10%。

（3）本定额带有括号和以分数表示的消耗量，供设计选用；"*"表示由设计确定其用量。

（4）本定额拆除工程，不单立子目，发生时按表4-2所示规定执行。

表4-2　拆除工程调整系数表

序　号	拆除工程内容	占新建工程定额的百分比/%	
		人工工日	机械台班
1	光（电）缆（不需清理入库）	40	40
2	埋式光（电）缆（清理入库）	100	100
3	管道光（电）缆（清理入库）	90	90
4	成端电缆（清理入库）	40	40
5	架空、墙壁、室内、通道、槽道、引上光（电）缆（清理入库）	70	70
6	线路工程各种设备及除光（电）缆外的其他材料（清理入库）	60	60
7	线路工程各种设备及除光（电）缆外的其他材料（不清理入库）	30	30

（5）计算各种光（电）缆工程量时，应考虑敷设的长度和设计中规定的各种预留长度。

3．章说明

每册都包含若干章节，每章都有章说明，主要说明分部分项工程的工作内容、工程量计算方法、本章节有关规定、计量单位、起止范围、应扣除和应增加的部分等。这部分是工程量计算的基本规则，必须全面掌握。以第二册《有线通信设备安装工程》中第二章　安装、调测光纤数字传输设备为例，其章说明如下。

（1）本章定额分为有源光网络和无源光网络两种组网类型。其中有源光网络组网又分为数字传输设备、分组传送设备、波分复用设备、光传输设备等各种组网类型。

（2）本章定额中安装测试PCM设备子目，同样适用于压缩通道的（ADPCM）设备，定额工日不做调整。

（3）相关工程量的计算规则：

① PCM设备由复用侧一个2Mb/s、支路侧32个64kb/s为一端。

② PDH、SDH、DXC、PTN等传输设备的安装测试分为基本子机框和接口单元盘两个部分。基本子机框包括交叉、网管、公务、时钟、电源等除群路侧、支路、光放盘以外的所有内容的机盘，定额子目以"套"为单位；接口单元盘包括群路侧、支路侧接口盘的安装和本机测试，定额子目以"端口"为单位。各种速率系统的终端复用器TM、分插复用器ADM、数字交叉连接设备DXC均按此套用。上述分项工程定额统一以设备的外接端口为计量单位，一收一发为一个端口。

③ 安装单波道光放大器的单位"个"是指一个功率放大器或一个前置放大器。

④ WDM波分复用设备的安装测试分为基本配置和增装配置。基本配置含相应波数的合波器、分波器、功放、预放；增装配置是在基本配置的基础上增加相应波数的合波器、分波器。

（4）本定额中设备安装所需附件和材料按厂商配套提供考虑，未在定额中列出。若非成套提供，材料规格及消耗量需由设计按实计列。

（5）本章定额中带括号表示的仪表台班消耗量仅在测试以太网光口时供设计套用。

（6）本章定额中误码测试仪、数字传输分析仪和数据传输分析仪在定额套用时，应根据子目中设置的测试速率，在信息通信建设工程施工仪表台班费用定额中计取相应台班单价。

4．定额项目表

定额项目表是预算定额的主要内容，其中列出了分部分项工程所需的人工工日、主要材料、机械台班、仪表台班的消耗量。例如，第四册《通信线路工程》第三章第四节中平原地区挂钩法架设架空光缆的定额项目表（部分）见表4-3。

表4-3 平原地区挂钩法架设架空光缆的定额项目表（部分）

工作内容：施工准备、架设光缆、卡挂挂钩、盘余长、安装标识牌等。

定额编号			TXL3-187	TXL3-188	TXL3-189	TXL3-190
项 目			平原地区挂钩法架设架空光缆			
			36芯以下	72芯以下	144芯以下	288芯以下
名 称		单位	数 量			
人工	技工	工日	6.31	7.52	8.25	8.71
	普工	工日	5.13	5.81	6.52	8.12
主要材料	架空光缆	m	1007	1007	1007	1007
	电缆挂钩	只	2060	2060	2060	2060
	保护软管	m	25	25	25	25
	镀锌铁线 ϕ1.5mm	kg	0.61	1.02	1.02	1.02
	光缆标识牌	个	*	*	*	*
机械						
仪表						

5. 附录

预算定额的最后列有附录，供使用预算定额时参考。其中，第一、二、三册没有附录，第四册有如下五个附录：

附录一　土壤及岩石分类表
附录二　主要材料损耗率及参考容重表
附录三　光（电）缆工程成品预制件材料用量表
附录四　光（电）缆交接箱体积计算表
附录五　不同孔径最大可敷设的管孔数参考表

第五册有如下十二个附录：

附录一　土壤及岩石分类表
附录二　开挖土（石）方工程量计算
附录三　主要材料损耗率及参考容重表
附录四　水泥管管道每百米管群体积参考表
附录五　通信管道水泥管块组合图
附录六　百米长管道基础混凝土体积一览表
附录七　定型人孔体积参考表
附录八　开挖管道沟土方体积一览表
附录九　开挖百米长管道沟上口路面面积
附录十　开挖定型人孔土方及坑上口路面面积
附录十一　水泥管通信管道包封用混凝土体积一览表
附录十二　不同孔径最大可敷设的管孔数参考表

扫一扫看预算定额的套用

4.2.3　预算定额项目选用的原则

在贯彻执行定额过程中，除对定额作用、内容和适用范围应有必要的了解外，还应着重了解关于定额的有关规定，才能正确执行定额，在选用预算定额项目时要注意以下几点。

（1）定额项目名称的确定

设计概预算的计价单位划分应与定额规定的项目内容相对应，才能直接套用。定额数量的换算，应按定额规定的系数调整。

（2）定额的计量单位

在编制预算定额时，为了保证预算价值的精确性，对许多定额项目采用了扩大计量单位的方法。如光（电）缆工程施工测量，以 100m 为单位。在使用定额时必须注意对计量单位的规定，避免出现小数点定位错误。

（3）定额项目的划分

定额中的项目是根据分项工程对象和工种的不同、材料品种不同、机械类型不同而划分的，套用时要注意工艺、规格的一致性。

（4）定额项目表下的注释

注释说明了人工工日、主材、机械台班消耗量的使用条件和关于增减的规定。

任务 4.3　了解工程量清单计价的建安工程费组成

【任务描述】

定额预算计价和工程量清单计价是两种常用的计价方式。工程量清单计价在我国建筑领域已得到广泛运用，通信企业也在逐步推行工程量清单计价。

【任务目标】

- 了解工程量清单计价的建安工程费组成。
- 了解定额预算计价与工程量清单计价的区别。

工程量清单是指建设工程的分部分项工程、措施项目、其他项目、规费和销项税额的名称及相应数量的明细清单。

工程量清单计价：在建设工程招投标中，招标人自行或委托具有资质的中介机构编制反映工程实体消耗和措施性消耗的工程量清单，并作为招标文件的一部分提供给投标人；投标人按照工程量清单所表述的内容，依据企业定额计算投标价格，自主填报工程量清单所列项目的单价和合价。在工程招投标中采用工程量清单计价是国际上较为通行的做法。

工程量清单计价的建筑安装工程费（简称建安工程费）由分部分项工程费、措施项目费、其他项目费、规费和销项税额组成，如图 4-1 所示。

工程量清单计价需分项计算清单项目，汇总得到工程总造价。计算步骤如下：

（1）分部分项工程费=Σ分部分项工程量×分部分项工程综合单价

（2）措施项目费=Σ措施项目工程量×措施项目综合单价+Σ单项措施项目费

（3）其他项目费=暂列金额+暂估价+计日工+总承包服务费+其他

（4）单位工程报价=分部分项工程费+措施项目费+其他项目费+规费+销项税额

（5）单项工程报价=Σ单位工程报价

（6）建设项目总报价=Σ单项工程报价

1. 工程量清单计价的特征

作为一种较为客观合理的计价方式，工程量清单计价有如下特征。

① 工程量清单采用综合单价形式。综合单价是指完成一个规定剂量单位的分部分项工程量清单项目或措施清单项目所需的人工费、材料费、施工机械使用费、企业管理费与利润，以及一定范围内的风险费用。

② 工程量清单计价要求投标单位根据市场行情、自身实力报价，这就要求投标单位注重对工程单价的分析，在报价中反映出本投标单位的实际能力，从而能在招投标工作中体现公平竞争的原则。

③ 工程量清单具有合同化的法定性，本质上是单价合同的计价模式，中标后的单价一经合同确认，在竣工结算时是不能调整的，即量变价不变。

④ 工程量清单计价详细地反映了工程的实物消耗和有关费用，因此易于结合建设项目的具体情况，变以预算定额为基础的静态计价模式为将各种因素考虑在单价内的动态计价模式。

⑤ 工程量清单计价有利于招投标工作，避免招投标过程中出现盲目压价、弄虚作假、暗

箱操作等不规范行为。

⑥ 工程量清单计价有利于项目的实施和控制，报价的项目构成、单价组成必须符合项目实施要求，工程量清单计价增加了报价的可靠性，有利于工程款的拨付和工程造价的最终确定。

⑦ 工程量清单计价有利于加强工程合同的管理，明确招标方、投标方双方的责任，实现风险的合理分担，即量由招标方确定，工程量的误差由招标方承担，工程报价的风险由投标方承担。

⑧ 工程量清单计价将推动计价依据的改革发展，推动企业编制自己的企业定额，提高自己的工程技术水平和经营管理能力。

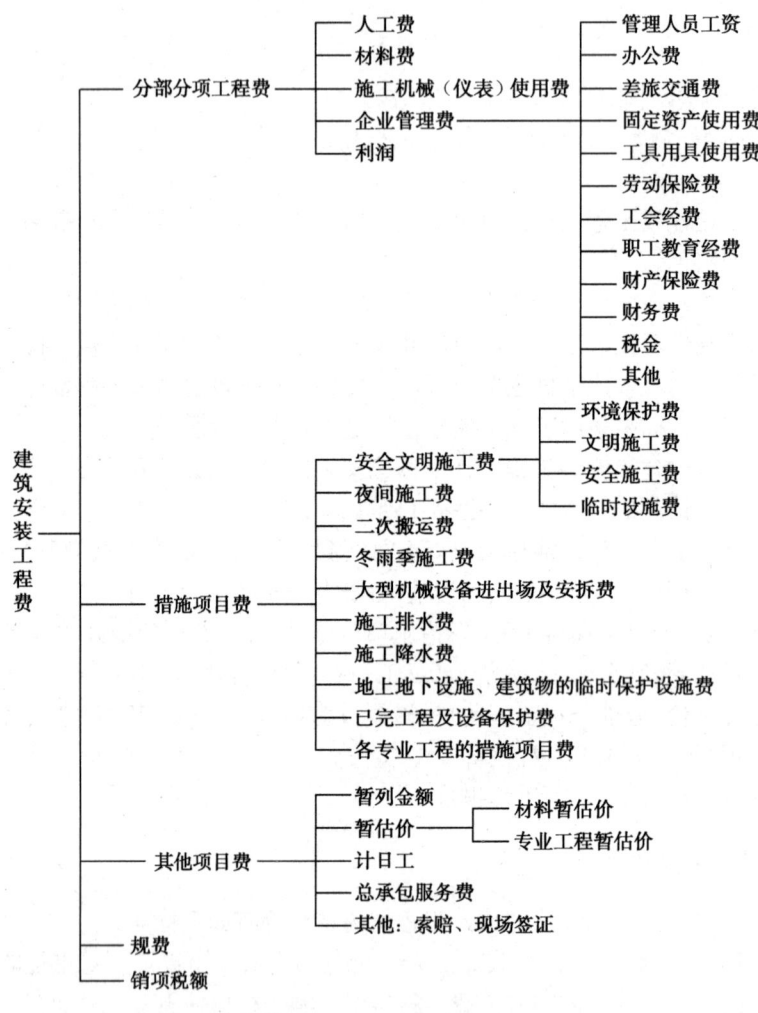

图 4-1　工程量清单计价的建筑安装工程费组成

2. 定额预算计价与工程量清单计价的区别

（1）编制工程量的单位不同

传统的定额预算计价：建设工程的工程量由招标单位和投标单位分别按图计算。工程量清单计价：工程量由招标单位统一计算或委托有工程造价咨询资质的单位统一计算。工程量清单是招标文件的重要组成部分，各投标单位根据招标单位提供的工程量清单，根据自身的技术装备、施工经验、企业成本、企业定额、管理水平自主填报单价。

（2）编制工程量清单时间不同

传统的定额预算计价是在发出招标文件后编制的（招标单位与投标单位同时编制或投标单位编制在前，招标单位编制在后）。工程量清单报价必须在招标单位发出招标文件前编制。

（3）表现形式不同

传统的定额预算计价一般是总价形式。工程量清单报价采用综合单价形式，综合单价包括人工费、材料费、施工机械使用费、企业管理费、利润，并考虑风险因素。工程量清单报价具有直观、单价相对固定的特点，工程量发生变化时，单价一般不做调整。

（4）编制的依据不同

传统的定额预算计价的依据是图纸，人工工日、材料、机械台班消耗量依据建设行政主管部门颁发的预算定额进行计算，人工工日、材料、机械台班单价依据工程造价管理部门发布的价格信息进行计算。工程量清单报价，标底根据招标文件中的工程量清单和有关要求、施工现场情况、合理的施工方法，以及按建设行政主管部门制定的有关工程造价计价办法编制。企业的投标报价则根据企业定额和市场价格信息，或参照建设行政主管部门发布的社会平均消耗量定额编制。

（5）费用组成不同

传统定额预算计价的工程造价由直接工程费、现场经费、间接费、利润、销项税额组成。工程量清单计价的工程造价由分部分项工程费、措施项目费、其他项目费、规费、销项税额组成，包括完成每项工程全部内容的费用，工程量清单中没有体现的、施工中又必须发生的工程内容所需费用，因风险因素而增加的费用等。

（6）评标采用的办法不同

传统定额预算计价投标一般采用百分制评分法；工程量清单计价投标一般采用合理低报价中标法，既要对总价进行评分，还要对综合单价进行分析评分。

（7）合同价调整方式不同

传统的定额预算计价合同价调整方式有变更签证、定额解释、政策调整；工程量清单计价在一般情况下单价是相对固定的，综合单价基本是包死的，减少了在合同实施过程中的调整因素。在通常情况下，如果清单项目的数量没有增减，能够保证合同价格基本没有调整，保证了其稳定性。

（8）风险处理的方式不同

传统的定额预算计价，风险只在投资者一方。工程量清单计价，使招标单位和投标单位对风险合理分担，工程量上的风险由招标方承担，单价上的风险由投标方承担。

工程量清单计价在我国建筑领域已得到广泛运用，通信企业也在逐步推行工程量清单计价。为规范工程造价计价行为，统一通信建设工程工程量清单的编制和计价方法，根据《中华人民共和国合同法》《中华人民共和国招投标法》和《中华人民共和国建筑法》，以及《建设工程工程量清单计价规范》（GB 50500—2013），并结合通信行业建设项目招投标的实际情况，工业和信息化部制定了《通信建设工程量清单计价规范》（YD 5192—2009），于2010年3月1日起实施。

习题

1. 名词解释。
（1）定额　　　　　　　（2）量价分离　　　　　　（3）技普分开
（4）周转性材料摊销量　　（5）主要材料净用量

2. 填空题。

（1）按建设工程定额反映的物质消耗内容，可以把建设工程定额分为_____、_____、_____三种。

（2）建设工程定额的特点是_____、_____、_____、_____和_____。

3. 判断题。

（1）劳动消耗定额是指完成一定的产品所需要消耗活劳动的数量标准。（　　）

（2）机械（仪表）消耗定额主要以一台机械（仪表）工作一天为计量单位。（　　）

（3）信息通信建设工程预算定额"量价分离"的原则是指定额只反映人工工日、主材、机械台班的消耗量，而不反映其单价。（　　）

（4）概算定额是工程招标承包制中，对已完工程进行价款结算的主要依据。（　　）

4. 按照定额的编制程序和用途，建设工程定额可分为哪几种？

5. 预算定额的作用是什么？

6. 编制预算定额的原则和方法是什么？

7. 现行通信建设工程预算定额的构成是什么？

8. 概算定额的作用是什么？

9. 预算定额计价和工程量清单计价，哪种方法有利于提高企业的管理水平和施工水平，为什么？

综合实训

1. 实训目的

（1）掌握工程项目预算定额的套用方法。

（2）熟悉通信建设工程预算定额各专业分册的构成。

（3）熟悉分项工程中定额项目表的组成内容。

（4）注意定额项目表下的注释对人工工日、主材、机械台班消耗量的使用条件和增减规定。

（5）培养细心严谨、一丝不苟的工作作风。

2. 实训内容

利用通信建设工程定额各专业分册查找下列工程项目的人工、主要材料、机械和仪表定额，并按表 4-4 所示的形式分别统计出来。

表4-4　工程定额统计表

项目名称	定额编号		定额单位	技工工日	普工工日
		名称		单位	数量
	主要材料				

续表

项目名称	定额编号		定额单位	技工工日	普工工日
		名称	单位		数量
	主要材料				
	机械				
	仪表				

(1) 安装 48V 蓄电池组（600A·h）；
(2) 安装与调试交流不停电电源（160kV·A）；
(3) 人工开挖柏油路面（100m）；
(4) 平原地区敷设埋式光缆（8 芯）；
(5) 布放交接箱成端电缆（400 对以下）；
(6) 拆除 2400 对落地式交接箱（清理入库）；
(7) 砖砌小号四通人孔（现场浇灌上覆）；
(8) 在 40m 高的地面铁塔上安装移动通信全向天线；
(9) 安装室内落地式基站设备；
(10) 安装测试传输设备接口盘（155Mb/s 光口）。

模块 5　信息通信建设工程费用计算

工业和信息化部〔2016〕451 定额中包括《信息通信建设工程费用定额》，费用定额是指工程建设过程中各项费用的计取标准。信息通信建设工程费用定额依据信息通信建设工程的特点，对其费用构成及计算规则进行了相应的规定。

任务 5.1　掌握信息通信建设工程费用的构成

【任务描述】

掌握信息通信建设工程总费用的构成，了解各单项工程总费用的组成部分。

【任务目标】

- 掌握信息通信建设工程总费用的构成。
- 掌握信息通信建设工程总费用的计算步骤。
- 培养学生的职业责任感。

信息通信建设工程总费用是由各单项工程总费用构成的，如图 5-1 所示。

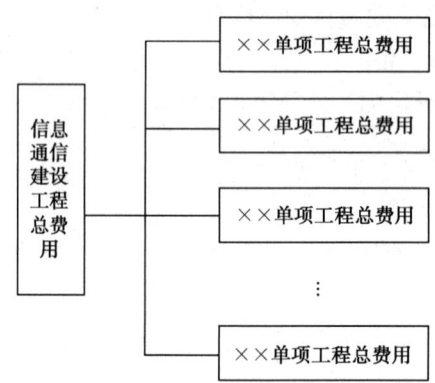

图 5-1　信息通信建设工程总费用构成

各单项工程总费用由工程费、工程建设其他费、预备费、建设期利息四部分构成，如图 5-2 所示。

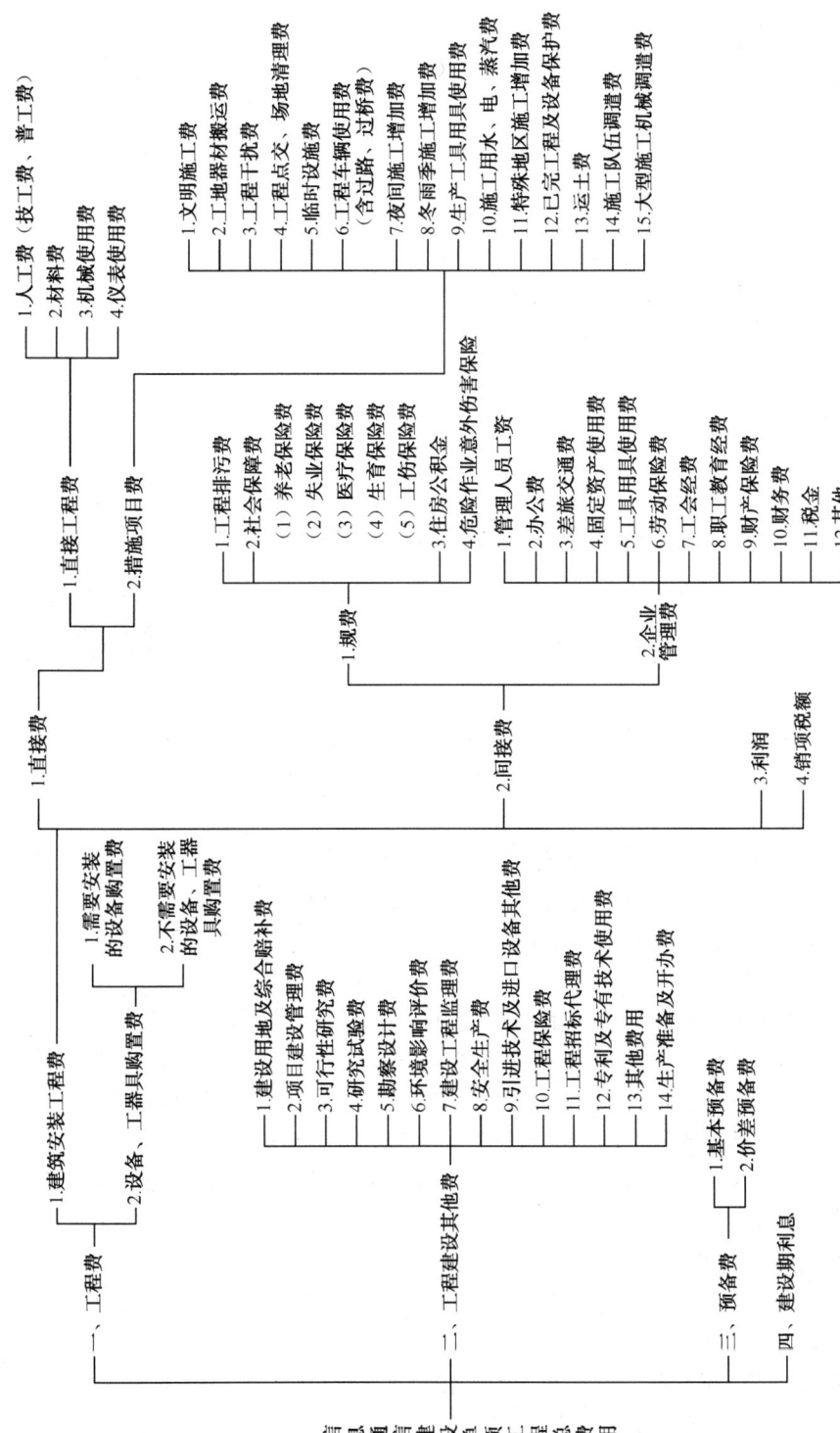

图5-2 信息通信建设单项工程总费用构成

任务 5.2 计算信息通信建设工程费用

【任务描述】

掌握定额预算计价模式下,信息通信建设工程各项费用的计算。

【任务目标】

- 掌握建筑安装工程费计算规则。
- 掌握设备、工器具购置费的计算规则。
- 掌握工程建设其他费计算规则。
- 掌握预备费计算规则。
- 培养学生职业责任感。

5.2.1 建筑安装工程费

建筑安装工程费由直接费、间接费、利润和销项税额组成。

1. 直接费

扫一扫看直接工程费的计算

直接费由直接工程费、措施项目费构成。

1) 直接工程费

直接工程费是指施工过程中耗用的构成工程实体和有助于工程实体形成的各项费用,包括人工费(技工费、普工费)、材料费、机械使用费、仪表使用费。

(1) 人工费(技工费、普工费)

人工费是指直接从事建筑安装工程施工的生产人员开支的各项费用。其内容包括:

① 基本工资:指发放给生产人员的岗位工资和技能工资。

② 工资性补贴:指按规定标准发放的物价补贴,煤、燃气补贴,交通补贴,住房补贴,流动施工津贴等。

③ 辅助工资:指发放给生产人员的年平均有效施工天数以外非作业天数的工资,包括职工学习、培训期间的工资,调动工作、探亲、休假期间的工资,因气候影响导致的停工工资,女工哺乳假期间的工资,病假在六个月以内的工资及产、婚、丧假期间的工资。

④ 职工福利费:指按规定标准计提的职工福利费。

⑤ 劳动保护费:指按规定标准发放的劳动保护用品的购置费及修理费,职工服装补贴,防暑降温等保健费用。

人工费计费标准及计算规则如下:

① 通信建设工程不分专业和地区工资类别,综合取定人工费。人工费单价:技工为 114 元/工日,普工为 61 元/工日。

② 人工费=技工费+普工费。

③ 技工费=技工单价×概(预)算技工总工日。

④ 普工费=普工单价×概(预)算普工总工日。

(2) 材料费

材料费是指施工过程中实体消耗的直接材料费用与采购材料所发生的费用总和。其内容包括:

① 材料原价：供应价或供货地点价。
② 运杂费：指将材料（或器材）自来源地运至工地仓库（或指定堆放地点）所发生的费用。
③ 运输保险费：指将材料（或器材）自来源地运至工地仓库（或指定堆放地点）所发生的保险费用。
④ 采购及保管费：指在组织材料（或器材）采购及材料保管过程中所发生的各项费用。
⑤ 采购代理服务费：指委托中介采购发生的代理服务费用。
⑥ 辅助材料费：指对施工生产起辅助作用的材料费用。

材料费计费标准及计算规则如下：

材料费=主要材料费+辅助材料费

主要材料费=材料原价+运杂费+运输保险费+采购及保管费+采购代理服务费

式中，① 材料原价：供应价或供货地点价。
② 运杂费：编制概算时，除水泥及水泥制品的运输距离按 500km 计算，其他类型材料的运输距离按 1500km 计算。

运杂费=材料原价×器材运杂费费率（见表5-1）

表5-1 器材运杂费费率表

运输距离 L/km	费率/%					
	光缆	电缆	塑料及塑料制品	木材及木制品	水泥及水泥构件	其他
$L \leq 100$	1.3	1.0	4.3	8.4	18.0	3.6
$100 < L \leq 200$	1.5	1.1	4.8	9.4	20.0	4.0
$200 < L \leq 300$	1.7	1.3	5.4	10.5	23.0	4.5
$300 < L \leq 400$	1.8	1.3	5.8	11.5	24.5	4.8
$400 < L \leq 500$	2.0	1.5	6.5	12.5	27.0	5.4
$500 < L \leq 750$	2.1	1.6	6.7	14.7	—	6.3
$750 < L \leq 1000$	2.2	1.7	6.9	16.8	—	7.2
$1000 < L \leq 1250$	2.3	1.8	7.2	18.9	—	8.1
$1250 < L \leq 1500$	2.4	1.9	7.5	21.0	—	9.0
$1500 < L \leq 1750$	2.6	2.0	—	22.4	—	9.6
$1750 < L \leq 2000$	2.8	2.3	—	23.8	—	10.2
$L > 2000$km，每增250km增加	0.3	0.2	—	1.5	—	0.6

③ 运输保险费=材料原价×保险费费率（0.1%）。
④ 采购及保管费=材料原价×采购及保管费费率（见表5-2）。

表5-2 采购及保管费费率表

工程名称	计算基础	费率/%
通信设备安装工程	材料原价	1.0
通信线路工程		1.1
通信管道工程		3.0

⑤ 采购代理服务费按实计列。
⑥ 辅助材料费=主要材料费×辅助材料费费率（见表5-3）。

凡由建设单位提供的利旧材料，其材料费不计入工程成本。

表 5-3 辅助材料费费率表

工 程 名 称	计 算 基 础	费率/%
通信设备安装工程	主要材料费	3.0
电源设备安装工程		5.0
通信线路工程		0.3
通信管道工程		0.5

（3）机械使用费

机械使用费是指使用施工机械作业所发生的机械使用费及机械安拆费。其内容包括：

① 折旧费：指施工机械在规定的使用年限内，陆续收回其原值及购置资金的时间价值。

② 大修理费：指施工机械按规定的大修理间隔台班进行必要的大修理，以恢复其正常功能所需的费用。

③ 经常修理费：指施工机械进行除大修理以外的各级保养和临时故障排除所需的费用，包括为保障机械正常运转所需替换设备与随机配备工具和附具的摊销、维护费用，机械运转期间日常保养所需润滑与擦拭的材料费用及机械停滞期间的维护和保养费用等。

④ 安拆费：指施工机械在现场进行安装与拆卸所需的人工、材料、试运转费用及机械辅助设施的折旧、搭设、拆除等费用。

⑤ 人工费：指机上操作人员和其他操作人员在工作台班定额内的人工费。

⑥ 燃料动力费：指施工机械在运转作业中所消耗的固体燃料（煤、木柴）、液体燃料（汽油、柴油）及水、电等的费用。

⑦ 税费：指按照国家规定和有关部门规定应缴纳的车船使用税、保险费及年检费等。

机械使用费计费标准及计算规则如下：

机械台班量=定额台班量×工程量

机械使用费=机械台班单价×机械台班量

（4）仪表使用费

仪表使用费是指施工作业时所发生的属于固定资产的仪表使用费。其内容包括：

① 折旧费：指施工仪表在规定的年限内，陆续收回其原值及购置资金的时间价值。

② 经常修理费：指施工仪表进行各级保养和临时故障排除所需的费用，包括为保证仪表正常使用所需备件（备品）的摊销和维护费用。

③ 年检费：指施工仪表在使用寿命期间定期标定与年检费用。

④ 人工费：指施工仪表操作人员在工作台班定额内的人工费。

仪表使用费计费标准及计算规则如下：

仪表台班量=定额台班量×工程量

仪表使用费=仪表台班单价×仪表台班量

扫一扫看措施项目费的计算

2）措施项目费

措施项目费是指为完成工程项目施工，发生于该工程前和施工过程中非工程实体项目的费用。其内容包括：

（1）文明施工费

文明施工费是指施工现场为达到环保要求和文明施工所需要的各项费用。其计费标准及计

算规则为:

文明施工费=人工费×文明施工费费率(见表5-4)

表5-4 文明施工费费率表

工程名称	计算基础	费率/%
无线通信设备安装工程	人工费	1.1
通信线路、通信管道工程		1.5
有线通信设备安装工程、电源设备安装工程		0.8

(2)工地器材搬运费

工地器材搬运费是指将器材由工地仓库(或指定地点)转运至施工现场而发生的费用。其计费标准及计算规则为:

工地器材搬运费=人工费×工地器材搬运费费率(见表5-5)

表5-5 工地器材搬运费费率表

工程名称	计算基础	费率/%
通信设备安装工程	人工费	1.1
通信线路工程		3.4
通信管道工程		1.2

(3)工程干扰费

工程干扰费是指通信线路工程、通信管道工程等由于受市政管理、交通管制、人流密集、输配电设施等影响工效而发生的补偿费用。其计费标准及计算规则为:

工程干扰费=人工费×工程干扰费费率(见表5-6)

表5-6 工程干扰费费率表

工程名称	计算基础	费率/%
通信线路工程、通信管道工程(干扰地区)	人工费	6.0
移动通信基站设备安装工程		4.0

注:① 干扰地区指城区、高速公路隔离带、铁路路基边缘等施工地带;

② 综合布线工程不计取。

(4)工程点交、场地清理费

工程点交、场地清理费是指按规定编制竣工图及资料、工程点交、施工场地清理等发生的费用。其计费标准及计算规则为:

工程点交、场地清理费=人工费×工程点交、场地清理费费率(见表5-7)

表5-7 工程点交、场地清理费费率表

工程名称	计算基础	费率/%
通信设备安装工程	人工费	2.5
通信线路工程		3.3
通信管道工程		1.4

(5) 临时设施费

临时设施费是指施工企业为进行工程施工必须设置供生活和生产用的临时建筑物、构筑物和其他临时设施而发生的费用等。临时设施费包括：临时设施的租用或搭设、维修、拆除或摊销费。临时设施费按施工现场与企业之间的距离划分为35km以内（含35km）、35km以外两挡。其计费标准及计算规则为：

临时设施费=人工费×临时设施费费率（见表5-8）

表5-8 临时设施费费率表

工程名称	计算基础	费率/%	
		距离≤35km	距离>35km
通信设备安装工程	人工费	3.8	7.6
通信线路工程		2.6	5.0
通信管道工程		6.1	7.6

注：如果建设单位无偿提供临时设施则不计此费用。

(6) 工程车辆使用费（含过路、过桥费）

工程车辆使用费是指施工过程中接送施工人员、生活用车等（含过路、过桥）发生的费用。其计费标准及计算规则为：

工程车辆使用费=人工费×工程车辆使用费费率（见表5-9）

表5-9 工程车辆使用费费率表

工程名称	计算基础	费率/%
无线通信设备安装工程、通信线路工程	人工费	5.0
有线通信设备安装工程、通信电源设备安装工程、通信管道工程		2.2

(7) 夜间施工增加费

夜间施工增加费是指因夜间施工所发生的夜间补助费，夜间施工降效、夜间施工照明设备摊销及照明用电等费用。其计费标准及计算规则为：

夜间施工增加费=人工费×夜间施工增加费费率（见表5-10）

表5-10 夜间施工增加费费率表

工程名称	计算基础	费率/%
通信设备安装工程	人工费	2.1
通信线路工程（城区部分）、通信管道工程		2.5

注：此项费用不考虑施工时段，均按相应费率计取。

(8) 冬雨季施工增加费

冬雨季施工增加费是指在冬雨季施工时采取防冻、保温、防雨、防滑等安全措施及工效降低所增加的费用。其计费标准及计算规则为：

冬雨季施工增加费=人工费×冬雨季施工增加费费率（见表5-11）

表 5-11 冬雨季施工增加费费率表

工程名称	计算基础	费率/%		
		Ⅰ类地区	Ⅱ类地区	Ⅲ类地区
通信设备安装工程（室外天馈线部分）	人工费	3.6	2.5	1.8
通信线路工程、通信管道工程				

冬雨季施工地区分类表见表 5-12。

表 5-12 冬雨季施工地区分类表

地区分类	省、自治区、直辖市名称
Ⅰ	黑龙江、青海、新疆、西藏、辽宁、内蒙古、吉林、甘肃
Ⅱ	陕西、广东、广西、海南、浙江、福建、四川、宁夏、云南
Ⅲ	其他地区

注：此项费用不分施工时所处季节，均按相应费率计取。如工程跨越多个地区分类挡，按高挡计取该项费用。综合布线工程不计取该项费用。

（9）生产工具用具使用费

生产工具用具使用费是指施工所需的不属于固定资产的工具用具等的购置、摊销、维修费。其计费标准及计算规则为：

生产工具用具使用费=人工费×生产工具用具使用费费率（见表 5-13）。

表 5-13 生产工具用具使用费费率表

工程名称	计算基础	费率/%
通信设备安装工程	人工费	0.8
通信线路工程、通信管道工程		1.5

（10）施工用水、电、蒸汽费

施工用水、电、蒸汽费是指施工过程中使用水、电、蒸汽所发生的费用。在编制概预算时，通信线路工程、通信管道工程依照施工工艺要求按实计列施工用水、电、蒸汽费。

（11）特殊地区施工增加费

特殊地区施工增加费是指在原始森林地区、海拔 2000m 以上高原地区、化工区、核工业区、沙漠地区、山区无人值守站等特殊地区施工所需增加的费用。其计费标准及计算规则为：

特殊地区施工增加费=特殊地区补贴金额（见表 5-14）×总工日

表 5-14 特殊地区补贴金额

地区分类	高海拔地区		原始森林地区、沙漠地区、化工区、核工业区、山区无人值守站
	4000m 以下	4000m 以上	
补贴金额/元·天$^{-1}$	8	25	17

注：若工程所在地同时存在上述多种情况，按高挡计取该项费用。

（12）已完工程及设备保护费

已完工程及设备保护费是指竣工验收前，对已完工程及设备进行保护所需的费用。其计费标准及计算规则为：

已完工程及设备保护费=人工费×已完工程及设备保护费费率（见表 5-15）

表 5-15　已完工程及设备保护费费率表

工 程 名 称	计 算 基 础	费率/%
通信线路工程	人工费	2.0
通信管道工程		1.8
无线通信设备安装工程		1.5
有线通信及电源设备安装工程（室外部分）		1.8

（13）运土费

运土费是指直埋光（电）缆、管道工程施工过程中，需从远离施工地点取土及必须向外倒运土方所发生的费用。其计费标准及计算规则为：

运土费=工程量（吨·千米）×运费单价［元/（吨·千米）］

工程量由设计单位按实际发生计列，运费单价按工程所在地运价计取。

（14）施工队伍调遣费

施工队伍调遣费是指因建设工程的需要，应支付给施工队伍的调遣费用。其内容包括：调遣人员的差旅费、调遣期间的工资、施工工具与用具等的运费。其计费标准及计算规则为：

施工队伍调遣费=单程调遣费定额（见表 5-16）×调遣人数（见表 5-17）×2

① 施工队伍调遣费按单程调遣费定额计算；

② 施工现场与企业之间的距离在 35km 以内时，不计取此项费用。

表 5-16　施工队伍单程调遣费定额表

调遣里程 L/km	单程调遣费/元	调遣里程 L/km	单程调遣费/元
35<L≤100	141	1600<L≤1800	634
100<L≤200	174	1800<L≤2000	675
200<L≤400	240	2000<L≤2400	746
400<L≤600	295	2400<L≤2800	918
600<L≤800	356	2800<L≤3200	979
800<L≤1000	372	3200<L≤3600	1040
1000<L≤1200	417	3600<L≤4000	1203
1200<L≤1400	565	4000<L≤4400	1271
1400<L≤1600	598	L>4400km 时，每增加 200km 增加调遣费	48

表 5-17　施工队伍调遣人数定额表

通信设备安装工程			
概（预）算技工总工日	调遣人数	概（预）算技工总工日	调遣人数
500 工日以下	5	3000 工日以上 4000 工日以下	30
500 工日以上 1000 工日以下	10	4000 工日以上 5000 工日以下	35
1000 工日以上 2000 工日以下	17	5000 工日以上，每增加 1000 工日增加调遣人数	3
2000 工日以上 3000 工日以下	24		

续表

通信线路、通信管道工程			
概（预）算技工总工日	调遣人数	概（预）算技工总工日	调遣人数
500 工日以下	5	8000 工日以上 9000 工日以下	55
500 工日以上 1000 工日以下	10	9000 工日以上 10000 工日以下	60
1000 工日以上 2000 工日以下	17	10000 工日以上 15000 工日以下	80
2000 工日以上 3000 工日以下	24	15000 工日以上 20000 工日以下	95
3000 工日以上 4000 工日以下	30	20000 工日以上 25000 工日以下	105
4000 工日以上 5000 工日以下	35	25000 工日以上 30000 工日以下	120
5000 工日以上 6000 工日以下	40	30000 工日以上，每增加 5000 工日增加调遣人数	3
6000 工日以上 7000 工日以下	45		
7000 工日以上 8000 工日以下	50		

（15）大型施工机械调遣费

大型施工机械调遣费是指调遣大型施工机械所发生的运输费用。一般本地网的通信工程不计取此项费用。其计费标准及计算规则为：

大型施工机械调遣费=2×调遣用车运价（见表 5-18、表 5-19）×调遣运距

表 5-18 大型施工机械吨位表

机 械 名 称	吨位/t	机 械 名 称	吨位/t
混凝土搅拌机	2	水下光（电）缆沟挖冲机	6
电缆拖车	5	液压顶管机	5
微管微缆气吹设备	6	微控钻孔敷管设备（25t 以下）	8
气流敷设吹缆设备	8	微控钻孔敷管设备（25t 以上）	12
回旋钻机	11	液压钻机	15
型钢剪断机	4.2	磨钻机	0.5

表 5-19 调遣用车吨位及运价表

名 称	吨位/t	运价/元·千米$^{-1}$	
		单程运距<100km	单程运距>100km
工程机械运输车	5	10.8	7.2
工程机械运输车	8	13.7	9.1
工程机械运输车	15	17.8	12.5

2．间接费

间接费由规费、企业管理费构成。

1）规费

规费是指按政府和有关部门规定必须缴纳的费用（简称规费）。其包括如下内容。

（1）工程排污费

工程排污费是指按规定缴纳的施工现场工程排污费。

（2）社会保障费（也称社会保险费）

① 养老保险费：指企业按照规定标准为职工缴纳的基本养老保险费。

② 失业保险费：指企业按照规定标准为职工缴纳的失业保险费。
③ 医疗保险费：指企业按照规定标准为职工缴纳的基本医疗保险费。
④ 生育保险费：指企业按照规定标准为职工缴纳的生育保险费。
⑤ 工伤保险费：指企业按照规定标准为职工缴纳的工伤保险费。

（3）住房公积金

住房公积金是指企业按照规定标准为职工缴纳的住房公积金。

（4）危险作业意外伤害保险

危险作业意外伤害保险是指企业为从事危险作业的建筑安装施工人员支付的意外伤害保险费。

规费=工程排污费+社会保障费+住房公积金+危险作业意外伤害保险

式中，① 工程排污费：按施工所在地政府部门相关规定执行；
② 社会保障费=人工费×28.5%；
③ 住房公积金=人工费×4.19%；
④ 危险作业意外伤害保险=人工费×1.00%。

2）企业管理费

企业管理费是指施工企业组织施工生产和经营管理所需费用。其内容包括：

① 管理人员工资：指支付给管理人员的基本工资、工资性补贴、职工福利费、劳动保护费等。

② 办公费：指企业办公用的文具、纸张、账表、印刷、邮电、书报、办公软件、现场监控、会议、水电、集体取暖降温（包括现场临时宿舍取暖降温）等费用。

③ 差旅交通费：指职工因公出差、调动工作发生的差旅费、住宿补助费、市内交通费和误餐补助费，职工探亲路费，劳动力招募费，职工离退休、退职一次性路费，工伤人员就医路费，工地转移费及管理部门使用的交通工具的油料、燃料等费用。

④ 固定资产使用费：指管理和试验部门及附属生产单位使用的属于固定资产的房屋、设备、仪器等的折旧、大修、维修或租赁费。

⑤ 工具用具使用费：指管理部门使用的不属于固定资产的生产工具、器具、家具、交通工具和检验、测绘、消防用具等的购置、维修和摊销费。

⑥ 劳动保险费：指由企业支付给离退休职工的异地安家补助费、职工退职金、请六个月以上病假人员的工资、按规定支付给离退休干部的各项经费。

⑦ 工会经费：指企业按职工工资总额计提的工会经费。

⑧ 职工教育经费：指按职工工资总额的规定比例计提，企业为职工进行专业技术和职业技能培训，专业技术人员继续教育、职工职业技能鉴定、职业资格认定以及根据需要对职工进行各类文化教育所发生的费用。

⑨ 财产保险费：指施工管理用财产、车辆的保险等费用。

⑩ 财务费：指企业为施工生产筹集资金或提供预付款担保、履约担保、职工工资支付担保而发生的各种费用。

⑪ 税金：指企业按规定缴纳的城市维护建设税、教育费附加税、地方教育费附加税、房产税、车船使用税、土地使用税、印花税等。

⑫ 其他：包括技术转让费、技术开发费、投标费、业务招待费、绿化费、广告费、公证费、法律顾问费、审计费、咨询费等。

企业管理费计费标准及计算规则为：

企业管理费=人工费×企业管理费费率（见表5-20）

表5-20　企业管理费费率表

工程名称	计算基础	费率/%
各类通信工程	人工费	27.4

3．利润

利润是指施工企业完成所承包工程获得的盈利。其计费标准及计算规则为：

利润=人工费×利润率（见表5-21）

表5-21　利润率表

工程名称	计算基础	利润率/%
各类通信工程	人工费	20.0

4．销项税额

销项税额是指按国家税法规定应计入建筑安装工程造价的增值税销项税额。

销项税额的计算公式：

销项税额=（人工费+乙供主要材料费+辅助材料费+机械使用费+仪表使用费+措施项目费+规费+企业管理费+利润）×9%+甲供主要材料费×适用税率

注：甲供主要材料适用税率为材料采购税率，乙供主要材料指建筑服务方提供的材料。

5.2.2　设备、工器具购置费

设备、工器具购置费是指根据设计提出的设备（包括必需的备品备件）、仪表、工器具清单，按设备原价、运杂费、采购及保管费、运输保险费和采购代理服务费计算的费用。

设备、工器具购置费由需要安装的设备购置费和不需要安装的设备、工器具购置费组成。其计费标准及计算规则为：

设备、工器具购置费=设备原价+运杂费+运输保险费+采购及保管费+采购代理服务费

式中，① 设备原价：供应价或供货地点价。

② 运杂费=设备原价×设备运杂费费率（见表5-22）。

表5-22　设备运杂费费率表

运输里程 L/km	计算基础	费率/%	运输里程 L/km	计算基础	费率/%
L≤100	设备原价	0.8	1000<L≤1250	设备原价	2.0
100<L≤200		0.9	1250<L≤1500		2.2
200<L≤300		1.0	1500<L≤1750		2.4
300<L≤400		1.1	1750<L≤2000		2.6
400<L≤500		1.2	L>2000km 时，每增 250km 增加		0.1
500<L≤750		1.5			
750<L≤1000		1.7	—	—	—

③ 运输保险费=设备原价×保险费费率（0.4%）。

④ 采购及保管费=设备原价×采购及保管费费率（见表5-23）。

表 5-23 采购及保管费费率表

项 目 名 称	计 算 基 础	费率/%
需要安装的设备	设备原价	0.82
不需要安装的设备（仪表、工器具）		0.41

⑤ 采购代理服务费按实计列。

⑥ 进口设备（材料）的国外运输费、国外运输保险费、关税、增值税、外贸手续费、银行财务费、国内运输费、国内运输保险费、进口设备（材料）国内检验费、海关监管手续费等按进口货价计算后计入相应的设备材料费中。注意，单独引进软件不计关税只计增值税。

5.2.3　工程建设其他费

工程建设其他费是指应在建设项目的建设投资中开支的固定资产其他费用、无形资产费用和其他资产费用。

扫一扫看工程建设其他费的计算

1．建设用地及综合赔补费

建设用地及综合赔补费是指按照《中华人民共和国土地管理法》等规定，建设项目征用土地或租用土地应支付的费用。其内容包括：

① 土地征用及迁移补偿费：经营性建设项目通过出让方式取得土地使用权（或建设项目通过划拨方式取得无限期土地使用权）而支付的土地补偿费、安置补偿费、地上附着物和青苗补偿费、余物迁建补偿费、土地登记管理费等；行政事业单位的建设项目通过出让方式取得土地使用权而支付的出让金；建设单位在建设过程中发生的土地复垦费用和土地损失补偿费用；建设期间临时占地补偿费。

② 征用耕地按规定一次性缴纳的耕地占用税；征用城镇土地在建设期间按规定每年缴纳的城镇土地使用税；征用城市郊区菜地按规定缴纳的新菜地开发建设基金。

③ 建设单位通过租用方式取得建设项目土地使用权而支付的租地费用。

④ 建设单位因建设项目期间租用建筑设施、场地而支付的费用，因项目施工造成所在地企事业单位或居民的生产、生活受到干扰而支付的补偿费用。

计费标准及计算规则：

① 根据应征建设用地面积、临时用地面积，按建设项目所在省、市、自治区人民政府制定颁发的土地征用补偿费、安置补助费标准和耕地占用税、城镇土地使用税标准计算。

② 建设用地上的建（构）筑物如需迁建，其迁建补偿费应按迁建补偿协议计列或按新建同类工程造价计算。

2．项目建设管理费

项目建设管理费（也称建设单位管理费）是指项目建设单位发生的管理性质的开支，包括：差旅交通费、工具用具使用费、固定资产使用费、招募生产工人费、技术图书资料费、业务招待费、竣工验收费和其他管理性质开支。

计费标准及计算规则：

建设单位可根据《关于印发<基本建设项目建设成本管理规定>的通知》（财建〔2016〕504号）结合自身实际情况制定项目建设管理费计费规则。财建〔2016〕504号文件规定了项目建设管理费总额控制数费率（见表 5-24）。

表 5-24　项目建设管理费总额控制数费率　　　　　　　　　　　（万元）

工程总概算	费率/%	算　例	
		工程总概算	项目建设管理费
1000 以下	2	1000	1000×2%=20
1001～5000	1.5	5000	20+（5000-1000）×1.5%=80
5001～10000	1.2	10000	80+（10000-5000）×1.2%=140
10001～50000	1	50000	140+（50000-10000）×1%=540
50001～100000	0.8	100000	540+（100000-50000）×0.8%=940
100000 以上	0.4	200000	940+（200000-100000）×0.4%=1340

如建设项目采用工程总承包方式，其总包管理费由项目建设单位与总包单位根据总包工作范围在合同中商定，从项目建设管理费中列支。

3．可行性研究费

可行性研究费是指在建设项目前期工作中，编制和评估项目建议书（或预可行性研究报告）、可行性研究报告所需的费用。小型通信工程一般不发生此项费用。

计费标准及计算规则：

根据《国家发展改革委关于进一步放开建设项目专业服务价格的通知》（发改价格〔2015〕299 号）的要求，可行性研究服务收费实行市场调节价。

4．研究试验费

研究试验费是指为本建设项目提供或验证设计数据、资料等进行必要的研究试验及按照设计规定在建设过程中必须进行试验、验证所需的费用。

计费标准及计算规则：

（1）根据建设项目的研究试验内容和要求进行编制。

（2）研究试验费不包括以下项目。

① 应由科技三项费用（新产品试制费、中间试验费和重要科学研究补助费）开支的项目。

② 应在建筑安装工程费中列支的施工企业对材料、构件进行一般鉴定、检查所发生的费用及进行技术革新发生的研究试验费。

③ 应在勘察设计费或工程费中开支的项目。

5．勘察设计费

勘察设计费是指委托勘察设计单位进行工程勘察、工程设计所发生的各项费用，包括：工程勘察费、初步设计费、施工图设计费。

根据《国家发展改革委关于进一步放开建设项目专业服务价格的通知》（发改价格〔2015〕299 号）的要求，勘察设计服务收费实行市场调节价。

6．环境影响评价费

环境影响评价费是指按照《中华人民共和国环境保护法》《中华人民共和国环境影响评价法》等的规定，全面、详细评价本建设项目对环境可能产生的污染或造成的重大影响所需的费用，包括编制环境影响报告书（含大纲）、环境影响报告表和评估环境影响报告书（含大纲）、评估环境影响报告表等所需的费用。除大功率无线发射站外,其他通信工程不计此费用。

计费标准及计算规则:

根据《国家发展改革委关于进一步放开建设项目专业服务价格的通知》(发改价格〔2015〕299号)的要求,环境影响评价服务收费实行市场调节价。

7．建设工程监理费

建设工程监理费是指建设单位委托工程监理单位实施工程监理所需的费用。

计费标准及计算规则:

根据《国家发展改革委关于进一步放开建设项目专业服务价格的通知》(发改价格〔2015〕299号)的要求,建设工程监理服务收费实行市场调节价。

8．安全生产费

安全生产费是指施工企业按照国家有关规定和建筑施工安全标准,购置施工防护用具、落实安全施工措施及改善安全生产条件所需要的各项费用。

计费标准及计算规则:

参照《关于印发<企业安全生产费用提取和使用管理办法>的通知》财资〔2022〕136号规定执行:安全生产费以建筑安装工程造价为依据提取。

9．引进技术及进口设备其他费

费用内容包括:

① 引进项目图纸资料翻译复制费、备品备件测绘费。

② 出国人员费用:包括买方人员出国设计联络、出国考察、联合设计、监造、培训等所发生的差旅费、生活费、制装费等。

③ 来华人员费用:包括卖方来华工程技术人员的现场办公费用、往返现场交通费用、工资、食宿费用、接待费用等。

④ 银行担保及承诺费:指引进项目由国内外金融机构出面承担风险和责任担保所发生的费用,以及支付给贷款机构的承诺费用。

计费标准及计算规则:

① 引进项目图纸资料翻译复制费:根据引进项目的具体情况计列或按引进设备到岸价的比例估列。

② 出国人员费用:依据合同规定的出国人次、期限和费用标准计算。生活费及制装费按照财政部、外交部规定的现行标准计算,旅费按中国民航局公布的国际航线票价计算。

③ 来华人员费用:应依据引进合同有关条款规定计算。引进合同价款中已包括的费用内容不得重复计算。来华人员费用可按每人次费用指标计算。

④ 银行担保及承诺费:应按担保或承诺协议计取。

10．工程保险费

工程保险费是指建设项目在建设期间根据需要对建筑工程、安装工程及机器设备进行投保而发生的保险费用,包括建筑安装工程一切险、进口设备财产险和人身意外伤害险等。

计费标准及计算规则:

① 不投保的工程不计取此项费用。

② 不同的建设项目可根据工程特点选择投保险种，根据投保合同计列保险费用。

11. 工程招标代理费

工程招标代理费是指招标人委托代理机构编制招标文件、编制标底、审查投标人资格、组织投标人踏勘现场并答疑，组织开标、评标、定标，以及提供招标前期咨询、协调合同的签订等所支付的费用。

计费标准及计算规则：

根据《国家发展改革委关于进一步放开建设项目专业服务价格的通知》（发改价格〔2015〕299号）的要求，工程招标代理服务收费实行市场调节价。

12. 专利及专有技术使用费

费用内容包括：
① 国外设计及技术资料费，引进有效专利、专有技术使用费和技术保密费。
② 国内有效专利、专有技术使用费。
③ 商标使用费、特许经营权费等。

计费标准及计算规则：
① 按专利使用许可协议和专有技术使用合同的规定计列。
② 专有技术的界定应以省、部级鉴定机构的批准为依据。
③ 项目投资中只计取需要在建设期支付的专利及专有技术使用费。协议或合同规定在生产期支付的专利及专有技术使用费应在成本中核算。

13. 其他费用

根据建设任务的需要，必须在建设项目中列支的其他费用。
计费标准和计算规则：根据工程实际计列。

14. 生产准备及开办费

生产准备及开办费是指为保证建设项目正常生产（或营业、使用）而发生的人员培训费、提前进场费及投产使用初期必备的生产生活用具、工器具等的购置费用。其内容包括：
① 人员培训费及提前进场费：自行组织培训或委托其他单位培训而产生的人员工资、工资性补贴、职工福利费、差旅交通费、劳动保护费、学习资料费等。
② 为保证初期正常生产、生活（或营业、使用）所必需的生产办公、生活家具用具购置费。
③ 为保证初期正常生产（或营业、使用）必需的第一套不够固定资产标准的生产工具、器具、用具购置费（不包括备品备件费）。

本地网的通信工程一般不计此项费用。

计费标准及计算规则：

新建项目以设计定员为基数计算，改扩建项目以新增设计定员为基数计算。

生产准备及开办费=设计定员×生产准备及开办费指标（元/人）

生产准备及开办费指标由投资企业自行测算，此项费用列入运营费。

5.2.4 预备费和建设期利息

1. 预备费

扫一扫看预备费和建设期利息的计算

预备费是指在初步设计阶段编制概算时难以预料的工程费用。预备费包括基本预备费和价差预备费。

（1）基本预备费

① 在进行技术设计、施工图设计和施工过程中，在已批准的初步设计概算范围内所增加的工程费用。

② 由一般自然灾害所造成的损失和为预防自然灾害而采取措施所发生的费用。

③ 竣工验收时为鉴定工程质量而必须开挖和修复隐蔽工程发生的费用。

（2）价差预备费

价差预备费是指设备、材料的价差。

计费标准及计算规则：

价差预备费=（工程费+工程建设其他费）×预备费费率（见表5-25）

表5-25 预备费费率表

工程名称	计算基础	费率/%
通信设备安装工程	工程费+工程建设其他费	3.0
通信线路工程		4.0
通信管道工程		5.0

2. 建设期利息

建设期利息是指建设项目贷款在建设期内发生并应计入固定资产的贷款利息等财务费用。

计费标准及计算规则：按银行当期利率计算。

习题

1. 简述信息通信建设单项工程总费用构成。
2. 直接费中人工费的计算规则是什么？
3. 主要材料费包含哪几项？
4. 施工队伍调遣费的计算规则是什么？
5. 设备、工器具购置费包含哪几项？
6. 已知某通信管道工程，施工企业驻地距施工现场50km，完成该项工程所需技工总工日为200工日，普工总工日为150工日，计算人工费和施工队伍调遣费。
7. 判断题。

（1）冬雨季施工增加费应按施工时所处季节按相应定额计取。   （   ）

（2）项目建设管理费的计费基数是投资预算总额。   （   ）

（3）生产工具用具使用费是指施工所需的不属于固定资产的工具用具等的购置、摊销、维修费。   （   ）

（4）通信建设工程不分专业均可计取冬雨季施工增加费。   （   ）

（5）通信管道工程，当工程总工日在 100 工日以下时，应将总工日按 10%进行调整。
（　　）
（6）国内项目不需计列引进技术及进口设备其他费。（　　）
（7）已完工程及设备保护费在编制概预算时无法确定，在预算中可不列，如发生，可在进行工程决算时追加。（　　）

综合实训

扫一扫看单项工程总费用计算案例

1．实训目的

（1）掌握工程费用的计算规则和方法。
（2）能够正确套用费率，计算工程费用。
（3）培养严谨求实、一丝不苟的工作作风。

2．实训要求

（1）计算工程费用时，写出每一项费用的计算依据。
（2）说明工程费用的计算过程和内容。

3．实训内容

根据已知条件，计算下列单项工程的总费用。
已知条件：
（1）工程为××局通信管道新建工程，施工地点在城区。
（2）施工企业驻地距施工现场 70km。
（3）施工用水电蒸汽费为 300 元。
（4）技工总工日为 150 工日，普工总工日为 100 工日。
（5）勘察设计费核定为 1340 元。
（6）建设用地及综合赔补费总计 25000 元。
（7）材料由施工单位提供，主要材料费（除税价）合计 33000 元。
（8）机械使用费（除税价）合计 1200 元。
（9）本工程不委托可研，也不委托监理。
（10）本工程不计列项目建设管理费、生产准备及开办费、研究试验费、运土费、特殊地区施工增加费、大型施工机械调遣费。

模块 6　通信建设工程工程量计算

通信建设工程的工程量计算很重要，工程量计算的准确性，直接关系到整个工程概预算的准确性。工程量计算的主要依据是施工图设计文件、现行预算定额的有关规定及相关资料。一般通过阅读设计图纸，根据图形符号表示的意义和图形符号的数量或标注的数字等信息，统计并计算出反映在图纸上的主要工程量，通过主要工程量，再参考通信建设工程预算定额及其附录、设计规范或施工验收规范的要求就可查找并计算出其他工程量，进而确定全部工程量。

工程量确定后，通过查找相关定额标准，套用有关费用定额和费用标准，就能编制设计概预算，确定工程造价。因此工程量计算的准确与否，直接关系到概预算的准确性。工程量计算是编制概预算的关键和难点，同一个工程，由不同的人编制的概预算往往出现不同的结果，其原因就在于工程量统计存在差异或计算方法不同。对于实际的通信工程，需要计算的量多而复杂，要尽可能准确地统计工程量，尽量减少误差，这就需要熟悉工程图纸中各种符号的表示方法和含义及通信工程施工规范和程序，熟练掌握工程量的计算规则、计算顺序和计算方法。

在概预算编制过程中，阅读图纸、统计工程量的过程称为工程识图。

任务 6.1　通信设备安装工程工程量计算

扫一扫看通信工程识图

【任务描述】

工程量的计算应按相关计算规则进行，即工程量项目的划分、计量单位的取定、有关系数的调整换算等，都应按相关专业的计算规则确定。通信设备安装工程共分为三个大类：通信电源设备安装工程、有线通信设备安装工程和无线通信设备安装工程。通信设备安装工程工程量计算应从四个方面考虑：设备机柜、机箱的安装工程量计算，设备缆线布放工程量计算，安装附属设施及其他工程量计算，系统调测。

扫一扫看通信设备安装工程量计算

【任务目标】

- 掌握通信设备安装工程工程量计算规则。
- 能看懂设备安装工程图纸。
- 能根据图纸，统计传输设备安装工程量。
- 培养学生一丝不苟、严谨求实的工作作风。

6.1.1　设备机柜、机箱的安装工程量计算

所有设备机柜、机箱的安装可分为三种情况计算工程量。

（1）以设备机柜、机箱整架（台）的自然实体为一个计量单位，即机柜（箱）架体、架内组件、盘柜内部的配线、对外连接的接线端子及设备本身的加电检测与调试等作为一个整体来计算工程量。大多数通信设备安装工程属于这种情况。

（2）设备机柜、机箱按照不同的组件分别计算工程量，即机柜（箱）架体与内部的组件或附件不作为一个整体进行计算，而是将设备划分为若干个组成部分，分别计算工程量。这种情况常见于机柜（箱）架体与内部组件的配置呈非线性关系的设备，如定额项目"TSD1-049 安装

蓄电池屏"所描述的内容是屏柜安装,不包括屏内蓄电池组的安装,也不包括蓄电池组的充放电。整个设备安装过程需要分为三个部分来计算工程量,即安装蓄电池屏(空屏)、安装屏内蓄电池组(根据设计要求选择电池容量和组件数量)和屏内蓄电池组充放电(按电池组数量计算)。

(3)设备机柜、机箱主体和附件的扩装,即在已安装设备的基础上增装内部盘、线。这种情况主要用于扩容工程,如定额项目"TSD3-060、061 安装高频开关整流模块",就是为了满足在已有开关电源架的基础上进行扩充生产能力的需要,以模块个数作为计量单位来统计工程量的。与前面将设备划分为若干个部分分别计算工程量的概念所不同的是,已安装设备主体和扩容增装项目是不能在同一期工程中同时计列的,否则属于重复计算。

以上三种工程量计算方法,需要根据定额项目的相关说明和工作内容来计算,避免漏算、重算、错算。

下面介绍几个需要特别说明的通信设备安装工程工程量计算规则。

(1)安装程控电话设备。

① 程控市内电话中继线 PCM 系统硬件测试工程量(单位为"系统"):所谓"系统"是指 32 个 64kb/s 支路的 PCM,应按"系统"统计工程量。

② 长途程控交换设备硬件调测工程量(单位为"千路端"):所谓"千路端"是指 1000 个长途话路端口,应按"2 千路端以下""10 千路端以下""10 千路端以上"分别统计工程量。

③ 安装调测用户交换机工程量(单位为"门"):应按用户交换机容量分别统计工程量。

(2)安装测试光纤通信数字设备。

① 安装测试 PCM 设备工程量(单位为"端"):由复用侧一个 2Mb/s 口、支路侧 32 个 64kb/s 口为一端,如图 6-1 所示。

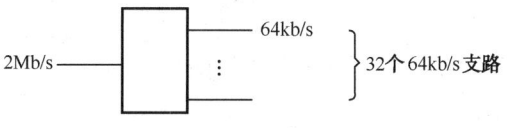

图 6-1 PCM 数字传输设备

② 安装测试光纤数字传输设备(PDH、SDH)工程量:分为基本子机框和接口单元盘两个部分。基本子机框包括交叉、网管、公务、时钟、电源等除群路侧、支路、光放盘以外的所有内容的机盘,定额子目以"套"为单位;接口单元盘包括群路侧、支路侧接口盘的安装和本机测试,定额子目以"端口"为单位。如 SDH 终端复用器 TM 有各种速率的端口配置,如图 6-2 所示,计算工程量时按不同的速率分别统计端口数量,一收一发为一个端口。

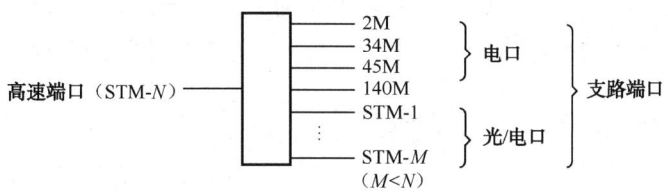

图 6-2 SDH 终端复用器 TM 的端口配置(速率单位为 b/s)

安装分插复用器 ADM、数字交叉连接设备 DXC 的工程量计算以此类推。

③ WDM 波分复用设备的安装测试分为基本配置和增装配置。基本配置含相应波数的合波器、分波器并进行本机测试。

(3) 安装移动通信设备。

① 安装移动通信天线工程量（单位为"副"）：应按天线类别（全向、定向、建筑物内、GPS），安装位置（楼顶塔上、地面塔上、拉线塔上、支撑杆上、楼外墙上），安装高度在楼顶塔上（20m 以下、20m 以上每增加 10m）、在地面塔上（40m 以下、40m 以上每增加 10m、80m 至 90m、90m 以上每增加 10m）分别统计工程量。

② 布放射频同轴电缆（馈线）工程量（单位为"条"）：应按线径大小（1/2"以下、7/8"以下、7/8"以上），布放长度（10m 以下、10m 以上每增加 10m）分别统计工程量。

③ 安装室外馈线走道工程量（单位为"m"）：分别按"水平""沿楼外墙垂直"统计工程量。

④ 基站设备安装工程量（单位为"架"）：应按"落地式""壁挂式"统计工程量。

6.1.2 设备缆线布放工程量计算

缆线的布放包括两种情况：设备机柜与外部的连线、设备机架内部跳线。

（1）设备机柜与外部的连线。

设备机柜与外部的连线工程量有两种计算方法。

① 计算布放缆线工程量时需分为两步：先计算放绑工程量后计算成端工程量。这种计算方法适用于通信设备连线中使用电缆芯线较多的情况，其成端工程量因电缆芯数的不同，会有很大差异。计算步骤如下。

第一步：计算放绑设备电缆工程量。

按布放长度计算工程量，单位为"百米·条"，数量为：

$$N = \sum_{1}^{k} \frac{L_i n_i}{100}$$

式中 $\sum_{1}^{k} L_i n_i$ ——k 个放绑段内同种型号设备电缆的总放绑量（米·条）；

L_i——第 i 个放绑段的长度（m）；

n_i——第 i 个放绑段内同种类型电缆的条数。

应按电缆类别（局用音频电缆、局用高频对称电缆、音频隔离线、SYV 类射频同轴电缆、数据电缆）分别计算工程量。

第二步：计算编扎、焊（绕、卡）接设备电缆工程量。

按长度放绑电缆后，再按电缆终端的制作数量计算成端的工程量，每条电缆终端制作工程量主要与电缆的芯数有关，不同类别的电缆要分别统计终端处理的工程量。

② 布放缆线计算工程量时放绑、成端同时完成。这种计算方法适用于通信设备中使用电缆芯数较少或单芯的情况，其成端工程量比较固定，布放缆线的工程内容包含了终端处理工作。

布放缆线工程量，单位为"十米·条"，数量为：

$$N = \sum_{1}^{k} \frac{L_i n_i}{10}$$

式中 $\sum_{1}^{k} L_i n_i$ ——k 个布放段内同种型号设备电缆总的布放线量（米·条）；

L_i——第 i 个布放段的长度（m）；

n_i——第 i 个布放段内同种类型电缆的条数。

（2）设备机架内部跳线。

设备机架内部跳线主要是指在配线架内布放跳线，其他通信设备内部配线均已包括在设备安装工程量中，不再单独计算缆线工程量（有特殊情况需单独处理的除外）。

在配线架内布放跳线的特点是长度短、条数多，统计工程量时以处理端头的数量为准，放线内容包含在其中的应按照不同类别线型、芯数分别计算工程量。

6.1.3 安装附属设施及其他工程量计算

安装设备机柜、机箱定额子目，除已说明包含附属设施内容的，均应按工程技术规范书的要求安装相应的防震、加固、支撑、保护等设施，分为成品安装和材料加工并安装两类，计算工程量时应按定额项目的说明区别对待。

（1）铺地漆布工程量，单位为"100m²"，数量 $n=A/100$，A 为需要铺地漆布地面的总面积（m²）。

（2）安装保安配线箱工程量（单位为"个"）：应按其容量大小分别统计工程量。

（3）安装总配线架工程量（单位为"架"）：应按其容量大小分别统计工程量。

（4）安装列架照明灯工程量（单位为"列"）：应按列架照明类别（2灯/列、4灯/列、6灯/列）分别统计工程量。列内日光灯安装是单管定额，采用双管灯时乘以系数1.2。

（5）安装信号灯盘工程量（单位为"盘"）：应按总信号灯盘、列信号灯盘分别统计工程量。

6.1.4 系统调测工程量计算

通信设备安装完成后大部分需要进行本机测试和系统调测。除了设备安装定额项目注明已包括设备测试工作的，其他需要测试的设备均需统计各自的测试工程量，所有完成的系统都需要进行系统性能的调测。系统调测的工程量计算规则按不同的专业确定。

（1）所有的供电（油）系统（如高压供电系统、低压供电系统、发电机供电系统、供油系统、直流供电系统、UPS供电系统）都需要进行系统调测。调测多以"系统"为单位，"系统"的定义和组成按相关专业的规定确定，如发电机组供油系统调测是以每台机组为一个系统计算工程量的。

（2）光纤传输系统性能调测包括两部分。

① 线路段光端对测：工程量计量单位为"方向·系统"。一发一收的两根光纤即为一个"系统"；"方向"是指某一个站和相邻站之间的传输段关系，有几个相邻的站就有几个方向，如图6-3所示。

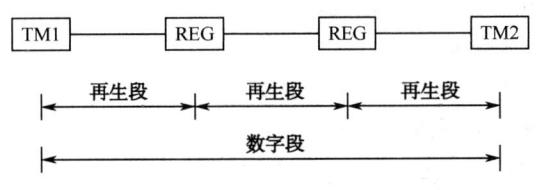

图6-3 光纤传输系统构成示意图

终端站TM1只有一个与之相邻的站，因此只对应一个传输方向，终端站TM2也是如此。再生中继站REG有两个与之相邻的站，它完成的是两个方向的传输。

② 复用设备系统调测：工程量计量单位为"端口"。各种数字比特率的一收一发即为一个端口。统计工程量时应包括所有支路端口。

（3）移动通信基站系统调测分为 2G、3G 和 LTE/4G 三种站型。

① 2G 基站系统调测工程量：按"载频"的数量分别统计工程量。例如，"8 个载频的基站"可分解成"6 个载频以下"及 2 个"每增加 1 个载频"的工程量。

② 3G 基站系统调测工程量：以"载·扇"为计量单位（即扇区数量乘以载频数量）计算工程量。

③ LTE/4G 基站系统调测工程量：以"载·扇"为计量单位（即扇区数量乘以载频数量）计算工程量。

（4）微波系统调测分为中继段调测和数字段调测，这两种调测是按"段"的两端共同参与调测考虑的，在计算工程量时可以按站分摊计算。

① 微波中继段调测工程量：单位为"中继段"。每站分摊的"中继段调测"工程量分别为 1/2 中继段，中继站是两个中继段的连接点，所以同时分摊两个"中继段调测"的工程量，为 1/2 中继段×2=1 中继段。

② 微波数字段调测工程量：单位为"数字段"。每站分摊的"数字段调测"工程量分别为 1/2 数字段。

（5）卫星地球站系统调测。

① 地球站内环测、地球站系统调测工程量：单位为"站"，应按卫星天线直径大小统计工程量。

② VSAT 中心站站内环测工程量：单位为"站"。网内系统对测工程量：单位为"系统"，"系统"的范围包括网内所有的端站。

任务6.2　通信线路工程工程量计算

【任务描述】

通信线路工程简单说即通信光（电）缆的敷设安装工程，根据敷设方式的不同，可分为架空、直埋、管道、水底及引上等方式。计算工程量时，应按照预算定额项目的排列顺序及工程施工顺序逐一统计，以保证不重不漏。本任务需掌握线路、管道专业的工程量计算规则。

【任务目标】

● 掌握通信线路工程工程量计算规则。
● 掌握通信管道工程工程量计算规则。
● 能看懂通信线路工程图纸。
● 能根据图纸，统计光（电）缆线路工程量。
● 培养学生一丝不苟、严谨求实的工作态度。

6.2.1　开挖（填）土（石）方

开挖（填）土（石）方包括开挖路面、挖（填）管道沟及人（手）孔坑、挖（填）光（电）缆沟及接头坑三个部分。其中，在铺砌路面下开挖管道沟或人（手）孔坑时，开挖沟（坑）土方量应减去开挖的路面铺砌物的土方量；管道沟回填土体积应按扣除地面以下管道和人（手）孔坑（包括基础）后的体积计算。

1. 光（电）缆接头坑个数

① 埋式光缆接头坑个数：初步设计按 2km 标准盘长或每 1.7～1.85km 取一个接头坑取定，施工图设计按实际取定。

② 埋式电缆接头坑个数：初步设计按每千米 5 个取定，施工图设计按实际取定。

2. 光（电）缆沟长度（单位：100m）

光（电）缆沟长度=图末长度-图始长度-（截流长度+过路顶管长度）+接头坑个数×7

3. 施工测量长度（单位：100m）

扫一扫看光缆敷设长度计算

管道工程施工测量长度=各人孔中心至相邻人孔中心长度之和

光（电）缆工程施工测量长度=路由图末的长度-路由图始的长度

4. 缆线布放工程量的取定

缆线布放工程量为缆线施工测量长度与各种预留长度之和，不能按主材使用长度计取工程量。

5. 人孔坑挖深

通信人孔设计示意图如图 6-4 所示。

$$H=h_1-h_2+g-d$$

式中　H——人孔坑挖深（m）；

h_1——人孔口圈顶部高程（m）；

h_2——人孔基础顶部高程（m）；

g——人孔基础厚度（m）；

d——路面厚度（m）。

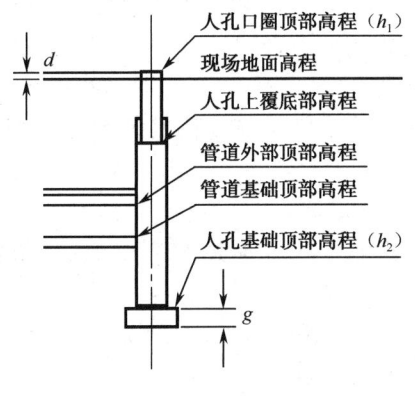

图 6-4　通信人孔设计示意图

6. 管道沟深

某段管道沟深是按两端分别计算沟深后取平均值，再减去路面厚度计算的。管道沟深和通信管道设计示意图分别如图 6-5、图 6-6 所示。

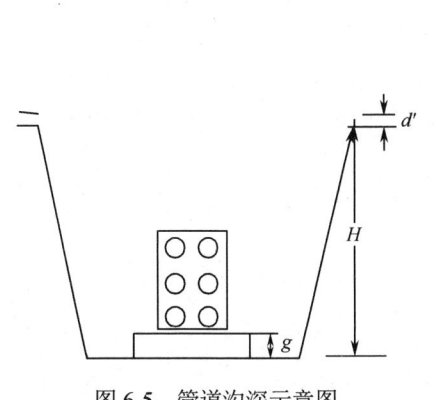

图 6-5　管道沟深示意图

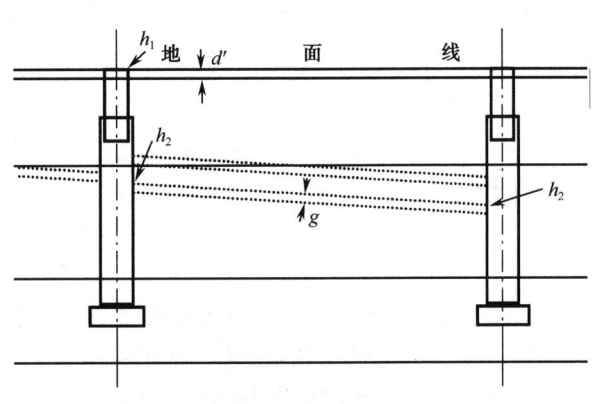

图 6-6　通信管道设计示意图

$$H = \frac{(h_1 - h_2 + g)_{人孔1} + (h_1 - h_2 + g)_{人孔2}}{2} - d'$$

式中 H——管道沟深（平均埋深，不含路面厚度）（m）；
　　h_1——人孔口圈顶部高程（m）；
　　h_2——管道基础顶部高程（m）；
　　g——管道基础厚度（m）；
　　d'——路面厚度（m）。

7. 开挖路面面积工程量

① 开挖管道沟路面面积（不放坡）。

$$A = \frac{B \times L}{100}$$

式中 A——管道沟路面面积（100m²）；
　　B——沟底宽度（沟底宽度 B=管道基础宽度 D+施工余度 $2d$）（m）；
　　L——管道沟路面长（两相邻人孔坑边间距）（m）。
　　施工余度 $2d$：管道基础宽度 D>630mm 时，$2d$=0.6m（每侧各 0.3m）；
　　　　　　　　　管道基础宽度 D≤630mm 时，$2d$=0.3m（每侧各 0.15m）。

② 开挖管道沟路面面积（放坡）。

$$A = \frac{(2Hi + B) \times L}{100}$$

式中 A——管道沟路面面积（100m²）；
　　H——沟深（m）；
　　B——沟底宽度（沟底宽度 B=管道基础宽度 D+施工余度 $2d$）（m）；
　　i——放坡系数（由设计按规范确定）；
　　L——管道沟路面长（两相邻人孔坑边间距）（m）。

③ 开挖一个人孔坑路面面积（不放坡）。
人孔坑开挖土石方示意图如图 6-7 所示。

$$A = \frac{a \times b}{100}$$

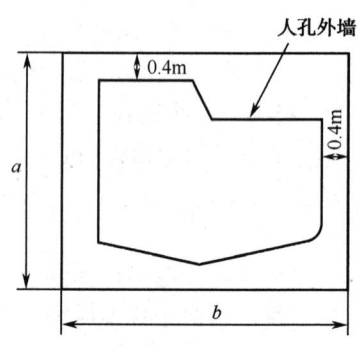

图 6-7 人孔坑开挖土石方示意图

式中 A——人孔坑路面面积（100m²）；
　　a——人孔坑底长度（m）（人孔坑底长度=人孔外墙长度+0.8m=人孔基础长度+0.6m）；
　　b——人孔坑底宽度（m）（人孔坑底宽度=人孔外墙宽度+0.8m=人孔基础宽度+0.6m）。

④ 开挖一个人孔坑路面面积（放坡）。

$$A = \frac{(2Hi + a)(2Hi + b)}{100}$$

式中 A——人孔坑路面面积（100m²）；
　　H——坑深（不含路面厚度）（m）；
　　i——放坡系数（由设计按规范确定）；
　　a——人孔坑底长度（m）；
　　b——人孔坑底宽度（m）。

⑤ 开挖路面总面积。

  总面积=开挖各人孔坑路面面积总和+开挖各段管道沟路面面积总和

8. 开挖土方体积工程量

扫一扫看
管道沟开
挖土方体
积计算

① 开挖管道沟土方体积（不放坡）。

$$V_1 = \frac{BHL}{100}$$

式中　V_1——管道沟土方体积（100m³）；
   B——沟底宽度（m）；
   H——沟深（不含路面厚度）（m）；
   L——沟长（两相邻人孔坑坑口边间距）（m）。

② 开挖管道沟土方体积（放坡）。

$$V_2 = \frac{(Hi+B)HL}{100}$$

式中　V_2——管道沟土方体积（100m³）；
   H——平均沟深（不含路面厚度）（m）；
   i——放坡系数（由设计按规范确定）；
   B——沟底宽度（m）；
   L——沟长（两相邻人孔坑坑坡中点间距）（m）。

③ 开挖一个人孔坑土方体积（不放坡）。

$$V_1 = \frac{abH}{100}$$

式中　V_1——人孔坑土方体积（100m³）；
   a——人孔坑底长度（m）；
   b——人孔坑底宽度（m）；
   H——坑深（不含路面厚度）（m）。

④ 开挖一个人孔坑土方体积（放坡）。

近似计算公式：

$$V_2 = \frac{H}{3}\left[ab + (a+2Hi)(b+2Hi) + \sqrt{ab(a+2Hi)(b+2Hi)}\right]$$

精确计算公式：

$$V_2 = \frac{\left[ab + (a+b)Hi + \frac{4}{3}H^2i^2\right]H}{100}$$

式中　V_2——人孔坑土方体积（100m³）；
   a——人孔坑底长度（m）；
   b——人孔坑底宽度（m）；
   i——放坡系数（由设计按规范确定）；
   H——坑深（不含路面厚度）（m）。

⑤ 总开挖土方体积（在无路面情况下）。

  总开挖土方体积=开挖各人孔坑土方体积总和+开挖各段管道沟土方体积总和

⑥ 光（电）缆沟土（石）方开挖量（或回填量）。

石质光（电）缆沟和土质光（电）缆沟结构示意图分别如图 6-8、图 6-9 所示。

$$V = \frac{(B+0.3)HL/2}{100}$$

式中　V——光（电）缆沟土（石）方开挖量（或回填量）（100m^3）；
　　　B——光（电）缆沟上口宽度（m）；
　　　0.3——光（电）缆沟下底宽（m）；
　　　H——光（电）缆沟深度（m）；
　　　L——光（电）缆沟长度（m）。

扫一扫看管道回填体积计算

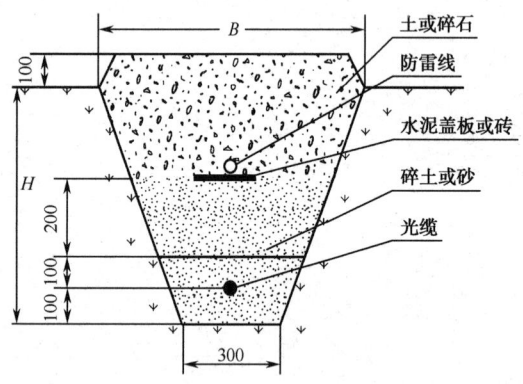

图 6-8　石质光（电）缆沟结构示意图　　　图 6-9　土质光（电）缆沟结构示意图

9. 回填土（石）方工程量

通信管道工程回填量=（管道沟土方体积+人孔坑土方体积）-（管道建筑体积（基础、管群、包封）+人孔建筑体积）

埋式光（电）缆沟土（石）方回填量等于开挖量，光（电）缆体积忽略不计。

10. 通信管道余土方工程量

通信管道余土方工程量=管道建筑体积（基础、管群、包封）+人孔建筑体积

6.2.2 通信管道工程

通信管道工程包括铺设各种通信管道及砌筑人（手）孔等工程。当人孔净空高度大于标准图设计时，其超出定额部分应另行计算工程量。

1. 混凝土管道基础工程量（单位：100m）

计算公式：

$$N = \sum_{1}^{m} \frac{L_i}{100}$$

式中　$\sum_{1}^{m} L_i$——m 段同一种管群组合的管道基础总长度（m）；
　　　L_i——第 i 段管道基础长度（m）。

工程实际中要分别按管群组合系列计算工程量。

2. 水泥管道工程量（单位：100m）

计算公式：

$$N = \sum_{1}^{m} \frac{L_i}{100}$$

式中 $\sum_{1}^{m} L_i$ ——m 段同一种管群组合的管道的总长度（m）；

L_i ——第 i 段管道的长度，即两相邻人孔中心间距（m）。

铺设钢管、塑料管管道工程分别按管群组合系列计算工程量。

3. 通信管道包封混凝土工程量（单位：m³）

管道包封示意图如图 6-10 所示。

包封体积 $N=(V_1+V_2+V_3)$

$V_1=(d-0.05)g2L$

$V_2=2dHL$

$V_3=(b+2d)dL$

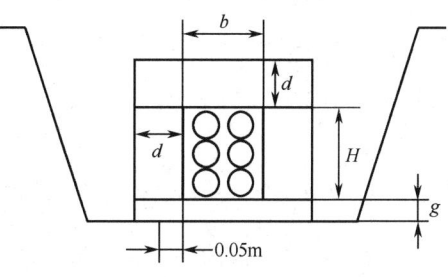

图 6-10 管道包封示意图

式中 V_1 ——管道基础侧包封混凝土体积（m³）；

V_2 ——基础以上管群侧包封混凝土体积（m³）；

V_3 ——管道顶包封混凝土体积（m³）；

d ——包封厚度，左、右和上部相同（m）；

0.05——基础每侧外露宽度（m）；

g ——管道基础厚度（m）；

L ——管道基础长度，即相邻两人孔外壁间距（m）；

H ——管群侧高（m）；

b ——管道宽度（m）。

4. 无人孔部分砖砌通道工程量（单位：100m）

计算公式：

$$N = \sum_{1}^{m} \frac{L_i}{100}$$

式中 $\sum_{1}^{m} L_i$ ——m 段同一种型号通道总长度（m）；

L_i ——第 i 段通道长度，等于两相邻人孔中心间距减去 1.6（m）。

5. 混凝土基础加筋工程量（单位：100m）

计算公式：

$$N = \frac{L}{100}$$

式中 L ——除管道基础两端 2m 以外的、需要加钢筋的管道基础长度（m）。

6.2.3 光（电）缆敷设

扫一扫看直埋光缆敷设工程量计算

1. 敷设光（电）缆长度（单位：千米·条）

计算公式：

$$\text{敷设光（电）缆长度} = \text{施工丈量长度} \times (1+K) + \text{设计预留长度}$$

式中　K——自然弯曲系数。埋式光（电）缆，K=7‰；管道和架空光（电）缆，K=5‰。

2. 光（电）缆使用长度（单位：千米·条）

计算公式：

$$\text{光（电）缆使用长度} = \text{敷设光（电）缆长度} \times (1+\delta)$$

式中　δ——光（电）缆损耗率。埋式光（电）缆，δ=5‰；架空光（电）缆，δ=7‰；管道光（电）缆，δ=15‰。

3. 槽道、槽板、室内通道敷设光（电）缆工程量（单位：百米·条）

计算公式：

$$N = \sum_{1}^{k} \frac{L_i n_i}{100}$$

式中　$\sum_{1}^{k} L_i n_i$——各段内光（电）缆的敷设总量（米·条）；

　　　L_i——第 i 段内光（电）缆长度（米）；

　　　n_i——第 i 段内光（电）缆条数（条）。

4. 整修市话线路移挂电缆工程量（单位：挡）

计算公式：

$$N = \frac{L}{40}$$

式中　L——架空移挂电缆路由长度（m）；

　　　40——市话杆路电杆距离（m）。

6.2.4 光（电）缆防护

1. 护坎

护坎是指为防止水流冲刷，修建在坡地上的防护措施，如图 6-11 所示。

一处护坎工程量计算方法如下。

计算方法一（近似公式）：

$$V = HAB$$

式中　V——护坎体积（m³）；

　　　H——护坎总高（地面以上坎高+光（电）缆沟深度）（m）；

　　　A——护坎平均厚度（m）；

　　　B——护坎平均宽度（m）。

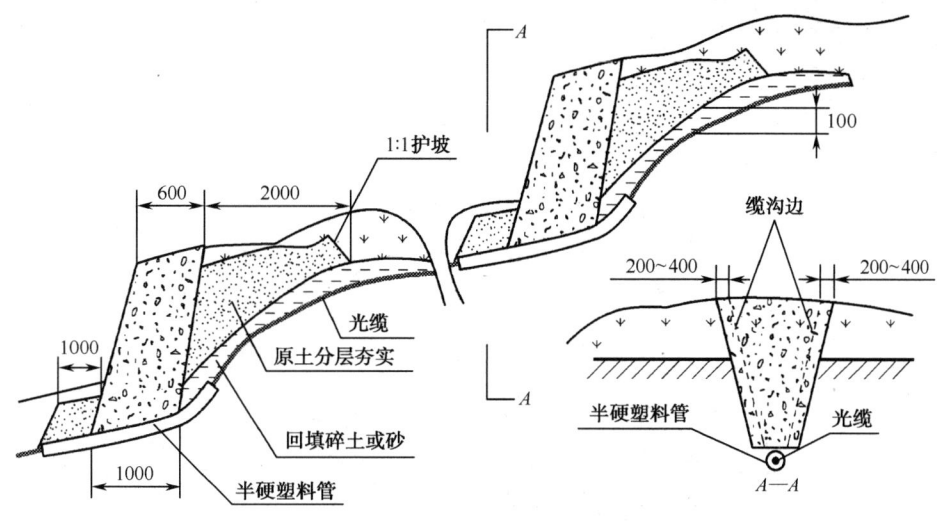

图 6-11 护坎示意图

计算方法二（精确公式）：

$$V = \frac{[a_1 b_1 + a_2 b_2 + (a_1 + a_2)(b_1 + b_2)]H}{6}$$

式中　V——护坎体积（m^3）；
　　　a_1——护坎上宽（m）；
　　　b_1——护坎上厚（m）；
　　　a_2——护坎下宽（m）；
　　　b_2——护坎下厚（m）；
　　　H——护坎总高（m）。

护坎按"石砌""三七土"分别计算工程量。

2．护坡

护坡的作用也是防止水流冲刷，护坎中包含护坡。一处护坡工程量为：

$$V = HLB$$

式中　V——护坡体积（m^3）；
　　　H——护坡高度（m）；
　　　L——护坡宽度（m）；
　　　B——护坡平均厚度（m）。

3．堵塞

堵塞修建在坡地上，用于固定光（电）缆沟的回填土壤，其示意图如图 6-12 所示。
一处堵塞工程量计算方法如下。

计算方法一（近似公式）：

$$V = HAB$$

式中　V——堵塞体积（m^3）；
　　　H——光（电）缆沟深度（m）；

A——堵塞平均厚度（m）；
B——堵塞平均宽度（m）。

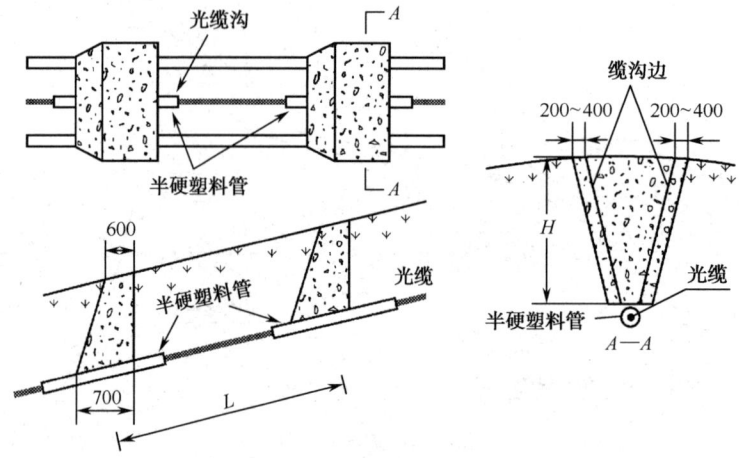

图 6-12　光（电）缆沟堵塞示意图

计算方法二（精确公式）：

$$V = \frac{[a_1b_1 + a_2b_2 + (a_1+a_2)(b_1+b_2)]H}{6}$$

式中　V——堵塞体积（m³）；
　　　a_1——堵塞上宽（m）；
　　　b_1——堵塞上厚（m）；
　　　a_2——堵塞下宽（m）；
　　　b_2——堵塞下厚（m）；
　　　H——堵塞高度，相当于光（电）缆埋深（m）。

4．水泥砂浆封石沟

水泥砂浆封石沟示意图如图 6-13 所示。
水泥砂浆封石沟工程量为：

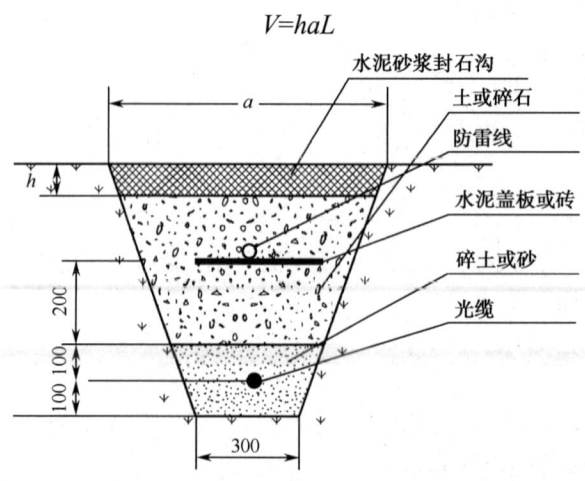

图 6-13　水泥砂浆封石沟示意图

式中　V——封石沟体积（m³）；
　　　h——封石沟水泥砂浆厚度（m）；
　　　a——封石沟宽度（m）；
　　　L——封石沟长度（m）。

5．漫水坝

漫水坝结构示意图如图 6-14 所示。
一处漫水坝工程量为：

$$V = \frac{HL(a+b)}{2}$$

式中　V——漫水坝体积（m³）；
　　　H——漫水坝坝高（m）；
　　　a——漫水坝脚厚度（m）；
　　　b——漫水坝顶厚度（m）；
　　　L——漫水坝长度（m）。

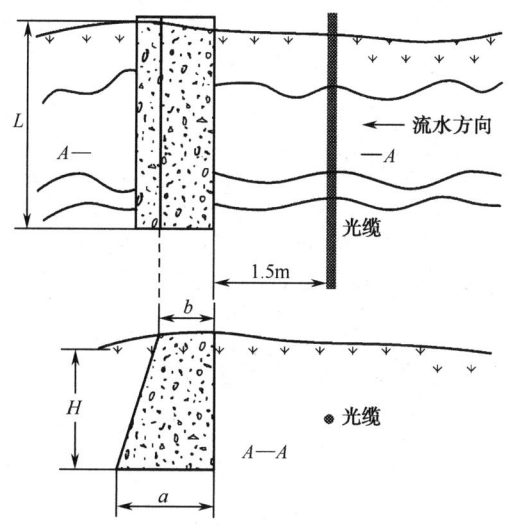

图 6-14　漫水坝结构示意图

6.2.5　综合布线工程

1．水平子系统布放缆线

水平子系统布放缆线示意图如图 6-15 所示。
每个楼层水平子系统布放缆线工程量为：

$$S=[0.55(F+N)+6]C$$

式中　S——每个楼层的布线总长度（m）；
　　　F——最远的信息插座与配线间的最大可能路由距离（m）；
　　　N——最近的信息插座与配线间的最大可能路由距离（m）；
　　　C——每个楼层的信息插座数量；

0.55——平均电缆长度+备用部分；

6——端接容差常数（主干采用 15，配线采用 6）。

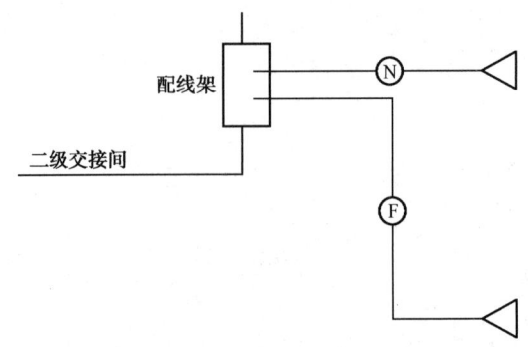

图 6-15　水平子系统布放缆线示意图

2．信息插座数量估值

每个楼层的信息插座数量为：

$$C = \frac{A}{P}W$$

式中　C——每个楼层的信息插座数量；
　　　A——每个楼层布线工作区的面积（m^2）；
　　　P——单个工作区所辖的面积，一般取 9（m^2）；
　　　W——单个工作区的信息插座数量，一般取 1、2、3、4。

计算电缆长度时，应考虑每箱（盘、卷）的长度。

任务 6.3　工程量计算典型案例分析

【任务描述】

本任务要求根据施工图纸，按照施工流程和相关计算规则，统计光缆线路工程量。

【任务目标】

- 根据图纸，统计架空光（电）缆线路工程量。
- 根据图纸，统计管道光缆线路工程量。
- 根据图纸，统计光纤到户项目的工程量。
- 培养学生一丝不苟、严谨求实的工作态度。

6.3.1　杆路工程量的统计

杆路工程主要包括立电杆、电杆加固及保护（主要为装设各种拉线）、架设架空吊线及各种辅助吊线等，在施工图上就可以统计出其包含的主要工程量，工程量统计相对比较简单。

下面以一个简单的杆路工程为例说明其工程量的统计过程。如图 6-16 所示是一段架空杆路施工图，施工要求如下：平原地区施工，安装拉线采用夹板法，土质为综合土。从图中可以看出，其主要工程内容为立水泥电杆、制装拉线、架设钢吊线、架设辅助吊线等。为了便于理解，用表格反映其主要工程量，见表 6-1。

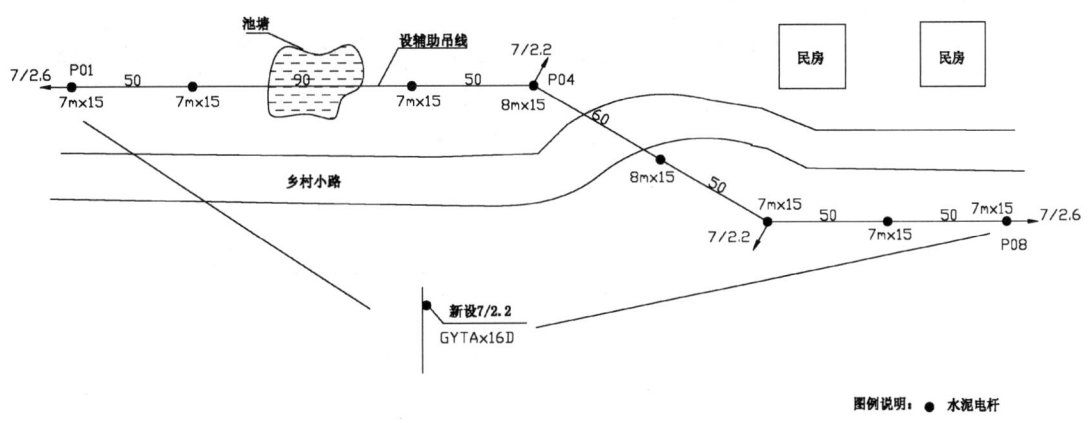

图 6-16　一段架空杆路施工图

表 6-1　主要工程量统计

序　号	定额编号	项目名称	单　位	数　量
1	TXL1-002	架空光（电）缆工程施工测量	100m	4.00
2	TXL1-006	光缆单盘检验	芯·盘	16
3	TXL3-001	立 9m 以下水泥杆（综合土）	根	8.00
4	TXL3-051	夹板法装 7/2.2 单股拉线（综合土）	条	2.00
5	TXL3-054	夹板法装 7/2.6 单股拉线（综合土）	条	2.00
6	TXL3-168	水泥杆架设 7/2.2 吊线（平原）	千米·条	0.40
7	TXL3-180	架设 100m 以内辅助吊线	条·挡	1

以表格形式对图 6-16 所示工程量的统计简单直观，这里不再赘述。

6.3.2　光（电）缆线路工程量的统计

光（电）缆线路工程主要包括架空、直埋、管道、水底、引上、槽道等各种形式光（电）缆的敷设；光（电）缆的成端、接续与测试；电缆气塞、气门的制作；各种通信线路设备（如分线设备、充气设备等）的安装；光（电）缆的防护；微控地下定向钻孔敷管（即机械顶管）及建筑与建筑群综合布线等。

光缆相对于电缆具有损耗小、传输速率快、成本低等优点，已经成为当前有线网络主要的传输介质。下面以一个管道光缆线路工程的实例来说明。

如图 6-17 所示为××段市话管道光缆线路示意图，其工程要求如下。

（1）本工程利旧水泥管道及人孔设施，在管道内人工敷设 3 孔子管，人孔不需抽水。

（2）本工程需敷设管道光缆 1 条，其规格为 GYA-60 芯（充气型）。

（3）光缆敷设自然弯曲系数按 5‰ 计取。

(4) 此段工程起始端#00 与末端#04 人孔内光缆各设一个接头,光缆接头每端预留 10m,光纤采用熔接法接续(不考虑托架材料量)。

(5) #04 人孔内安装气压传感器 1 套。

(6) 光缆单盘测试考虑双窗口,不考虑偏振模色散测试,不考虑光缆充气与中继段测试。

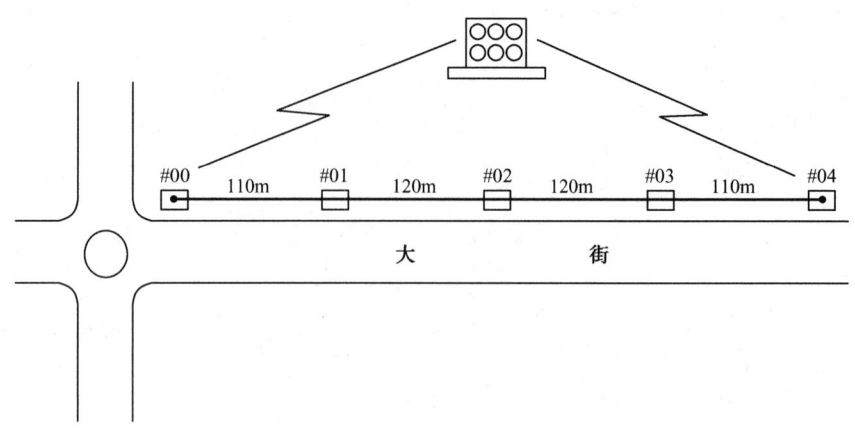

图 6-17 ××段市话管道光缆线路示意图

根据图纸和工程背景信息可知,该工程的主要工程量有:管道光(电)缆工程施工测量、光缆单盘检验、人工敷设塑料子管、敷设管道光缆、光缆接续及安装告警器。敷设光(电)缆工程量计算规则为:敷设光(电)缆长度=施工丈量长度×(1+K)+设计预留长度,K 为自然弯曲系数,光缆接头每端预留 10m,设计共预留 20m,代入数字可得工程量数值。

需要注意的是,该工程的人孔及管道设施利旧,也就不能计算相应的工程量。其主要工程量统计如表 6-2 所示。

表 6-2 主要工程量统计

序号	定额编号	项目名称	单位	数量
1	TXL1-003	管道光(电)缆工程施工测量	100m	4.60
2	TXL1-006	光缆单盘检验	芯·盘	60
3	TXL4-006	人工敷设塑料子管(3 孔子管)	km	0.46
4	TXL4-014	敷设管道光缆(96 芯以下)	千米·条	0.482
5	TXL6-012	光缆接续(60 芯以下)	头	2.00
6	TXL7-090	安装告警器	个	1.00

6.3.3 EPON 设备安装、调测工程量的统计

近年来,针对 FTTH(光纤到户)业务的需求量不断增加,其核心技术一般采用基于 PON(无源光网络)的 EPON 或 GPON。对于这类工程,可以参照工业和信息化部 2016 年颁布的《信息通信建设工程预算定额》(简称"451 定额")和工信部通〔2011〕426 号文《关于发布《〈无源光网络(PON)等通信建设工程补充定额〉的通知》进行工程量统计。

FTTH 项目的主要工程量包括无源光网络设备的安装和测试、机柜和箱体安装、缆线的布放和测试几个部分,具体如下。

（1）无源光网络设备的安装和测试部分包括：安装、测试光线路终端设备（OLT）；安装、测试光网络单元（ONU）/光网络终端设备（ONT）；安装、测试光分路器；安装、调测网管系统；接入网功能验证及性能测试等。

（2）机柜和箱体安装部分包括：安装壁挂/嵌墙式综合机箱；安装入户式综合信息（网络）机箱；安装室外综合机柜；安装电表箱等。

（3）缆线的布放和测试部分包括：敷设蝶形光缆（俗称皮线光缆）；光缆接续与测试；敷设硬质 PVC 管/槽；布放集束光纤；端接集束光纤；用户光缆测试；光通路光端对测；中继光（电）路割接光端对测等。

下面通过两个工程案例加以说明。

（1）敷设蝶形光缆、安装入户式综合信息（网络）机箱的工程量统计。

如图 6-18 所示为某新建小区蝶形光缆施工示意图，大楼构造为每层 3 户，本期工程要求对所有住户进行覆盖，工程中所涉及的 ODF（光配线架）利旧，置于第 21 层。由图可知，从 ODF 引出蝶形光缆至各户家庭信息箱，每户需布放蝶形光缆（单芯）一条。如楼层高度为 4m，则需布放蝶形光缆的总长度为每条长度之和。例如，第 24 层三户需布放的的光缆长度为（15+3×4）+（20+3×4）×2=91m，而家庭信息箱则每户需要一个。由此可列出布放楼层光缆及安装入户式综合家庭信息箱的工程量统计表格，如表 6-3 所示。

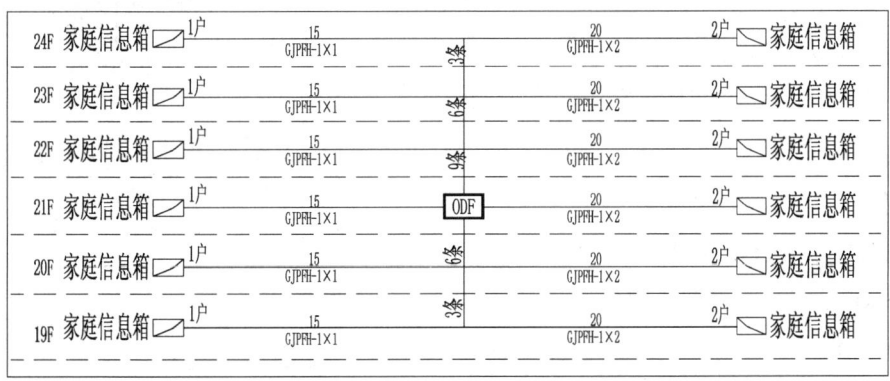

图 6-18　某新建小区蝶形光缆施工示意图

表 6-3　主要工程量统计

序号	定额编号	项目名称	单位	数量
1	TXL5-068	管、暗槽内布放光缆	百米·条	4.38
2	TSY1-010	安装室内嵌墙式综合机箱（无源）	个	18

（2）设备安装工程量统计。

如图 6-19 所示为某小区综合接入工程光缆施工示意图。图中，无源分光器的分光比规格为 1∶16。该图表明了从新设的光缆交接箱到各个弱电井分纤箱的光缆敷设方式，主要工程量包括安装光缆分纤箱、多媒体箱，无源分光器及光缆的布放，成端和接头等。本例主要讨论 FTTH 相关设备的安装工程量，如表 6-4 所示。对于光缆成端测试、做光缆接头及光缆敷设长度的工程量统计，由于前面已讲，此处留给读者来完成。

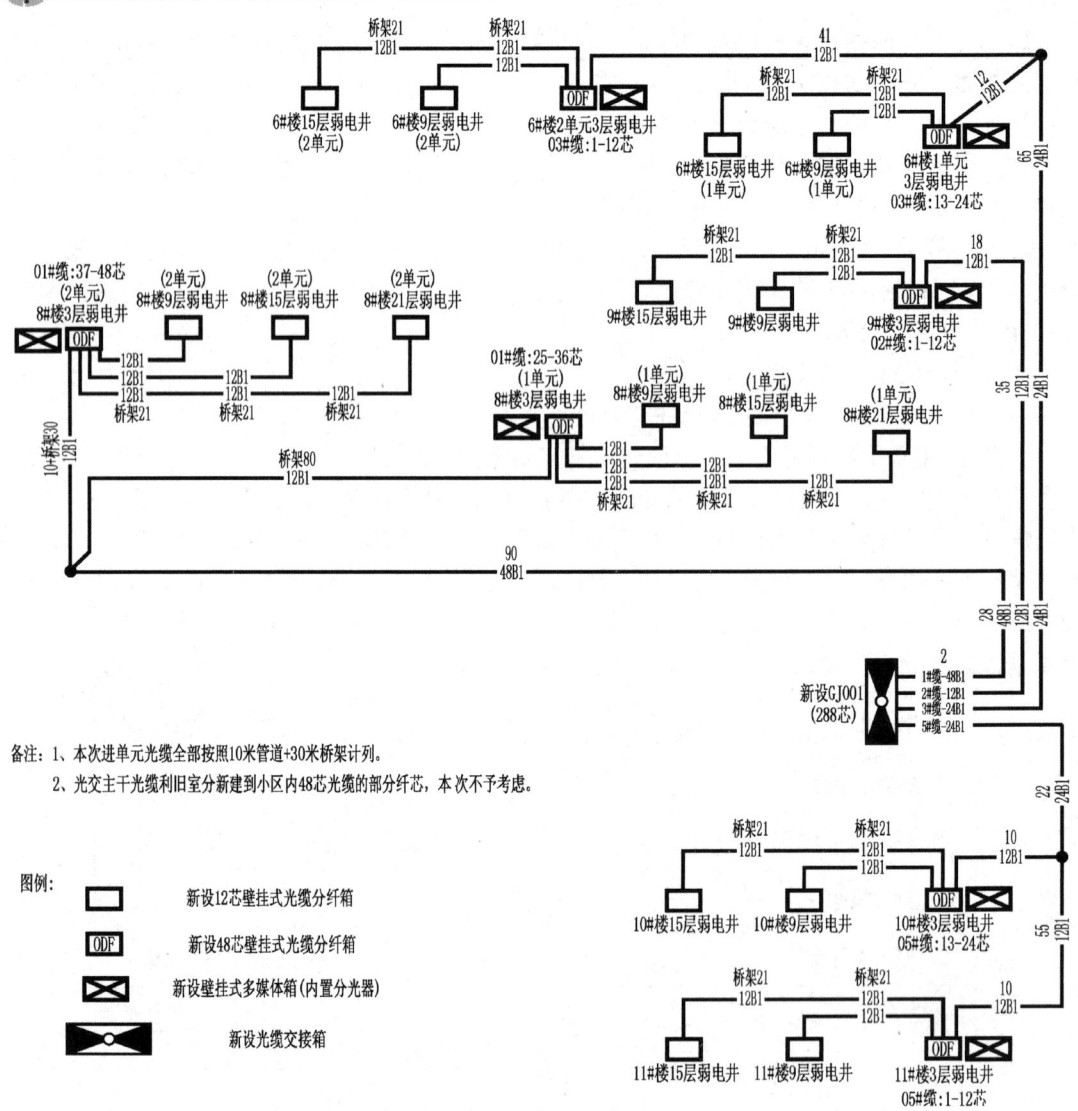

图6-19 某小区综合接入工程光缆施工示意图

表6-4 主要工程量统计

序号	定额编号	项目名称	单位	数量	备注
1	TXL7-043	安装光缆落地交接箱（288芯以下）	个	1	
2	TXL7-038	浇筑光缆交接箱基座	座	1	
3	TXL7-024	安装壁挂式光缆分纤箱、多媒体箱	个	30	12芯分纤箱16个，48芯分纤箱和多媒体箱各7个
4	TXL7-028	机箱内安装分光器（安装高度1.5m以下）	台	7	
5	TXL7-034	1:16分光器本机测试	台	7	

习题

1. 如何计算施工测量长度？
2. 埋式光（电）缆接头坑个数如何取定？
3. 开挖管道沟，管道沟底宽度为 0.6m，管道沟深为 1.2m，管道沟路面长为 180m，放坡系数为 0.33，计算开挖管道沟路面面积和开挖管道沟土方体积。
4. 开挖一个人孔，人孔坑深为 2m，人孔坑底长度为 2.5m，人孔坑底宽度为 2.3m，放坡系数为 0.33，计算开挖人孔坑路面面积及开挖人孔坑土方体积。
5. 一个管道包封示意图见图 6-10，包封厚度为 0.1m，管道基础厚度为 0.05m，管群侧高为 0.85m，管道宽度为 0.6m，管道基础长度为 20m，计算管道包封体积。
6. 敷设架空光缆线路，施工丈量长度为 1000m，设计预留长度为 15m，计算敷设光缆长度及光缆使用长度。

综合实训

实训任务取自运营商的实际工程项目，请根据所学的工程量计算规则，阅读设计图纸，查找定额，按照工程施工顺序，依次将工程量逐项统计出来。"差之毫厘，谬以千里"，工程量计算环节的一点小误差，可能会导致后续概预算金额的极大出入。在实训过程中，务必严谨细致，认真思考。

1．××局新建架空市话光缆线路图如图 6-20 所示，试统计该线路工程的工程量（工程量按照表 6-1 形式进行统计）。图纸说明如下。

（1）本次架设采用的光缆型号为 GYA-12D。
（2）工程施工地为市区，电杆为 ϕ140mm×8m 高防腐木电杆。
（3）土质取定：立电杆按综合土，装拉线按坚石，夹板法装拉线。
（4）吊线的垂度增长长度可以忽略不计；吊线无接头，吊线两端终结增长余留共 3m，架空吊线规格程式为 7/2.2。
（5）在 P09 杆处设置光缆接头，接头每侧各预留 20m。
（6）架空光缆自然弯曲系数按 5‰取定。
（7）光缆测试按双窗口测试。

2．××基站线路施工图如图 6-21 所示，试统计该线路工程的工程量（工程量按照表 6-1 形式进行统计）。图纸说明如下。

（1）从××基站起始，沿途布放一条 24 芯光缆至 32#人孔，然后进入 GJ0605 光缆交接箱。
（2）××基站室内光缆段长 110m，含预留，光缆沿槽道敷设。
（3）管道光缆共预留 70m。
（4）基站机房内成端 3m，损耗 2m，预留 8m。
（5）光缆交接箱成端 5m，损耗 2m，预留 4m。
（6）人孔内均无积水。
（7）管孔、光缆交接箱均为原有资源，本次不新建。

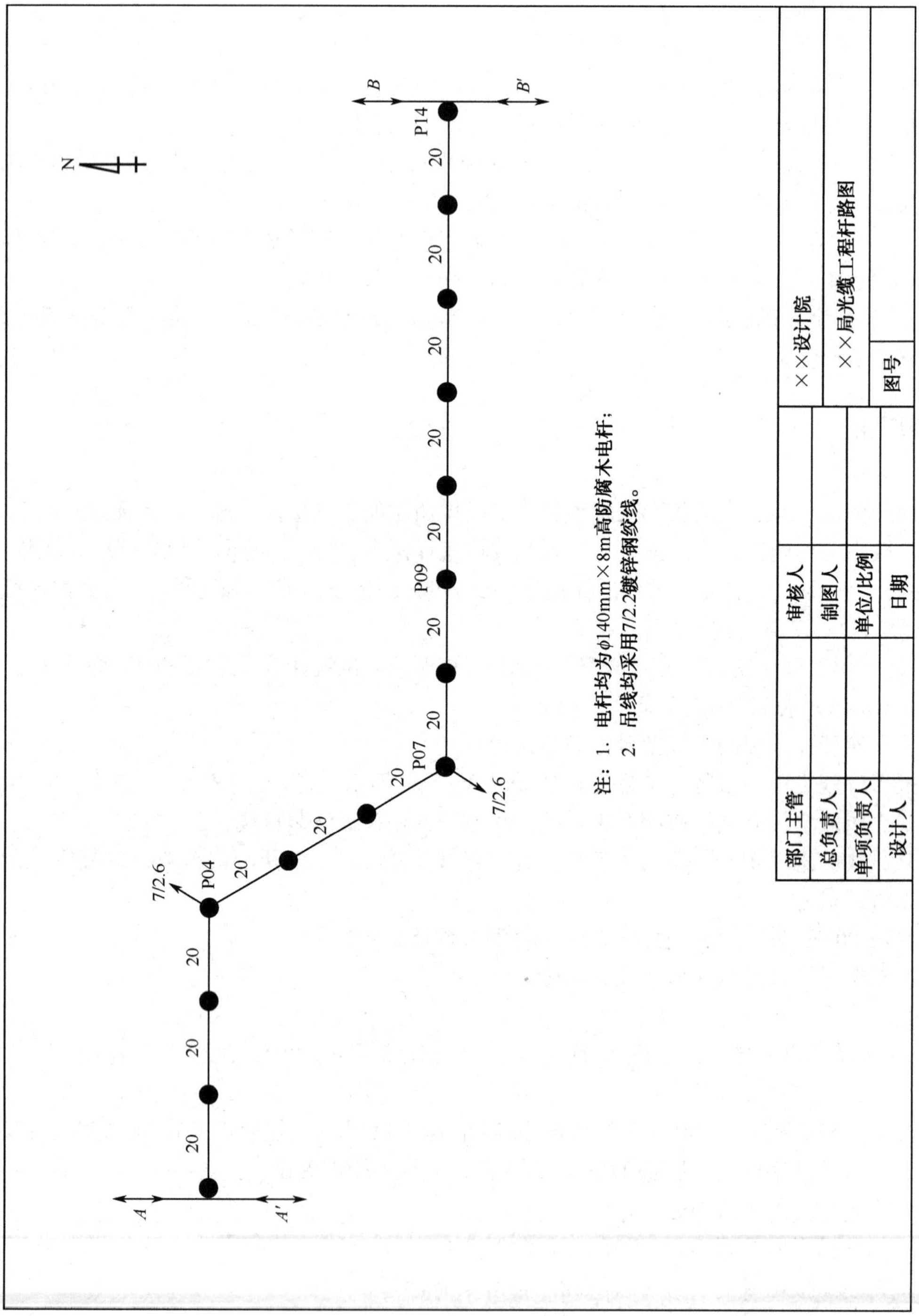

图6-20 ××局新建架空市话光缆线路图

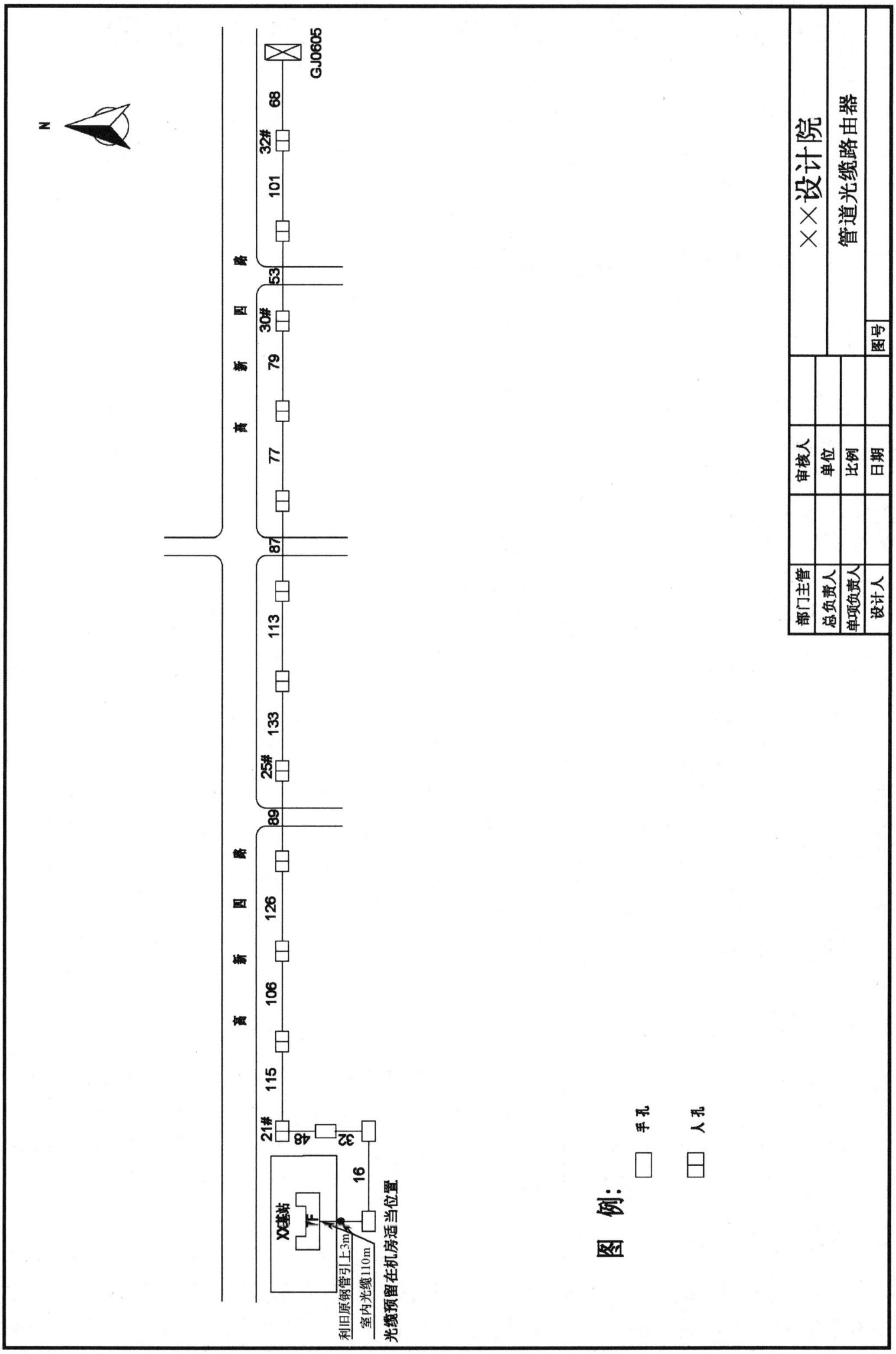

图6-21 ××基站线路施工图

模块 7　通信建设工程概预算编制

建设工程的设计概预算是初步设计阶段的概算和施工图设计阶段的预算的统称。设计概预算实质上是建设工程的预期价格，对工程项目设计概预算的管理和控制，是对建设工程实行科学管理和监督的一种重要手段。

任务 7.1　认识通信建设工程概预算

【任务描述】

掌握通信建设工程概预算文件的基本概念，理解不同设计阶段编制的概预算文件的异同。

【任务目标】

- 掌握通信建设工程概预算的概念。
- 掌握设计概算对应的设计阶段及概算构成。
- 掌握施工图预算对应的设计阶段及预算构成。
- 了解概预算文件的作用。

7.1.1　概预算的定义

通信建设工程概预算是设计文件的重要组成部分，是指根据各个不同设计阶段的深度和建设内容，按照国家主管部门颁发的概预算定额，设备、材料价格，编制方法，费用定额和费用标准等有关规定，对通信建设项目、单项工程按实物工程量法预先计算和确定的全部费用。

设计概预算是以初步设计和施工图设计为基础编制的，它不仅是考核设计方案的经济性和合理性的重要指标，也是确定建设计划、签订合同、办理贷款、进行竣工决算和考核工程造价的主要依据。

7.1.2　概预算的构成

1. 设计概算的构成

设计概算是指用货币形式综合反映和确定建设项目从筹建至竣工验收的全部建设费用。

建设项目在初步设计阶段必须编制概算。单项工程概算由工程费、工程建设其他费、预备费三部分组成。建设项目总概算等于各单项工程概算之和，它是指一个建设项目从筹建到竣工验收的全部投资额，其构成如图 7-1 所示。

2. 施工图预算的构成

施工图预算是设计概算的进一步具体化。它是指根据施工图计算出的工程量，依据现行预算定额及费用标准，签订的设备、材料合同价或设备、材料预算价格等，进行计算和确定的全部工程费用。

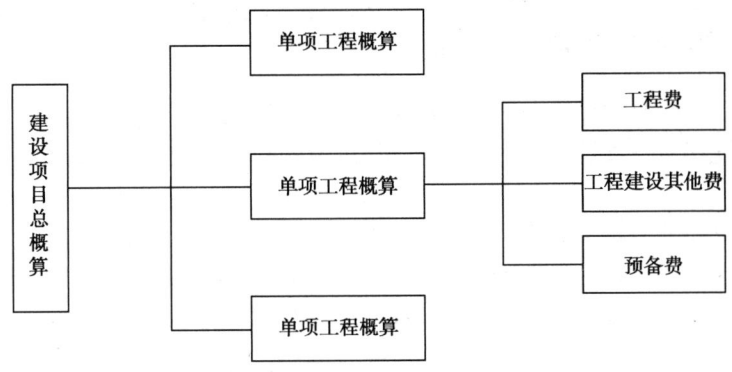

图 7-1　建设项目总概算构成

建设项目在施工图设计阶段编制预算。预算一般应包括工程费和工程建设其他费。若项目采用一阶段设计，除工程费和工程建设其他费，另外计列预备费（按概算编制办法计算）；采用两阶段设计的项目，由于初步设计概算中已列有预备费，所以两阶段设计预算中不再计列预备费。

任务 7.2　通信建设工程概预算文件的编制

【任务描述】

信息通信建设工程概预算（简称通信建设工程概预算）的编制，应按工信部通信〔2016〕451 号《工业和信息化部关于印发信息通信建设工程预算定额、工程费用定额及工程概预算编制规程的通知》所修订的费用定额、预算定额等标准执行。

【任务目标】

- 掌握通信建设单项工程项目划分。
- 掌握概预算文件的组成。
- 掌握概预算文件的编制程序。
- 培养学生严谨的工作态度。

7.2.1　总则

（1）为适应通信建设工程发展需要，根据《建筑安装工程费用项目组成》（建标〔2013〕44 号）等有关文件，对工业和信息化部《通信建设工程概算、预算编制办法》（工信部通信〔2008〕75 号）中的概预算编制办法进行修订。

（2）本办法适用于通信建设项目新建和扩建工程的概预算的编制，改建工程可参照使用。

通信建设项目涉及土建工程、通信铁塔安装工程时，应按各地区有关部门编制的土建工程、通信铁塔安装工程的相关标准编制工程概预算。

（3）信息通信建设工程概预算应包括从筹建到竣工验收所需的全部费用，其具体内容、计算方法、计算规则应依据工业和信息化部发布的现行信息通信建设工程定额及其他有关计价依据进行编制。

（4）信息通信建设工程概预算应由具有通信建设相关资质的单位编制。

7.2.2 设计概算与施工图预算的编制

（1）通信建设工程概预算的编制，应按相应的设计阶段进行。

当建设项目采用两阶段设计时，在初步设计阶段编制设计概算，在施工图设计阶段编制施工图预算。

（2）设计概算与施工图预算的地位。

设计概算是初步设计文件的重要组成部分，编制初步设计概算应在投资估算的范围内进行。

施工图预算是施工图设计文件的重要组成部分，编制施工图预算应在批准的初步设计概算范围内进行。

（3）有总设计单位时设计概算与施工图预算的编制。

一个通信建设项目如果由几个设计单位共同设计，总设计单位应负责统一概预算的编制，并汇总建设项目的总概算；分设计单位负责本设计单位所承担的单项工程概算、预算的编制。

（4）通信建设工程概预算应按单项工程编制。

通信建设工程按不同的专业类别分为9大类，每个专业类别又可分为多个单项工程。通信建设单项工程项目划分表见表7-1。

表7-1　通信建设单项工程项目划分表

专业类别	单项工程名称	备注
通信线路工程	1．××光（电）缆线路工程； 2．××水底光（电）缆工程（包括水线房建设及设备安装）； 3．××用户线路工程（包括主干及配线光（电）缆，交接及配线设备、集线器、杆路等）； 4．××综合布线系统工程	可将每个城市的进局及中继光（电）缆工程作为一个单项工程
通信管道建设工程	通信管道建设工程	
通信传输设备安装工程	1．××数字复用设备及光、电设备安装工程； 2．××中继设备、光放设备安装工程	
微波通信设备安装工程	××微波通信设备安装工程（包括天线、馈线）	
卫星通信设备安装工程	××地球站通信设备安装工程（包括天线、馈线）	
移动通信设备安装工程	1．××移动控制中心设备安装工程； 2．基站设备安装工程（包括天线、馈线）； 3．分布系统设备安装工程	
通信交换设备安装工程	××通信交换设备安装工程	
数据通信设备安装工程	××数据通信设备安装工程	
供电设备安装工程	××电源设备安装工程（包括专用高压供电线路工程）	

（5）初步设计概算和修正概算的编制依据。

编制概算都应以现行规定和咨询价格为依据，不能随意套用已作废或停止使用的资料和依据，以防概算失控、不准。概算编制主要依据如下。

① 已批准的可行性研究报告。

② 初步设计或技术设计图纸、设备材料表等有关技术文件。

③ 国家相关管理部门发布的有关法律、法规、标准规范。

④《信息通信建设工程预算定额》（目前通信建设工程用预算定额代替概算定额来编制概算）、《信息通信建设工程费用定额》《通信建设工程施工机械、仪表台班费用定额》及有关文件。

⑤ 建设项目所在地政府发布的有关土地征用和赔补费等的规定。

⑥ 有关合同、协议等。

（6）施工图预算的编制依据。

① 已批准的初步设计概算或技术设计的修正概算及有关文件。

② 施工图、通用图、标准图及说明。

③ 国家相关管理部门发布的有关法律、法规、标准规范。

④《信息通信建设工程预算定额》《信息通信建设工程费用定额》《通信建设工程施工机械、仪表台班费用定额》及有关文件。

⑤ 建设项目所在地政府发布的有关土地征用和赔补费等的规定。

⑥ 有关合同、协议等。

7.2.3　引进设备安装工程概预算的编制

（1）引进设备安装工程的概预算，除参照前文所列内容外，还应依据国家和相关部门批准的引进设备工程项目订货合同、细目及价格，以及国外有关技术经济资料和相关文件等编制。

（2）引进设备安装工程的概预算（指引进器材的费用），除必须编制引进国的设备价款外，还应按引进设备的到岸价的外币折算成人民币的价格，依据有关条款进行编制。

引进设备安装工程的概预算应用两种货币表现形式，其外币表现形式可为美元或引进国货币。

（3）引进设备安装工程的概预算除包括工信部通信〔2016〕451号文件所规定的费用外，还包括关税、增值税、工商统一税、海关监管费、外贸手续费、银行财务费和国家规定应计取的其他费用，其计取标准和办法应参照国家或相关部门的有关规定。

7.2.4　概预算文件的组成

概预算文件由编制说明和概预算表组成。

1. 编制说明

编制说明一般由工程概况、编制依据、投资分析和其他需要说明的问题四个部分组成。

（1）工程概况。

主要说明项目规模、用途、概预算总价值、产品品种、生产能力、公用工程及项目外工程的主要情况等。

（2）编制依据。

主要说明编制时所依据的技术经济文件、各种定额、材料设备价格、地方政府的有关规定和主管部门未做统一规定的费用计算依据和说明。

（3）投资分析。

主要说明各项投资的比例、与类似工程投资额的比较，工程设计的经济合理性、技术先进性及其适宜性等。

（4）其他需要说明的问题。

如建设项目的特殊条件和特殊问题，需要上级主管部门和有关部门帮助解决的其他有关问题等。

2. 概预算表格

通信建设工程概预算表格统一使用如表 7-2～表 7-11 所示形式,  扫一扫看概预算表格组成

共十张表格,分别是建设项目总概预算表(汇总表)、工程概预算总表(表一)、建筑安装工程费用概预算表(表二)、建筑安装工程量概预算表(表三)甲、建筑安装工程施工机械使用费概预算表(表三)乙、建筑安装工程仪器仪表使用费概预算表(表三)丙、国内器材概预算表(表四)甲、引进器材概预算表(表四)乙、工程建设其他费概预算表(表五)甲、引进设备工程建设其他费概预算表(表五)乙。

本套表格供编制工程项目概算或预算使用,各类表格的标题中应根据编制阶段明确填写"概"或"预"。表格中"增值税"栏中的数值,均为建设方应支付的进项税额。在计算乙供主材时,表四中的"增值税"及"含税价"栏可不填写。

1) 建设项目总概预算表(汇总表)

本表供编制建设项目总概算(预算)使用,建设项目的全部费用在本表中汇总。

(1) 表格构成。

建设项目总概预算表(汇总表)见表 7-2。

表 7-2 建设项目总＿＿＿算表(汇总表)

建设项目名称:　　　　　　建设单位名称:　　　　　　表格编号:　　　　　　第　　页

序号	表格编号	工程名称	小型建筑工程费	需安装的设备费	不需安装的设备、工器具费	建筑安装工程费	其他费用	预备费	总价值				生产准备及开办费
			/元						除税价	增值税	含税价	外币( )	/元
I	II	III	IV	V	VI	VII	VIII	IX	X	XI	XII	XIII	XIV

设计负责人:　　　　　审核:　　　　　编制:　　　　　编制日期:　　年　月

(2) 填表说明。

① 第Ⅱ栏根据各工程相应总表(表一)表格编号填写。

② 第Ⅲ栏根据建设项目的各工程名称依次填写。

③ 第Ⅳ～Ⅸ栏根据各工程相应总表(表一)相应各类的费用合计填写,费用均为除税价。

④ 第Ⅹ栏为第Ⅳ～Ⅸ栏的各项费用之和。

⑤ 第Ⅺ栏填写Ⅳ～Ⅸ栏各项费用建设方应支付的进项税额之和。

⑥ 第Ⅻ栏填写第Ⅹ、第Ⅺ栏之和。

⑦ 第ⅩⅢ栏填写以上费用中以外币支付的合计金额。

⑧ 第Ⅺ栏填写各工程项目需单列的"生产准备及开办费"。

⑨ 当工程有回收金额时,应在费用项目总计下列出"其中回收费用",其金额填入第Ⅷ栏。此费用不冲减总费用。

2)工程概预算总表(表一)

本表供编制单项(单位)工程概算(预算)使用。

(1)表格构成。

工程概预算总表(表一)见表 7-3。

(2)填表说明。

① 表首"建设项目名称"填写项目全称。

② 第Ⅱ栏根据本工程各类费用概算(预算)表格编号填写。

③ 第Ⅲ栏根据本工程概算(预算)各类费用名称填写。

④ 第Ⅳ~Ⅸ栏根据相应各类费用的合计填写,费用均为除税价。

⑤ 第Ⅹ栏为第Ⅳ~Ⅸ栏的各项费用之和。

⑥ 第Ⅺ栏填写第Ⅳ~Ⅸ栏各项费用建设方应支付的进项税额之和。

⑦ 第Ⅻ栏填写第Ⅹ、第Ⅺ栏的各项费用之和。

⑧ 第ⅩⅢ栏填写本工程引进技术和设备所支付的外币总额。

⑨ 当工程有回收金额时,应在费用项目总计下列出"其中回收费用",其金额填入第Ⅷ栏。此费用不冲减总费用。

表 7-3　工程＿＿＿算总表(表一)

建设项目名称:

工程名称:　　　　　建设单位名称:　　　　　表格编号:　　　　　第　页

序号	表格编号	费用名称	小型建筑工程费	需安装的设备费	不需安装的设备、器具费	建筑安装工程费	其他费用	预备费	总价值			外币（　）
			/元						除税价	增值税	含税价	
Ⅰ	Ⅱ	Ⅲ	Ⅳ	Ⅴ	Ⅵ	Ⅶ	Ⅷ	Ⅸ	Ⅹ	Ⅺ	Ⅻ	ⅩⅢ

设计负责人:　　　　　审核:　　　　　编制:　　　　　编制日期:　　　　　年　月

3)建筑安装工程费用概预算表(表二)

该表供编制建筑安装工程费用概算(预算)使用。

（1）表格构成。

建筑安装工程费用概预算表（表二）见表7-4。

（2）填表说明。

① 第Ⅲ栏根据《信息通信建设工程费用定额》相关规定，填写第Ⅱ栏各项费用的依据和计算方法。

② 第Ⅳ栏填写第Ⅱ栏各项费用的计算结果。

表7-4 建筑安装工程费用____算表（表二）

工程名称：　　　　　建设单位名称：　　　　表格编号：　　　　　　第　页

序号	费用名称	依据和计算方法	合计/元	序号	费用名称	依据和计算方法	合计/元
Ⅰ	Ⅱ	Ⅲ	Ⅳ	Ⅰ	Ⅱ	Ⅲ	Ⅳ
	建筑安装工程费（含税价）			7	夜间施工增加费		
	建筑安装工程费（除税价）			8	冬雨季施工增加费		
一	直接费			9	生产工具用具使用费		
（一）	直接工程费			10	施工用水、电、蒸汽费		
1	人工费			11	特殊地区施工增加费		
（1）	技工费			12	已完工程及设备保护费		
（2）	普工费			13	运土费		
2	材料费			14	施工队伍调遣费		
（1）	主要材料费			15	大型施工机械调遣费		
（2）	辅助材料费			二	间接费		
3	机械使用费			（一）	规费		
4	仪表使用费			1	工程排污费		
（二）	措施项目费			2	社会保障费		
1	文明施工费			3	住房公积金		
2	工地器材搬运费			4	危险作业意外伤害保险		
3	工程干扰费			（二）	企业管理费		
4	工程点交、场地清理费			三	利润		
5	临时设施费			四	销项税额		
6	工程车辆使用费						

设计负责人：　　　　审核：　　　　编制：　　　　编制日期：　　年　月

4）建筑安装工程量概预算表（表三）甲

本表供编制工程量概算（预算），并计算技工和普工总工日数量使用。

（1）表格构成。

建筑安装工程量概预算表（表三）甲见表7-5。

(2)填表说明。

① 第Ⅱ栏根据《信息通信建设工程预算定额》填写所套用预算定额子目的编号,若需临时估列工作内容子目,在本栏中标注"估列"两字,有两项以上"估列"条目,应编列序号。

② 第Ⅲ、Ⅳ栏根据《信息通信建设工程预算定额》分别填写所套定额子目的名称、单位。

③ 第Ⅴ栏填写对应该子目的工程量数值。

④ 第Ⅵ、Ⅶ栏填写所套定额子目的工日的单位定额值。

⑤ 第Ⅷ栏填写第Ⅴ栏与第Ⅵ栏的乘积。

⑥ 第Ⅸ栏填写第Ⅴ栏与第Ⅶ栏的乘积。

表 7-5 建筑安装工程量____算表(表三)甲

工程名称:　　　　　建设单位名称:　　　　　表格编号:　　　　　第　页

序号	定额编号	项目名称	单位	数量	单位定额值/工日		合计值/工日	
					技工	普工	技工	普工
Ⅰ	Ⅱ	Ⅲ	Ⅳ	Ⅴ	Ⅵ	Ⅶ	Ⅷ	Ⅸ

设计负责人:　　　　审核:　　　　编制:　　　　编制日期:　年　月

5)建筑安装工程施工机械使用费概预算表(表三)乙

本表供编制本工程所列的施工机械使用费汇总概算(预算)使用。

(1)表格构成。

建筑安装工程施工机械使用费概预算表(表三)乙见表 7-6。

(2)填表说明。

① 第Ⅱ~Ⅴ栏分别填写所套用定额子目的编号、名称、单位,以及该子目工程量数值。

② 第Ⅵ、Ⅶ栏分别填写该定额子目所涉及的机械名称及此机械台班的单位定额值。

③ 第Ⅷ栏填写根据《通信建设工程施工机械、仪表台班费用定额》查找到的相应机械台班单价。

④ 第Ⅸ栏填写第Ⅶ栏与第Ⅴ栏的乘积。

⑤ 第Ⅹ栏填写第Ⅷ栏与第Ⅸ栏的乘积。

表 7-6　建筑安装工程施工机械使用费____算表（表三）乙

工程名称：　　　　　　建设单位名称：　　　　　　表格编号：　　　　　　第　　页

序号	定额编号	项目名称	单位	数量	机械名称	单位定额值		合计值	
						数量/台班	单价/元	数量/台班	合价/元
Ⅰ	Ⅱ	Ⅲ	Ⅳ	Ⅴ	Ⅵ	Ⅶ	Ⅷ	Ⅸ	Ⅹ

设计负责人：　　　　　审核：　　　　　编制：　　　　　编制日期：　　年　月

6）建筑安装工程仪器仪表使用费概预算表（表三）丙

本表供编制本工程所列的仪器仪表使用费汇总概算（预算）使用。

（1）表格构成。

建筑安装工程仪器仪表使用费概预算表（表三）丙见表 7-7。

（2）填表说明。

① 第Ⅱ～Ⅴ栏分别填写所套用定额子目的编号、名称、单位，以及该子目工程量数值。

② 第Ⅵ、Ⅶ栏分别填写定额子目所涉及的仪表名称及此仪表台班的单位定额值。

③ 第Ⅷ栏填写根据《通信建设工程施工机械、仪表台班费用定额》查找到的相应仪表台班单价。

④ 第Ⅸ栏填写第Ⅶ栏与第Ⅴ栏的乘积。

⑤ 第Ⅹ栏填写第Ⅷ栏与第Ⅸ栏的乘积。

表 7-7　建筑安装工程仪器仪表使用费____算表（表三）丙

工程名称：　　　　　　建设单位名称：　　　　　　表格编号：　　　　　　第　　页

序号	定额编号	项目名称	单位	数量	仪表名称	单位定额值		合计值	
						数量/台班	单价/元	数量/台班	合价/元
Ⅰ	Ⅱ	Ⅲ	Ⅳ	Ⅴ	Ⅵ	Ⅶ	Ⅷ	Ⅸ	Ⅹ

设计负责人：　　　　　审核：　　　　　编制：　　　　　编制日期：　　年　月

7）国内器材概预算表（表四）甲

本表供编制本工程使用的主要材料、设备和工器具的数量和费用汇总概算（预算）使用。

（1）表格构成。

国内器材概预算表（表四）甲见表 7-8。

(2) 填表说明。

① 表格标题下面括号内根据需要填写主要材料或需要安装的设备或不需要安装的设备、工器具、仪表。

② 第Ⅱ～Ⅵ栏分别填写主要材料或需要安装的设备或不需要安装的设备、工器具、仪表的名称、规格程式、单位、数量、单价。第Ⅵ栏为不含税单价。

③ 第Ⅶ栏填写第Ⅵ栏与第Ⅴ栏的乘积。第Ⅷ、Ⅸ栏分别填写合计的增值税及含税价。

④ 第Ⅹ栏填写需要说明的有关问题。

⑤ 依次填写需要安装的设备或不需要安装的设备、工器具、仪表之后还需计取每类器材费用的小计及运杂费、运输保险费、采购及保管费、采购代理服务费，以及所有费用的合计。

⑥ 用作主要材料表时，应将主要材料分类后按第⑤点计取相关费用，然后进行总计。

表 7-8　国内器材____算表（表四）甲

（　　　）表

工程名称：　　　　　　　建设单位名称：　　　　　　表格编号：　　　　　　　第　页

序号	名称	规格程式	单位	数量	单价/元	合计/元			备注
					除税价	除税价	增值税	含税价	
Ⅰ	Ⅱ	Ⅲ	Ⅳ	Ⅴ	Ⅵ	Ⅶ	Ⅷ	Ⅸ	Ⅹ

设计负责人：　　　　　　审核：　　　　　　编制：　　　　　　编制日期：　　年　月

8）引进器材概预算表（表四）乙

本表供编制引进的主要材料、设备和工器具的数量和费用汇总概算（预算）使用。

（1）表格构成。

引进器材概预算表（表四）乙见表 7-9。

表 7-9　引进器材____算表（表四）乙

（　　　）表

工程名称：　　　　　　　建设单位名称：　　　　　　表格编号：　　　　　　　第　页

序号	中文名称	外文名称	单位	数量	单价		合价			
					外币（　）	折合人民币/元	外币（　）	折合人民币/元		
						除税价		除税价	增值税	含税价
Ⅰ	Ⅱ	Ⅲ	Ⅳ	Ⅴ	Ⅵ	Ⅶ	Ⅷ	Ⅸ	Ⅹ	Ⅺ

续表

序号	中文名称	外文名称	单位	数量	单 价		合 价			
					外币（ ）	折合人民币/元	外币（ ）	折合人民币/元		
						除税价		除税价	增值税	含税价
I	II	III	IV	V	VI	VII	VIII	IX	X	XI

设计负责人：　　　　　　审核：　　　　　　编制：　　　　　　编制日期：　　年　　月

（2）填表说明。

① 表格标题下面括号内根据需要填写引进主要材料或引进需要安装的设备或引进不需要安装的设备、工器具、仪表。

② 第Ⅵ～Ⅺ栏分别填写外币金额及折合人民币的金额，并按引进工程的有关规定填写相应费用。其他填写方法与表7-8甲基本相同。

9）工程建设其他费概预算表（表五）甲

本表供编制国内工程计列的工程建设其他费概算（预算）使用。

（1）表格构成。

工程建设其他费概预算表（表五）甲见表7-10。

表7-10　工程建设其他费____算表（表五）甲

工程名称：　　　　　　建设单位名称：　　　　　　表格编号：　　　　　　第　　页

序号	费用名称	依据和计算方法	金额/元			备注
			除税价	增值税	含税价	
I	II	III	IV	V	VI	VII
1	建设用地及综合赔补费					
2	项目建设管理费					
3	可行性研究费					
4	研究试验费					
5	勘察设计费					
6	环境影响评价费					
7	建设工程监理费					
8	安全生产费					
9	引进技术及进口设备其他费					
10	工程保险费					
11	工程招标代理费					
12	专利及专有技术使用费					
13	其他费用					
	总　计					
14	生产准备及开办费（运营费）					

设计负责人：　　　　　　审核：　　　　　　编制：　　　　　　编制日期：　　年　　月

（2）填表说明。
① 第Ⅲ栏根据《信息通信建设工程费用定额》相关的计算规则填写。
② 第Ⅶ栏根据需要填写补充说明的内容事项。

10）引进设备工程建设其他费概预算表（表五）乙

本表供编制引进设备工程计列的工程建设其他费概算（预算）使用。

（1）表格构成。

引进设备工程建设其他费概预算表（表五）乙见表7-11。

（2）填表说明。
① 第Ⅲ栏根据国家及主管部门的相关规定填写。
② 第Ⅳ～Ⅶ栏分别填写各项费用所需计列的外币与人民币金额。
③ 第Ⅷ栏根据需要填写补充说明的内容事项。

表7-11 引进设备工程建设其他费____算表（表五）乙

工程名称：　　　　　建设单位名称：　　　　　表格编号：　　　　　第　　页

序号	费用名称	依据和计算方法	金额				备注
			外币（　）	折合人民币/元			
				除税价	增值税	含税价	
Ⅰ	Ⅱ	Ⅲ	Ⅳ	Ⅴ	Ⅵ	Ⅶ	Ⅷ

设计负责人：　　　　　审核：　　　　　编制：　　　　　编制日期：　年　月

7.2.5 概预算文件编制程序

应按图7-2所示程序编制概预算文件。

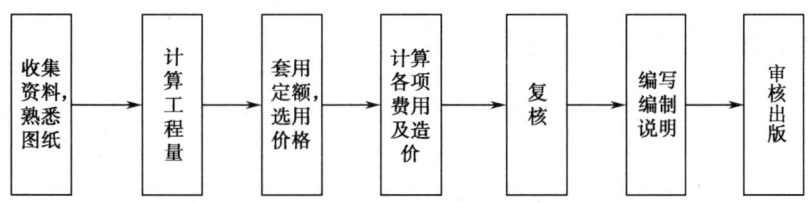

图7-2 概预算文件编制程序

1．收集资料，熟悉图纸

在编制概预算前，应针对工程具体情况和所编制概预算内容收集有关资料，包括概预算定额、费用定额及材料、设备价格等。对施工图进行一次全面的检查，检查图纸是否完整、各部分尺寸是否有误、有无施工说明等，重点明确施工意图。

2. 计算工程量

工程量是编制概预算的基础，计算的准确与否直接影响到工程造价的准确度。计算工程量时要注意以下几点。

① 要熟悉图纸的内容和相互之间的关系，注意搞清有关标注和说明。
② 计算的单位一定要与编制概预算时依据的概预算定额单位相一致。
③ 一般可依照施工图顺序由上而下、由内而外、由左而右依次进行计算。
④ 要防止误算、漏算、重复计算。
⑤ 将同类项加以合并，并编制工程量汇总表。

3. 套用定额，选用价格

工程量经复核无误后方可套用定额。套用定额时，应核对工程内容与定额内容是否一致，以防误套。

4. 计算各项费用及造价

根据费用定额的计算规则、标准分别计算各项费用，并按通信建设工程概预算表格的填写要求填写。

5. 复核

对上述表格内容进行一次全面检查，检查所列项目、工程量、计算结果、套用定额、选用单价、取费标准及计算数值等是否正确。

6. 编写编制说明

复核无误后，进行对比、分析，编写编制说明。凡概预算表格不能反映的一些事项及编制中必须说明的问题，都应用文字表达出来，以供审批单位审查。

7. 审核出版

审核，领导签署，印刷出版。

7.2.6 应用计算机辅助编制概预算

通信工程概预算的编制工作十分烦琐，它是一个信息的收集、传递、加工、保存和运用的过程。这类信息的特点包括：量大、数据结构复杂、更改频繁、多路径检索、信息共享等。采用传统的人工编制概预算模式，需要花费大量的时间和脑力劳动去进行分析、计算和汇总，费时费力而且编制出错率高，这已经满足不了现代通信工程建设和管理的需要。

利用计算机编制通信工程概预算，可以减少概预算人员的劳动时间，提高编制精度，有助于工程投资的确定与控制。因此无论是建设单位、设计单位还是施工单位，都在广泛地应用计算机软件进行通信工程概预算文件的编制和管理，这也是现代化生产的必然趋势。

目前，市场上的概预算编制软件较多，各施工、设计单位所用软件并不完全相同，但都是以《工业和信息化部关于印发信息通信建设工程预算定额、工程费用定额及工程概预算编制规程的通知》为依据，并结合当前通信行业发展现状而研制开发的。

一个完整的概预算编制过程应包括创建一个新工程项目、设置工程信息、录入数据和输出表格等步骤。录入数据的流程为：表三甲→表三乙→表三丙→表四主材表→表四设备表→表二→表五→表一。在根据图纸统计出工程量后，就可以录入表三甲；表三乙和表三丙一般可由表三甲关联生成；表四主材表可以由表三甲生成，但是生成的只是大概数据，需根据实际情况进行修改；表四设备表不能根据表三甲生成，需根据实际使用的设备情况手工录入；表二是以人工费为基础，由软件根据基础费率自动生成的，一般不需手动修改；表五中是工程建设其他费，由软件根据基础费率自动生成，也可以手动修改；表一的各项费用都是自动生成的，不需手动修改。

各版本的概预算编制软件都带有详细的使用说明，在此不再赘述。

任务7.3 通信建设工程预算文件编制案例分析

【任务描述】

本任务通过光缆线路工程预算及移动基站设备安装工程预算两个案例，分析如何根据施工图纸和定额统计工程量，以及在工程量统计表的基础上，根据设备、主材价格等信息，借助专业软件编制整套概预算表格。

【任务目标】

- 掌握典型线路工程量计算方法。
- 掌握基站设备安装工程工程量计算方法。
- 掌握概预算编制软件使用方法。
- 根据工程量统计表及相关费用信息，应用概预算编制软件编制工程概预算表格。
- 培养学生一丝不苟的工作态度。

7.3.1 光缆线路工程预算

1. 已知条件

（1）本工程是湖北省××市××端局至××接入机房新建光缆线路工程一阶段施工图设计。
（2）施工地点在城区，为平原地区，施工企业距施工现场20km。
（3）本工程不成立筹建机构，不委托监理。
（4）设计图纸及说明。光缆线路工程路由图如图7-3（a）、（b）所示。图纸说明如下。
① 自××端局至××接入机房全程敷设 GYTA-48 芯光缆，安装光缆标志牌 7 个。
② 进入接入机房敷设墙壁光缆为钉固式。
③ 人孔内均无积水。
④ 沿途所用管孔、电力杆均为原有资源。
（5）主材运距在 100km 以内。
（6）本工程勘察设计费给定为 2000 元，不计项目建设管理费、可行性研究费、研究试验费、环境影响评价费、生产准备及开办费。
（7）本工程光缆中继段测试采用单窗口（1310nm）。

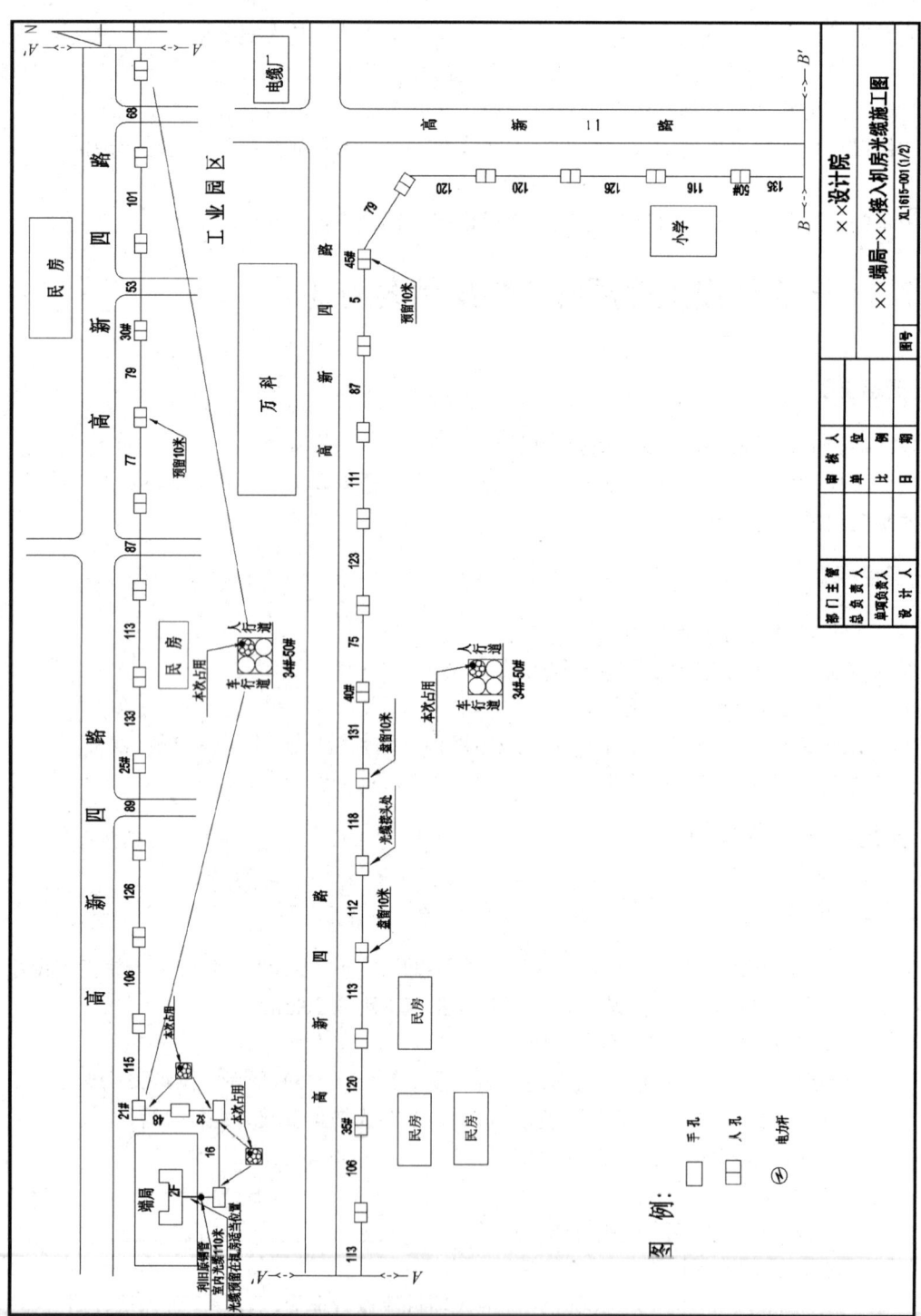

图7-3 光缆线路工程路由图（a）

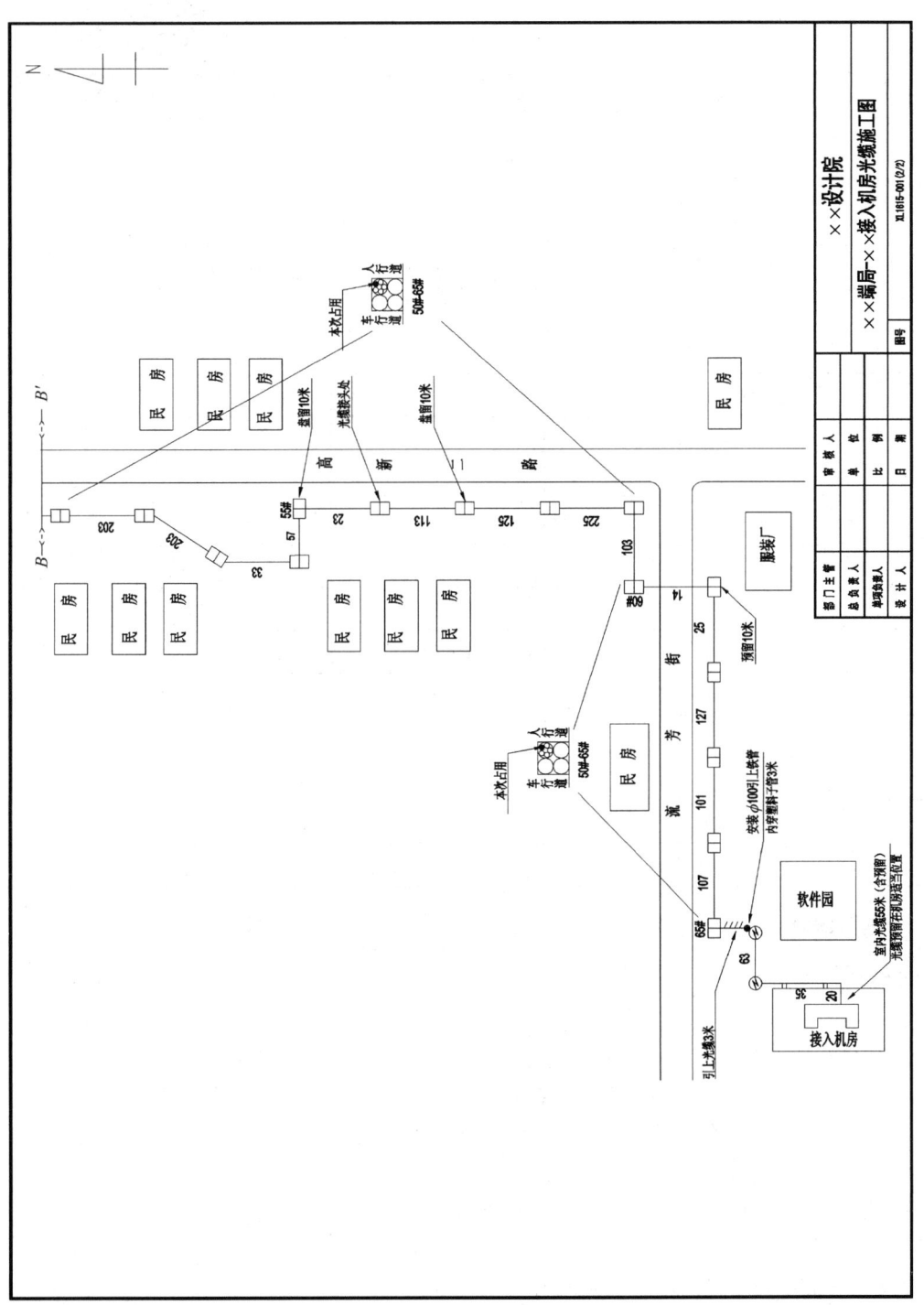

图7-3 光缆线路工程路由图（续）

(b)

（8）本工程主材为甲供材料，单价按××市电信《常用电信器材基础价目表》取定，见表 7-12。

表 7-12 主材单价表

序 号	主材名称	规格程式	单 位	单价/元
1	光缆	GYTA-48	m	10
2	光缆接头盒	48 芯	套	920
3	光纤熔接保护管		根	0.35
4	镀锌铁线	ϕ1.5mm	kg	5
5	镀锌铁线	ϕ4.0mm	kg	5
6	镀锌钢管		根	197.56
7	光缆标志牌		个	2
8	光缆成端接头材料		套	65
9	光缆托板		块	5.72
10	托板垫		块	2
11	光缆接头盒支架		套	50
12	电缆挂钩		只	0.16
13	光缆接头托架	ϕ100mm	套	15
14	胶带（PVC）	ϕ100mm×3000	盘	2.5
15	聚乙烯波纹管		m	2.08
16	聚乙烯塑料管		m	3.33
17	保护软管		m	1.5
18	塑料卡钉	D=10mm	只	0.055

2．工程量统计

按图 7-3 进行计算。

（1）施工测量工程量（单位：100m）。

架空光（电）缆工程施工测量=路由丈量长度=（63+20+35+3）÷100=1.21（100m）

此处，室外墙壁光缆和引上光缆的施工测量作为架空光缆的施工测量处理。

管道光（电）缆工程施工测量=路由丈量长度=4615÷100=46.15（100m）

（2）敷设管道光缆（48 芯以下）（单位：千米·条）。

数量=施工丈量长度×（1+5‰）+设计预留长度

= （4615×1.005+70）÷1000≈4.708（千米·条）

（3）光缆单盘检验（单位：芯·盘）。

48 芯×3 盘=144（芯·盘）

（4）平原地区挂钩法架设架空光缆（72 芯以下）（单位：千米·条）。

数量=施工丈量长度×（1+5‰）+设计预留长度

= （63×1.005）÷1000≈0.063（千米·条）

（5）架设钉固式墙壁光缆（单位：百米·条）。

数量=施工丈量长度×（1+5‰）+设计预留长度
　　　=（55×1.005）÷100≈0.55（百米·条）

（6）布放槽道光缆（单位：百米·条）。

数量=（110+55）÷100=1.65（百米·条）

（7）安装引上钢管（杆上）（单位：根）。

数量=1（根）

（8）穿放引上光缆（单位：条）。

数量=1（条）

（9）光缆成端接头（束状）（单位：芯）。

数量=48+48=96（芯）

（10）光缆接续（48芯以下）（单位：头）。

数量=2（头）

（11）40km以下中继段光缆测试（48芯以下）（单位：中继段）。

数量=1（中继段）

将上述工程量汇总，见表7-13。

表7-13 工程量汇总表

序 号	工程量名称	单 位	数 量
1	架空光（电）缆工程施工测量	100m	1.21
2	管道光（电）缆工程施工测量	100m	46.15
3	光缆单盘检验	芯·盘	144
4	敷设管道光缆（48芯以下）	千米·条	4.708
5	架设钉固式墙壁光缆	百米·条	0.55
6	平原地区挂钩法架设架空光缆（72芯以下）	千米·条	0.063
7	布放槽道光缆	百米·条	1.65
8	安装引上钢管（杆上）φ50mm以上	根	1
9	穿放引上光缆	条	1
10	光缆成端接头（束状）	芯	96
11	光缆接续（48芯以下）	头	2
12	40km以下中继段光缆测试（48芯以下）	中继段	1

3．主要材料用量

主要材料用量统计表见表7-14。

4．施工图预算编制

1）预算编制说明

（1）工程概况。

本工程为湖北省××市××端局至××接入机房新建光缆线路工程一阶段施工图设计。

敷设管道光缆 4.708 千米·条；架设架空光缆 0.063 千米·条；架设墙壁光缆 0.55 百米·条；布放槽道光缆 1.65 百米·条。预算含税价为 122468.27 元，其中增值税为 12398.49 元，除税价为 110069.78 元。

表 7-14 主要材料用量统计表

序号	项目名称	定额编号	工程量	主材名称	规格程式	单位	主材使用量
1	敷设管道光缆（48 芯以下）	TXL4-013	4.708（千米·条）	管道光缆	GYTA-48	m	1015×4.708=4778.62
				聚乙烯波纹管		m	26.7×4.708≈125.7
				胶带（PVC）		盘	52×4.708≈244.82
				镀锌铁线	ϕ1.5mm	kg	3.05×4.708≈14.36
				光缆托板		块	48.5×4.708≈228.34
				托板垫		块	48.5×4.708≈228.34
				光缆标志牌		个	7（按设计）
2	架设钉固式墙壁光缆	TXL4-054	0.55（百米·条）	墙壁光缆	GYTA-48	m	100.7×0.55≈55.39
				塑料卡钉		套	206×0.55=113.3
3	平原地区挂钩法架设架空光缆（72 芯以下）	TXL3-188	0.063（千米·条）	架空光缆	GYTA-48	m	1007×0.063≈63.44
				镀锌铁线	ϕ1.5mm	kg	1.02×0.063≈0.064
				保护软管		m	25×0.063≈1.58
				电缆挂钩		只	2060×0.063=129.78
4	布放槽道光缆	TXL5-044	1.65（百米·条）	槽道光缆	GYTA-48	m	102×1.65=168.3
5	安装引上钢管（杆上）（ϕ50mm 以上）	TXL4-045	1（根）	镀锌钢管		根	1.01×1=1.01
				镀锌铁线	ϕ4.0mm	kg	1.2×1=1.2
6	穿放引上光缆	TXL4-050	1（条）	引上光缆	GYTA-48	m	3.0（按图纸）
				镀锌铁线	ϕ1.5mm	kg	0.1×1=0.1
				聚乙烯塑料管		m	3.0（按图纸）
7	光缆成端接头（束状）	TXL6-005	96（芯）	光缆成端接头材料		套	1.01×96=96.96
				光纤熔接保护管		根	96（按设计）
8	光缆接续（48 芯以下）	TXL5-004	2（头）	光缆接头托架		套	1×2=2
				光缆接头盒支架		套	1×2=2
				光纤熔接保护管		根	96（按设计）
				光缆接头盒		套	1.01×2=2.02

（2）编制依据。

① 工信部 2016 年 12 月 30 号颁发的《信息通信建设工程预算定额》。

② 工信部通信〔2016〕451 号《工业和信息化部关于印发信息通信建设工程预算定额、工程费用定额及工程概预算编制规程的通知》。

③ 财建〔2016〕504 号《财政部关于印发〈基本建设项目建设成本管理规定〉的通知》。
④ 发改价格〔2015〕299 号《国家发展改革委关于进一步放开建设项目专业服务价格的通知》。
⑤ 图纸及说明。
⑥ 材料采购单价文件。

2) 预算表格①

扫一扫看光缆线路工程（表三）的编制

① 工程预算总表（表一），见表 7-15，表格编号：TXL-1。
② 建筑安装工程费用预算表（表二），见表 7-16，表格编号：TXL-2。
③ 建筑安装工程量预算表（表三）甲，见表 7-17，表格编号：TXL-3 甲。
④ 建筑安装工程施工机械使用费预算表（表三）乙，见表 7-18，表格编号：TXL-3 乙。
⑤ 建筑安装工程仪器仪表使用费预算表（表三）丙，见表 7-19，表格编号：TXL-3 丙。
⑥ 国内器材预算表（表四）甲，见表 7-20，表格编号：TXL-4 甲 A。
⑦ 工程建设其他费预算表（表五）甲，见表 7-21，表格编号：TXL-5。

表 7-15 工程预算总表（表一）

单项工程名称：光缆线路工程　　建设单位名称：×××　　表格编号：TXL-1　　全　页

序号	表格编号	费用名称	小型建筑工程费	需安装的设备费	不需安装的设备、工器具费	建筑安装工程费	其他费用	预备费	总价值			外币（　）
			/元						除税价	增值税	含税价	
Ⅰ	Ⅱ	Ⅲ	Ⅳ	Ⅴ	Ⅵ	Ⅶ	Ⅷ	Ⅸ	Ⅹ	Ⅺ	Ⅻ	XIII
1	TXL-2	建筑安装工程费				102301.80			102301.80	11759.37	114061.17	
2		需安装的设备费										
3		小型建筑工程费										
4		工程费				102301.80			102301.80	11759.37	114061.17	
5	TXL-5	工程建设其他费					3534.53		3534.53	258.11	3792.64	
6		合计				102301.80	3534.53		105836.33	12017.48	117853.81	
7		预备费（合计×4%）						4233.45	4233.45	381.01	4614.46	
8		总计				102301.80	3534.53	4233.45	110069.78	12398.49	122468.27	

设计负责人：×××　　审核：×××　　编制：×××　　编制日期：××××年×月

---

① 本书中预算表格均来自概预算编制软件，根据软件版本不同可能存在微小差异。

表 7-16 建筑安装工程费用预算表（表二）

单项工程名称：光缆线路工程　　　　建设单位名称：×××　　　　表格编号：TXL-2　　全　页

序号	费用名称	依据和计算方法	合计/元
I	II	III	IV
	建筑安装工程费（含税价）	一+二+三+四	114061.17
	建筑安装工程费（除税价）	一+二+三	102301.80
一	直接费	（一）+（二）	89034.56
（一）	直接工程费	1+2+3+4	84191.65
1	人工费	（1）+（2）	16361.14
（1）	技工费	技工工日×114	11026.08
（2）	普工费	普工工日×61	5335.06
2	材料费	（1）+（2）	63996.12
（1）	主要材料费	详见（表四）	63804.71
（2）	辅助材料费	主要材料费（简称主材费）×3%	191.41
3	机械使用费	见（表三）乙	694.32
4	仪表使用费	见（表三）丙	3140.07
（二）	措施项目费	1+2+3+…+15	4842.91
1	文明施工费	人工费×1.5%	245.42
2	工地器材搬运费	人工费×3.4%	556.28
3	工程干扰费	人工费×6.0%	981.67
4	工程点交、场地清理费	人工费×3.3%	539.92
5	临时设施费	人工费×2.6%	425.39
6	工程车辆使用费	人工费×5.0%	818.06
7	夜间施工增加费	人工费×2.5%	409.03
8	冬雨季施工增加费	人工费×1.8%	294.50
9	生产工具用具使用费	人工费×1.5%	245.42
10	施工用水、电、蒸汽费		
11	特殊地区施工增加费		
12	已完工程及设备保护费	人工费×2.0%	327.22
13	运土费		
14	施工队伍调遣费	单程调遣费定额×调遣人数×2	
15	大型施工机械调遣费	调遣用车运价×调遣运距×2	
二	间接费	（一）+（二）	9995.01
（一）	规费	1+2+3+4	5512.06
1	工程排污费		
2	社会保障费	人工费×28.5%	4662.92
3	住房公积金	人工费×4.19%	685.53
4	危险作业意外伤害保险	人工费×1%	163.61
（二）	企业管理费	人工费×27.4%	4482.95
三	利润	人工费×20.0%	3272.23
四	销项税额	（一+二+三-甲供材料费）×9%+甲材税金	11759.37

设计负责人：×××　　　审核：××××　　　编制：×××　　　编制日期：××××年×月

表 7-17 建筑安装工程量预算表（表三）甲

单项工程名称：光缆线路工程　　　　建设单位名称：×××　　　　表格编号：TXL-3甲

序号	定额编号	项目名称	单位	数量	单位定额值/工日		合计值/工日	
					技工	普工	技工	普工
I	II	III	IV	V	VI	VII	VIII	IX
1	TXL1-002	架空光（电）缆工程施工测量	100m	1.210	0.46	0.12	0.56	0.15
2	TXL1-003	管道光（电）缆工程施工测量	100m	46.150	0.35	0.09	16.15	4.15
3	TXL1-006	光缆单盘检验	芯·盘	144.000	0.02		2.88	
4	TXL4-013	敷设管道光缆（48芯以下）	千米·条	4.708	8.02	15.35	37.76	72.27
5	TXL4-054	架设钉固式墙壁光缆	百米·条	0.550	1.76	1.76	0.97	0.97
6	TXL3-188	平原地区挂钩法架设架空光缆（72芯以下）	千米·条	0.063	7.52	5.81	0.47	0.37
7	TXL5-044	布放槽道光缆	百米·条	1.650	0.50	0.50	0.83	0.83
8	TXL4-045	安装引上钢管（杆上）（φ50mm以上）	根	1.000	0.25	0.25	0.25	0.25
9	TXL4-050	穿放引上光缆	条	1.000	0.52	0.52	0.52	0.52
10	TXL6-011	光缆接续（48芯以下）	头	2.000	4.29		8.58	
11	TXL6-005	光缆成端接头（束状）	芯	96.000	0.15		14.40	
12	TXL6-075	40km以下光缆中继段测试（48芯以下）	中继段	1.000	4.56		4.56	
		合　计					87.93	79.51
		工程总工日为100～250工日时增加10%					8.79	7.95
		总　计					96.72	87.46

设计负责人：×××　　　审核：××××　　　编制：×××　　　编制日期：××××年×月

表 7-18 建筑安装工程施工机械使用费预算表（表三）乙

单项工程名称：光缆线路工程　　　　建设单位名称：×××　　　　表格编号：TXL-3乙

序号	定额编号	项目名称	单位	数量	机械名称	单位定额值		合计值	
						数量/台班	单价/元	数量/台班	合价/元
I	II	III	IV	V	VI	VII	VIII	IX	X
1	TXL6-011	光缆接续（48芯以下）	头	2.000	汽油发电机（10kW）	0.300	202	0.600	121.2
2	TXL6-011	光缆接续（48芯以下）	头	2.000	光纤熔接机	0.550	144	1.100	158.4
3	TXL6-005	光缆成端接头（束状）	芯	96.000	光纤熔接机	0.030	144	2.880	414.72
		合　计							694.32
		总　计							694.32

设计负责人：×××　　　审核：××××　　　编制：×××　　　编制日期：××××年×月

表 7-19 建筑安装工程仪器仪表使用费预算表（表三）丙

单项工程名称：光缆线路工程　　　　　　建设单位名称：×××　　　　　　表格编号：TXL-3 丙

序号	定额编号	项目名称	单位	数量	仪表名称	单位定额值 数量/台班	单位定额值 单价/元	合计值 数量/台班	合计值 合价/元
Ⅰ	Ⅱ	Ⅲ	Ⅳ	Ⅴ	Ⅵ	Ⅶ	Ⅷ	Ⅸ	Ⅹ
1	TXL1-002	架空光（电）缆工程施工测量	100m	1.210	激光测距仪	0.050	119.00	0.061	7.26
2	TXL1-003	管道光（电）缆工程施工测量	100m	46.150	激光测距仪	0.040	119.00	1.846	219.67
3	TXL1-006	光缆单盘检验	芯·盘	144.000	光时域反射仪	0.050	153.00	7.200	1101.60
4	TXL4-013	敷设管道光缆（48芯以下）	千米·条	4.708	可燃气体检测仪	0.420	117.00	1.977	231.31
5	TXL4-013	敷设管道光缆（48芯以下）	千米·条	4.708	有毒有害气体检测仪	0.420	117.00	1.977	231.31
6	TXL6-011	光缆接续（48芯以下）	头	2.000	光时域反射仪	1.100	153.00	2.200	336.60
7	TXL6-005	光缆成端接头（束状）	芯	96.000	光时域反射仪	0.050	153.00	4.800	734.40
8	TXL6-075	40km以下光缆中继段测试（48芯以下）	中继段	1.000	稳定光源	0.720	117.00	0.720	84.24
9	TXL6-075	40km以下光缆中继段测试（48芯以下）	中继段	1.000	光时域反射仪	0.720	153.00	0.720	110.16
10	TXL6-075	40km以下光缆中继段测试（48芯以下）	中继段	1.000	光功率计	0.720	116.00	0.720	83.52
11		合　　计							3140.07
12		总　　计							3140.07

设计负责人：×××　　　　　　审核：××××　　　　　　编制：×××　　　　　　编制日期：××××年×月

表 7-20 国内器材预算表（表四）甲

（国内材料）表

单位工程名称：光缆线路工程　　　　　　建设单位名称：×××　　　　　　表格编号：TXL-4 甲 A

序号	名称	规格程式	单位	数量	单价/元 除税价	合计/元 除税价	合计/元 增值税	合计/元 含税价	备注
Ⅰ	Ⅱ	Ⅲ	Ⅳ	Ⅴ	Ⅵ	Ⅶ	Ⅷ	Ⅸ	Ⅹ
1	光缆	GYTA-48	m	5068.75	10	50687.50	6589.38	57276.88	
2	光缆接头盒	48芯	套	2.00	920	1840.00	239.20	2079.20	
3	光纤熔接保护管		根	192.00	0.35	67.20	8.74	75.94	按设计
4	镀锌铁线	ϕ1.5mm	kg	14.52	5	72.62	9.44	82.06	
5	镀锌铁线	ϕ4.0mm	kg	1.20	5	6.00	0.78	6.78	
6	镀锌钢管		根	1.00	197.56	197.56	25.68	223.24	

续表

序号	名称	规格程式	单位	数量	单价/元 除税价	合计/元 除税价	合计/元 增值税	合计/元 含税价	备注
I	II	III	IV	V	VI	VII	VIII	IX	X
7	光缆标志牌		个	7.00	2	14.00	1.82	15.82	按设计
8	光缆成端接头材料		套	97.00	65	6305.00	819.65	7124.65	
9	光缆托板		块	228.00	5.72	1304.16	169.54	1473.70	
10	托板垫		块	228.00	2	456.00	59.28	515.28	
11	光缆接头盒支架		套	2.00	50	100.00	13.00	113.00	
12	电缆挂钩		只	130.00	0.16	20.80	2.70	23.50	
13	光缆接头托架		套	2.00	15	30.00	3.90	33.90	
14	胶带（PVC）		盘	244.82	2.5	612.04	79.57	691.61	
15	聚乙烯波纹管		m	125.70	2.08	261.46	33.99	295.45	
16	聚乙烯塑料管		m	3.00	3.33	9.99	1.30	11.29	按设计
17	保护软管		m	1.58	1.5	2.36	0.31	2.67	
18	塑料卡钉	$D=10mm$	只	113.00	0.055	6.22	0.81	7.03	
	（1）小计					61992.91	8059.09	70052.00	
	（2）光缆类运杂费（序号1×1.3%）					658.94	85.66	744.60	
	（3）其他类运杂费（序号2～14之和×3.6%）					396.91	51.60	448.51	
	（4）塑料及塑料制品类运杂费（序号15～18之和×4.3%）					12.04	1.57	13.61	
	（5）运输保险费（（1）×0.1%）					61.99	8.06	70.05	
	（6）采购及保管费（（1）×1.1%）					681.92	88.65	770.57	
	（7）采购代理服务费								
	合计（I）：（1）+（2）+（3）+（4）+（5）+（6）+（7）					63804.71	8294.63	72099.34	
	段合计：合计（I）					63804.71	8294.63	72099.34	
	总　计					63804.71	8294.63	72099.34	

设计负责人：×××　　　审核：××××　　　编制：××　　　编制日期：××××年×月

表 7-21　工程建设其他费预算表（表五）甲

单项工程名称：光缆线路工程　　　建设单位名称：×××　　　表格编号：TXL-5

序号	费用名称	依据和计算方法	金额/元 除税价	金额/元 增值税	金额/元 含税价	备注
I	II	III	IV	V	VI	VII
1	建设用地及综合赔补费					
2	项目建设管理费					财建[2016]504号
3	可行性研究费					

续表

序号	费用名称	依据和计算方法	金额/元			备注
			除税价	增值税	含税价	
Ⅰ	Ⅱ	Ⅲ	Ⅳ	Ⅴ	Ⅵ	Ⅶ
4	研究试验费					
5	勘察设计费	（1）+（2）	2000.00	120.00	2120.00	
（1）	勘察费					
（2）	设计费		2000.00	120.00	2120.00	
6	环境影响评价费					
7	建设工程监理费					
8	安全生产费	建筑安装工程费×1.5%	1534.53	138.11	1672.64	
9	引进技术及进口设备其他费					
10	工程保险费					
11	工程招标代理费					
12	专利及专有技术使用费					
13	其他费用	（1）+（2）				
（1）	自定义费用1					
（2）	自定义费用2					
	总计		3534.53	258.11	3792.64	
14	生产准备及开办费（运营费）					

设计负责人：×××　　　　审核：××××　　　　编制：×××　　　　编制日期：××××年×月

7.3.2 移动基站设备安装工程预算

扫一扫看
TD-LTE基
站天馈线
系统

1. 已知条件

（1）本工程是湖北省某地区 TD-LTE 系统 F 频段的新建 1/1/1 ××基站无线设备安装单项工程。

（2）施工企业距施工所在地 30km。

（3）勘察设计费为 5200 元，服务费费率按 6%计取。

（4）建设工程监理费为 600 元，服务费费率按 6%计取。

（5）设备运距为 1500km，主要材料运距为 500km。

（6）该工程采用一般计税方式。设备均由甲方提供，税率按 13%计取。材料均由施工单位提供，设备价格及主要材料价格见表 7-22。

（7）环境影响评价费为 400 元，服务费费率按 6%计取。

（8）"建设用地及综合赔补费""项目建设管理费""可行性研究费""建设期利息""研究试验费""工程保险费""工程招标代理费""生产准备及开办费""其他费用"等不计列。

表 7-22 设备价格及主要材料价格表

序 号	设备及材料名称	规 格 程 式	单 位	除税单价/元
1	TD-LTE 定向天线（8 通道）		副	12000.00
2	TD-LTE 基带单元	1/1/1	台	30000.00
3	射频拉远单元		台	9000.00
4	GPS 防雷器		个	1000.00
5	GPS 天线		副	5500.00
6	馈线	1/2″	m	80.00
7	室外光缆	2 芯	m	10.00

2．设计范围与分工

（1）本工程设计范围主要包括移动通信基站的天馈线系统、室内基带单元、室外射频拉远单元等设备的安装及布放，不考虑中继传输电路、供电系统、铁塔等部分内容。

（2）本工程 LTE 与 GSM 共站址建设，机房为原有自建地面砖混机房，铁塔为原有地面三角塔，配套土建、铁塔、空调等工程建设本次不用考虑。

3．图纸说明

（1）基站机房设备平面布置图，如图 7-4 所示。

基站机房内，本工程新建 TD-LTE 基带单元一台，并和直流配电单元一起安装在机房内的综合架上；GPS 防雷器安装在走线架上。

（2）基站天馈线系统图，侧视图如图 7-5 所示，俯视图如图 7-6 所示。

① 在地面铁塔上安装了 3 副 TD-LTE 定向天线，小区方位为 N0°、N120°、N240°，其挂高均为 33m，铁塔平台上已有天线横担及天线支撑杆。

② 基站采用 2 芯的室外光缆在基带单元与射频拉远单元设备间进行连接。

③ 采用 1/2″（1″=0.0254m）软馈线连接射频拉远单元与定向天线，每条长度为 3 米。

④ 新增 GPS 天线安装在塔上 15m 高度处，并通过 1/2″软馈线与室内设备连接。

⑤ 室外原有走线架的规格为 500mm 宽。室内原有走线架采用 500mm 和 300mm 宽的产品，走线架安装在机架上方。

⑥ 未说明的设备均不考虑。

4．工程量统计

移动通信基站的设备安装主要分为室内和室外两部分，工程量主要分为室外和室内两部分，统计工程量时可分别统计。本项目按先室外后室内的步骤逐项进行统计，避免漏项或重复。

基站天馈线部分：

（1）在地面铁塔上（铁塔高 33m 处）安装移动通信定向智能天线：3 副。

（2）布放馈线（1/2″射频同轴电缆）：3 米×27 条。

（3）安装射频拉远单元：3 台。

（4）安装室外光缆：55 米×3 条。

（5）安装 GPS 天线：1 副。

（6）安装馈线（1/2″射频同轴电缆）：30 米×1 条。

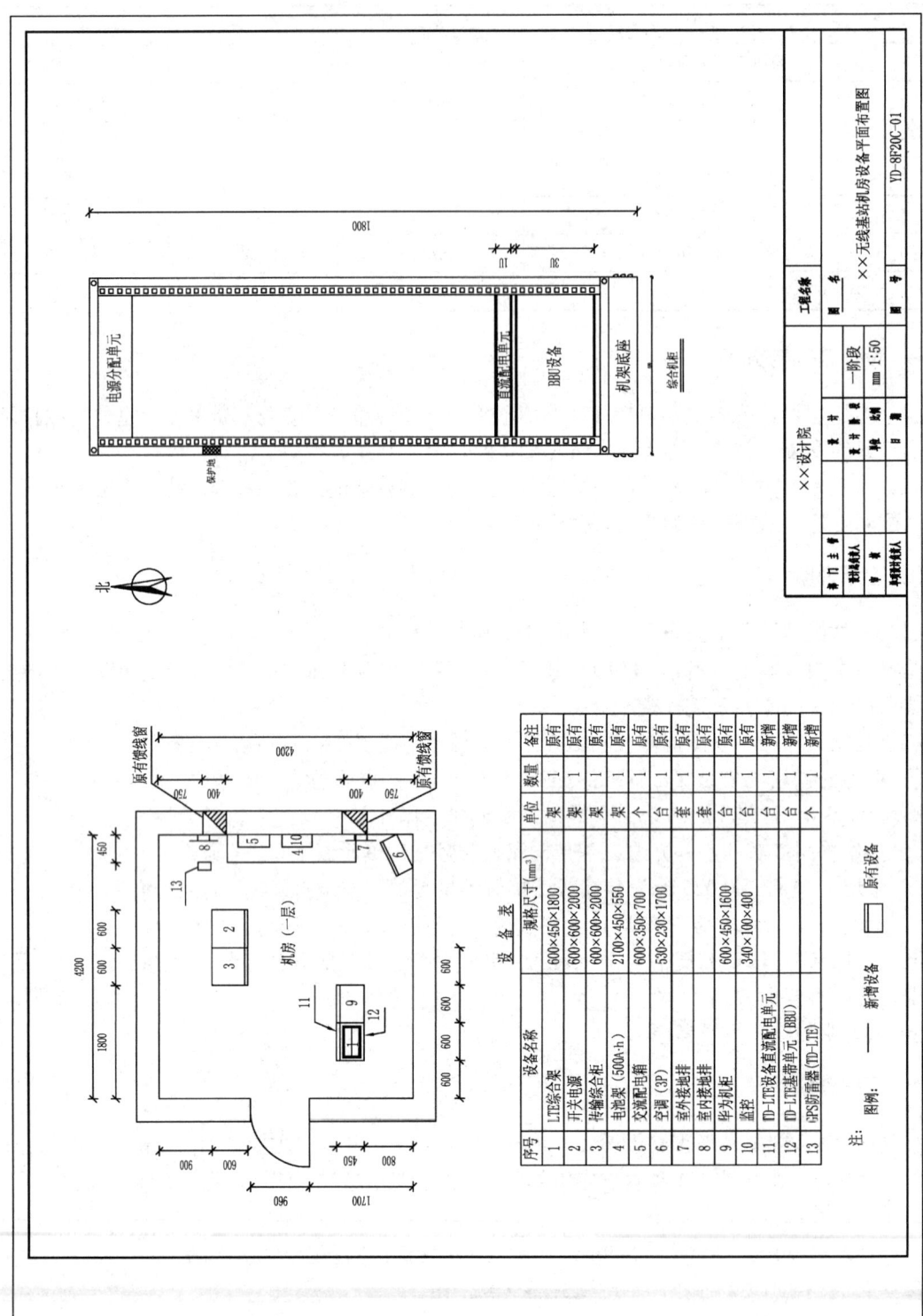

图7-4 基站机房设备平面布置图

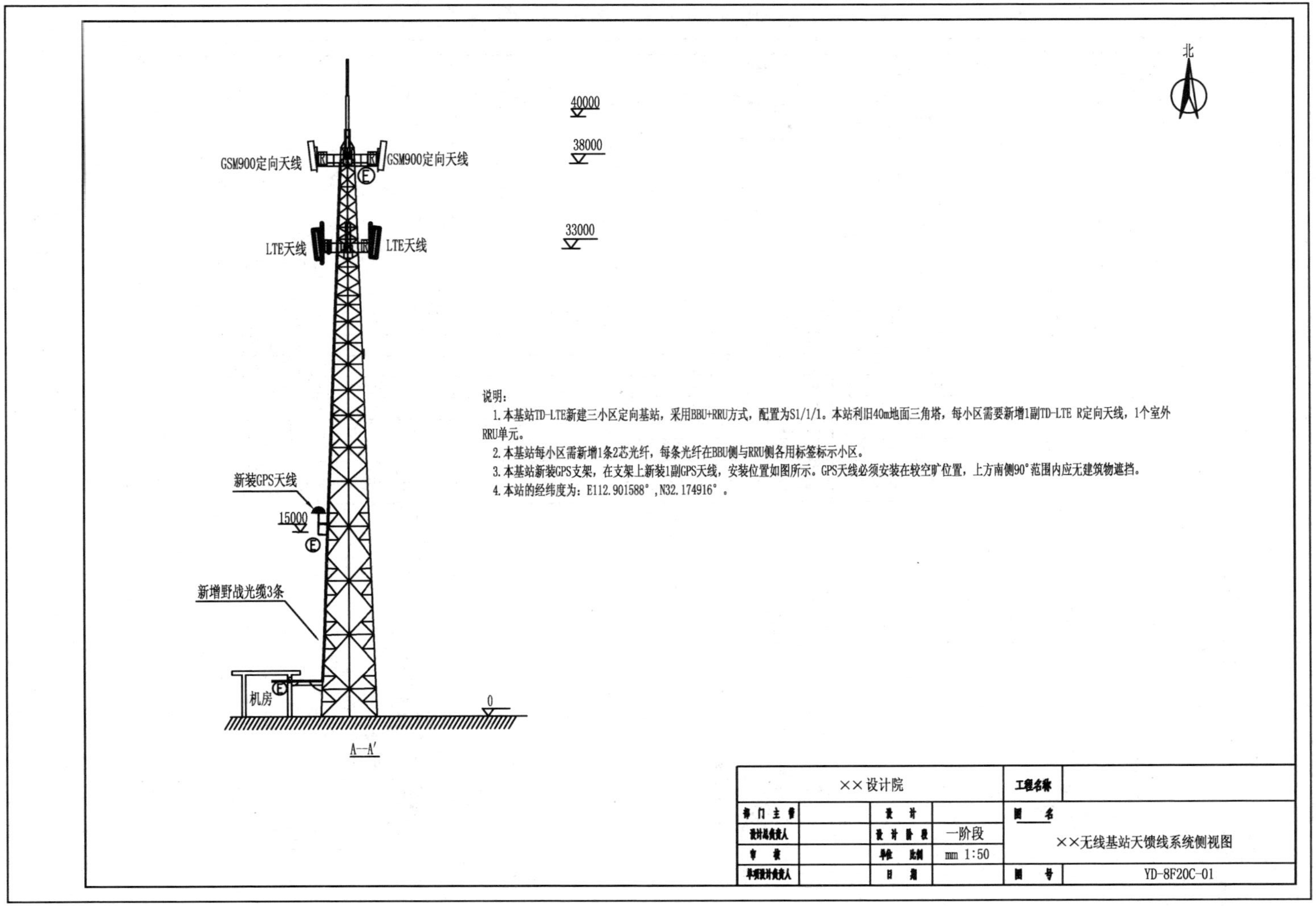

图7-5 基站天馈线系统侧视图

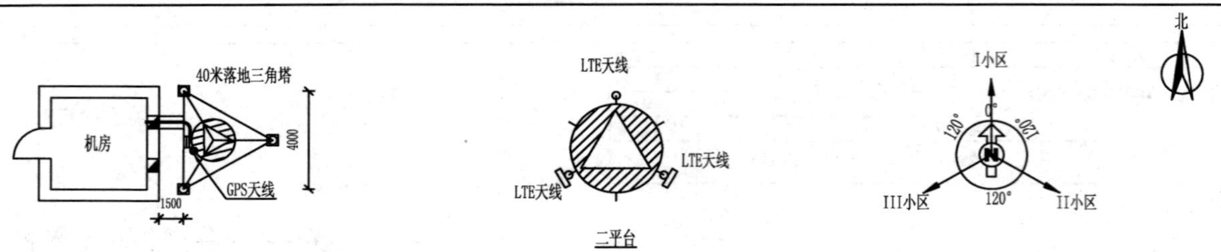

天线参数表

小区	天线数量(副)	方位角(°)	机械下倾角(°)	内置下倾角(°)	挂高(米)	经度(°)	纬度(°)
I小区	1	0	1	3	38	112.90159	32.17492
II小区	1	120	1	3	38	112.90159	32.17492
III小区	1	240	1	3	38	112.90159	32.17492

序号	材料名称	规格	单位	数量	备注
1	单模光纤	2芯，LC-LC	米	165	55米/55米/55米，新装
2	三角塔	40米	座	1	利旧
3	RRU下跳线	1/2″，3米每条	米	81	9条/小区，新装
4	RRU		台	3	新装
5	RRU直流电源线	屏蔽电缆$2\times6mm^2/2\times6mm^2/2\times6mm^2$	米	165	55米/55米/55米，新装
6	TD-LTE定向天线		副	3	新装
7	GPS天线		副	1	新装
8	馈线		米	30	新装

图例：LTE天线

××设计院				工程名称	
部门主管		设计		图名	××无线基站天馈线系统俯视图
设计总负责人		设计阶段	一阶段		
审核		单位 比例	mm 1:50		
单项设计负责人		日期	2013.12	图号	YD-8F20C-01

图7-6　基站天馈线系统俯视图

基站设备及配套：
(1) 安装嵌入式基站设备（TD-LTE 基带单元、直流配电单元）：2 台。
(2) 安装 GPS 防雷器：1 个。

5．统计主材用量

主材统计表见表 7-23。

表 7-23　主材统计表

序号	名称	规格程式	单位	数量
1	馈线（射频同轴电缆）	1/2″	m	3×27+30=111
2	室外光缆	2 芯	m	55×3=165

6．施工图预算编制

1）预算编制说明

(1) 工程概况。

本工程为湖北省某地区 TD-LTE 系统 F 频段的新建 1/1/1 ××基站无线设备安装单项工程，本预算为某基站无线设备安装单项工程施工图预算，预算含税价为 156484.74 元。

(2) 编制依据。

① 施工图设计图纸及说明。

② 工信部通信〔2016〕451 号《工业和信息化部关于印发信息信通信建设工程预算定额、工程费用定额及工程概预算编制规程的通知》。

③ 建设单位与设备供应商签订的设备价格合同。

④ 施工单位提供的材料采购单价文件。

(3) 有关费用与费率的取定。

① 承建本工程的施工企业距施工现场 30km，不足 35km 不计取施工队伍调遣费。

② 设备及主材运杂费费率取定：设备运输距离为 1500km，主要材料运输距离为 500km。

③ 本站的勘察设计费为 5200 元。

④ 建设工程监理费为 600 元。

(4) 工程经济技术指标分析（略）。

(5) 其他需说明的问题（略）。

2）预算表格

① 工程预算总表（表一），见表 7-24，表格编号：TSW-1。

② 建筑安装工程费用预算表（表二），见表 7-25，表格编号：TSW-2。

③ 建筑安装工程量预算表（表三）甲，见表 7-26，表格编号：TSW-3 甲。

④ 建筑安装工程仪器仪表使用费预算表（表三）丙，见表 7-27，表格编号：TSW-3 丙。

⑤ 国内器材预算表（表四）甲（乙供材料）表，见表 7-28，表格编号：TSW-4 甲 A。

⑥ 国内器材预算表（表四）甲（国内设备）表，见表 7-29，表格编号：TSW-4 甲 B。

⑦ 工程建设其他费预算表（表五）甲，见表 7-30，表格编号：TSW-5 甲。

表 7-24 工程预算总表（表一）

单项工程名称：××基站工程　　　　建设单位名称：×××　　　　表格编号：TSW-1　第　　页

序号	表格编号	费用名称	小型建筑工程费	需安装的设备费	不需安装的设备、工器具费	建筑安装工程费	其他费用	预备费	总价值			
					/元				除税价	增值税	含税价	外币（ ）
I	II	III	IV	V	VI	VII	VIII	IX	X	XI	XII	XIII
1	TSW-2	建筑安装工程费				26383.26			26383.26	2374.49	28757.75	
2	TSW-4 甲 B	需安装的设备费		102902.90					102902.90	13377.38	116280.28	
3		小型建筑工程费										
4		工程费		102902.90		26383.26			129286.16	15751.87	145038.03	
5	TSW-5 甲	工程建设其他费					6595.75		6595.75	407.62	7003.37	
6		合计		102902.90		26383.26	6595.75		135881.91	16159.49	152041.40	
7		预备费（合计×3%）						4076.46	4076.46	366.88	4443.34	
8		总计		102902.90		26383.26	6595.75	4076.46	139958.37	16526.37	156484.74	

设计负责人：×××　　　　审核：××××　　　　编制：×××　　　　编制日期：××××年×月

表 7-25 建筑安装工程费用预算表（表二）

单项工程名称：××基站工程　　　　建设单位名称：×××　　　　表格编号：TSW-2　第　　页

序号	费用名称	依据和计算方法	合计/元
I	II	III	IV
	建筑安装工程费（含税价）	一+二+三+四	28757.75
	建筑安装工程费（除税价）	一+二+三	26383.26
一	直接费	（一）+（二）	20664.76
（一）	直接工程费	1+2+3+4	18993.43
1	人工费	（1）+（2）	7052.04
（1）	技工费	技工工日×114	7052.04
（2）	普工费	普工工日×61	
2	材料费	（1）+（2）	11136.39
（1）	主要材料费	详见（表四）甲（乙供材料）表	10812.03
（2）	辅助材料费	主材费×3.0%	324.36
3	机械使用费	见（表三）乙	
4	仪表使用费	见（表三）丙	805.00
（二）	措施项目费	1+2+3+…+15	1671.33

续表

序号	费用名称	依据和计算方法	合计/元
Ⅰ	Ⅱ	Ⅲ	Ⅳ
1	文明施工费	人工费×1.1%	77.57
2	工地器材搬运费	人工费×1.1%	77.57
3	工程干扰费	人工费×4.0%	282.08
4	工程点交、场地清理费	人工费×2.5%	176.30
5	临时设施费	人工费×3.8%	267.98
6	工程车辆使用费	人工费×5.0%	352.60
7	夜间施工增加费	人工费×2.1%	148.09
8	冬雨季施工增加费	人工费×1.8%	126.94
9	生产工具用具使用费	人工费×0.8%	56.42
10	施工用水、电、蒸汽费		
11	特殊地区施工增加费		
12	已完工程及设备保护费	人工费×1.5%	105.78
13	运土费		
14	施工队伍调遣费	单程调遣费定额×调遣人数×2	
15	大型施工机械调遣费	调遣用车运价×调遣运距×2	
二	间接费	（一）＋（二）	4308.09
（一）	规费	1+2+3+4	2375.83
1	工程排污费		
2	社会保障费	人工费×28.5%	2009.83
3	住房公积金	人工费×4.19%	295.48
4	危险作业意外伤害保险	人工费×1%	70.52
（二）	企业管理费	人工费×27.4%	1932.26
三	利润	人工费×20.0%	1410.41
四	销项税额	（一＋二＋三-甲供材料费）×9%＋甲材税金	2374.49

设计负责人：×××　　　审核：××××　　　编制：×××　　　编制日期：××××年×月

表 7-26 建筑安装工程量预算表（表三）甲

单项工程名称：××基站工程　　　建设单位名称：×××　　　表格编号：TSW-3甲　　　第　　页

序号	定额编号	项目名称	单位	数量	单位定额值/工日		合计值/工日	
					技工	普工	技工	普工
Ⅰ	Ⅱ	Ⅲ	Ⅳ	Ⅴ	Ⅵ	Ⅶ	Ⅷ	Ⅸ
1	TSW2-052	安装基站主设备（机柜/箱嵌入式）（DCDU）	台	1	1.08		1.08	
2	TSW2-052	安装基站主设备（机柜/箱嵌入式）（BBU）	台	1	1.08		1.08	
3	TSW1-032	安装防雷器	个	1	0.25		0.25	
4	TSW2-055	安装射频拉远设备（地面铁塔上）（高度40m以下）	套	3	2.88		8.64	
5	TSW1-058	布放射频拉远单元（RRU）用光缆	米·条	165	0.04		6.6	

续表

序号	定额编号	项目名称	单位	数量	单位定额值/工日		合计值/工日	
					技工	普工	技工	普工
I	II	III	IV	V	VI	VII	VIII	IX
6	TSW2-023	安装调测卫星全球定位系统（GPS）天线	副	1	1.8		1.8	
7	TSW2-011	安装定向天线（地面铁塔上）（高度40m以下）	副	3	6.35		19.05	
8	TSW2-027	布放射频同轴电缆（1/2″以下）（4m以下）	条	27	0.2		5.4	
9	TSW2-044	宏基站天、馈线系统调测（1/2″射频同轴电缆）	条	27	0.38		10.26	
10	TSW2-027	布放射频同轴电缆（1/2″以下）（4m以下）	条	1	0.2		0.2	
11	TSW2-028	布放射频同轴电缆（1/2″以下）（每增加1m）	米·条	26	0.03		0.78	
12	TSW2-044	宏基站天、馈线系统调测（1/2″射频同轴电缆）	条	1	0.38		0.38	
13	TSW2-081	配合基站系统调测（定向）	扇区	3	1.41		4.23	
14	TSW2-094	配合联网调测	站	1	2.11		2.11	
		合　计					61.86	
		总　计					61.86	

设计负责人：×××　　　审核：××××　　　编制：×××　　　编制日期：××××年×月

表 7-27　建筑安装工程仪器仪表使用费预算表（表三）丙

单项工程名称：××基站工程　　　建设单位名称：×××　　　表格编号：TSW-3 丙　　　第　页

序号	定额编号	项目名称	单位	数量	机械名称	单位定额值		总价值	
						数量	单价	数量	总价值
						/台班	/元	/台班	/元
I	II	III	IV	V	VI	VII	VIII	IX	X
1	TSW2-044	宏基站天、馈线系统调测（1/2″射频同轴电缆）	条	27	互调测试仪	0.050	310.00	1.350	418.50
2	TSW2-044	宏基站天、馈线系统调测（1/2″射频同轴电缆）	条	27	天馈线测试仪	0.050	140.00	1.350	189.00
3	TSW2-044	宏基站天、馈线系统调测（1/2″射频同轴电缆）	条	27	操作测试终端（计算机）	0.050	125.00	1.350	168.75
4	TSW2-044	宏基站天、馈线系统调测（1/2″射频同轴电缆）	条	1	互调测试仪	0.050	310.00	0.050	15.50
5	TSW2-044	宏基站天、馈线系统调测（1/2″射频同轴电缆）	条	1	天馈线测试仪	0.050	140.00	0.050	7.00
6	TSW2-044	宏基站天、馈线系统调测（1/2″射频同轴电缆）	条	1	操作测试终端（计算机）	0.050	125.00	0.050	6.25
		合　计							805.00
		总　计							805.00

设计负责人：×××　　　审核：××××　　　编制：×××　　　编制日期：××××年×月

模块7 通信建设工程概预算编制

表7-28 国内器材预算表（表四）甲

（乙供材料）表

单项工程名称：××基站工程　　　建设单位名称：×××　　　表格编号：TSW-4甲A　　　第　页

序号	名称	规格程式	单位	数量	单价/元	合计/元			备注
					除税价	除税价	增值税	含税价	
Ⅰ	Ⅱ	Ⅲ	Ⅳ	Ⅴ	Ⅵ	Ⅶ	Ⅷ	Ⅸ	Ⅹ
1	馈线（射频同轴电缆）	1/2″	m	111.000	80	8880.00	799.20	9679.20	
2	室外光缆	2芯	m	165.000	10	1650.00	148.50	1798.50	
	（1）小计					10530.00	947.70	11477.70	
	（2）电缆类运杂费（序号1×1.5%）					133.20	11.99	145.19	
	（3）光缆类运杂费（序号2×2%）					33.00	2.97	35.97	
	（4）运输保险费（(1)×0.1%）					10.53	0.95	11.48	
	（5）采购及保管费（(1)×1%）					105.30	9.48	114.78	
	（6）采购代理服务费								按实计取
	合计（Ⅰ）：(1)+(2)+(3)+(4)+(5)+(6)					10812.03	973.09	11785.12	
	段合计：合计（Ⅰ）					10812.03	973.09	11785.12	
	总　　计					10812.03	973.09	11785.12	

设计负责人：×××　　　审核：××××　　　编制：×××　　　编制日期：××××年×月

表7-29 国内器材预算表（表四）甲

（国内设备）表

单项工程名称：××基站工程　　　建设单位名称：×××　　　表格编号：TSW-4甲B　　　第　页

序号	名称	规格程式	单位	数量	单价/元	合计/元			备注
					除税价	除税价	增值税	含税价	
Ⅰ	Ⅱ	Ⅲ	Ⅳ	Ⅴ	Ⅵ	Ⅶ	Ⅷ	Ⅸ	Ⅹ
1	TD-LTE基带单元		台	1	30000	30000.00	3900.00	33900.00	
2	TD-LTE定向天线		副	3	12000	36000.00	4680.00	40680.00	
3	射频拉远单元		台	3	9000	27000.00	3510.00	30510.00	
4	GPS防雷器		个	1	1000	1000.00	130.00	1130.00	
5	GPS天线		副	1	5500	5500.00	715.00	6215.00	
	（1）小计					99500.00	12935.00	112435.00	
	（2）设备类运杂费（(1)×2.2%）					2189.00	284.57	2473.57	
	（3）运输保险费（(1)×0.4%）					397.00	51.74	449.74	
	（4）采购及保管费（(1)×0.82%）					815.90	106.07	921.97	

续表

序号	名称	规格程式	单位	数量	单价/元		合计/元			备注
					除税价	除税价	增值税	含税价		
I	II	III	IV	V	VI	VII	VIII	IX		X
	(5) 采购代理服务费									按实计取
	合计（I）：(1)+(2)+(3)+(4)+(5)					102902.90	13377.38	116280.28		
	段合计：合计（I）					102902.90	13377.38	116280.28		
	总 计					102902.90	13377.38	116280.28		

设计负责人：×××　　　　审核：××××　　　　编制：×××　　　　编制日期：××××年×月

表 7-30　工程建设其他费预算表（表五）甲

单项工程名称：××基站工程　　　　建设单位名称：×××　　　　表格编号：TSW-5甲　　　　第　页

序号	费用名称	依据和计算方法	金额/元			备注
			除税价	增值税	含税价	
I	II	III	IV	V	VI	VII
1	建设用地及综合赔补费					
2	项目建设管理费					财建〔2016〕504号
3	可行性研究费					
4	研究试验费					
5	勘察设计费	(1)+(2)	5200.00	312.00	5512.00	
(1)	勘察费					
(2)	设计费		5200.00	312.00	5512.00	
6	环境影响评价费		400.00	24.00	424.00	
7	建设工程监理费		600.00	36.00	636.00	
8	安全生产费	建筑安装工程费×1.5%	395.75	35.62	431.37	
9	引进技术及进口设备其他费					
10	工程保险费					
11	工程招标代理费					
12	专利及专有技术使用费					
13	其他费用	(1)+(2)				
(1)	自定义费用1					
(2)	自定义费用2					
	总 计		6595.75	407.62	7003.37	
14	生产准备及开办费（运营费）					

设计负责人：×××　　　　审核：××××　　　　编制：×××　　　　编制日期：××××年×月

习题

1. 判断题。
(1) 建设项目初步设计阶段应编制概算。( )
(2) 概算是筹备设备、材料和签订订货合同的主要依据。( )
(3) 建设项目概预算应按单项工程编制。( )
(4) 在设备订货合同中明确由厂家负责安装、测试的工作量,设计单位在编制工程概预算时,不计列此部分的工程量。( )
(5) 当通信建设工程预算定额用于扩建工程时,所有工日定额均乘以扩建系数。( )

2. 选择题。
(1) 建设项目总概算是根据所包括的( )汇总编制而成的。
A. 单项工程概算　　B. 单位工程概算　　C. 分部工程　　D. 分项工程
(2) 概预算表格(表三)甲、乙供编制建筑安装( )使用。
A. 工程费
B. 工程量和施工机械使用费
C. 工程建设其他费
D. 材料费
(3) 某通信线路工程在位于海拔2000m以上的原始森林地区进行室外施工,根据工程量统计的工日为1000工日,海拔2000m以上和原始森林地区调整系数分别为1.13和1.3,则总工日应为( )。
A. 1130　　　　B. 1300　　　　C. 2430　　　　D. 1000
(4) 编制竣工图纸和资料所发生的费用已含在( )中。
A. 工程点交、场地清理费
B. 企业管理费
C. 现场管理费
D. 项目建设管理费
(5) 一阶段设计编制( )。
A. 设计概算
B. 施工图预算(含预备费)
C. 施工预算
D. 估算
(6) 通信建设单项总投资由( )组成。
A. 建筑安装工程费、工程建设其他费
B. 直接工程费、工程建设其他费、预备费
C. 工程费、工程建设其他费、预备费
D. 建筑安装工程费、预备费、企业管理费

3. 通信设备概算各项费用如下。
设备安装费600万元,建筑安装工程费20万元,工程建设其他费50万元,维护费用100万元,预备费费率3%,小型建筑工程费3万元,工程总造价是多少?

4. 根据已知条件及表7-31,编制国内器材预算表(表四)甲,计算结果精确到两位小数。
已知条件:
(1) 本工程为新建管道配线电缆单项工程,按一阶段施工图设计。
(2) 主要材料型号、用量及单价见表7-31。
(3) 主材运距均为800km。材料均由乙方提供。

表 7-31 主要材料型号、用量及单价

序号	材料名称	规格程式	单位	数量	除税单价/元
1	通信电缆（600 对）	HYAT-0.5	m	40000.00	67.00
2	进局成端电缆（300 对）	HYV3-0.5	m	50.00	64.00
3	电缆托板	二线	块	100.00	3.00
4	镀锌铁线	ϕ1.5mm	kg	27.00	6.00
5	镀锌铁线	ϕ4.0mm	kg	150.00	4.80
6	充油套管	130×900mm^2	块	50.00	900.00
7	电缆托板塑料垫		个	100.00	0.98
8	热塑帽（不带气门）	RSH56/22	个	97.00	12.00
9	填充油膏剂		kg	233.50	72.00
10	尼龙固定卡带		根	101.00	0.60

综合实训

××局市话光缆线路新建单项工程一阶段施工图设计，试根据所给已知条件及主材除税单价表，按照 451 定额编制该工程一阶段设计施工图预算。

已知条件：

（1）施工企业距施工现场 100km，工程所在地为武汉。

（2）本工程不成立筹建机构，也不委托监理。

（3）设计图纸及说明：

① ××局市话光缆线路工程杆路图见图 6-20。

② 工程施工地为市区，电杆为 ϕ140mm×8m 高防腐木电杆。

③ 土质取定：立电杆按综合土，装拉线按坚石。

④ 吊线用 U 形卡子做终结。

⑤ 吊线的垂度增长长度可以忽略不计；吊线无接头，吊线两端终结增长余留共 3m，架空吊线规格程式为 7/2.2。

⑥ 在 P09 杆处设置光缆接头，接头每侧各预留 20m。

⑦ 架空光缆自然弯曲系数按 0.5‰取定。

⑧ 光缆测试按双窗口测试。

（4）勘察设计费（除税价）给定为 2000 元。

（5）本预算不计取"建设用地及综合赔补费""项目建设管理费""可行性研究费""研究试验费""生产准备及开办费"和"大型施工机械调遣费"。

（6）主材运距均为 500km。

（7）材料均由甲方提供，主材单价按××局采购部门《常用电信器材基础价目表》取定，详见表 7-32。

表 7-32 主材单价表

序 号	材料名称	规格程式	单 位	除税单价/元
1	光缆	GYTA-12D	m	10.00
2	镀锌铁线	ϕ1.5mm	kg	6.15
3	镀锌铁线	ϕ3.0mm	kg	4.80
4	镀锌铁线	ϕ4.0mm	kg	4.80
5	镀锌钢绞线	7/2.2	kg	6.90
6	镀锌钢绞线	7/2.6	kg	6.95
7	瓦型护杆板		块	4.15
8	条型护杆板		块	1.00
9	拉线衬环		个	1.95
10	三眼单槽夹板		副	7.15
11	三眼双槽夹板		副	10.00
12	吊线担		根	5.00
13	镀锌穿钉	长 100mm	副	1.20
14	镀锌穿钉	长 180～260mm	副	2.30
15	U 形卡子		个	1.00
16	电缆挂钩		只	0.30
17	光缆接头盒		套	700.00
18	聚乙烯塑料管		m	1.00
19	木电杆	ϕ140mm×8m	根	300.00
20	岩石钢地锚		副	15.87
21	光缆标志牌		块	2
22	光缆熔接保护管		根	0.4

要求：

（1）将编制的预算结果按标准预算表格形式填写。

（2）写出编制说明。

模块 8　通信工程设计

随着"宽带中国"战略的实施及"三网融合"的深入发展，中国宽带市场迎来了新一轮的建设高潮。宽带接入网技术——FTTx 接入和无线侧基站（4G&5G）建设，均是当前运营商的投资建设热点。

任务 8.1　FTTx 工程设计

【任务描述】

掌握 FTTx 的概念，掌握光接入设备安装工程中的关键问题，掌握光接入线路工程设计的方法。能够根据客户要求，完成光纤接入网工程的设计，编制施工图纸和预算文件。

【任务目标】

- 掌握 FTTx 的概念。
- 掌握光接入设备安装工程设计的关键问题。
- 掌握 OLT 覆盖距离计算方法。
- 掌握 OLT 带宽测算方法。
- 掌握光分路器的分光方式设置。
- 掌握馈线光缆、配线光缆及入户光缆的选择。
- 能根据要求，完成小型光纤到户工程的设计（编制施工图纸和预算文件）。
- 培养学生严谨求实的职业责任感。

扫一扫看
无源光网
络技术

8.1.1　认识 FTTx

FTTx 是新一代的光纤用户接入网，用于连接电信运营商和终端用户。FTTx 的网络可以是有源光纤网络，也可以是无源光网络。由于有源光纤网络的成本相对较高，实际上在用户接入网中应用很少，所以目前 FTTx 网络应用的都是无源光网络（PON）技术。

FTTx 采用光纤媒质，将光纤从局端位置向用户端延伸。在光接入网中，光网络单元（ONU）的位置有很大的灵活性，如图 8-1 所示。按照 ONU 在接入网中所处位置的不同，可以将光接入网划分为几种不同的基本应用类型，即光纤到路边（FTTC）、光纤到大楼（FTTB）、光纤到办公室（FTTO）及光纤到户（FTTH）。FTTH 是光纤接入最理想的方式和最终目标，由于成本、用户需求和市场等方面的原因，大规模部署 FTTH 还需要一个过程。目前比较经济的做法是，别墅和高档社区采用 FTTH 解决方案，商业楼宇多采用 FTTO 方案，其他环境大都采用 FTTB 和 FTTH 相结合的解决方案。自 2010 国家开展三网融合试点工作以来，国内宽带市场竞争进一步加剧，电信、联通、移动三大运营商都加大了 FTTH 的建设力度。

FTTx 是无源光网络技术的典型应用，业内目前广泛应用的 PON 技术有 EPON 和 GPON，从产业链发展、技术成熟度、芯片成熟度、设备成本等各方面比较，GPON 的市场发展速度慢于 EPON。

光接入网设计按专业划分为设备安装工程设计和光缆线路工程设计两大类。

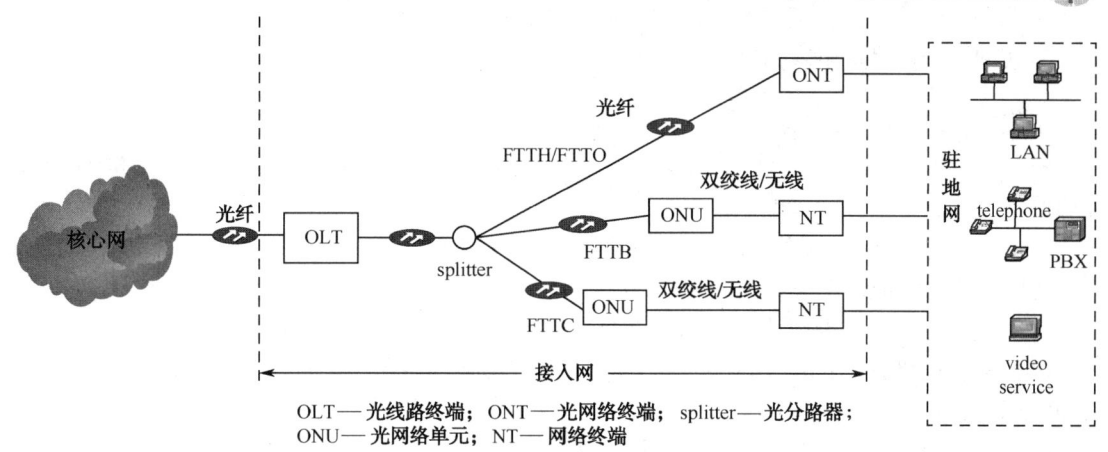

图 8-1 典型 FTTx 的概念

设备安装工程设计主要完成设备的选型和配置、OLT 设备和 ONU 设备的安装和线缆的布放、ONU 设备的电源引入和地线安装设计。光缆线路工程设计主要完成光分配网络（ODN）光缆路由选择、各程式光缆的敷设与安装及光缆线路防护设计等。

FTTx 建设的成功与否关键在于 ODN 的设计，设计中的关键问题包括：OLT 局点位置的选择、OLT 覆盖范围、分光架构及光分路器位置的选择、不同建筑和应用场景下入户光缆的连接等，最终目标就是实现建设方案在经济性、实用性、灵活性、可靠性、可管理性和可维护性等几方面的平衡。在 FTTB 和 FTTO 场景中，不包括入户后 ODN 部分的网络覆盖，无须考虑入户光缆的布放问题。

下面说明光接入网设计中的一些关键问题。

8.1.2 设备安装工程设计

1．OLT（光线路终端）设备部署

OLT 设备的部署位置应根据覆盖范围内的用户数、通信管道、光缆引入等因素综合考虑，将 OLT 设备安装在最经济、最合适的位置。OLT 设备原则上放在局端，集中放置在局端便于网络的集中维护管理，也可以大大减少对接入点的投资。对于 FTTH 用户密集、用户数大的区域，可考虑将 OLT 设备放置在位于接入主干光缆上的大的接入点机房中。

OLT 设备的 PON 口数量，应根据需求按照 20%～30%冗余考虑，对 OLT 设备的重要板卡需进行冗余保护配置。

2．用户数预测与 ONU 设备配置

要确定 ONU 设备的数量，首先需对用户数进行预测，通常根据楼宇住户数结合入住率进行估算：用户数=住户数×入住率。对于多运营商共存的区域，对 ONU 设备数量的预测，还需要考虑运营商的市场占有率，设计时，可根据建设单位的数据进行取定。大多数情况下，出于市场开拓需要，在进行 ONU 设备数量预测时不考虑市场占有率的影响。

考虑到小区用户入住率是个缓慢增加的过程，为了减少初期工程投资，降低投资风险，将 ONU 设备按分阶段安装的方式进行配置，先按 1～2 年的入住率进行配置。随着小区用户入住率提高，现有 ONU 设备不能满足用户需求时，再逐步进行扩容，新增 ONU 设备。相应的电源、地线设置则考虑后期多次施工困难，宜一次布置到位。

3．ONU 设备供电解决方案

工程中，ONU 设备常见的供电解决方案有如下几种。

（1）普通市电：断电时 ONU 设备会马上停止工作，用户可以采用手机等替代通信设备进行通信。

（2）电梯用电备用：ONU 设备与楼宇电梯共用一路电力线。电梯用电相对普通市电来说，有一定的保证，一般情况下不会停电。

（3）蓄电池备用：为楼道设备间内置的 ONU 设备配置蓄电池或 UPS 设备。

（4）机房远供备用：从小区机房额外布设电力线到设备所在位置（一般为楼道），从机房给 ONU 设备供电。

在工程设计中需要针对不同用户的特点采用不同的供电解决方案。对于普通用户建议接普通市电，但存在停电的可能。对于重要大客户，可考虑配备蓄电池。

8.1.3 ODN 设计

ODN 作为 FTTx 系统的重要组成部分，是 OLT 和 ONU 设备之间的光传输物理通道，通常由光纤光缆、光连接器、光分路器及安装、连接这些器件的配套设备组成。ODN 包括 6 个部分：ODF、馈线光缆段、光缆分配点、配线光缆段、用户接入点和入户光缆段。从中心机房的 ODF 到光缆分配点的馈线光缆段，作为主干光缆实现长距离覆盖；从光缆分配点到用户接入点的配线光缆段，对馈线光缆段的沿途用户区域进行光纤的就近分配；从用户接入点到终端的入户光缆段，实现光纤入户。

1．OLT 覆盖距离计算

扫一扫看光纤链路功率预算

FTTx 光功率预算编制方法借鉴了光传输系统中光功率预算的最坏值设计法，即所有参数均取最坏值的计算方法，可以保证系统在寿命终了时仍符合传输性能指标。ODN 光通道损耗计算公式如下：

ODN 光通道损耗=光纤损耗系数×传输距离+光分路器插入损耗+活动连接头损耗

在进行 ODN 组网规划时，应保证 ODN 光通道损耗满足：

ODN 光通道损耗+光缆线路富余度<EPON R-S 允许的最大衰耗

计算时相关参数取定如下：

① EPON 系统采用 1000BASE-PX20 接口时，上、下行 R-S 允许的最大衰耗都是 25dB（考虑 1dB 的光通道代价）；GPON 系统上、下行 R-S 允许的最大衰耗取 29dB。

② 光纤损耗系数（含熔接损耗）：0.4dB/km（上行方向 1310nm 波长），0.3dB/km（下行方向 1490nm 波长）。

③ 活动连接头损耗：每个活动连接头取 0.5dB。

④ 光缆线路富余度：传输距离≤10km 时，取 2dB；传输距离>10km 时，取 3dB。

⑤ 光分路器插入损耗取定见表 8-1。

表 8-1 光分路器插入损耗

光分路器类型	1：2	1：4	1：8	1：16	1：32	1：64
平均插入损耗/dB	3.6	7.3	10.7	14.0	17.5	20.8

对于 1000Base-PX20 接口，假定采用 1：32 光分路器，7 个活动连接头（城市典型情况，

传输距离≤10km），则根据上述光功率预算，其下行信号传输距离为：

$$L=(25-17.5-0.5×7-2)/0.3≈6.7km$$

上行信号传输距离为：

$$L=(25-17.5-0.5×7-2)/0.4＝5km$$

所以在城区，使用1：32光分路器，在ODN链路中使用了7个活动连接头的情况下，EPON OLT的覆盖距离为5km。对于覆盖距离大于5km的场景（如农村地区），可以通过采用小的光分路比、减少活动连接头数量等方式解决OLT的长距离覆盖问题。

2．OLT带宽测算

FTTx网络的带宽测算包括两个方面的内容。
① 单个PON系统内的带宽测算。
② OLT上联的带宽测算。
具体带宽计算公式为：

$$\sum_{\text{所有业务}}(\text{业务分配带宽}×\text{业务用户比率}×\text{集中比}×\text{流量占空比})×\text{总用户数}/\text{带宽冗余系数}$$

① 业务分配带宽见表8-2。
② 业务用户比率、总用户数：OLT上联带宽规划时对应OLT带的所有用户，PON系统内带宽规划时对应PON带的所有用户。
③ 集中比（并发率）：可根据不同地区、不同客户群实际情况进行设定，可取50%。
④ 流量占空比：上网业务一般取50%，但IPTV业务不取流量占空比。
⑤ 带宽冗余系数：PON系统内取90%，OLT上联取65%。

表8-2　业务分配带宽

业务类型	下行带宽	上行带宽
上网业务	2Mb/s	1Mb/s
IPTV视频（标清）	2Mb/s	
IPTV视频（高清）	6Mb/s	
VOD	3Mb/s	
语音电话	100kb/s	100kb/s
可视电话	1Mb/s	1Mb/s

3．分光方式

ODN结构以树形为主，不采用三级或三级以上的分光方式。一级分光需要占用较多的主干和配线光缆，但在减少故障点、故障定位、PON系统带宽优化方面比二级分光更有优势，在组网时尽量采用一级分光方式；从提高光缆使用效率的角度出发，在用户较分散的场合，可应用二级分光方式。

4．光分路器的设置

在光链路预算允许的条件下，尽量选择分光比大的光分路器（也称分光器）。采用一级分光的情况下EPON建议采用1：32或1：64的光分路器，GPON建议采用1：64或1：128的光分路器。具体的分光比选择应与OLT的覆盖范围、ODN的建设方式统筹进行考虑。

光分路器应尽量靠近用户。除有特殊要求的大客户可以采用2：n的光分路器外，对于普通用户，宜采用 1：n 光分路器。后期若用户对带宽需求逐步提高，可通过增加光分路器数量、降低光分路器下面所带 ONU 设备个数的方式进行网络优化。

典型的光分路器设置方式（EPON）有两种，如图 8-2 所示。

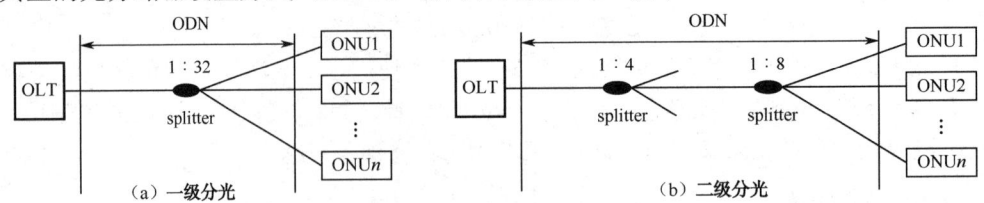

图 8-2　典型分光器设置方式（EPON）

5．接入光缆

ODN 网络以树形结构为主，包括馈线光缆段、配线光缆段和入户光缆段 3 个段落。段落之间的光分支点分别为光缆分配点、用户接入点。FTTx 网络接入光缆分层结构如图 8-3 所示。

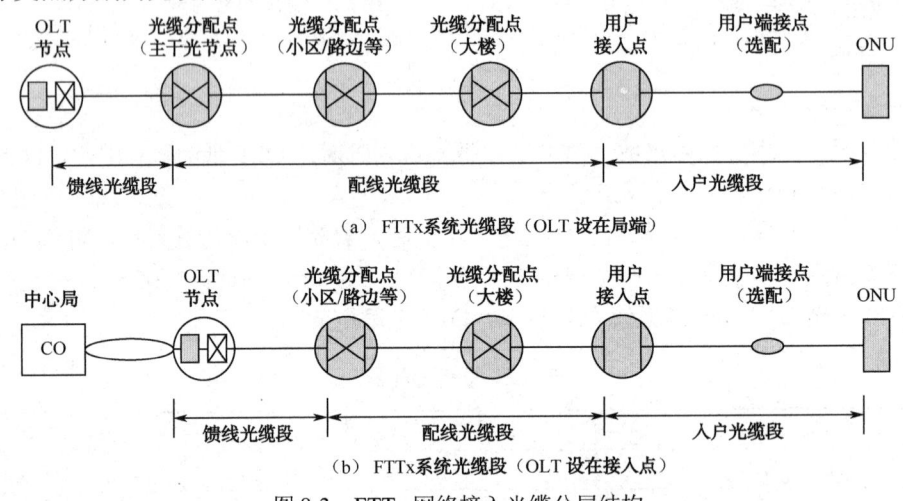

图 8-3　FTTx 网络接入光缆分层结构

（1）馈线光缆

根据使用环境的不同，馈线光缆可选择管道、架空、直埋等不同的敷设方式。常用的光缆型号有 GYTA、GYTS、GYTY-53、GYTA-53、ADSS 等。

馈线光缆的芯数与数量应根据网络布局和光缆分配点的数量合理规划，并留有适当的冗余。

（2）配线光缆

配线光缆，尤其是高密度住宅楼 FTTH 网络的配线光缆，由于芯数相对较大，分歧下纤的数量较多，宜选用光纤组装密度较高且缆径相对较小、开放式装纤结构的带状光缆。同时，由于小区管道人孔间距近，施工拐点多，配线光缆需具备良好的弯曲和扭转性能。配线光缆的芯数应根据小区布局、建筑结构、用户数量合理规划，并适当留有冗余。

工程中推荐使用骨架式光纤带光缆、室内了单元配线光缆、微束管室内室外光缆。典型配线光缆特点比较如表 8-3 所示。

表 8-3　典型配线光缆特点比较

光　　缆	特　　点	适 用 场 合
骨架式光纤带光缆	全干式阻水结构，便于施工和维护；具备良好的抗弯曲和抗侧压性能；便于分歧；便于开剥；成本相对较高	适合在高层楼宇垂直布放、大型小区室外布放

续表

光　　缆	特　　点	适用场合
室内子单元配线光缆	子单元光缆结构，分歧操作方便；光纤保护良好，便于楼内长距离敷设；阻燃	适合在室内垂直层面布放，每次分出1个单元光纤接分线盒
微束管室内室外光缆	半干式结构，室内室外两用光缆；柔软；松套管；高强度；防水阻燃；一般为中小芯数（48芯以下）	适合低层楼宇应用，由室外引入，直接在楼内垂直层面布放

（3）入户光缆

PON 系统每个 ONU 设备收发信号仅需 1 根光纤进行传输，对于住宅用户和一般企业用户可按一户一纤配置；对于重要用户或有特殊要求的用户，应考虑提供保护。

由于楼层间或者楼道中的环境比较复杂，FTTH 的入户光缆应具备结构简单，操作方便，抗拉、抗扰、抗侧压性能好，便于楼内穿管布放，低烟无卤阻燃等特点。入户光缆的长度应根据现场的实际情况确定，不宜采用带有固定光纤插头的定长光缆。入户光缆宜采用小弯曲半径光纤。

建议使用如下两种光缆："8"字形皮线光缆、室内外通用型皮线光缆（管道型、架空型"8"字缆），两种入户光缆特点如表8-4所示。

表8-4　两种入户光缆特点

光　　缆	特　　点	适用场合
"8"字形皮线光缆	易于施工，成本较普通光缆稍高	纯室内应用，适合大规模采用，与冷接子等光器件结合应用，更具优势
室内外通用型皮线光缆（管道型、架空型"8"字缆）	易于施工，可以同时满足室内外布放的需求，入户后，把护套或自承芯剥离即为普通皮线光缆	适合由室外直接入户的场合应用，一般用在低密度区域（别墅、商铺等）

对于有多芯光纤需求的用户，也可根据具体的敷设方式选择相应的普通光缆。使用普通光缆时，光缆的接续宜采用热熔接方式，在使用皮线光缆，特别是单个用户安装时，建议采用冷接子机械接续方式。

8.1.4　FTTx 工程设计案例

扫一扫看光纤接入网管线勘测

1．预算编制说明

（1）工程概况

湖北省武汉市××小区共 16 栋住宅楼，共计 2026 户。本期拟采用 FTTH（光纤到户）方式向××小区用户提供高质量的宽带、语音等服务。

本设计为××小区 FTTH 接入工程一阶段设计。工程预算含税价为 760470.2 元。

FTTH 线路工程部分包括：光缆线路的敷设与防护设计、光分路器的安装设计、塑料线槽及皮线光缆的敷设。

骨干上联光缆：从长丰大道平安城市光交信息网络管道布放 1 条 12 芯主干光缆到××小区新建机房内 ODF 架，共计 12 芯光缆布放 2.7km。

接入网光缆：本期工程需从新增光分配架布放 1 条 24 芯光缆到××小区新建光缆（288 芯）交接箱。在光缆交接箱（简称光交箱）内布放 7 条光缆：3 条 24 芯配线光缆通过接头分支，沿电力管道分别至 1#楼、2#楼、4#楼、5#楼、6#楼、7#楼、8#楼、9#楼、12#楼、13#楼、14#楼、16#楼内新建 96 芯光分箱；4 条 6 芯配线光缆沿电力管道分别至 3#楼、10#楼、11#楼、15#楼内新建 96 芯光分箱；由各楼内新装 96 芯光分箱共分支 38 条 24 芯光缆与 4 条 48 芯光缆到各单元新装 24 芯分纤盒与 32 芯分纤盒。配线光缆以各光分箱为中心呈星形墙壁敷设至各个智能终端箱。

本工程共需 288 芯光缆交接箱 1 台，96 芯光分箱 16 台，24 芯分纤盒 38 个，32 芯分纤盒 4 个，12 芯接头盒 1 个，24 芯接头盒 3 个。共布放 6 芯光缆 2949m，12 芯光缆 2706m，24 芯光缆 6254m，48 芯光缆 356m。

本工程 FTTH 设备安装工程部分包括：局端 OLT 设备跳纤，光交箱及光分箱安装等。采用 GPON 技术，业务汇聚至××小区机房 OLT 设备上，1 个 GE 上联，OLT 新配 2 块 8 口 PON 板。

主要工程量见表 8-5。

表 8-5 主要工程量

序 号	工程量名称	单 位	数 量
1	安装蓄电池抗震架（双层单列）	m	0.6
2	安装 48V 蓄电池组（200A·h 以下）	组	4
3	安装组合式开关电源（300A 以下）	架	1
4	安装墙挂式交、直流配电箱	台	1
5	安装室内接地排	个	1
6	敷设室内接地母线	10m	1.5
7	接地网电阻测试	组	1
8	安装电缆走线架	m	20
9	安装光分配架（整架）	架	1
10	设备机架之间放、绑软光纤（15m 以下）	条	82
11	设备机架之间放、绑软光纤（15m 以上）	条	4
12	布放电力电缆（单芯相线截面积 35mm² 以下）	十米·条	18
13	安装列内电源线	列	1
14	封堵光（电）缆洞	处	2
15	安装测试基本子架及公共单元盘（架式）	套	1
16	安装接口盘	块	2
17	OLT 设备本机测试（上联 SNI 接口）	端口	1
18	OLT 设备本机测试（下联光接口）	端口	16
19	机架（箱）内安装光分路器（安装高度 1.5m 以下）	台	16
20	光分路器本机测试（1∶64）	套	16
21	开挖管道沟及人（手）孔坑（普通土）	100m³	0.143
22	回填土方（夯填原土）	100m³	0.116
23	手推车倒运土方（砂子）	100m³	6
24	敷设塑料管道 2 孔（2×1）	100m	0.27
25	敷设塑料管道 4 孔（2×2）	100m	20
26	砖砌配线手孔（一号手孔）（SK1）	个	2
27	砂浆抹面（1∶2.5）	m²	0.6
28	直埋光（电）缆工程施工测量	100m	0.24
29	管道光（电）缆工程施工测量	100m	55.84
30	敷设管道光缆（12 芯以下）	千米·条	5.655
31	敷设管道光缆（24 芯以下）	千米·条	4.582
32	敷设管道光缆（48 芯以下）	千米·条	0.22

续表

序 号	工程量名称	单 位	数 量
33	打人(手)孔墙洞砖砌人孔(3孔管以下)	处	3
34	布放槽道光缆	百米·条	18.08
35	光缆成端接头(束状)	芯	2472
36	安装光缆落地式交接箱(288芯以下)	个	1
37	浇砌交接箱基座	m³	1
38	光缆接续(12芯以下)	头	1
39	光缆接续(24芯以下)	头	4
40	安装墙挂式交接箱(600对以下)	个	16
41	用户光缆测试(12芯以下)	段	16
42	用户光缆测试(24芯以下)	段	43
43	用户光缆测试(36芯以下)	段	4
44	人工开挖混凝土路面(路面厚度100mm以内)	100m²	0.075
45	丘陵、水田、城区敷设埋式光缆(36芯以下)	千米·条	0.028
46	安装壁挂式光分箱	箱	42
47	打穿楼墙洞(混凝土墙)	个	482
48	敷设塑料线槽(100mm宽以下)	100m	14.46

(2)编制依据

① 工信部通信[2016]451号《工业和信息化部关于印发信息通信建设工程预算定额、工程费用定额及工程概预算编制规程的通知》。

② 财建[2016]504号《财政部关于印发〈基本建设项目建设成本管理规定〉的通知》。

③ 发改价格[2015]299号《国家发展改革委关于进一步放开建设项目专业服务价格的通知》。

④ ××联通分公司与各设备商签订的设备采购合同。

⑤ ××联通分公司网建部及相关部门提供的材料价格清单。

(3)有关费用与费率的取定

有关单价、费率及费用,除已明确规定者外,其余有关费率、费用的取定说明如下。

① 施工地点未超过26km,不计取施工队伍调遣费。

② 设备和主材运距按100km计列。

③ 本工程主要材料费按××联通分公司网建部及相关部门提供的材料价格清单计取。

2. 图纸

扫一扫看
小区接入
工程勘察
草图绘制

(1)网络结构图,见图8-4。
(2)小区机房平面图,见图8-5。
(3)小区机房布线图,见图8-6。
(4)OLT设备面板图,见图8-7。
(5)主干光缆系统图,见图8-8。
(6)光缆系统图(一),见图8-9。
(7)光缆系统图(二),见图8-10。
(8)光缆路由图(一),见图8-11。
(9)光缆路由图(二),见图8-12。

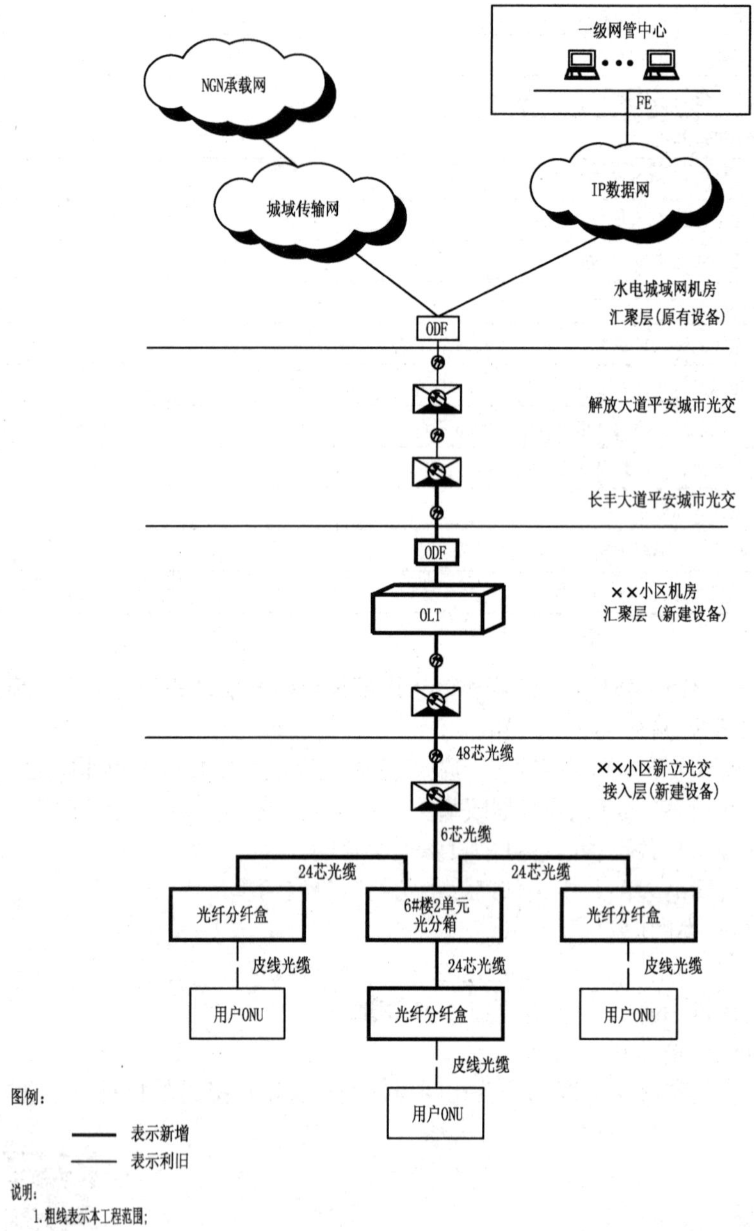

图 8-4 网络结构图

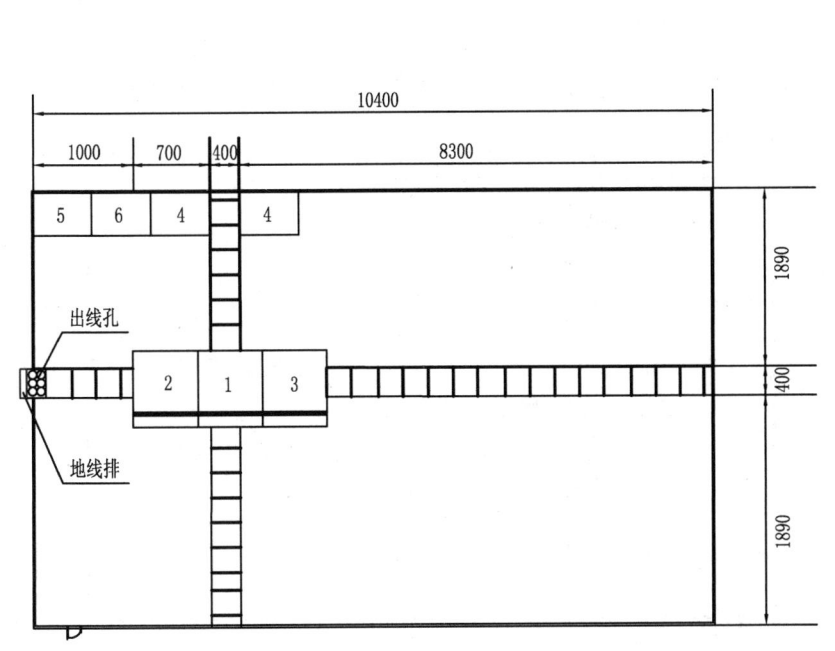

图 8-5 小区机房平面图

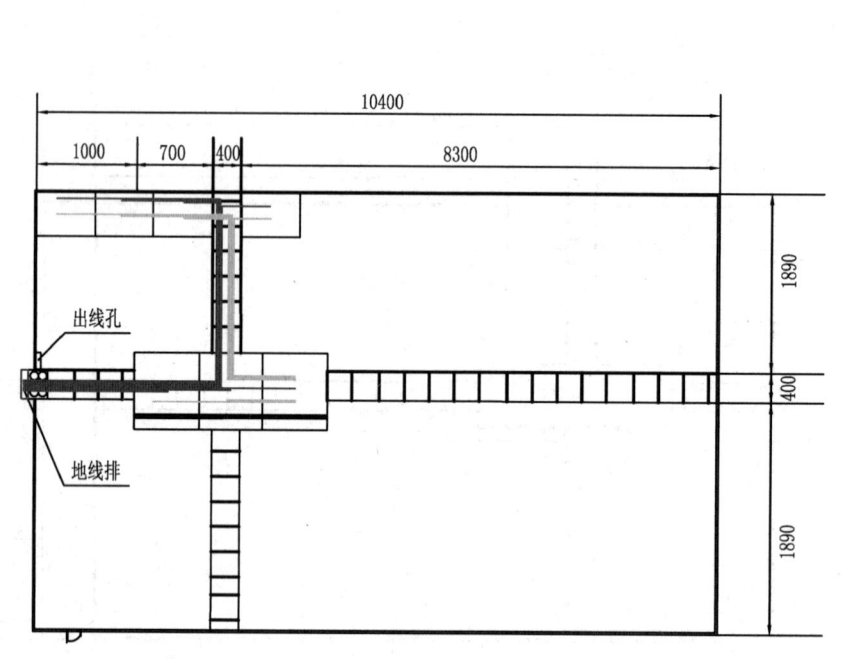

布线表

序号	设备名称	规格	外形尺寸（长×宽×高）/mm³	数量	备注
1	OLT		2200×600×600	4	至地线排
2	ODF架		2200×900×600	4	至地线排
3	直流配电柜		1600×600×600	4	至地线排
4	蓄电池组			5	至地线排
5	空调	2.5匹		6	至地线排
6	电源箱			6	至地线排
7	OLT		2200×600×600	3	至电源箱
8	ODF架		2200×900×600	3	至电源箱
9	蓄电池组			5	至电源箱
10	空调	2.5匹		6	至电源箱
11	电源箱			6	至电源箱

审　定		单项负责人		××设计院	
部门主管		设计人			
审　核		制　图		××小区（南区）机房布线图	
总负责人		单　位	mm		
专业负责人		日　期	2011.01	图号	10158(1)-JR(3)-03

图 8-6　小区机房布线图

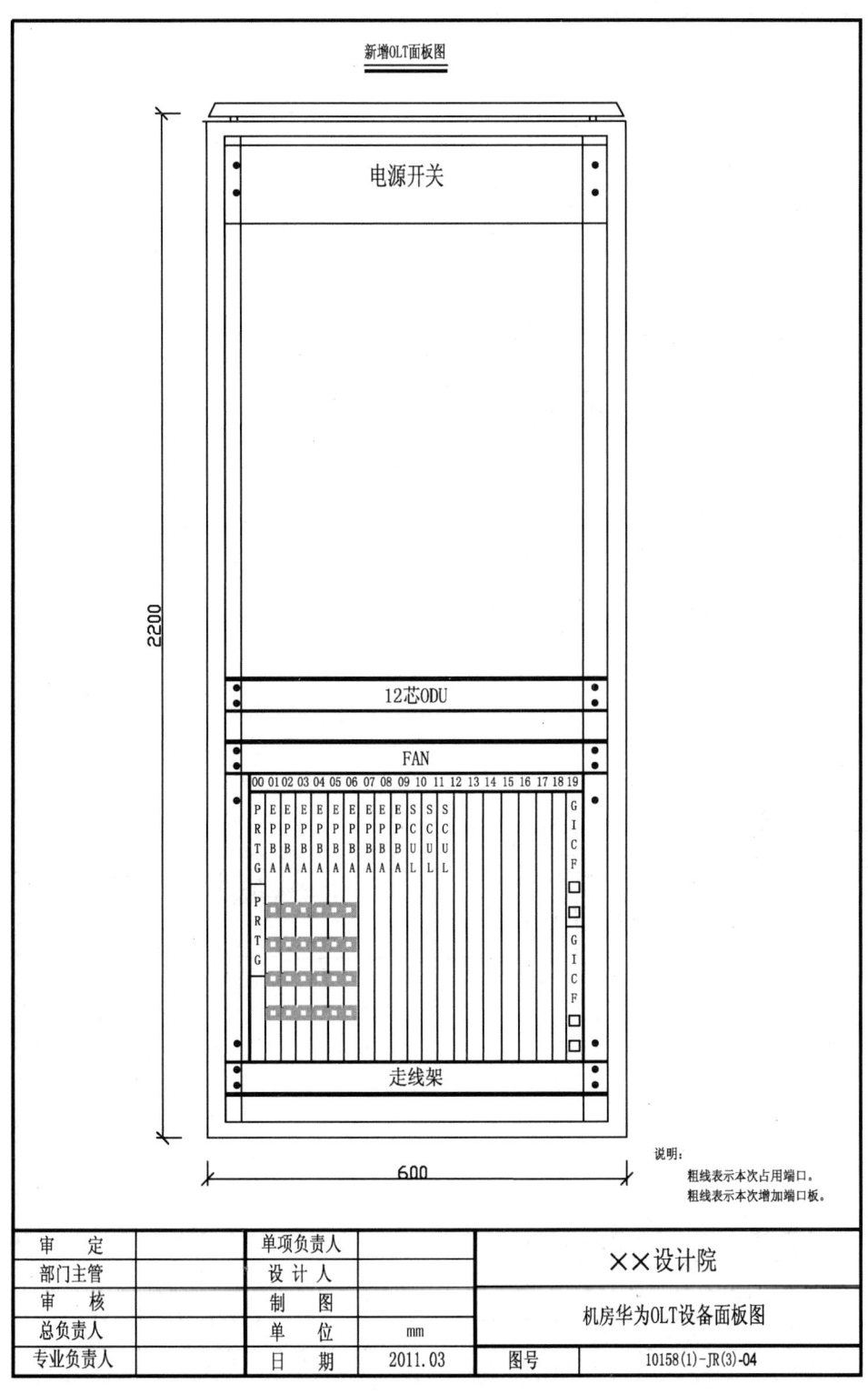

图 8-7 OLT 设备面板图

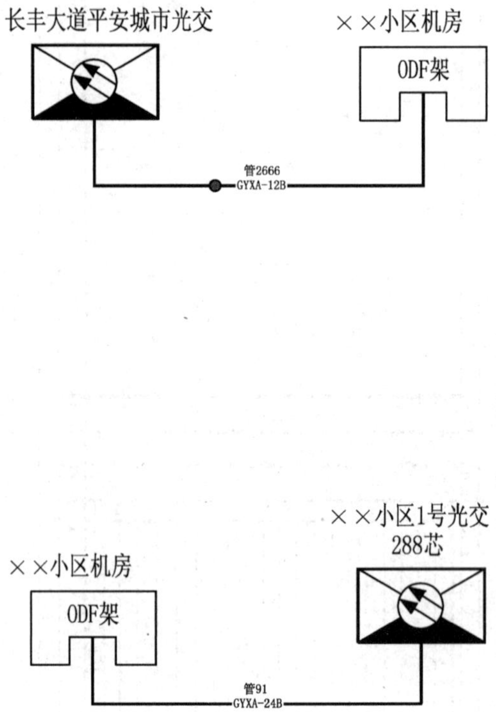

图 8-8 主干光缆系统图

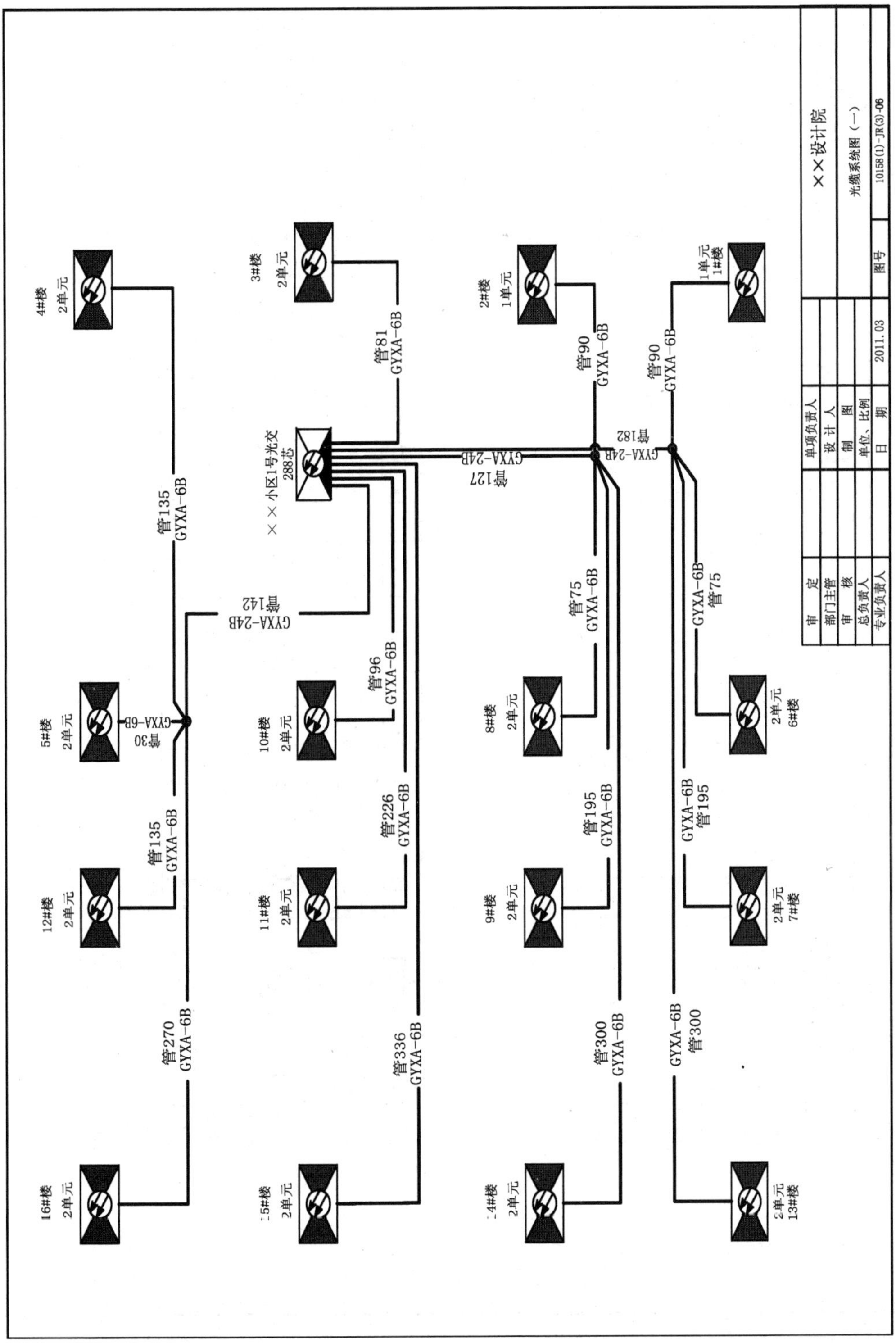
××设计院
光缆系统图（一）
10158(1)-JR(3)-06
图号
2011.03
单项负责人
设计人
制图
单位、比例
日期
审定
部门主管
审核
总负责人
专业负责人
××小区1号光交
288芯
管127
GYXA-24B
管182
GYXA-24B
管142
GYXA-24B
管81
GYXA-6B
管90
GYXA-6B
管90
GYXA-6B
管135
GYXA-6B
管30
GYXA-6B
管135
GYXA-6B
管270
GYXA-6B
管96
GYXA-6B
管226
GYXA-6B
管336
GYXA-6B
管75
GYXA-6B
管195
GYXA-6B
管300
GYXA-6B
管75
GYXA-6B
管195
GYXA-6B
管300
GYXA-6B
4#楼 2单元
3#楼 2单元
2#楼 1单元
1#楼 1单元
5#楼 2单元
10#楼 2单元
8#楼 2单元
6#楼 2单元
12#楼 2单元
11#楼 2单元
9#楼 2单元
7#楼 2单元
16#楼 2单元
15#楼 2单元
14#楼 2单元
13#楼 2单元

图 8-9 光缆系统图（一）

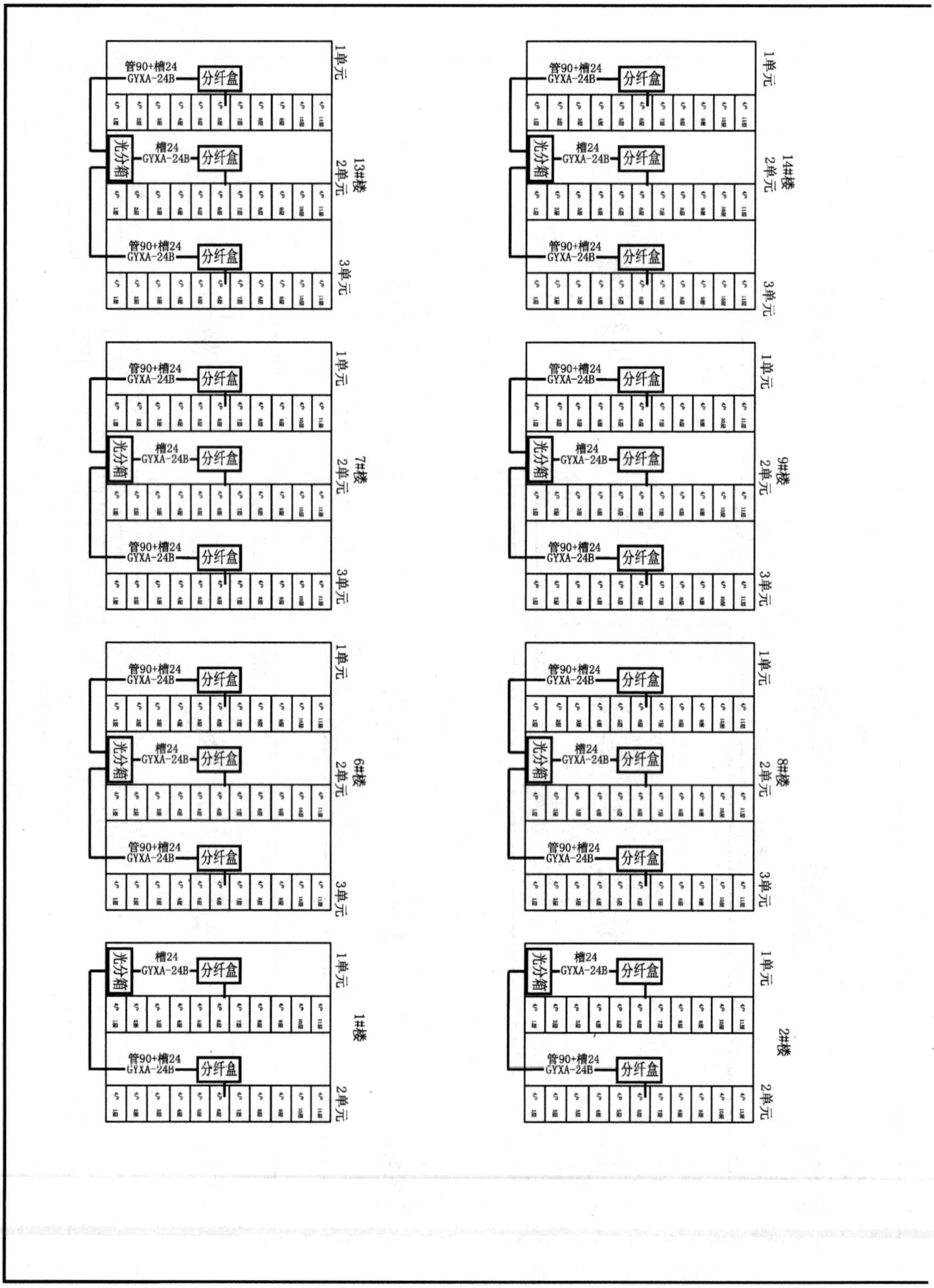

图8-10 光缆

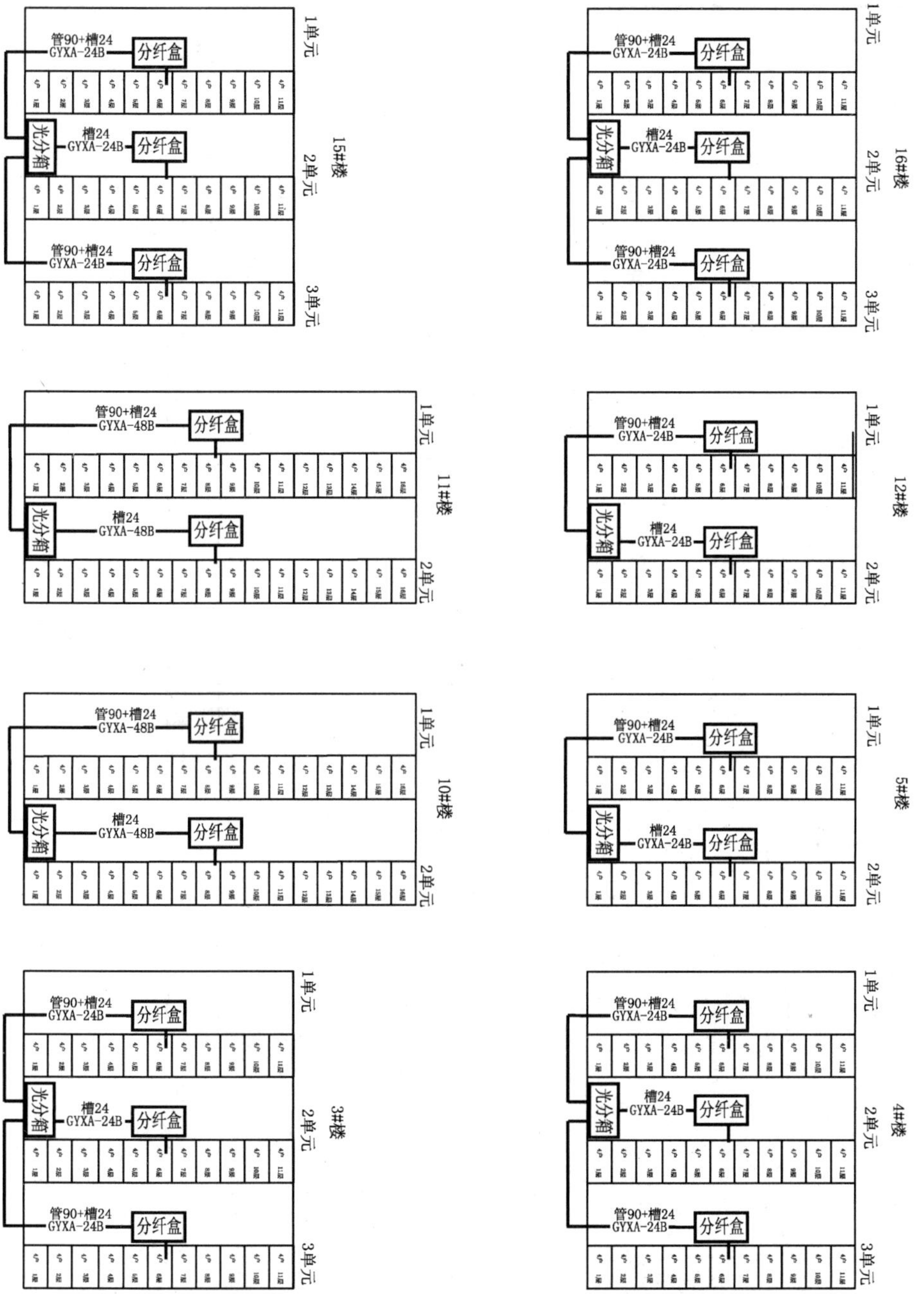

审　定		单项负责人		××设计院	
部门主管		设 计 人			
审　核		制　图		光缆系统图（二）	
总负责人		单位、比例			
专业负责人		日　期	2011.03	图号	10158(1)-JR(3)-07

系统图（二）

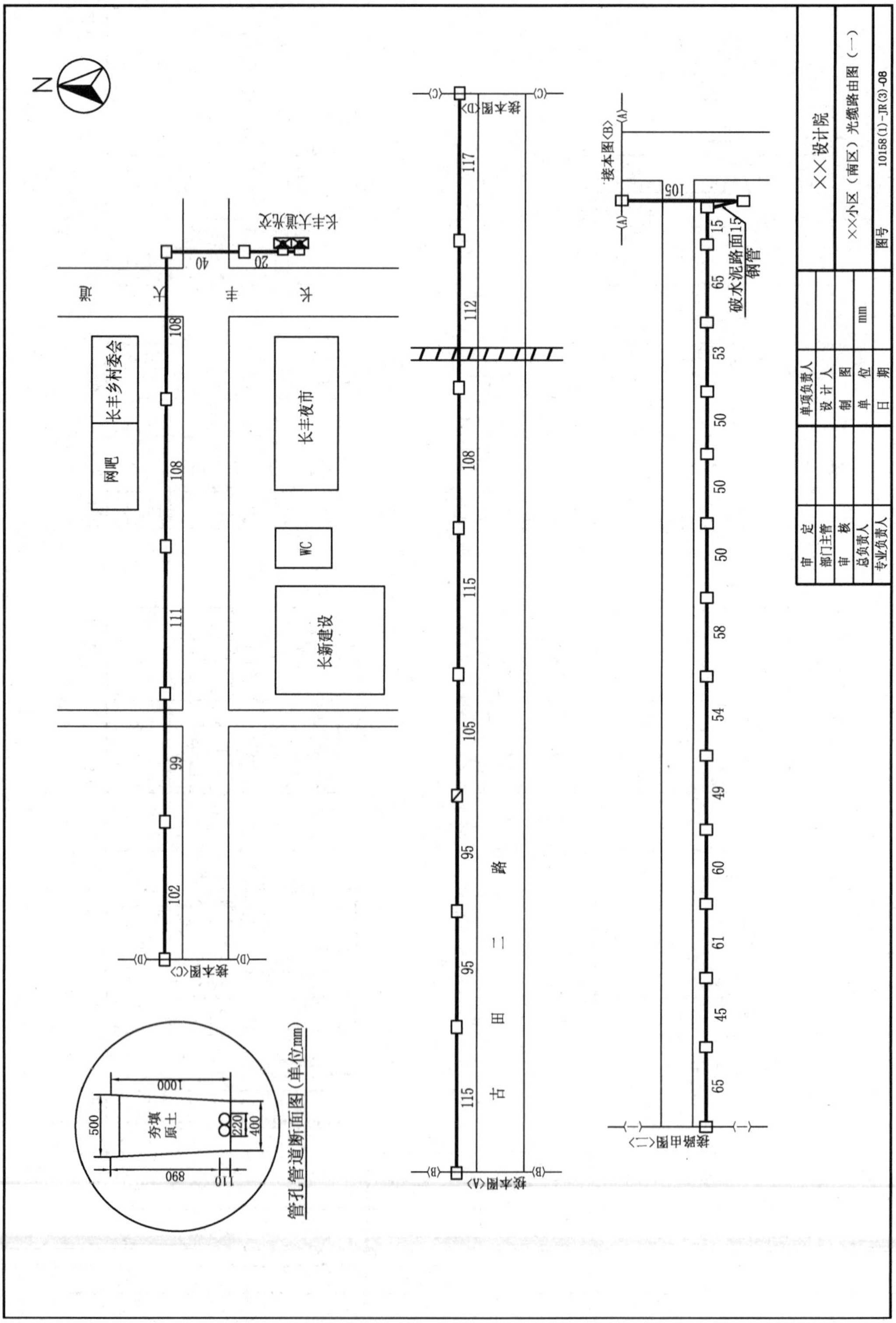
××设计院
××小区（南区）光缆路由图（一）
图号
10158(1)-JR(3)-08
审 定
部门主管
审 核
总负责人
专业负责人
单项负责人
设 计 人
制 图
单 位
日 期
mm
长丰大道光交
长 丰 大 道
长丰乡村委会
网吧
长丰夜市
WC
长新建设
古 田 二 路
破水泥路面15
钢管
接本图<A>
接本图<B>
接本图<C>
接本图<D>
管孔管道断面图(单位mm)
夯填原土
1000
890
500
400
220
110

图 8-11 光缆路由图（一）

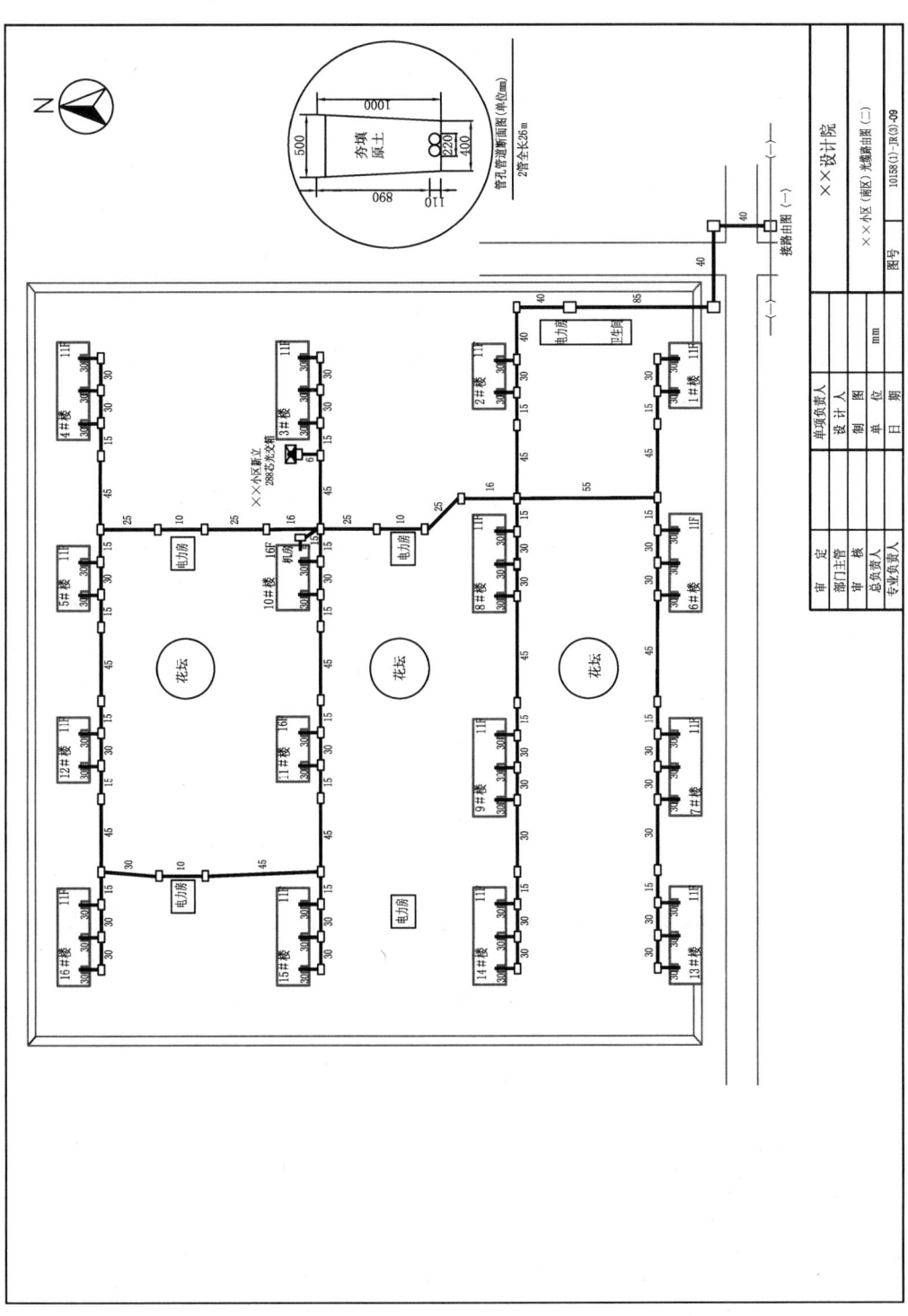

图 8-12 光缆路由图（二）

3. 预算表格

（1）建设项目总预算表

建设项目总预算表（汇总表）见表8-6，表格编号：HZ-1。

表8-6 建设项目总预算表（汇总表）

项目名称：××小区FTTH接入工程　　　　建设单位名称：　　　　表格编号：HZ-1　　　全　页

序号	表格编号	工程名称	小型建筑工程费	需安装的设备费	不需安装的设备、工器具费	建筑安装工程费	其他费用	预备费	总价值			生产准备及开办费
									除税价	增值税	含税价 外币（ ）	
			/元									/元
I	II	III	IV	V	VI	VII	VIII	IX	X	XI	XII	XIII	XIV
1	SB-B1	设备安装		96647.63		23112.16	10169.52	3897.88	133827.19	15772.29	149599.48		
2	XL-B1	光缆线路工程				472098.31	62557.92	21386.25	556042.48	54828.20	610870.68		
3													
		总计		96647.63		495210.5	72727.44	25284.13	689869.7	70600.49	760470.2		

负责人：××　　　　审核人：××　　　　编制人：××　　　　编制日期：××××年××月

（2）××小区FTTH接入工程——设备安装

① 工程预算总表（表一），见表8-7，表格编号：SB-B1。
② 建筑安装工程费用预算表（表二），见表8-8，表格编号：SB-B2。
③ 建筑安装工程量预算表（表三）甲，见表8-9，表格编号：SB-B3J。
④ 建筑安装工程施工机械使用费预算表（表三）乙，见表8-10，表格编号：SB-B3Y。
⑤ 建筑安装工程仪器仪表使用费预算表（表三）丙，见表8-11，表格编号：SB-B3B。
⑥ 国内器材预算表（表四）甲（国内材料）表，见表8-12，表格编号：SB-B4JA。
⑦ 国内器材预算表（表四）甲（国内安装设备）表，见表8-13，表格编号：SB-B4JB。
⑧ 工程建设其他费预算表（表五）甲，见表8-14，表格编号：SB-B5J。

表8-7 工程预算总表（表一）

建设项目名称：××小区FTTH接入工程
单项工程名称：设备安装　　　　建设单位名称：　　　　表格编号：SB-B1　　　第　页

序号	表格编号	费用名称	小型建筑工程费	需安装的设备费	不需安装的设备、工器具费	建筑安装工程费	其他费用	预备费	总价值			外币（ ）
									除税价	增值税	含税价	
			/元									
I	II	III	IV	V	VI	VII	VIII	IX	X	XI	XII	VIII
1	SB-B2	建筑安装工程费				23112.16			23112.16	2236.72	25348.88	

续表

序号	表格编号	费用名称	小型建筑工程费	需安装的设备费	不需安装的设备、工器具费	建筑安装工程费	其他费用	预备费	总价值 /元			外币（ ）
									除税价	增值税	含税价	
I	II	III	IV	V	VI	VII	VIII	IX	X	XI	XII	VIII
2	SB-B4JB	需安装的设备费		96647.63					96647.63	12564.19	109211.82	
3		小型建筑工程费										
4		工程费		96647.63		23112.16			119759.79	14800.91	134560.70	
5	SB-B5J	工程建设其他费					10169.52		10169.52	620.57	10790.09	
6		合计		96647.63		23112.16	10169.52		129929.31	15421.48	145350.79	
7		预备费（合计×3%）						3897.88	3897.88	350.81	4248.69	
		总计		96647.63		23112.16	10169.52	3897.88	133827.19	15772.29	149599.48	

设计负责人：×× 　　　审核人：×× 　　　编制人：×× 　　　编制日期：××××年××月

表 8-8　建筑安装工程费用预算表（表二）

建设项目名称：××小区 FTTH 接入工程

单项工程名称：设备安装　　　建设单位名称：　　　表格编号：SB-B2　第　页

序号	费用名称	依据和计算方法	合计/元
I	II	III	IV
	建筑安装工程费（含税价）	一+二+三+四	25348.88
	建筑安装工程费（除税价）	一+二+三	23112.16
一	直接费	（一）+（二）	15991.32
（一）	直接工程费	1+2+3+4	14507.25
1	人工费	（1）+（2）	8781.42
（1）	技工费	技工工日×114	8781.42
（2）	普工费	普工工日×61	
2	材料费	（1）+（2）	4033.00
（1）	主要材料费	详见（表四）甲（国内材料）表	3915.53
（2）	辅助材料费	主材费×3.0%	117.47
3	机械使用费	见（表三）乙	18.00
4	仪表使用费	见（表三）丙	1674.83
（二）	措施项目费	1+2+3+…+15	1484.07
1	文明施工费	人工费×0.8%	70.25
2	工地器材搬运费	人工费×1.1%	96.60
3	工程干扰费		

续表

序号	费用名称	依据和计算方法	合计/元
Ⅰ	Ⅱ	Ⅲ	Ⅳ
4	工程点交、场地清理费	人工费×2.5%	219.54
5	临时设施费	人工费×3.8%	333.69
6	工程车辆使用费	人工费×2.2%	193.19
7	夜间施工增加费	人工费×2.1%	184.41
8	冬雨季施工增加费	人工费×1.8%	158.07
9	生产工具用具使用费	人工费×0.8%	70.25
10	施工用水、电、蒸汽费		
11	特殊地区施工增加费		
12	已完工程及设备保护费	人工费×1.8%	158.07
13	运土费		
14	施工队伍调遣费	单程调遣费定额×调遣人数×2	
15	大型施工机械调遣费	调遣用车运价×调遣运距×2	
二	间接费	（一）+（二）	5364.56
（一）	规费	1+2+3+4	2958.45
1	工程排污费		
2	社会保障费	人工费×28.5%	2502.70
3	住房公积金	人工费×4.19%	367.94
4	危险作业意外伤害保险	人工费×1%	87.81
（二）	企业管理费	人工费×27.4%	2406.11
三	利润	人工费×20.0%	1756.28
四	销项税额	（一+二+三-甲供材料费）×9%+甲材税金	2236.72

设计负责人：×× 　　审核人：×× 　　编制人：×× 　　编制日期：××××年××月

表8-9　建筑安装工程量预算表（表三）甲

建设项目名称：××小区FTTH接入工程
单项工程名称：设备安装　　　　建设单位名称：　　　　　表格编号：SB-B3J　第　页

序号	定额编号	项目名称	单位	数量	单位定额值/工日		合计值/工日	
					技工	普工	技工	普工
Ⅰ	Ⅱ	Ⅲ	Ⅳ	Ⅴ	Ⅵ	Ⅶ	Ⅷ	Ⅸ
1	TSD3-003	安装蓄电池抗震架（双层单列）	m	0.6	0.69		0.41	
2	TSD3-013	安装48V铅酸蓄电池组（200A·h以下）	组	4	3.03		12.12	
3	TSD3-064	安装组合式开关电源（300A以下）	架	1	5.52		5.52	
4	TSD3-078	安装墙挂式交、直流配电箱	台	1	1.42		1.42	
5	TSD6-011	安装室内接地排	个	1	0.69		0.69	
6	TSD6-012	敷设室内接地母线	10m	1.5	1		1.5	
7	TSD6-015	接地网电阻测试	组	1	0.7		0.7	

模块8 通信工程设计

续表

序号	定额编号	项目名称	单位	数量	单位定额值/工日		合计值/工日	
					技工	普工	技工	普工
I	II	III	IV	V	VI	VII	VIII	IX
8	TSY1-046	安装电缆走线架	m	20	0.12		2.4	
9	TSY1-029	安装光分配架（整架）	架	1	2.42		2.42	
10	TSY1-079	设备机架之间放、绑软光纤（15m以下）	条	82	0.29		23.78	
11	TSY1-080	设备机架之间放、绑软光纤（15m以上）	条	4	0.46		1.84	
12	TSY1-090	布放电力电缆（单芯相线截面积35mm^{2}以下）	十米·条	18	0.25		4.5	
13	TSY1-096	安装列内电源线	列	1	1.5		1.5	
14	TSY1-105	封堵光（电）缆洞	处	2	0.8		1.6	
15	TSY2-086	安装测试基本子架及公共单元盘（架式）	套	1	1.05		1.05	
16	TSY2-088	安装接口盘	块	2	0.08		0.16	
17	TSY2-089	OLT设备本机测试（上联SNI接口）	端口	1	0.06		0.06	
18	TSY2-090	OLT设备本机测试（下联光接口）	端口	16	0.06		0.96	
19	TXL7-028	机架（箱）内安装光分路器（安装高度1.5m以下）	台	16	0.2		3.2	
20	TXL7-036	光分路器本机测试（1:64）	套	16	0.7		11.2	

设计负责人：×× 　　审核人：×× 　　编制人：×× 　　编制日期：××××年××月

表8-10 建筑安装工程施工机械使用费预算表（表三）乙

建设项目名称：××小区FTTH接入工程

单项工程名称：设备安装　　　建设单位名称：　　　　　表格编号：SB-B3Y　　第　页

序号	定额编号	项目名称	单位	数量	机械名称	单位定额值		总价值	
						数量	单价	数量	总价值
						/台班	/元	/台班	/元
I	II	III	IV	V	VI	VII	VIII	IX	X
1	TSD6-012	敷设室内接地母线	10m	1.5	交流弧焊机	0.100	120.00	0.150	18.00
		合　计							18.00
		总　计							18.00

设计负责人：×× 　　审核人：×× 　　编制人：×× 　　编制日期：××××年××月

表8-11 建筑安装工程仪器仪表使用费预算表（表三）丙

建设项目名称：××小区FTTH接入工程

单项工程名称：设备安装　　　建设单位名称：　　　　　表格编号：SB-B3B　　第　页

序号	定额编号	项目名称	单位	数量	机械名称	单位定额值		总价值	
						数量	单价	数量	总价值
						/台班	/元	/台班	/元
I	II	III	IV	V	VI	VII	VIII	IX	X
1	TSD6-015	接地网电阻测试	组	1	接地电阻测试仪	0.200	120.00	0.200	24.00
2	TSY2-089	OLT设备本机测试（上联SNI接口）	端口	1	稳定光源	0.100	117.00	0.100	11.70

续表

序号	定额编号	项目名称	单位	数量	机械名称	单位定额值		总价值	
						数量/台班	单价/元	数量/台班	总价值/元
I	II	III	IV	V	VI	VII	VIII	IX	X
3	TSY2-089	OLT 设备本机测试（上联 SNI 接口）	端口	1	光可变衰耗器	0.030	129.00	0.030	3.87
4	TSY2-089	OLT 设备本机测试（上联 SNI 接口）	端口	1	光功率计	0.100	116.00	0.100	11.60
5	TSY2-089	OLT 设备本机测试（上联 SNI 接口）	端口	1	网络测试仪	0.050	166.00	0.050	8.30
6	TSY2-090	OLT 设备本机测试（下联光接口）	端口	16	PON 光功率计	0.050	116.00	0.800	92.80
7	TSY2-090	OLT 设备本机测试（下联光接口）	端口	16	稳定光源	0.050	117.00	0.800	93.60
8	TSY2-090	OLT 设备本机测试（下联光接口）	端口	16	光可变衰耗器	0.050	129.00	0.800	103.20
9	TSY2-090	OLT 设备本机测试（下联光接口）	端口	16	网络测试仪	0.050	166.00	0.800	132.80
10	TXL7-036	光分路器本机测试（1∶64）	套	16	稳定光源	0.320	117.00	5.120	599.04
11	TXL7-036	光分路器本机测试（1∶64）	套	16	光功率计	0.320	116.00	5.120	593.92
		合　　计							1674.83
		总　　计							1674.83

设计负责人：××　　　　审核人：××　　　　编制人：××　　　　编制日期：××××年××月

表 8-12　国内器材预算表（表四）甲

（国内材料）表

建设项目名称：××小区 FTTH 接入工程

单项工程名称：设备安装　　　　建设单位名称：　　　　表格编号：SB-B4JA　第　　页

序号	名称	规格程式	单位	数量	单价/元	合计/元			备注
					除税价	除税价	增值税	含税价	
I	II	III	IV	V	VI	VII	VIII	IX	X
1	电力电缆	RVVZ1×1.5mm²	m	20	1.1	22.00	2.86	24.86	
2	电力电缆	RVVZ1×2.5mm²	m	15	1.5	22.50	2.93	25.43	
3	电力电缆	RVVZ1×4mm²	m	30	2.7	81.00	10.53	91.53	
4	电力电缆	RVVZ1×25mm²	m	30	18.1	573.00	74.49	647.49	
5	电力电缆	RVVZ1×35mm²	m	50	20.7	1035.00	134.55	1169.55	
6	电力电缆	RVVZ3×16+1×6mm²	m	35	45	1575.00	204.75	1779.75	
7	扎带		m	100	0.35	35.00	4.55	39.55	
8	PVC 线槽	40×40mm²	m	50	8.5	475.00	61.75	536.75	
	（1）小计					3818.50	496.41	4314.91	
	（2）电缆类运杂费（序号 1～6 之和 ×1%）					33.09	4.30	37.39	
	（3）塑料及塑料制品类运杂费（序号 7～8 之和×4.3%）					21.93	2.85	24.78	
	（4）运输保险费（（1）×0.1%）					3.82	0.50	4.32	
	（5）采购及保管费（（1）×1%）					38.19	4.96	43.15	

续表

序号	名称	规格程式	单位	数量	单价（元）		合计（元）			备注
					除税价		除税价	增值税	含税价	
I	II	III	IV	V	VI		VII	VIII	IX	X
	（6）采购代理服务费									
	合计（I）：(1)+(2)+(3)+(4)+(5)+(6)						3915.53	509.02	4424.55	
	段合计：合计（I）						3915.53	509.02	4424.55	
	总　计						3915.53	509.02	4424.55	

设计负责人：×× 　　审核人：×× 　　编制人：×× 　　编制日期：××××年××月

表8-13　国内器材预算表（表四）甲
（国内安装设备）表

建设项目名称：××小区FTTH接入工程
单项工程名称：设备安装　　建设单位名称：　　表格编号：SB-B4JB　第　页

序号	名称	规格程式	单位	数量	单价/元	合计/元			备注
					除税价	除税价	增值税	含税价	
I	II	III	IV	V	VI	VII	VIII	IX	X
1	3P空调	柜式	台	1	9000	9000.00	1170.00	10170.00	
2	直流开关电源	PS4875/25-50A	套	1	11000	11000.00	1430.00	12430.00	
3	阀控蓄电池	100A·h（12V）	只	4	750	3000.00	390.00	3390.00	
4	蓄电池架	双层单列	架	1	800	800.00	104.00	904.00	
5	ODF架	600×600×2200mm³	架	1	10000	10000.00	1300.00	11300.00	
6	OLT（GPON）	24个PON口	套	1	28392	28392.00	3690.96	32082.96	
7	双头尾纤	SC/PC-SC/PC（20m）	m	4	45	180.00	23.40	203.40	
8	双头尾纤	SC/PC-SC/PC（5m）	m	8	23	184.00	23.92	207.92	
9	双头尾纤	SC/PC-SC/PC（3m）	m	74	21	1554.00	202.02	1756.02	
10	光分路器	1：64	块	16	1914	30624.00	3981.12	34605.12	
	（1）小计					94734.00	12315.42	107048.42	
	（2）设备类运杂费（(1)×0.8%）					757.87	98.52	856.39	
	（3）运输保险费（(1)×0.4%）					378.94	48.26	428.20	
	（4）采购及保管费（(1)×0.82%）					776.82	100.99	877.81	
	（5）采购代理服务费								按实计取
	合计（I）：(1)+(2)+(3)+(4)+(5)					96647.63	12564.19	109211.82	
	段合计：合计（I）					96647.63	12564.19	109211.82	
	总计					96647.63	12564.19	109211.82	

设计负责人：×× 　　审核人：×× 　　编制人：×× 　　编制日期：××××年××月

表 8-14 工程建设其他费预算表（表五）甲

建设项目名称：××小区 FTTH 接入工程

单项工程名称：设备安装　　　　　　建设单位名称：　　　　　　　　表格编号：SB-B5J　　第　　页

序号	费用名称	依据和计算方法	金额/元			备注
			除税价	增值税	含税价	
Ⅰ	Ⅱ	Ⅲ	Ⅳ	Ⅴ	Ⅵ	Ⅶ
1	建设用地及综合赔补费					
2	项目建设管理费		2395.20	143.71	2538.91	财建〔2016〕504号
3	可行性研究费					
4	研究试验费					
5	勘察设计费	(1)+(2)	5389.19	323.35	5712.54	
(1)	勘察费					
(2)	设计费		5389.19	323.35	5712.54	
6	环境影响评价费					
7	建设工程监理费		2038.45	122.31	2160.76	
8	安全生产费	建筑安装工程费×1.5%	346.68	31.20	377.88	
9	引进技术及进口设备其他费					
10	工程保险费					
11	工程招标代理费					
12	专利及专有技术使用费					
13	其他费用	(1)+(2)				
(1)	自定义费用1					
(2)	自定义费用2					
	总计		10169.52	620.57	10790.09	
14	生产准备及开办费（运营费）					

设计负责人：××　　　　　审核人：××　　　　　编制人：××　　　　　编制日期：××××年××月

(3) ××小区 FTTH 接入工程——光缆线路工程

① 工程预算总表（表一），见表 8-15，表格编号：XL-B1。
② 建筑安装工程费用预算表（表二），见表 8-16，表格编号：XL-B2。
③ 建筑安装工程量预算表（表三）甲，见表 8-17，表格编号：XL-B3J。
④ 建筑安装工程施工机械使用费预算表（表三）乙，见表 8-18，表格编号：XL-B3Y。
⑤ 建筑安装工程仪器仪表使用费预算表（表三）丙，见表 8-19，表格编号：XL-B3B。
⑥ 国内器材预算表（表四）甲（甲供材料）表，见表 8-20，表格编号：XL-B4JJ。
⑦ 国内器材预算表（表四）甲（乙供材料）表，见表 8-21，表格编号：XL-B4JY。
⑧ 工程建设其他费预算表（表五）甲，见表 8-22，表格编号：XL-B5J。

表 8-15 工程预算总表（表一）

建设项目名称：××小区 FTTH 接入工程

单项工程名称：光缆线路工程　　　　　建设单位名称：　　　　　表格编号：XL-B1　　第　　页

序号	表格编号	费用名称	小型建筑工程费	需安装的设备费	不需安装的设备、工器具费	建筑安装工程费	其他费用	预备费	总价值			
						/元			除税价	增值税	含税价	外币（　）
I	II	III	IV	V	VI	VII	VIII	IX	X	XI	XII	XIII
1	XL-B2	建筑安装工程费				472098.31			472098.31	48937.52	521035.83	
2		需安装的设备费										
3		小型建筑工程费										
4		工程费				472098.31			472098.31	48937.52	521035.83	
5	XL-B5J	工程建设其他费					62557.92		62557.92	3965.92	66523.84	
6		合计				472098.31	62557.92		534656.23	52903.44	587558.67	
7		预备费（合计×4%）						21386.25	21386.25	1924.76	23311.01	
8		总计				472098.31	62557.92	21386.25	556042.48	54828.20	610870.68	

设计负责人：××　　　　审核人：××　　　　编制人：××　　　　编制日期：××××年××月

表 8-16 建筑安装工程费用预算表（表二）

建设项目名称：××小区 FTTH 接入工程

单项工程名称：光缆线路工程　　　　　建设单位名称：　　　　　表格编号：XL-B2　　第　　页

序号	费用名称	依据和计算方法	合计/元
I	II	III	IV
	建筑安装工程费（含税价）	一+二+三+四	521035.83
	建筑安装工程费（除税价）	一+二+三	472098.31
一	直接费	（一）+（二）	374012.76
（一）	直接工程费	1+2+3+4	338208.95
1	人工费	（1）+（2）	120958.86
（1）	技工费	技工工日×114	92077.80
（2）	普工费	普工工日×61	28881.06
2	材料费	（1）+（2）	178821.94
（1）	主要材料费	详见（表四）甲	178287.08
（2）	辅助材料费	主材费×3%	534.86
3	机械使用费	见（表三）乙	13117.83
4	仪表使用费	见（表三）丙	25310.32
（二）	措施项目费	1+2+3+…+15	35803.81

续表

序号	费用名称	依据和计算方法	合计/元
I	II	III	IV
1	文明施工费	人工费×1.5%	1814.38
2	工地器材搬运费	人工费×3.4%	4112.60
3	工程干扰费	人工费×6.0%	7257.53
4	工程点交、场地清理费	人工费×3.3%	3991.64
5	临时设施费	人工费×2.6%	3144.93
6	工程车辆使用费	人工费×5.0%	6047.94
7	夜间施工增加费	人工费×2.5%	3023.97
8	冬雨季施工增加费	人工费×1.8%	2177.26
9	生产工具用具使用费	人工费×1.5%	1814.38
10	施工用水、电、蒸汽费		
11	特殊地区施工增加费		
12	已完工程及设备保护费	人工费×2.0%	2419.18
13	运土费		
14	施工队伍调遣费	单程调遣费定额×调遣人数×2	
15	大型施工机械调遣费	调遣用车运价×调遣运距×2	
二	间接费	（一）+（二）	73893.78
（一）	规费	1+2+3+4	40751.05
1	工程排污费		
2	社会保障费	人工费×28.5%	34473.28
3	住房公积金	人工费×4.19%	5068.18
4	危险作业意外伤害保险	人工费×1%	1209.59
（二）	企业管理费	人工费×27.4%	33142.73
三	利润	人工费×20.0%	24191.77
四	销项税额	（一+二+三-甲供材料费）×9%+甲材税金	48937.52

设计负责人：××   审核人：××   编制人：××   编制日期：××××年××月

表 8-17 建筑安装工程量预算表（表三）甲

建设项目名称：××小区 FTTH 接入工程

单项工程名称：光缆线路工程   建设单位名称：   表格编号：XL-B3J   第 页

序号	定额编号	项目名称	单位	数量	单位定额值/工日		合计值/工日	
					技工	普工	技工	普工
I	II	III	IV	V	VI	VII	VIII	IX
1	TGD1-017	开挖管道沟及人（手）孔坑（普通土）	100m³	0.143		26.25		3.75
2	TGD1-028	回填土方（夯填原土）	100m³	0.116		21.25		2.47
3	TGD1-034	手推车倒运土方（砂子）	100m³	6		12		72
4	TGD2-086	敷设塑料管道 2 孔（2×1）	100m	0.27	0.69	1.06	0.19	0.29
5	TGD2-089	敷设塑料管道 4 孔（2×2）	100m	20	2.13	3.25	42.6	65

续表

序号	定额编号	项目名称	单位	数量	单位定额值/工日		合计值/工日	
					技工	普工	技工	普工
I	II	III	IV	V	VI	VII	VIII	IX
6	TGD3-093	砖砌配线手孔（一号手孔）（SK1）	个	2	1.48	1.95	2.96	3.9
7	TGD4-012	砂浆抹面（1:2.5）	m²	0.6	0.1	0.15	0.06	0.09
8	TXL1-001	直埋光（电）缆工程施工测量	100m	0.24	0.56	0.14	0.13	0.03
9	TXL1-003	管道光（电）缆工程施工测量	100m	55.84	0.35	0.09	19.54	5.03
10	TXL4-011	敷设管道光缆（12芯以下）	千米·条	5.655	5.5	10.94	31.1	61.87
11	TXL4-012	敷设管道光缆（24芯以下）	千米·条	4.582	6.83	13.08	31.3	59.93
12	TXL4-013	敷设管道光缆（48芯以下）	千米·条	0.22	8.02	15.35	1.76	3.38
13	TXL4-033	打入（手）孔墙洞砖砌人孔（3孔管以下）	处	3	0.36	0.36	1.08	1.08
14	TXL5-044	布放槽道光缆	百米·条	18.08	0.5	0.5	9.04	9.04
15	TXL6-005	光缆成端接头（束状）	芯	2472	0.15		370.8	
16	TXL7-043	安装光缆落地式交接箱（288芯以下）	个	1	0.78	0.78	0.78	0.78
17	TXL7-038	浇砌交接箱基座	m³	1	0.92	0.92	0.92	0.92
18	TXL6-008	光缆接续（12芯以下）	头	1	1.5		1.5	
19	TXL6-009	光缆接续（24芯以下）	头	4	2.49		9.96	
20	TXL7-056	安装墙挂式交接箱（600对以下）	个	16	2.9	2.9	46.4	46.4
21	TXL6-103	用户光缆测试（12芯以下）	段	16	0.92		14.72	
22	TXL6-104	用户光缆测试（24芯以下）	段	43	1.29		55.47	
23	TXL6-105	用户光缆测试（36芯以下）	段	4	1.83		7.32	
24	TGD1-002	人工开挖混凝土路面（路面厚度100mm以内）	100m²	0.075	3.33	24.25	0.25	1.82
25	TXL2-021	丘陵、水田、城区敷设埋式光缆（36芯以下）	千米·条	0.028	7.44	30.58	0.21	0.86
26	TSY1-032	安装壁挂式光分箱	箱	42	1.35		56.7	
27	TXL4-038	打穿楼墙洞（混凝土墙）	个	482	0.14	0.13	67.48	62.66
28	TXL5-057	敷设塑料线槽（100mm宽以下）	100m	14.46	2.45	4.99	35.43	72.16
		合　　计					807.7	473.46
		总　　计					807.7	473.46

设计负责人：×× 　　　　审核人：×× 　　　　编制人：×× 　　　　编制日期：××××年××月

表8-18　建筑安装工程施工机械使用费预算表（表三）乙

建设项目名称：××小区FTTH接入工程

单项工程名称：光缆线路工程　　　　建设单位名称：　　　　表格编号：XL-B3Y　　　第　页

序号	定额编号	项目名称	单位	数量	机械名称	单位定额值		总价值	
						数量	单价	数量	总价值
						/台班	/元	/台班	/元
I	II	III	IV	V	VI	VII	VIII	IX	X
1	TXL6-005	光缆成端接头（束状）	芯	2472	光纤熔接机	0.030	144.00	74.160	10679.04
2	TXL6-008	光缆接续（12芯以下）	头	1	汽油发电机（10kW）	0.100	202.00	0.100	20.20
3	TXL6-008	光缆接续（12芯以下）	头	1	光纤熔接机	0.200	144.00	0.200	28.80
4	TXL6-009	光缆接续（24芯以下）	头	4	汽油发电机（10kW）	0.150	202.00	0.600	121.20

续表

序号	定额编号	项目名称	单位	数量	机械名称	单位定额值		总价值	
						数量/台班	单价/元	数量/台班	总价值/元
I	II	III	IV	V	VI	VII	VIII	IX	X
5	TXL6-009	光缆接续（24芯以下）	头	4	光纤熔接机	0.300	144.00	1.200	172.80
6	TXL7-056	安装墙挂式交接箱（600对以下）	个	16	汽车式起重机（5t）	0.250	516.00	4.000	2064.00
7	TGD1-002	人工开挖混凝土路面（路面厚度100mm以内）	100m^2	0.075	燃油式路面切割机	0.500	210.00	0.038	7.98
8	TGD1-002	人工开挖混凝土路面（路面厚度100mm以内）	100m^2	0.075	燃油式空气压缩机（含风镐）（6m^3/min）	0.850	372.00	0.064	23.81
		合　　计							13117.83
		总　　计							13117.83

设计负责人：×× 　　　审核人：×× 　　　编制人：×× 　　　编制日期：××××年××月

表 8-19　建筑安装工程仪器仪表使用费预算表（表三）丙

建设项目名称：××小区 FTTH 接入工程
单项工程名称：光缆线路工程　　　　　　建设单位名称：　　　　　　表格编号：XL-B3B　　第　　页

序号	定额编号	项目名称	单位	数量	机械名称	单位定额值		总价值	
						数量/台班	单价/元	数量/台班	总价值/元
I	II	III	IV	V	VI	VII	VIII	IX	X
1	TXL1-001	直埋光（电）缆工程施工测量	100m	0.240	激光测距仪	0.040	118.00	0.010	1.19
2	TXL1-001	直埋光（电）缆工程施工测量	100m	0.240	地下管线探测仪	0.050	157.00	0.012	1.88
3	TXL1-003	管道光（电）缆工程施工测量	100m	55.840	激光测距仪	0.040	118.00	2.234	265.85
4	TXL4-011	敷设管道光缆（12芯以下）	千米·条	5.655	可燃气体检测仪	0.250	117.00	1.414	165.44
5	TXL4-011	敷设管道光缆（12芯以下）	千米·条	5.655	有毒有害气体检测仪	0.250	117.00	1.414	165.44
6	TXL4-012	敷设管道光缆（24芯以下）	千米·条	4.582	可燃气体检测仪	0.300	117.00	1.375	160.88
7	TXL4-012	敷设管道光缆（24芯以下）	千米·条	4.582	有毒有害气体检测仪	0.300	117.00	1.375	160.88
8	TXL4-013	敷设管道光缆（48芯以下）	千米·条	0.220	可燃气体检测仪	0.420	117.00	0.092	10.76
9	TXL4-013	敷设管道光缆（48芯以下）	千米·条	0.220	有毒有害气体检测仪	0.420	117.00	0.092	10.76
10	TXL6-005	光缆成端接头（束状）	芯	2472	光时域反射仪	0.050	153.00	123.600	18910.80
11	TXL6-008	光缆接续（12以下）	头	1	光时域反射仪	0.700	153.00	0.700	107.10
12	TXL6-009	光缆接续（24芯以下）	头	4	光时域反射仪	0.800	153.00	3.200	489.60
13	TXL6-103	用户光缆测试（12芯以下）	段	16	稳定光源	0.150	117.00	2.400	280.80
14	TXL6-103	用户光缆测试（12芯以下）	段	16	光时域反射仪	0.150	153.00	2.400	367.20
15	TXL6-103	用户光缆测试（12芯以下）	段	16	光功率计	0.150	116.00	2.400	278.40
16	TXL6-104	用户光缆测试（24芯以下）	段	43	稳定光源	0.210	117.00	8.030	1056.51

续表

序号	定额编号	项目名称	单位	数量	机械名称	单位定额值		总价值	
						数量/台班	单价/元	数量/台班	总价值/元
I	II	III	IV	V	VI	VII	VIII	IX	X
17	TXL6-104	用户光缆测试（24芯以下）	段	43	光时域反射仪	0.210	153.00	8.030	1381.59
18	TXL6-104	用户光缆测试（24芯以下）	段	43	光功率计	0.210	116.00	8.030	1047.48
19	TXL6-105	用户光缆测试（36芯以下）	段	4	稳定光源	0.290	117.00	1.160	135.72
20	TXL6-105	用户光缆测试（36芯以下）	段	4	光时域反射仪	0.290	153.00	1.160	177.48
21	TXL6-105	用户光缆测试（36芯以下）	段	4	光功率计	0.290	116.00	1.160	134.56
		合　　计							25310.32
		总　　计							25310.32

设计负责人：×× 　　　审核人：×× 　　　编制人：×× 　　　编制日期：××××年××月

表 8-20　国内器材预算表（表四）甲

（甲供材料）表

建设项目名称：××小区 FTTH 接入工程

单项工程名称：光缆线路工程　　　　建设单位名称：　　　　表格编号：XL-B4JJ　　第　　页

序号	名称	规格程式	单位	数量	单价/元	合计/元			备注
					除税价	除税价	增值税	含税价	
I	II	III	IV	V	VI	VII	VIII	IX	X
1	光缆	GYTA-6B1	m	2949	1.39	4099.11	532.88	4631.99	
2	光缆	GYTA-12B1	m	2706	2.78	7522.68	977.95	8500.63	
3	光缆	GYTA-24B1	m	6254	3.67	22952.18	2983.78	25935.96	
4	光缆	GYTA-48B1	m	356	8.91	3527.96	458.63	3986.59	
5	地线棒	12×1070mm^2	条	1	7.25	7.25	0.94	8.19	
6	7/1.34 软铜绞线		m	4	3.04	12.16	1.58	13.74	
7	铁线	ϕ3.0mm	kg	100	7.51	751.00	97.63	848.63	
8	铁线	ϕ3.0mm	kg	50	7.51	375.50	48.82	424.32	
9	光缆交接箱	288 芯	套	1	10796	10796.00	1403.48	12199.48	
10	光分箱	96 芯	套	16	5332	85312.00	11090.56	96402.56	
11	分纤盒	24 芯	套	38	184.2	6999.60	909.95	7909.55	
12	分纤盒	32 芯	套	4	212.6	850.40	110.55	960.95	
13	光缆接头盒	12 芯	套	1	150	150.00	19.50	169.50	
14	光缆接头盒	24 芯	套	3	150	450.00	58.50	508.50	
15	双头尾纤	SC/PC-SC/PC 1m	m	19	520	9880.00	1284.40	11164.40	
16	钢管	ϕ110mm	m	15	80	1200.00	156.00	1356.00	
	（1）小计					154885.84	20135.15	175020.99	
	（2）光缆类运杂费（序号 1~4、15 之和×1.3%）					623.77	81.09	704.86	

续表

序号	名称	规格程式	单位	数量	单价/元	合计/元			备注
					除税价	除税价	增值税	含税价	
I	II	III	IV	V	VI	VII	VIII	IX	X
	(3) 其他类运杂费（序号5～14、16之和×3.6%）					3848.54	500.31	4348.85	
	(4) 运输保险费（(1)×0.1%）					154.89	20.14	175.03	
	(5) 采购及保管费（(1)×1.1%）					1703.74	221.49	1925.23	
	(6) 采购代理服务费								
	合计（I）：(1)+(2)+(3)+(4)+(5)+(6)					161216.78	20958.18	182174.96	
	段合计：合计（I）					161216.78	20958.18	182174.96	
	总 计					161216.78	20958.18	182174.96	

设计负责人：×× 　　　　审核人：×× 　　　　编制人：×× 　　　　编制日期：××××年××月

表8-21　国内器材预算表（表四）甲

（乙供材料）表

建设项目名称：××小区FTTH接入工程

单项工程名称：光缆线路工程　　　建设单位名称：　　　　表格编号：XL-B4JY　第　　页

序号	名称	规格程式	单位	数量	单价/元	合计/元			备注
					除税价	除税价	增值税	含税价	
I	II	III	IV	V	VI	VII	VIII	IX	X
1	人井标志牌		块	2	4.29	8.58	0.77	8.35	
2	塑料标志牌	$\phi40\times60mm^2$（空白）	块	21	2.19	45.99	4.14	50.13	
3	双壁波纹塑管	$\phi110\times8mm^2$	块	96	8.6	825.60	74.30	898.90	
4	PVC粘性胶带	20mm×10m	卷	20	2.13	42.60	3.83	46.43	
5	井盖（SK1）		套	1	260	260.00	23.40	283.40	
6	线槽	100mm×27mm	m	1446	8.9	14315.40	1288.39	15603.79	
7	水泥		t	1	345	345.00	31.05	376.05	
8	碎石	0.5～3.0cm	t	0.45	50	22.50	2.03	24.53	
9	粗砂		t	0.6	60	36.00	3.24	38.24	
10	机制红砖		千块	0.3	600	180.00	16.20	196.20	
11	防火泥		kg	14	7.5	105.00	8.45	114.45	
	(1) 小计					16186.67	1456.80	17643.47	
	(2) 塑料及塑料制品类运杂费（序号1～4、6之和×4.3%）					655.24	58.97	714.21	
	(3) 其他类运杂费（序号5、7～11之和×3.6%）					34.15	3.07	37.22	
	(4) 运输保险费（(1)×0.1%）					16.19	1.46	17.65	

续表

序号	名称	规格程式	单位	数量	单价/元 除税价	合计/元 除税价	合计/元 增值税	合计/元 含税价	备注
I	II	III	IV	V	VI	VII	VIII	IX	X
	(5) 采购及保管费（(1)×1.1%）					178.05	16.02	194.07	
	(6) 采购代理服务费								按实计取
	合计（I）：(1)+(2)+(3)+(4)+(5)+(6)					17070.30	1536.32	18606.62	
	段合计：合计（I）					17070.30	1536.32	18606.62	

设计负责人：×× 　　审核人：×× 　　编制人：×× 　　编制日期：××××年××月

表 8-22　工程建设其他费预算表（表五）甲

建设项目名称：××小区 FTTH 接入工程

单项工程名称：光缆线路工程　　　建设单位名称：　　　表格编号：XL-B5J　　第　页

序号	费用名称	依据和计算方法	金额/元 除税价	金额/元 增值税	金额/元 含税价	备注
I	II	III	IV	V	VI	VII
1	建设用地及综合赔补费					
2	项目建设管理费	工程费×2%	9441.97	566.52	10008.49	财建〔2016〕504号
3	可行性研究费					
4	研究试验费					
5	勘察设计费	(1)+(2)	30455.24	1827.32	32282.56	
(1)	勘察费		9210.82	552.65	9763.47	
(2)	设计费		21244.42	1274.67	22519.09	
6	环境影响评价费					
7	建设工程监理费		15579.24	934.75	16513.99	
8	安全生产费	建筑安装工程费×1.5%	7081.47	637.33	7718.80	
9	引进技术及进口设备其他费					
10	工程保险费					
11	工程招标代理费					
12	专利及专有技术使用费					
13	其他费用	(1)+(2)				
(1)	自定义费用1					
(2)	自定义费用2					
	总计		62557.92	3965.92	66523.84	
14	生产准备及开办费(运营费)					

设计负责人：×× 　　审核人：×× 　　编制人：×× 　　编制日期：××××年××月

任务 8.2　5G 基站设计

【任务描述】

掌握 5G 网络架构，掌握 5G 主设备类型和组网结构。能根据客户要求完成 5G 基站勘察，绘制施工图纸和编制预算文件。

【任务目标】

- 掌握 5G 网络架构。
- 掌握 5G 主设备类型。
- 掌握 5G 基站连线。
- 掌握 5G 基站勘察要点。
- 能根据要求，完成 5G 基站的设计（绘制图纸和编制预算文件）。
- 培养学生严谨求实的职业责任感。

8.2.1　5G 网络架构

5G 网络分为独立组网（SA）和非独立组网（NSA）两种方式。其中，NSA 方式是通过 4G 基站把 5G 基站接入 EPC（即 LTE 核心网）的，无须新建 5G 核心网。在 5G 商用初期，可采用 NSA 方式与 4G 网络混合组网，到后期 5G 技术和市场成熟时，采用 SA 方式独立组网。

5G 网络架构与 4G 网络架构存在较大区别，如图 8-13 所示。5G 网络中，核心网拆分为控制面和用户面，其中用户面部分功能下沉至无线侧，增加了边缘计算平台；BBU 拆分成 CU 和 DU 两个逻辑单元，包含了分离式（CU 和 DU 拆分）和非分离式（CU 和 DU 合设）两种架构；AAU 集成了原 BBU 部分物理层功能。

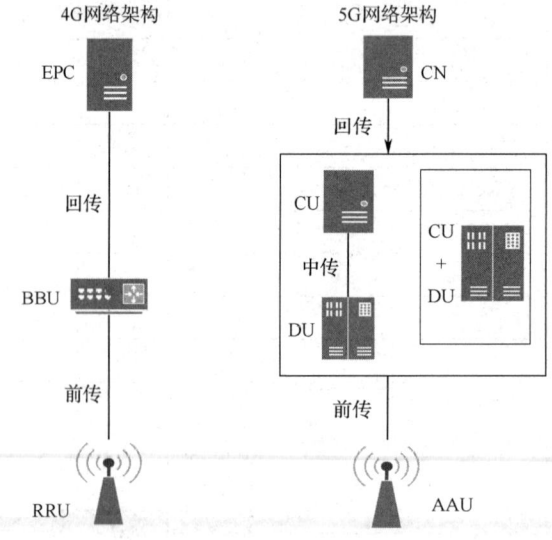

图 8-13　网络架构图

8.2.2 5G 设备与站点组网介绍

1. 5G 主设备信息

传统的 2G/3G/4G 基站由 BBU、RRU、天线组成。5G 基站普遍采用 BBU+AAU 的模式，AAU 将天线和 RRU 集成在一起。

5G 主设备功率为 4G 主设备功率的 2～3 倍，对基站外市电、电源容量、散热等的要求较高。

5G AAU 宽度比 4G AAU 宽度增加了约 40%，部分美化外罩尺寸需增加。

（1）5G BBU

BBU（Base Band Unit，基带模块）负责基带信号的处理，可以集成在基带柜内，通过光纤连接外接分布式基站的 RRU 或 AAU。以华为 BBU5900 为例，其外观和槽位分布示意图如图 8-14 所示。

图 8-14 BBU5900 外观和槽位分布示意图

BBU 包括多个插槽，可以配置不同功能的单板。UMPTe 是主控板，可放置在 Slot6、Slot7 槽位（优先级为 Slot7>Slot6）；UBBPg 是基带板，可放在 Slot0、Slot2、Slot4 槽位（优先级为 Slot0>Slot2>Slot4）；UPEUe 是电源模块。

（2）5G AAU

AAU 由天线、滤波器、射频模块和电源模块组成。以华为 AAU5619 为例，其工作频段为 2515～2675MHz（中国移动使用），64 通道，支持 Massive MIMO，采用-48V 直流电源。

华为、中兴、大唐三家设备厂商的 5G BBU 和 5G AAU 设备信息表分别如表 8-23 和表 8-24 所示。

表 8-23 5G BBU 设备信息表

厂家	BBU 型号	高度	散热间隔	质量/kg	供电方式	功耗/W	可配基带板数量
中兴	V9200-VSWc2+VBPc5	2U	2U	18	直流	<600	4+1
华为	5900-UMPTe+UBBPfw1	2U	1U	18	直流	<800	3/6
大唐	EMB6116	3U			直流	<1100	8

表 8-24 5G AAU 设备信息表

厂家	型号	质量/kg	功耗/W	光纤接口（个数×速率）	单开 5G 光纤配置	反开 3D MIMO 光纤配置	尺寸/mm³
中兴	A9611	40	1200	4×25GHz	2 芯×1	2 芯×1/载波	860×490×180
华为	AAU5619	43	1100	2×25GHz	2 芯×1	2 芯×1/载波	820×498×120
大唐	TDAU5264N41A	47	1100	4×25GHz	2 芯×1	2 芯×1/载波	896×490×142

具体设备信息可能会有更新调整，除 3D 光口外其他变化不大。

2. 5G供电设备

基站电源包括交流（AC）配电箱、开关电源、蓄电池、UPS、变换器（DC/DC）、逆变器（DC/AC）、电源升压设备、交转直电源设备等，如图8-15所示，后两项只部分场景需要。

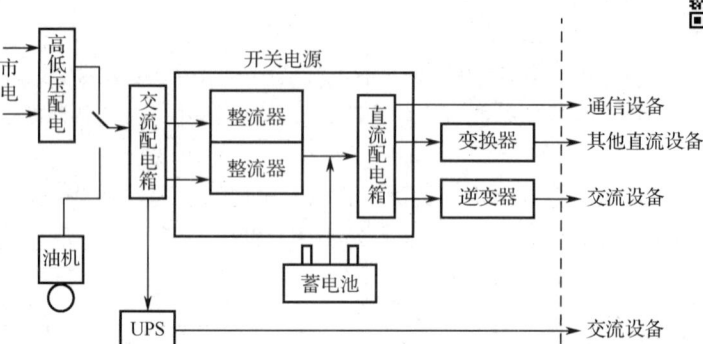

图 8-15　基站电源组成

（1）开关电源

开关电源包括直流配电单元、监控模块、整流模块、交流配电单元等，如图8-16所示。

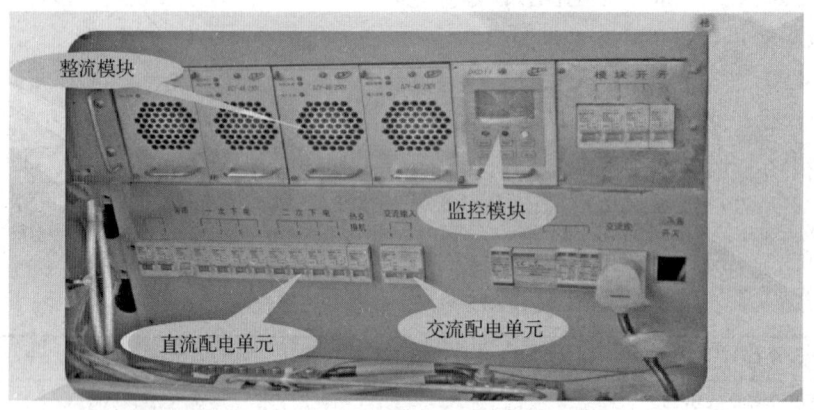

图 8-16　开关电源构成（室外型一体化电源）

交流配电单元：对交流输入部分进行配送，交流市电由交流配电单元输送至整流模块。
整流模块：将交流电转换成-48V直流电。
直流配电单元：对直流输出部分进行配送，一方面给负载供电，另一方面给蓄电池供电。
监控模块：对整套电源设备进行监控。

基站交流电停电后，为最大化维持业务和保护电池，电源柜直流配电回路有一次下电和二次下电之分，根据设备重要程度实现电池差别化供电，同时保护电池。

一次下电回路，主要接入无线设备；二次下电回路，主要接入传输设备。当一次下电回路出现故障时，二次下电回路可以继续运行，保障传输设备的正常运行。直流配电单元的一次下电、二次下电回路如图8-17所示。

扫一扫看一次下电和二次下电

图 8-17　直流配电单元的一次下电、二次下电回路

一次下电、二次下电回路的判断方法如下。

① 根据熔丝或空开容量的大小判断，一次下电回路容量相对较大，另外一次下电回路和二次下电回路分别连接在不同的铜板上。

② 根据顶端接线的粗细判断，一次下电回路接基站设备，所用电缆较粗。

开关电源设备容量=机房设备直流负荷+蓄电池充电电流

整流模块数量按 $n+1$ 冗余方式配置，其中，$n=$（机房设备直流负荷+蓄电池充电电流）/本期配置单个整流模块容量，进位取整数。

（2）蓄电池

当市电停电时，由蓄电池组继续给通信设备供电。蓄电池一般和蓄电池铁架组合在一起，分为单层、双层、多层、立式、卧式。一般情况下，移动基站蓄电池 24 只一组，两组共 48 只，如图 8-18 所示。

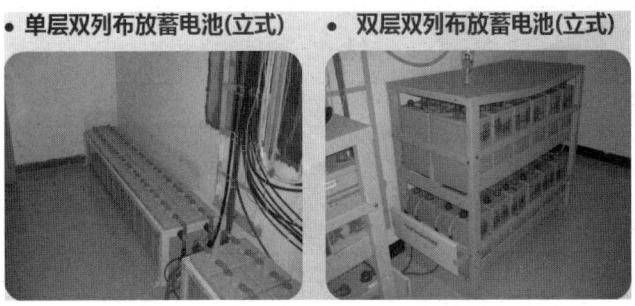

图 8-18　移动基站蓄电池

（3）电源升压设备

5G AAU 功耗较大，BBU 和 AAU 间线路会产生较大的压降，如果不采取相关措施，到达 AAU 端的电压将无法满足 AAU 的需求，因此可在线路中间增加升压设备，如华为升压配电模块 EPU02S 或 EPU02D。如图 8-19 所示为一种 AAU 直流供电方案，采用升压配电，拉远距离小于 100m。

（4）交转直电源设备

部分场景无法安装直流设备，即无法提供-48V 电压，因此需增加交转直电源设备，如华为 OPM30M，可将 AC 220V 转成 DC -48V 供通信设备使用。

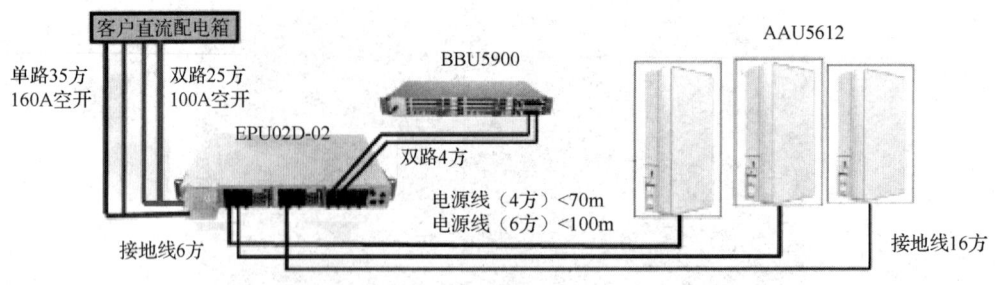

图 8-19 一种 AAU 直流供电方案

华为、中兴、大唐三家设备厂商的供电设备参数信息表、交转直设备表如表 8-25 和表 8-26 所示。

表 8-25 供电设备参数信息表

厂家	设 备	型号	空开需求	接线端子	安装空间	备 注
中兴	直流供电模块	DCPD10B	2×100A	DCPD10B 的 7～10 号端子给 BBU/AAU 供电	1U	纯BBU，目前建议 1 供 4
华为	直流电源分配单元	DCDU-12B	2×100A	10×30A	1U	主要供BBU，目前建议 1 供 3
华为	直流升压模块	EPU02S	2×100A	左起 1～3 号端子给 AAU 供电，右边 4 个端子给 BBU 供电	1U	主要供AAU使用
大唐	直流电源分配单元	DCPD	2×100A	左起 1～3 号端子给 AAU 供电，右边 4 个端子给 BBU 供电	1U	50m 内
大唐	57V 直流升压电源		2×100A	左起 1～3 号端子给 AAU 供电，右边 4 个端子给 BBU 供电	1U	50～100m

表 8-26 交转直设备表（超远供电方案使用）

厂家	设 备	空开需求	AC 侧拉远距离	DC 侧拉远距离
中兴	P3000A	2×20A	AC 输入电源线 150m	2×10mm² （60m 以内）或 2×16mm² （60～100m）
华为	OPM30M	1×16A	AC 输入电源线 2.5mm²，130m	70m，使用的电源线线径为 6 方
大唐	室外型 AC/DC 电源		AC 输入电源线 3×2.5mm²，150m	50m（2×10mm² 直流电源线）

具体设备信息可能会有更新调整。

3．GPS 天线

GPS 天线为有源天线，主要功能是接收 GPS 卫星信号，为 GPS 接收机进行定位和定时。为保护主设备，GPS 天线不可直接与 BBU 相连，需在中间加装避雷器。

如果天馈无法新增 GPS 天线，可采用功分器使多个 BBU 共用一个 GPS 天线，常用的有二功分器、三功分器、四功分器。如图 8-20 所示，四功分器连了 3 个 BBU，功分器置于避雷器和 BBU 之间。

模块8　通信工程设计

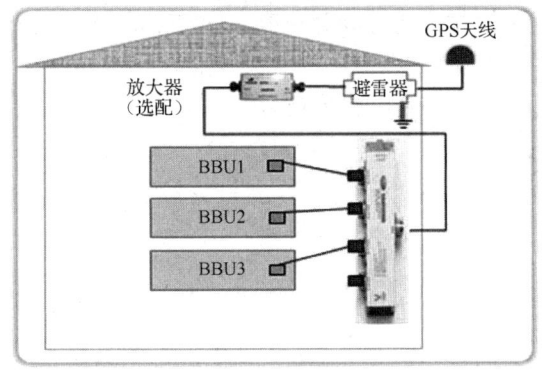

图 8-20　功分器的应用

4．5G 基站连线

5G 基站项目包含室外和室内两部分，室外设备主要有 AAU、GPS 天线等，线缆包括光纤（连接 BBU 和 AAU）、GPS 馈线、电力电缆及接地线。室内设备包括 BBU、配套传输设备（用于 BBU 回传至核心网）、避雷器、配套电源（开关电源、电池组、配电单元）等。各设备之间的典型连接如图 8-21 所示。

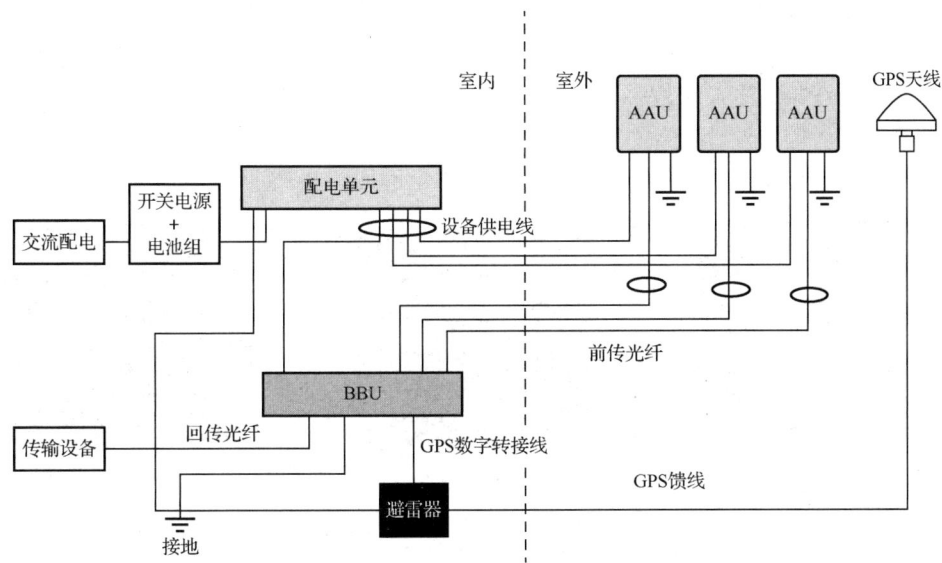

图 8-21　各设备之间的典型连接

8.2.3　5G 基站勘察注意事项

1．勘察工具

（1）笔记本电脑：用于整理勘察资料，填写基站勘察信息表，存储数码照片。
（2）基站勘察信息表和坐标纸：用于记录现场情况并绘制草图。
（3）数码相机：用于拍摄基站及周围环境照片。
（4）GPS：用于测量基站的经纬度。
（5）盒尺：用于测量室内设备的尺寸及摆放位置、走线架高度等。

（6）室内测距仪：用于测量室内空间总长度、总宽度等。

（7）测距望远镜：用于测量塔高、挂高、楼高等。

（8）指北针：用于定北，画图时找准方向。

2．机房基本信息勘察

（1）机房所在楼的总层数及机房所在楼层。

（2）测量机房净高（横梁以下高度）和走线架高度。

（3）确定现有走线架路由和高度是否足够，是否需要新增走线架。

（4）确定机房是否需要新开馈线洞及是否具备新开馈线洞的条件。

（5）确定机房墙体类型，确认设备（如防雷箱）能否壁挂。

3．设备情况勘察

（1）确认主机柜型号、数量及配置。

（2）确认开关电源厂家、型号、尺寸，以及模块和熔丝的数量、容量。

（3）确认电池的厂家和容量、摆放方式、整体尺寸。

（4）确认空调的厂家、数量、容量及尺寸。

（5）确认配电箱的尺寸，以及熔丝的数量、容量。

（6）在草图上标明接地排位置及剩余孔数。

（7）确认馈线窗剩余孔数。

（8）确认走线架高度及长度。

（9）其他设备的标注。

机房设备如配电箱、接地排、馈线窗等的勘察示例如图8-22所示。

配电箱

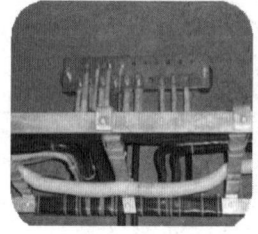
接地排

馈线窗

图8-22　机房设备如配电箱、接地排、馈线窗等的勘察示例

4．天面勘察

（1）天面基本信息勘察。

① 了解基站周围的环境（平原或山区，农村或城市）。

② 周围是否有高大建筑物、高压线，记录其和基站的距离。

③ 周围是否有铁路、高速公路，记录其和基站的距离。

④ 记录现有天面的信息（尺寸、天线、光纤走向、室外走线架等）。

⑤ 按要求拍照。

（2）现有天面情况。

① 记录铁塔现有各平台天支和天线（含GPS天线）的数量、相对位置，天线的方位角；如

天支已占满，需对铁塔进行新增天支或平台的处理，或在塔身上安装5G天线。应根据现有网的天线、RRU的参数，结合5G设计要求，经土建单位或铁塔公司进行铁塔承载复核后方可安装。

② 确定新增抱杆的位置、类型、高度等。

（3）周围建筑物要求。

5．环境勘察

确认以下对环境的要求。

（1）天线前方150m内没有高楼阻挡。

（2）沿天线扇区方向，自天线顶端至屋面边沿（或女儿墙边沿）的连线与抱杆之间的夹角小于等于45°。

（3）天线的主覆盖方向应无树木阻挡。

（4）天线主瓣方向不能正对街道，应与街道方向成一定夹角。

（5）主瓣方向场景开阔，天线周围40～50m内不能有明显反射物。

6．GPS要求

（1）记录原有GPS位置，功分器是几功分的（在室内查找）。如需新增GPS，应确定GPS的安装位置，并在图纸上注明。

（2）GPS天线必须安装在较空旷位置，上方90°（或至少南向45°）范围内应无建筑物遮挡；GPS天线需安装在避雷器保护范围内；同时，建议GPS天线安装位置高于其附近金属物一定距离，以避免被干扰。

（3）GPS天线、馈线，建议不长于100m，如长于100m需采用GPS中继放大器或采用高增益GPS天线。GPS馈线接地需符合国家规范要求。

（4）对于部分确实不满足上述安装条件的站点，应结合基站设备GPS增强功能（如单星授时功能），和主设备厂家共同确定GPS安装位置。

7．勘察照片

设置相机的时间、日期使其为正确的，并显示在每张照片上，照片大小统一为1024像素×768像素，需按以下顺序进行拍摄。

（1）勘察信息表和草图照片。

每个基站的前面照片为该站的勘察信息表和草图，要求逐条核实相关信息。

（2）全景照片。

勘察人站在机房内入口处，拍摄机房全景照片，按顺时针方向每30°拍摄1张照片，共拍摄3张照片，如图8-23所示。

图8-23 机房全景照片示例

勘察人站在机房内入口处,拍摄走线架全景照片,按顺时针方向每 30°拍摄 1 张照片,要求能大致看出天馈、电源的走线路由情况,以及和机架的相对位置,便于布放新的电缆,如图 8-24 所示。

图 8-24　走线架全景照片示例

（3）设备照片。

从距离馈线洞最远处 1 个机架开始拍摄,每个机架至少拍摄 3 张照片,针对每个设备遵守从整体到局部的原则,拍摄 1 张整体照片、2 张以上局部照片。整体照片必须能反映机架全貌及其与周围设备、走线架之间的相对位置（注：BBU 板卡使用情况及 BBU 供电板卡型号要拍清楚）。

（4）电源设备照片。

① 交流配电箱：拍摄整体照片 1 张,拍摄局部照片显示交流空开使用情况。

② 直流开关电源：拍摄整体照片 1 张,拍摄局部照片显示整流模块（要能看出模块型号、使用数量,机架空余数量）和直流配电单元使用情况（要能看出一次、二次下电回路熔丝大小和使用情况）。

③ 蓄电池组：拍摄整体照片 1 张（要能看出电池组组数）,蓄电池型号照片 1 张。

（5）空调：拍摄整体照片 1 张,要能看出具体的型号。

（6）室内、外接地排：拍摄整体照片,要求能看清空余孔数,同时要考虑新增接地排复接的位置。

（7）拍摄馈线孔的使用情况,需能看出占用和剩余的孔数。

（8）拍摄机房墙体上壁挂设备的情况,尤其是馈线洞所在墙体的情况（注意确认租用机房的墙体类型,避免壁挂设备无法安装）。

（9）传输设备：拍摄传输综合柜整体照片,以核实是否还有空间来扩容设备。

（10）天面照片。

① 天面第一张照片应为 GPS 的面板照,要求在 GPS 获得稳定定位（至少有三星）后进行拍摄,照片上应能够看清该点的经纬度信息,测量时 GPS 需在天线下方,避免产生经纬度偏差。

② 对现有的塔型拍摄整体照片 1 张,针对现网的天线及安装方式进行局部拍摄,照片上需能看清现网的平台位置、天线数量、空余天支数量和位置。

③ 对室外走线架进行多处拍摄,照片应能反映目前走线架的空间占用情况。

天面照片示例如图 8-25 所示。

图 8-25　天面照片示例

（11）记录天面周围环境：从正北方向,按顺时针方向每 45°拍摄 1 张照片,共拍摄 8 张。

8. 外电引入

（1）交流引入。

租用基站要求引入一路三类以上（含三类）的市电电源。

交流市电引入的电源要求为：交流 380V 或 220V。

（2）直流供电。

新建基站均需配置 1 套交直流供电系统，分别由 1 台交流配电箱、1 套-48V 高频开关组合电源和 2 组蓄电池组成。

开关电源的端子要满足供电要求，蓄电池满足放电时间要求。

（3）RRU 供电。

推荐采用就近供电方式。

如 BBU 机房和 AAU 站点距离小于 100m，可使用-48V 直流拉远供电。

当 RRU 处于市电不易获得位置时，可以采用小型室外后备电源或交流+交直流转换方式供电。

（4）其他设备。

新建基站建议配置市电/油机切换开关、移动油机应急接口。

稳压器和智能电表，可根据实际情况进行配置。

一般情况下每个基站机房配置 3P 空调一台，机房面积大于 $18m^2$ 且设备过多时可考虑再增加一台。

9. 规划偏差

基站的位置，是在规划初期根据现网覆盖情况、市场需求情况、投诉发生地点、测试数据、当地竞争对手状况等因素进行分析后确定的，所以基站位置尽量不要偏离规划区很远。

市区及县城：新建站位置尽量在规划坐标点的方圆 50m 范围内。

铁路及高速公路沿线：新建站位置尽量在规划坐标点的方圆 40m 范围内。

农村：新建站位置在规划坐标点的方圆 100m 范围内。

10. 天馈要求

（1）最适宜的挂高为 30～50m，周围无明显阻挡。

（2）5G 的天面执行天面整合方案。

（3）美化天线的使用：根据实际情况控制比例，降低建站成本。

（4）AAU 散热需求：参考厂家的方案。

（5）AAU 的承重需求：需要经土建单位核实通过后使用。

（6）考虑 AAU 和 GPS 的接地和防雷需求。

（7）方位角的设置应参考仿真或者地市网优的路测建议。

（8）下倾角应根据覆盖距离计算。

11. 站址安全性

（1）铁路沿线。

在自闭线、贯通线及铁路其他供电线路附近架设杆塔时，与铁路的垂直距离应为 80～200m，相对铁轨的挂高为 25～40m。

（2）机场航线沿线。

为了保证基站的通信高度，基站应尽量设置在机场跑道的两侧。天线高度应符合机场净空高度要求。

站址初步选定后，应及时将站址的经纬度、塔高等需求上报机场管理部门，经核准后，才能正式开展该站点的建设工作。

（3）变电站高压线附近。

考虑电力线、基站杆塔的倒伏距离及遭雷击可能产生的危害，基站和 35kV 及以上的高压电力线水平安全距离应大于 100m（高压线倒伏距离 50m+防雷间距 50m）。

（4）油库、加油站附近。

基站机房的防火间距应为 10～16m，基站杆塔可参照架空通信线 1.5 倍至 1 倍杆高的相关规定，还要考虑基站杆塔倒伏距离及遭雷击可能产生的危害，所以基站的最小安全间距应控制在不小于 4/3 杆高、同时大于 50m 的防雷间距内。

（5）不宜建站的环境。

① 应避开易燃、易爆的仓库及在生产过程中容易发生火灾和爆炸的工业、企业。

② 不宜建在大功率无线发射台、大功率电视发射台、大功率雷达站附近和有电焊设备、X 光设备、产生强脉冲干扰的热合机的企业和医疗单位附近。

③ 应尽可能避免设在雷击区。

④ 远离在生产过程中产生较多粉尘或者腐蚀性排放物的工业、企业。

⑤ 严禁将基站设置在易被洪水淹没、易塌方的地方。

12. 数据记录

（1）勘察信息表。

勘察信息表是记录勘察信息的载体，勘察时应根据勘察信息表上的明细项目要求，逐一清晰记录。勘察结束后，应按照表格顺序检查填写的内容是否齐全，有无遗漏项目等，确保室内、室外需记录的信息完整。

打印出来的勘察信息表，现场逐项核实，各方签字确认。

（2）草图。

草图应该保持清晰、干净，不仅要让勘察人本人看清，也要使其他人能够看清。草图需要明确记录机房大小、机房各个设备的相对位置、机房走线架位置、天馈系统相对位置等详细信息。草图示例如图 8-26 所示。

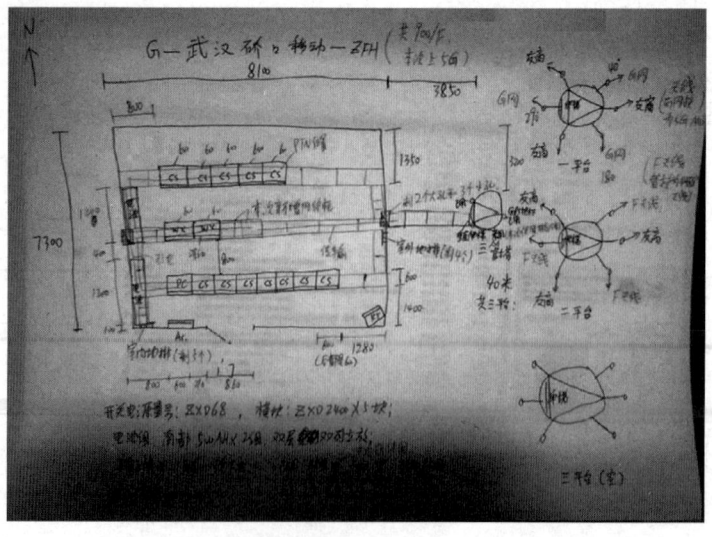

图 8-26　草图示例

8.2.4 5G 基站工程设计案例

1. 工程概况

本基站为湖北省××地区 5G 系统 AAU 拉远站点，站型配置为 S111，对应的 BBU 安装在××电信机房，BBU 与 AAU 之间采用光纤直连，距离为 5km。BBU 基带板至电信机房 ODF 之间布放 6 根跳纤，中国电信和中国联通各 3 芯（单跳纤长度 20m），BBU 与 AAU 之间配置 6 对 25GHz 光模块用于 5G 无线前传。

本基站为中国电信 L1.8GHz、L800MHz 共址站，基站杆塔利旧铁塔公司原有 35m 地面单管塔，本期新建 3 台 5G（3.5GHz）AAU。单管塔附近原有室外一体化机柜，内置开关电源和 ODF 等设备。

本项目施工企业距施工所在地 30km。工程建设其他费计列项目建设管理费、勘察设计费、环境影响评价费、建设工程监理费、安全生产费、其他费用（5G 督导调试服务费、二次转运费）。除安全生产费，其他费用根据相应文件确定。

设备和主材由甲方提供，税率按 13%计取，设备和主材运距按 100km 计算。设备及主材价格如表 8-27 所示。

表 8-27 设备及主材价格

序 号	设备及材料名称	规 格 型 号	单 位	除税单价/元
1	AAU5336w	3.5GHz 32T32R、320W、DC −48V	台	27480.00
2	25GE 前传光模块	单纤双向，10km	个	297.00
3	AAU/RRU 安装套件	5G	套	1380.00

2. 图纸说明

（1）5G 无线基站天馈安装示意图，如图 8-27 所示。
（2）5G 无线基站布线计划，如图 8-28 所示。

3. 预算表格

（1）工程预算总表（表一），见表 8-28，表格编号：TSW-1。
（2）建筑安装工程费预算表（表二），见表 8-29，表格编号：TSW-2。
（3）建筑安装工程量预算表（表三）甲，见表 8-30，表格编号：TSW-3 甲。
（4）建筑安装工程施工机械使用费预算表（表三）乙，见表 8-31，表格编号：TSW-3 乙。
（5）建筑安装工程仪器仪表使用费预算表（表三）丙，见表 8-32，表格编号：TSW-3 丙。
（6）国内器材预算表（表四）甲（国内材料）表，见表 8-33，表格编号：TSW-4 甲 A。
（7）国内器材预算表（表四）甲（国内安装设备）表，见表 8-34，表格编号：TSW-4 甲 B。
（8）工程建设其他费预算表（表五）甲，见表 8-35，表格编号：TSW-5。

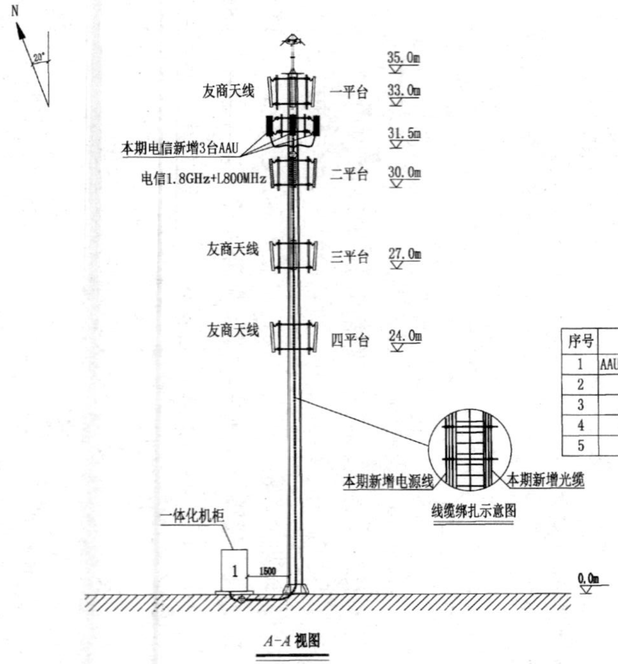

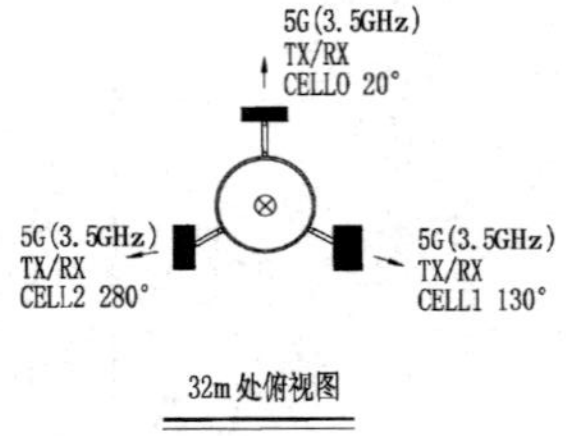

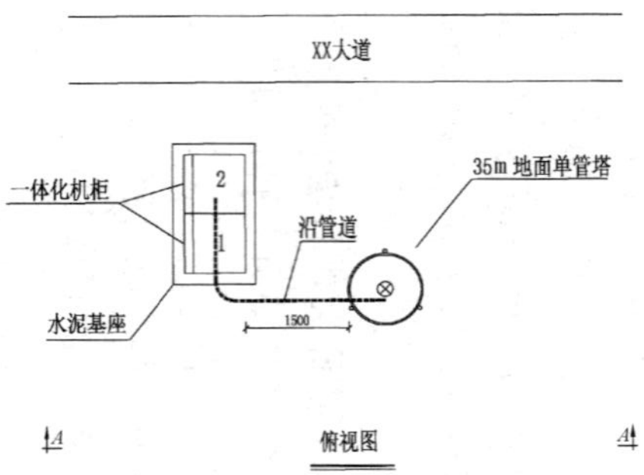

材料表

序号	名称	单位	数量	备注
1	AAU5336w(32T32R/200M/320W)	台	3	本期新增，厂家提供
2	单管塔（35m）	座	1	本期利旧
3	抱杆	根	3	铁塔公司本期新增
4	AAU光模块	套	6	本期使用白光模块
5	接地卡	个	3	本期新增，厂家提供

说明：
1、本基站为5G系统AAU拉远站点，站型配置为S111。
2、本期利旧原有35m 单管塔，利旧铁塔公司在一、二平台之间新增3副抱杆，5G AAU安装于抱杆上，具体如图所示。
3、天线安装以磁北方向为0°，按顺时针方向旋转。
4、本期基站天线的下倾角分别为：机械下倾角3°/3°/3°。
5、天线应注意做好防雷接地工作，所有天线应在避雷针45°保护范围内。
6、本期每个小区新增的光纤和电源线分别沿铁塔走线路由安装布放。
7、AAU接地：采用接地卡连接到接地扁钢处。
8、AAU电源线注意做好防雷接地处理，在进入设备前1m 处接地。

安全注意事项：
1、登高作业人员必须经过相关培训，必须具备登高证等特种作业资格证。
2、在铁塔上施工时，塔下严禁站人，施工单位必须放置相关警示牌，塔下施工人员必须佩戴安全帽。
塔上人员也必须佩戴安全帽，使用安全带。

图例：原有5G天线　原有电信天线　原有美化方柱　原有美化排气管　原有GPS天线　原有RRU　原其他运营商天线
新增5G天线　新增电信天线　新增美化方柱　新增美化排气管　新增GPS天线　新增RRU
原有缆线　本工程布放缆线　原有走线架　新增走线架　支撑杆　接地连接点　垂直走线架

××邮电设计院有限责任公司	工程名称	××分公司（2020年）第二批5G无线网工程		
××基站-3.5GHz 无线基站天馈安装示意图	所　长		审　核	
	设计负责人		单位比例	
	设　计		日　期	2020.08
	制（描）图		图　号	

图8-27　5G无线基站天馈安装示意图

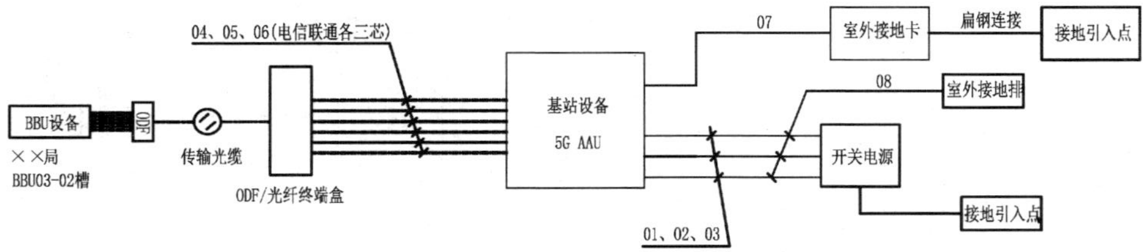

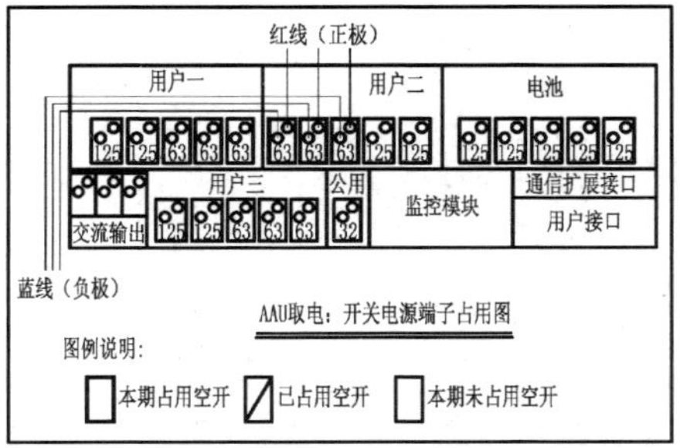

工程材料表

导线编号	导线起止点		设计电压(V)	设计电流(A)	敷设方式	传输光纤		电源线(mm²)							接地线(mm²)					信号线	备注
						LC-FC（2芯）	LC-LC（2芯）	RVVZ-1KV 2×4	RVVZ-1KV 2×10	RVVZ-1KV 2×16	RVVZ-1KV 6	RVVZ-1KV 16	RVVZ-1KV 35	RVVZ-1KV 70	RVVZ-1KV 6	RVVZ-1KV 16	RVVZ-1KV 35	RVVZ-1KV 70	RVVZ-1KV 95	双绞线	
	起	止				条×长度	条×长度	条×长度	条×长度	条×长度	条×长度	条×长度	条×长度	条×长度	条×长度	条×长度	条×长度	条×长度	条×长度	条×长度	
01	开关电源	AAU1	-48	63	沿天面				(1×40)												本期新增，厂家提供（红蓝分色）
02	开关电源	AAU2	-48	63	沿天面				(1×40)												本期新增，厂家提供（红蓝分色）
03	开关电源	AAU3	-48	63	沿天面				(1×40)												本期新增，厂家提供（红蓝分色）
04	ODF/光纤终端盒	AAU1			沿天面	(1×40)															本期新增，厂家提供
05	ODF/光纤终端盒	AAU2			沿天面	(1×40)															本期新增，厂家提供
06	ODF/光纤终端盒	AAU3			沿天面	(1×40)															本期新增，厂家提供
07	AAU	室外接地卡			沿天面											(3×1)					本期新增，厂家提供 （黄绿线）
08	AAU电源线	室外接地排			沿天面											(6×1)					本期新增，厂家提供 （黄绿线）
合计						(120)			(120)							(9)					

铜接线端子表

型号规格	单位	数量
DT-10	个	12(12)
DT-16	个	18(18)

说明：
1、带括号的为厂家提供，不带括号的为本期工程配套采购。
2、火线红色，零线蓝色，保护线黑/黄绿色。
3、正极红色，负极蓝色。

图例：新增设备　原有设备　预留机位　相关设备　拆除设备
接地线　尾纤　光缆　电源线

××邮电设计院有限责任公司	工程名称	××分公司（2020年）第二批5G无线网工程		
××基站-3.5GHz 无线基站布线计划表	所　长		审　核	
	设计负责人		单位比例	
	设　计		日　期	2020.08
	制（描）图		图　号	

图8-28　5G无线基站布线计划

表8-28 工程预算总表（表一）

建设项目名称：××项目工程

单项工程名称：××5G拉远站　　　　建设单位名称：　　　　　　　　　表格编号：TSW-1　　全页

序号	表格编号	费用名称	小型建筑工程费	需安装的设备费	不需安装的设备、工器具费	建筑安装工程费	其他费用	预备费	总价值			外币（　）
					/元				除税价	增值税	含税价	
I	II	III	IV	V	VI	VII	VIII	IX	X	XI	XII	VIII
1	TSW-2	建筑安装工程费				16644.80			16644.80	1671.42	18316.22	
2	TSW-4甲B	需安装的设备		87741.28					87741.28	11406.36	99147.64	
3		小型建筑工程费										
4		工程费		87741.28		16644.80			104386.08	13077.78	117463.86	
5	TSW-5	工程建设其他费					16133.67		16133.67	1283.64	17417.31	
6		合计		87741.28		16644.80	16133.67		120519.75	14361.42	134881.17	
7		预备费（合计×3%）						3615.59	3615.59	325.40	3940.99	
		总计		87741.28		16644.80	16133.67	3615.59	124135.34	14686.82	138822.16	

设计负责人：××　　　　审核人：××　　　　编制人：××　　　　编制日期：××××年××月

表8-29 建筑安装工程费预算表（表二）

建设项目名称：××项目工程

单项工程名称：××5G拉远站　　　　建设单位名称：　　　　　　　　　表格编号：TSW-2　　全页

序号	费用名称	依据和计算方法	合计/元
I	II	III	IV
	建筑安装工程费（含税价）	一+二+三+四	18316.22
	建筑安装工程费（除税价）	一+二+三	16644.80
一	直接费	（一）+（二）	11835.93
（一）	直接工程费	1+2+3+4	10430.46
1	人工费	(1)+(2)	5930.28
(1)	技工费	技工工日×114	5930.28
(2)	普工费	普工工日×61	
2	材料费	(1)+(2)	4464.62
(1)	主要材料费	详见（表四）甲（国内材料）表	4334.58

模块8 通信工程设计

续表

序号	费用名称	依据和计算方法	合计/元
Ⅰ	Ⅱ	Ⅲ	Ⅳ
(2)	辅助材料费	主材费×3.0%	130.04
3	机械使用费	(表三)乙×1	4.68
4	仪表使用费	(表三)丙×1	30.88
(二)	措施项目费	1+2+3+…+15	1405.47
1	文明施工费	人工费×1.1%	65.23
2	工地器材搬运费	人工费×1.1%	65.23
3	工程干扰费	人工费×4.0%	237.21
4	工程点交、场地清理费	人工费×2.5%	148.26
5	临时设施费	人工费×3.8%	225.35
6	工程车辆使用费	人工费×5.0%	296.51
7	夜间施工增加费	人工费×2.1%	124.54
8	冬雨季施工增加费	人工费×1.8%	106.75
9	生产工具用具使用费	人工费×0.8%	47.44
10	施工用水、电、蒸汽费		
11	特殊地区施工增加费		
12	已完工程及设备保护费	人工费×1.5%	88.95
13	运土费		
14	施工队伍调遣费	单程调遣费定额×调遣人数×2	
15	大型施工机械调遣费	调遣用车运价×调遣运距×2	
二	间接费	(一)+(二)	3622.81
(一)	规费	1+2+3+4	1997.91
1	工程排污费		
2	社会保障费	人工费×28.5%	1690.13
3	住房公积金	人工费×4.19%	248.48
4	危险作业意外伤害保险	人工费×1%	59.30
(二)	企业管理费	人工费×27.4%	1624.90
三	利润	人工费×20.0%	1186.06
四	销项税额	(一+二+三-甲供材料费)×9%+甲材税金	1671.42

设计负责人：×× 　　审核人：×× 　　编制人：×× 　　编制日期：××××年××月

表8-30　建筑安装工程量预算表（表三）甲

建设项目名称：××项目工程

单项工程名称：××5G拉远站　　建设单位名称：　　　　　表格编号：TSW-3甲　第1页

序号	定额编号	项目名称	单位	数量	单位定额值/工日		合计值/工日	
					技工	普工	技工	普工
Ⅰ	Ⅱ	Ⅲ	Ⅳ	Ⅴ	Ⅵ	Ⅶ	Ⅷ	Ⅸ
1	TSW1-053	放、绑软光纤（15m以下）	条	6.000	0.29		1.74	1

续表

序号	定额编号	项目名称	单位	数量	单位定额值/工日		合计值/工日	
					技工	普工	技工	普工
I	II	III	IV	V	VI	VII	VIII	IX
2	TSW1-054	放、绑软光纤（每增加1m）	米·条	30.000	0.03		0.90	
3	TXL6-102	用户光缆测试（6芯以下）[套用，全程光通路光衰测试（光纤直连）]	段	1.000	0.50		0.50	
		小计1					3.14	
4	TSW1-035	接地网电阻测试	组	1.000	0.70		0.70	
5	TSW2-055	安装射频拉远设备（地面铁塔上）（高度40m以下）	套	3.000	2.88		8.64	
6	TSW1-034	接地跨接线	十处	0.300	0.80		0.24	
7	TSW1-058	布放射频拉远单元（RRU）（用光缆）	米·条	120.000	0.04		4.80	
8	TSW1-068	室外布放电力电缆（单芯）（16mm²以下）	十米·条	0.900	0.18		0.16	
9	TSW1-068	室外布放电力电缆（2芯）（16mm²以下）（工日×1.1）	十米·条	12.000	0.18		2.38	
10	TSW2-011	安装定向天线（地面铁塔）上（高度40m以下）（工日×1.3）	副	3.000	6.35		24.77	
11	TSW2-081	配合基站系统调测（定向）（远端与近端相距1km以上的宏站拉远站）（工日×1.2）	扇区	3.000	1.41		5.08	
12	TSW2-094	配合联网调测	站	1.000	2.11		2.11	
		小计2					48.88	
		合计：（小计1+小计2）					52.02	
		总 计					52.02	
		其中：室外部分施工工日					48.88	

设计负责人：×× 　　审核人：×× 　　编制人：×× 　　编制日期：××××年××月

表8-31 建筑安装工程施工机械使用费预算表（表三）乙

建设项目名称：××项目工程

单项工程名称：××5G拉远站　　建设单位名称：　　表格编号：TSW-3乙　第1页

序号	定额编号	项目名称	单位	数量	机械名称	单位定额值		总价值	
						数量	单价	数量	总价值
						/台班	/元	/台班	/元
I	II	III	IV	V	VI	VII	VIII	IX	X
1	TSW1-034	接地跨接线	十处	0.300	交流弧焊机	0.130	120.00	0.039	4.68
		合 计							4.68
		总 计							4.68

设计负责人：×× 　　审核人：×× 　　编制人：×× 　　编制日期：××××年××月

模块8 通信工程设计

表 8-32 建筑安装工程仪器仪表使用费预算表（表三）丙

建设项目名称：××项目工程

单项工程名称：××5G拉远站　　　　建设单位名称：　　　　　　表格编号：TSW-3 丙　第 1 页

序号	定额编号	项目名称	单位	数量	机械名称	单位定额值		总价值	
						数量/台班	单价/元	数量/台班	总价值/元
I	II	III	IV	V	VI	VII	VIII	IX	X
1	TXL6-102	用户光缆测试（6芯以下）[套用，全程光通路光衰测试（光纤直连）]	段	1.000	稳定光源	0.08	117.00	0.08	9.36
2	TXL6-102	用户光缆测试（6芯以下）[套用，全程光通路光衰测试（光纤直连）]	段	1.000	光时域反射仪	0.08	153.00	0.08	12.24
3	TXL6-102	用户光缆测试（6芯以下）[套用，全程光通路光衰测试（光纤直连）]	段	1.000	光功率计	0.08	116.00	0.08	9.28
		合　　计							30.88
		总　　计							30.88

设计负责人：××　　　　审核人：××　　　　编制人：××　　　　编制日期：××××年××月

表 8-33 国内器材预算表（表四）甲

（国内材料）表

建设项目名称：××项目工程

单项工程名称：××5G拉远站　　　　建设单位名称：　　　　　　表格编号：TSW-4 甲 A　第 1 页

序号	名称	规格程式	单位	数量	单价/元	合计/元			备注
					除税价	除税价	增值税	含税价	
I	II	III	IV	V	VI	VII	VIII	IX	X
1	AAU/RRU 安装套件	5G	套	3.000	1380	4140.00	538.20	4678.20	
	（1）小计					4140.00	538.20	4678.20	
	（2）运杂费（1）×0%					148.04	18.38	168.42	
	（2）运输保险费（1）×0.1%					4.14	0.54	4.68	
	（3）采购及保管费（1）×1%					41.40	5.38	46.78	
	（4）采购代理服务费								
	合计（I）：（1）+（2）+（3）+（4）					4334.58	563.50	4898.08	
	段合计：合计（I）					4334.58	563.50	4898.08	
	总　　计					4334.58	563.50	4898.08	

设计负责人：××　　　　审核人：××　　　　编制人：××　　　　编制日期：××××年××月

表 8-34 国内器材预算表（表四）甲

（国内安装设备）表

建设项目名称：××项目工程

单项工程名称：××5G拉远站　　　　建设单位名称：　　　　　　　　　　表格编号：TSW-4甲B　第1页

序号	名称	规格程式	单位	数量	单价/元		合计/元			备注
					除税价		除税价	增值税	含税价	
I	II	III	IV	V	VI		VII	VIII	IX	X
1	AAU5336w（3.5GHz 32T32R、320W、DC-48V）	5G	台	3	27480		82440.00	10717.20	93157.20	
2	25GE前传光模块（单纤双向，10km）	5G	个	12	297		3564.00	463.32	4027.32	
	（1）小计						86004.00	11180.52	97184.52	
	（2）运杂费（(1)×0.8%）						688.03	88.44	777.47	
	（3）运输保险费（(1)×0.4%）						344.02	44.72	388.74	
	（4）采购及保管费（(1)×0.82%）						705.23	91.68	796.91	
	（5）采购代理服务费									
	合计（I）：(1)+(2)+(3)+(4)+(5)						87741.28	11406.36	99147.64	
	段合计：合计（I）						87741.28	11406.36	99147.64	
	总　计						87741.28	11406.36	99147.64	

设计负责人：×××　　　　审核：×××　　　　编制：×××　　　　编制日期：××××年××月

表 8-35 工程建设其他费预算表（表五）甲

建设项目名称：××项目工程

单项工程名称：××5G拉远站　　　　建设单位名称：　　　　　　　　　　表格编号：TSW-5　第1页

序号	费用名称	计算依据及方法	金额/元			备注
			除税价	增值税	含税价	
I	II	III	IV	V	VI	VII
1	建设用地及综合赔补费					
2	项目建设管理费		1228.00	73.74	1302.74	财建〔2016〕504号
3	可行性研究费					
4	研究试验费					
5	勘察设计费	(1)+(2)	2880.00	172.80	3052.80	
(1)	勘察费					
(2)	设计费		2880.00	172.80	3052.80	
6	环境影响评价费		500.00	30.00	530.00	
7	建设工程监理费		1004.00	60.24	1064.24	
8	安全生产费		248.67	22.47	272.14	
9	引进技术及进口设备其他费					

续表

序号	费用名称	计算依据及方法	金额/元			备注
			除税价	增值税	含税价	
Ⅰ	Ⅱ	Ⅲ	Ⅳ	Ⅴ	Ⅵ	Ⅶ
10	工程保险费					
11	工程招标代理费					
12	专利及专有技术使用费					
13	其他费用	(1)+(2)	10271.00	924.39	11195.39	
(1)	5G督导调试服务费		10188.00	916.92	11104.92	
(2)	二次转运费		83.00	7.47	90.47	
	总计		16133.67	1283.64	17417.31	

设计负责人：×× 　　　审核人：×× 　　　编制人：×× 　　　编制日期：××××年××月

任务 8.3　室内分布系统设计

【任务描述】

根据业务场景选择信号源和分布方式，设计室内分布系统。完成 5G 室内分布系统平面图设计、5G 室内分布系统图设计、5G 室内分布系统链路预算。

【任务目标】

- 掌握室内分布系统构成。
- 计算无源室内分布系统各节点功率。
- 设计 5G 室内分布系统平面图。
- 设计 5G 室内分布系统图。
- 培养学生严谨求实的职业责任感。

扫一扫看无线室内分布系统组成

8.3.1　室内分布系统结构

随着移动用户的飞速增加及高层建筑的增多，对话务密度和覆盖要求也不断上升。现在的建筑物大多规模大、质量好，对移动通信信号有很强的屏蔽作用。在大型建筑物的低层、地下商场、地下停车场等环境下，移动通信信号弱，手机无法正常使用，形成了移动通信的盲区和阴影区；在中间楼层，来自周围不同基站的信号重叠产生了"乒乓"效应，导致频繁切换基站，甚至掉话，严重影响了手机的正常使用；在建筑物的高层，受基站天线高度的限制，通信信号无法正常覆盖，也是移动通信的盲区。另外，在有些建筑物内，虽然手机能够正常通话，但是用户密度大，基站信道拥挤，手机上线困难。

室内分布（简称室分）系统主要针对室内用户群，用于改善建筑内部的移动通信环境，实现室内信号的深度覆盖。室内分布系统的构成如图 8-29 所示，主要设备包括：信号源、馈线、天线、干线放大器（简称干放）、耦合器、功分器等。其中，信号源根据实际场景的不同，可以是宏蜂窝、微蜂窝、直放站、射频拉远等，信号分布系统包括无源信号分布系统和有源信号分布系统。

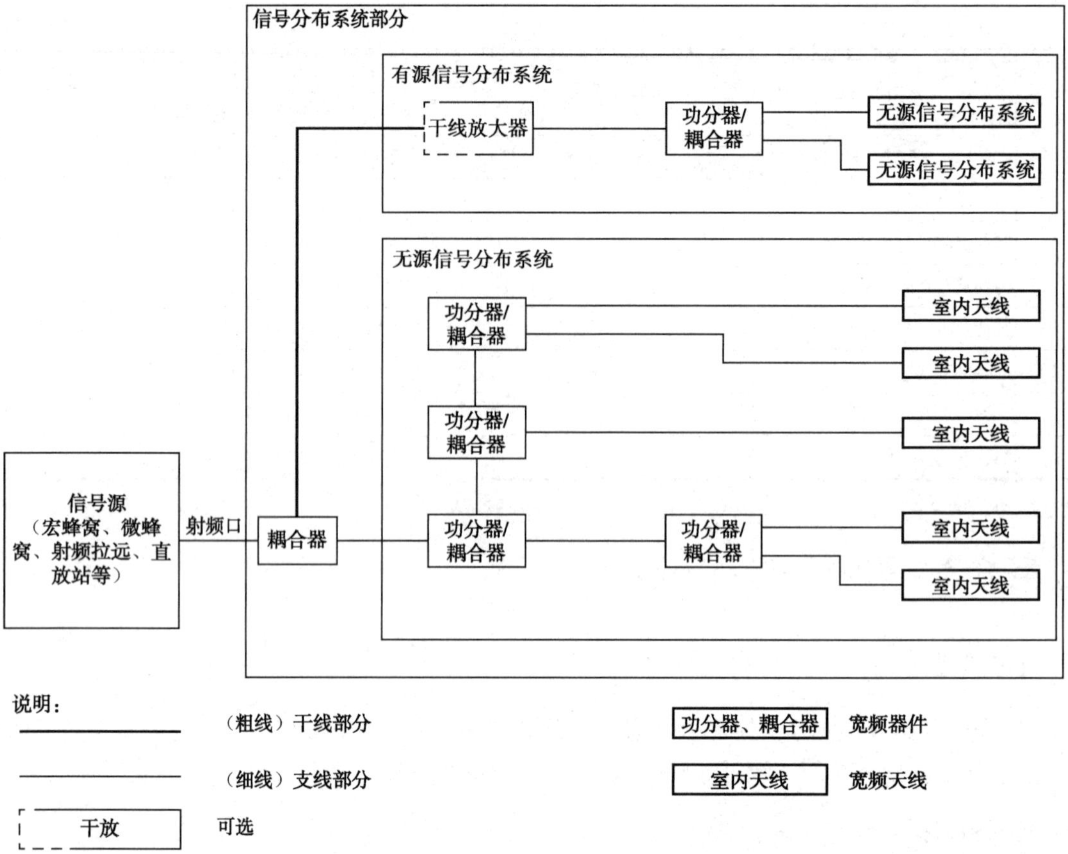

图 8-29 室内分布系统的构成

室内分布系统可采用的技术手段很多，最常见的是将基站 RRU 布置在建筑物的弱电井中，再利用馈线和无源器件将射频信号均匀地分散到多个小功率、低增益的天线上。

扫一扫看室内分布信号源

8.3.2 室内分布系统设计

工程设计方案是计算工程造价和进行工程施工的依据，也是网络优化建设和保证室内分布系统质量的关键。设计方案应在规定的时限内严格按照设计规范完成，要求内容真实、详细、规范、合理。下面说明室内分布系统设计的关键问题。

1. 室内分布系统主要器件

 扫一扫看功分器  扫一扫看耦合器  扫一扫看馈线

（1）功分器：其作用是将功率信号平均地分成几份，给不同的覆盖区使用。其一般有二功分、三功分和四功分 3 种，主要指标为插损，且各端口损耗完全一致。

（2）耦合器：其作用是将信号不均匀地分成 2 份（称为输出端和耦合端，也有的称为直通端和耦合端），耦合器型号较多，如 5dB、10dB、15dB、20dB、25dB、30dB 等。其主要指标为耦合度及插损，平时所说的多少 dB 耦合器，指的就是该器件的耦合度。

（3）干线放大器：简称干放，其作用是在室内覆盖信号源功率不够的主干末端对信号功率进行放大，以满足覆盖的要求。其主要指标为发射功率、传输方式、噪声系数、线性指标、动态范围、接收机灵敏度、开关时间准确度、功放启动灵敏度、功放开关同步控制能力、射频开关调整能力、开关时间抗外界干扰能力、输入/输出特性、ALC、传输时延、带外增益、杂散发

射、输入互调、收发隔离度等。

（4）馈线：室内覆盖用的馈线基本上只有 3 种，即 7/8″（普通）、1/2″（普通）和 1/2″（超柔），它们都是同轴电缆，微波信号只在同轴电缆的外导体的内表面与内导体的外表面上传导。7/8″的电缆内导体较粗而且都是空心的；1/2″的电缆内导体较细，是铝质的，并在内导体上镀了一层铜，有利于信号传递。根据表皮的材料不同其又分为阻燃和普通两种。常用馈线的相关参数如表 8-36 所示。

表 8-36　常用馈线相关参数

馈线指标		1/2″馈线	7/8″馈线
尺寸/mm	内导体外径	4.8	9
	外导体外径	13.7	24.7
	绝缘套外径	16	27.75
特性阻抗/Ω		50±1	50±1
频率上限/GHz		<8	<5
一次最小弯曲半径		<70mm	<120mm
百米损耗/dB	900MHz	7	4
	2000MHz	10.5	6
	2300MHz	11.4	6.6
	2400MHz	11.7	6.9
	2600MHz	12.5	7.3
	3500MHz	15.2	8.4

（5）天线：天线的主要指标包括增益、波束带宽、前后比、极化方向和驻波比等。

增益：指特定天线和理想点源天线在覆盖区内电场强度的差值（单位为 dBi）。一般全向天线增益为 2dBi 左右，定向板状天线增益则为 4～18dBi。

波束带宽：指定向天线在辐射的方向上左右各比典型值下降 3dB 的范围内和天线之间的夹角，也称为半功率角，其值有 65°、45°、120°、360°等。

前后比：指定向天线在辐射方向前瓣最大值和辐射的反方向±30°内后瓣最大值（背面）电场强度的比值。

极化方向：一般移动通信极化方向只有垂直、水平、±45°双极化 3 种。

驻波比：指天线输入口的匹配能力，是衡量天线工艺和质量的重要标志，一般小于 1.5。无论是发射天线还是接收天线，它们总是在一定的频率范围（频带宽度）内工作的，天线的频带宽度有两种不同的定义，一种是指在驻波比 SWR≤1.5 的条件下，天线的工作频带宽度；另外一种是指在天线增益下降 3dB 范围内的频带宽度。在移动通信系统中通常是按前一种定义的，具体来说，天线的频带宽度就是天线的驻波比 SWR 不超过 1.5 时，天线的工作频率范围。一般来说，在工作频带宽度内的各个频率点上，天线性能是有差异的，但这种差异造成的性能下降是可以接受的。

（6）合路器和电桥：其作用是将几路信号合成起来。双频合路器的工作原理类似于双工器，但要求被合成的信号不在同一频段范围内，如 GSM 网和 WCDMA 网。双频合路器具有插损低、隔离度大（大于 70～90dB）等特点。

2. 信号源的选择

对于信号源，应根据不同话务需求和覆盖场景进行选择，信号源的选择要求如表 8-37 所示。

 扫一扫看天线

 扫一扫看合路器

表 8-37 信号源的选择要求

信源类型	特 点	应 用 场 景
室内宏蜂窝	能新增的话务容量大； 扩容方便（增加载波）； 输出功率大（按 2W 算，总共能提供 8 个 2W 的输出端口）； 需要光纤传输资源； 对电源要求高，对机房环境要求高； 建设周期长，建设成本高	主要应用在话务量在 37erl 以上、覆盖区域大、基站选址容易的高档写字楼、大型商场、星级酒店、奥运场馆等重要场所。 在大型的奥运场馆中，由于其区域大，采用馈线传输线损大，可采用宏蜂窝加光纤直放站方式进行覆盖；重要酒店、办公楼等采用宏蜂窝加干放方式进行覆盖
室内微蜂窝	能新增话务容量； 扩容不太方便； 输出功率较小； 需要光纤传输资源； 对电源要求不高，对机房环境要求不高	应用在话务量在 15.7erl 以上、基站选址不太容易的写字楼、商场、酒店等重要场所。 采用微蜂窝加干放方式进行覆盖
RRU	能将富余话务容量进行拉远，有效利用资源（需要有富余的基站基带板资源）； 输出功率较小； 需要光纤传输资源； 对电源要求不高，对机房环境要求不高	应用在话务量在 15.7erl 以上、基站选址难的写字楼、商场、酒店等重要场所
宏蜂窝射频耦合	不能新增话务容量； 为了不影响室外覆盖，需要耦合信号后增加干放等有源设备； 可直接利用原有机房、电源等资源	主要应用在基站所在楼内有部分室内信号不达标的场所（如电梯、地下室等区域）
光纤直放站	不能新增话务容量； 需要光纤传输资源； 对安装环境和电源要求低； 方便物业选址	主要应用在覆盖区域分散、覆盖面积广的小区，补盲覆盖的电梯、地下室、小面积办公楼、交通要道、郊区村落等
无线直放站	不能新增话务容量； 不需要光纤传输资源； 对安装环境和电源要求低，方便物业选址，建设周期短	主要应用在覆盖区域分散的小区，补盲覆盖的电梯、地下室、小面积办公楼、交通要道、郊区村落等

选择信号源时还应考虑不同信号源对机房的要求。例如，对于 RRU 信号源，机房需要分两个部分加以说明。RRU 部分，需要大小约为 1m×1m、便于施工和维护的可用墙面，用来将 RRU 挂在墙上；宏基站或者基带池部分除-48V 电源、传输设备外，还需考虑 1 个室内分布信号源机架的位置。在维护空间方面，基站设备与机房内其他设备或墙体之间，应留有足够的维护空间、设备散热空间。在设备型号未确定的情况下，还应考虑机房的空间尺寸和承重因素。

3. 功率计算

在室内分布系统设计中，需要对功分器、耦合器的功率进行计算，以满足设计方案的要求。

（1）功率单位 dB 和 dBm

dB 是功率增益的单位，用于表示一个相对量。引入 dB 是为了把乘除关系变换为加减关

系,便于工程中的计算。当功率 A 比功率 B 大或小多少 dB 时,可按公式 $10\lg A/B$ 计算。例如:功率 A 比功率 B 大一倍,那么 $10\lg A/B = 10\lg 2 \approx 3\text{dB}$。也就是说,功率 A 比功率 B 大 3dB。如果功率 A 为 46dB,功率 B 为 40dB,也可以说,功率 A 比 B 大 6dB。

dBm 是用于表示功率绝对值的单位,计算公式为 10 lg 功率/1mW。例如:发射功率为 1mW,按 dBm 单位进行折算后的值应为 $10\lg(1\text{mW}/1\text{mW}) = 0\text{dBm}$;对于 40W 的功率,则 $10\lg(40\text{W}/1\text{mW}) \approx 46\text{dBm}$。

在室内分布系统功率的计算中,应注意以上两个单位的不同。一般馈线及元器件的衰减用 dB 表示,元器件的输入/输出功率则用 dBm 表示。

(2)功分器功率计算

功分器的端口有输出端和输入端两种。输出功率=输入功率-插损值,各输出端的功率相同。如图 8-30 所示,一个二功分器的输入功率为 12dBm,如果插损值按 3.3dB 计算的话,则两个输出端的功率都应该等于输入功率减插损值,为 8.7dBm。

(3)耦合器功率计算

耦合器的端口分为输入端、输出端(也称直通端)和耦合端三种。输出端与输入端位于同一水平线上,输出功率=输入功率-插损值;耦合端与输入端相垂直,耦合功率=输入功率-耦合度。如图 8-31 所示,输入功率为 15dBm,耦合度为 5dB,如果插损值按 2dB 计算的话,则耦合功率为 10dBm,输出功率为 13dBm。

计算时,耦合度为固定值,插损值则需要建设单位提供,如建设单位无要求,可参照表 8-38 取值。

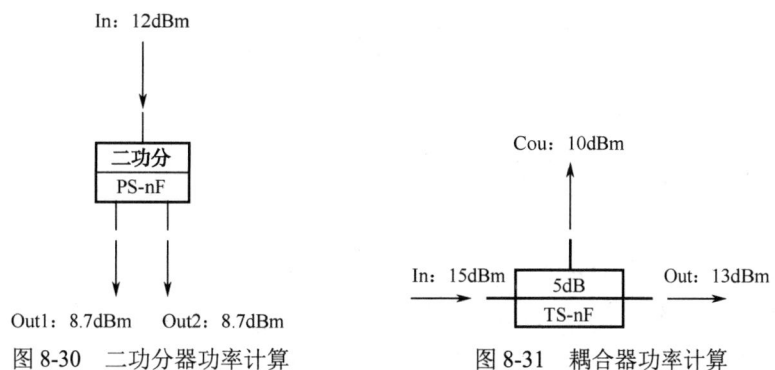

图 8-30 二功分器功率计算　　　图 8-31 耦合器功率计算

表 8-38 常用器件的插损值

器件名称	插损值
二功分器	3.3dB
三功分器	5.3dB
5dB 耦合器	2.0dB
6dB 耦合器	1.4dB
7dB 耦合器	1.2dB
8dB 耦合器	1.0dB
10dB 耦合器	0.6dB
15dB 耦合器	0.5dB
20dB 耦合器	0.3dB
30dB 耦合器	0.2dB

续表

器 件 名 称	插 损 值
40dB 耦合器	0.1dB
合路器	1.0dB

4．设计技术指标

室内分布系统设计需要满足相应的技术指标，不同的设计有不同的指标要求，下面以 GSM&WCDMA&TD-LTE 系统为例进行说明。

（1）GSM 技术指标

① 同频干扰保护比。

同频干扰保护比：C/I≥12dB（不开跳频），C/I≥9dB（开跳频）。

② 邻频干扰保护比。

200kHz 邻频干扰保护比：C/I≥-6dB；400kHz 邻频干扰保护比：C/I≥-38dB。

③ 无线覆盖区内可接通率。

要求在无线覆盖区内 95%的位置、99%的时间，移动台可接入网络。

④ 无线覆盖边缘导频功率场强。

要求 95%的室内区域导频功率≥-85dBm，其他区域（地下室、停车场及电梯等边缘地区）导频功率≥ -90dBm；此外，要求覆盖区与周围各小区之间有良好的无间断切换。

（2）WCDMA 技术指标

① 无线覆盖区内可接通率：要求在无线覆盖区内 90%的位置、99%的时间，移动台可接入网络。

② WCDMA 网络无线覆盖边缘导频（CPICH）功率场强：95%的区域导频功率≥-85dBm，导频 E_c/I_o≥-8dB；其他区域（地下室、停车场及电梯）导频功率≥-95dBm，导频 E_c/I_o≥-12dB。

根据无线环境，在同频点的情况下，在室内分布系统的有效覆盖区内室内的边缘导频功率场强比室外高 6~10dB。

③ 通话效果：对于 12.2kbps 的语音业务，误块率 BLER≤1%；对于 64kbps 的 CS 数据业务，BLER≤0.1%；对于 PS 数据业务，BLER≤10%。覆盖区内通话应清晰，无断续、回声等现象。

④ 外泄要求。

室内覆盖同频分区的导频信号外泄的强度要求，应结合外网的信号强度值来确定具体的外泄电平，原则上尽量小。一般情况下，建议在建筑物外墙 10m 处且应小于室外主导频强度 10dB 以上。

（3）TD-LTE 技术指标

① 无线覆盖率：要求覆盖区内满足参考信号接收功率 RSRP >-105dBm 的概率大于 90%；室内覆盖信号应尽可能少地泄露到室外，在室外距离建筑物外墙 10m 处，室内覆盖信号泄漏强度应小于室外覆盖信号泄漏强度 10dB 以上。

② 无线信道呼损率：要求数据业务呼损不大于 5%。

③ 无线覆盖区内可接通率：要求在无线覆盖区内 90%的位置、99%的时间，移动台可接入网络。

④ 误块率：要求数据业务的误块率不大于 10%。

⑤ 无线边缘速率：要求在 20MHz 带宽、10 用户同时接入时，小区边缘速率约为 1Mbps/250kbps（下行/上行）。

⑥ 掉线率：基本目标为<4%。

⑦ 系统内切换成功率：基本目标为>95%。

（4）电磁辐射要求

根据国家标准《电磁环境控制限值》（GB 8702—2014），要求室内天线口发射总功率≤15dBm。各楼层天线口功率尽量平均分配。

5．各系统天线参考原则

要求天线和功分器、耦合器及合路器等器件的工作频率范围为800～3700MHz，以支持多系统。为满足网络覆盖要求，根据现网工程经验，各系统参考原则如表 8-39 所示。

表 8-39 各系统参考原则

场景	天线间距/m	天线口功率/dBm	天线类型	天线安装位置
开放型	2G 900MHz：20～35	2G 900MHz：0～5	主要为全向吸顶天线，安装条件受限区域或狭长的开阔区域可以使用定向板状天线	公共区
	TD：15～25	TD：3～8		
	WLAN：15～20	WLAN：12～15		
	LTE：15～25	LTE：5～10		
密集型	2G 900MHz：10～20	2G 900MHz：5～13（楼层较高且电磁环境复杂时，建议天线口功率为10～15）	主要为全向吸顶天线，切换区及容易产生泄漏的区域可以适当使用定向板状天线或定向吸顶天线	公共走廊，天线布放位置尽量靠近房间门口，纵深10m 以上的房间，可以考虑将天线内置于房间中，内置后天线口功率应适当降低，减少功率浪费
	TD：6～12	TD：5～10		
	WLAN：6～10	WLAN：12～15		
	LTE：6～12	LTE：10～15		
半密集型	2G 900MHz：15～25	2G 900MHz：5～13（楼层较高且电磁环境复杂时，建议天线口功率为10～15）	主要为全向吸顶天线，切换区及容易产生泄漏的区域可以适当使用定向板状天线或定向吸顶天线	公共走廊、面积较大的会议室或房间建议将天线安装到房间内，内置后天线口功率应适当降低，减少功率浪费
	TD：8～15	TD：5～10		
	WLAN：8～12	WLAN：12～15		
	LTE：8～15	LTE：10～15		

8.3.3 5G 室内覆盖解决方案

5G 的典型应用将渗透到居住、工作、休闲等各个领域，特别是城市密集区域（如重要商圈、住宅、高校、办公室、体育场、重要交通干线和广覆盖等场景）。这些场景的高流量、高连接、高移动的特征对 5G 提出了巨大的挑战，在典型应用场景中，除高移动场景外，大部分为对室内网络的需求。据预测，70%～80%的 MBB（移动宽带）业务发生在室内。

现有 2G/3G/4G 系统存量频段后续可演进支持 5G 系统，但带宽资源有限。目前，中国电信和中国联通 5G 网络室内覆盖频段采用 3.3～3.4GHz，中国移动采用 2.6GHz 频段重耕。

室内分布系统在实际建设过程中需考虑建设改造难度、建设成本、维护便利性等综合因素，灵活选取合适场景开展建设工作，如表 8-40 所示。5G 室外覆盖室内方式的性能较差，传统 DAS（分布式天线系统）支持容量有限，且改造难度大，成本较高；分布式皮基站支持较大容量，改造难度相对低，但成本高。实际工程中可依据不同场景，尽量利用原有 LTE 系统的资源和架构制定不同的室分方案，提供高带宽、高速率、高质量的通信服务。

表 8-40 室内分布系统建设方式比较

建设方式	类型	容量特性	建设改造难度	建设成本	监控/故障定位难度
室内蜂窝系统	分布式皮基站	好，支持 4×4MIMO	高，需替换或增加 pRRU 和 RHUB，更换为 CAT6A 网线或光电复合缆	高	可以实现监控及定位
室内分布覆盖系统	传统 DAS	中，支持 2×2MIMO	高，不支持 2.6GHz 频段的存量室分，需替换分布系统器件和天线	较高	无法监控，出现故障定位难度大
	隧道漏缆系统	一般，支持 2×2MIMO	中，需增加 RRU 和漏缆，替换无源器件	中	无法监控，出现故障定位难度大
室外覆盖室内方式	宏基站	差，3.5GHz 信号穿透能力差，导致速率低	高，室外宏基站选址难	高	可以实现监控及定位
	小基站、光纤分布系统		中	中	可以实现监控及定位

传统无源室分系统，采用功分器和耦合器等无源器件来达到天线口的功率平衡。存量室分项目中功分器、耦合器、天线等若不支持 2.6GHz 频段（2016 年以后的产品支持 2.6GHz 频段），采用 DAS 来建设 5G 室分系统，则所有的功分器、耦合器、天线、合路器、BBU 和 RRU 都需要更换。

基于成本考虑，如果现有无源器件和天线支持 2.6GHz 频段，为快速实现 5G 室分系统，仍可采用 DAS 快速馈入，只需新增 5G 信号源，利旧原有分布系统的无源器件和天线，快速实现 5G 信号覆盖，但此方案最高实现 2×2MIMO，且只适用于中国移动采用的 2.6GHz 频段，无法支持中国电信和中国联通采用的 3.5GHz 频段。

对于室分纯新建场景，传统无源室分系统更具成本优势，仍将是绝大部分普通场景性价比最优的 5G 室内覆盖方案。而 5G 有源微站作为无源室分系统的补充，可以为少量地标性建筑（机场、高铁站、体育场馆）提供大容量服务。

面向 eMBB 业务场景，5G 室内覆盖系统的规划设计指标如表 8-41 所示。

表 8-41 5G 室内覆盖系统规划设计指标

覆盖区域	覆盖指标（覆盖率95%）	
	SS-RSRP/dBm	SS-SINR/dB
一般区域	≥-105	≥0
重要场景，如大型场馆、交通枢纽、营业厅（旗舰店）、重要会议区或办公区等业务需求高的区域	≥-95	≥3

8.3.4 5G 室内分布系统工程设计案例

1. 工程概况

应建设单位委托，本工程采用全向吸顶天线对武汉×××学院 A、B 两栋宿舍楼进行 4G TDD/5G NR 信号覆盖，设计范围包括远端设备的安装及天、馈线系统的布放。

本室内分布系统的 4G TDD 系统与 5G NR 系统共用天、馈线，选用 BBU+RRU 模式分别作为 4G TDD 系统和 5G NR 系统的远端信号源。本次采用新建 5G DAS 系统，包括新建波分复用器、新建 RRU、新建分布系统器件、新建分布系统天线、新增馈线。工程所采用设备和主要材料均由移动公司提供，主要设备、材料的价格如表 8-42 所示。

表 8-42 主要设备、材料的价格

序 号	名 称	型 号	单 位	单价/元
1	5G-RRU 新购主设备		台	34735.12
2	全向吸顶天线		副	48.24
3	高功率等级产品（二功分）		个	13.31
4	高功率等级产品-6dB		个	18.81
5	高功率等级产品-10dB		个	18.81
6	7/8″普通阻燃馈线		m	24.1
7	1/2″普通阻燃馈线		m	10.53
8	馈线连接器	N-直/适配普通馈线/1/2″公头	个	4
9	馈线连接器	N-直/适配普通馈线/7/8″公头	个	9
10	非标馈线连接器	双阳 N-JJ/HXCP2-0800-2500-10-200N	个	4
11	非标馈线连接器	双阴 N-KK	个	4
12	非标馈线连接器	直角 N-JK	个	5
13	光缆分纤箱	340×265×120mm³/非金属/壁挂式/24 芯/FC	台	113.81

本工程委托监理，施工地点为一般地区，距离施工企业 50km，设备材料运距按 50km 考虑；本工程不计取预备费，不计取冬雨季施工增加费、施工队伍调遣费、大型施工机械调遣费等，其他费用按实际发生情况进行计列。

2. 图纸

（1）×××学院宿舍 A、B 室内覆盖施工安全注意事项及图例（见图 8-32）
（2）×××学院宿舍 A、B 系统原理图 1（见图 8-33）
（3）×××学院宿舍 A、B 系统原理图 2（见图 8-34）
（4）×××学院宿舍 A、B 系统原理图 3（见图 8-35）
（5）×××学院宿舍 A、B 系统原理图 4（见图 8-36）
（6）×××学院宿舍 A、B 系统原理图 5（见图 8-37）
（7）×××学院宿舍 A、B 系统原理图 6（见图 8-38）
（8）×××学院宿舍 A、B 系统原理图 7（见图 8-39）
（9）×××学院宿舍 A、B 天馈平面安装示意图 1（见图 8-40）
（10）×××学院宿舍 A、B 天馈平面安装示意图 2（见图 8-41）
（11）×××学院宿舍 A、B 设备安装示意图 1（见图 8-42）
（12）×××学院宿舍 A、B 设备安装示意图 2（见图 8-43）
（13）×××学院宿舍 A、B 设备安装示意图 3（见图 8-44）
（14）×××学院宿舍 A、B 设备安装示意图 4（见图 8-45）

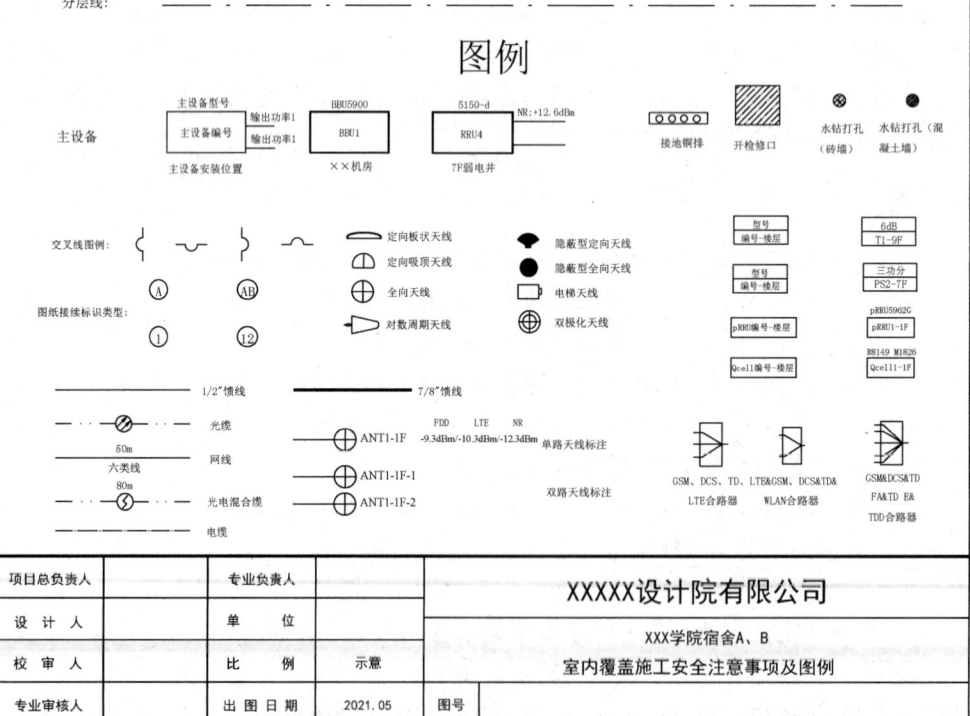

图 8-32　×××学院宿舍 A、B 室内覆盖施工安全注意事项及图例

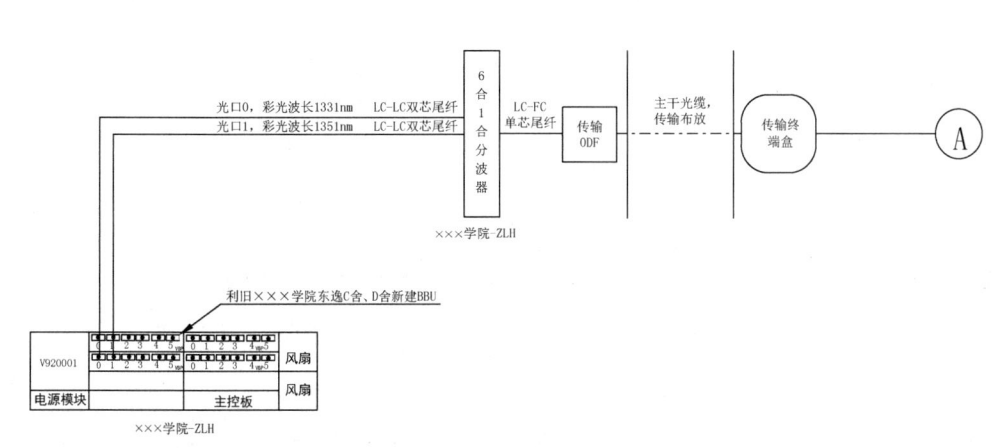

BBU光口	BBU光口彩光波长(nm)	合分波器型号	RRU编号	RRU直连光口彩光波长(nm)	RRU级连光口彩光波长(nm)	RRU安装位置	连接光纤/缆类型	连接光纤/缆长度(m)	RRU覆盖区域	5G基带板	NR 小区	5G基带板	TDD 小区
光口0	1331	6合1	RRU1	1271	—	安装在宿舍A-4F配电房	野战光缆	5	覆盖宿舍A1~7F	5G BBU1	NR小区1	5G BBU1	TDD小区1
光口1	1351		RRU2	1291	—	安装在宿舍B-3F配电房	外部光缆	150	覆盖宿舍B1~6F	5G基带板1		5G基带板1	

设计站名	BBU数	BBU型号	RRU数	RRU型号	频段	小区中文名	天线数
×××学院宿舍AB-Z5S	0	中兴V9200	2	R9616	NR2600MHz	NR小区1	104
×××学院宿舍AB-ZLW	0	中兴V9200	0	R9616	TDD(D)	LTE小区1	0

项目总负责人		专业负责人		XXXXX设计院有限公司
设计人		单位		XXX学院宿舍A、B 系统原理图1
校审人		比例	示意	
专业审核人		出图日期	2021.05	图号

图 8-33 ×××学院宿舍 A、B 系统原理图 1

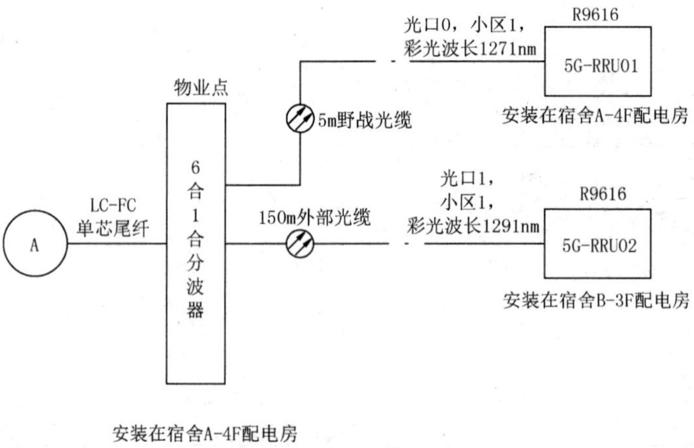

图 8-34 ×××学院宿舍 A、B 系统原理图 2

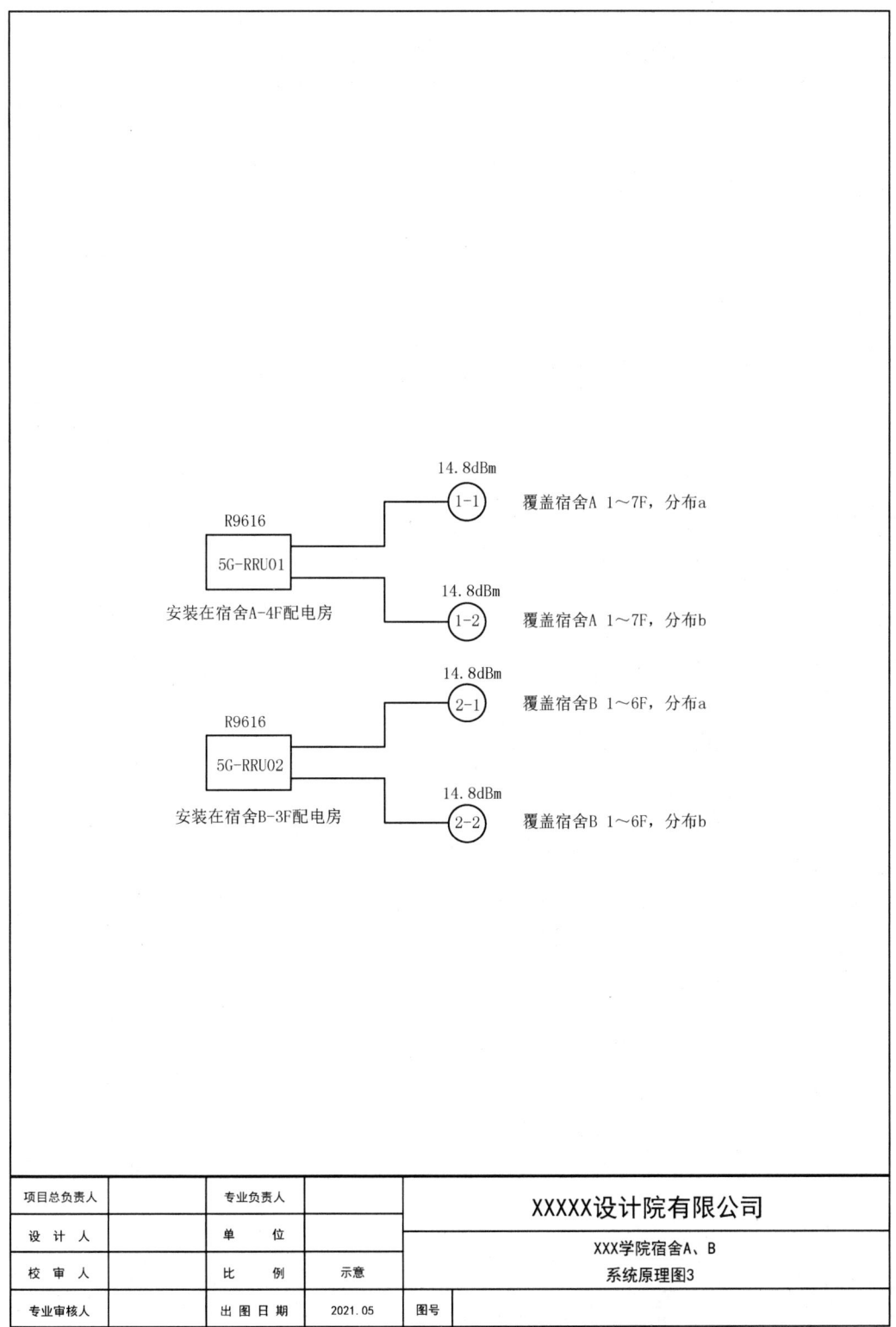

图 8-35 ×××学院宿舍 A、B 系统原理图 3

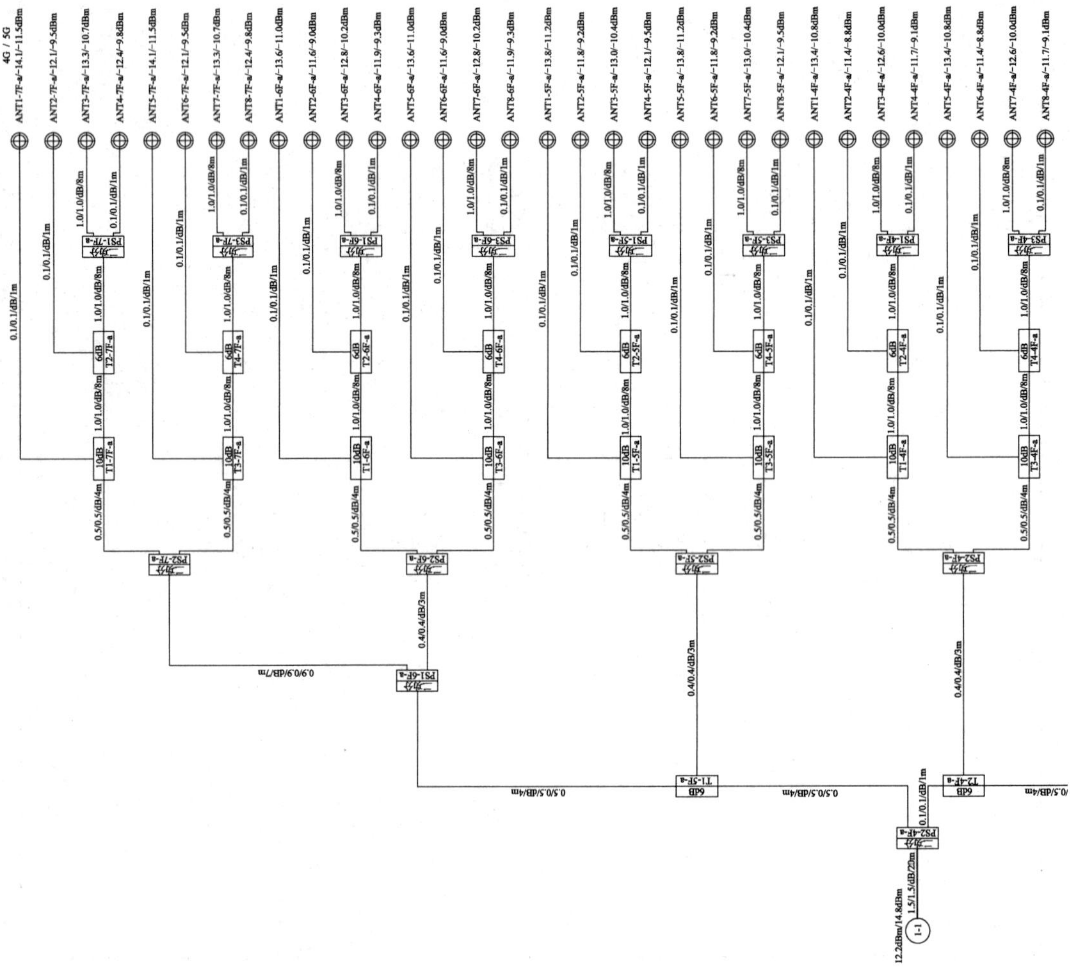

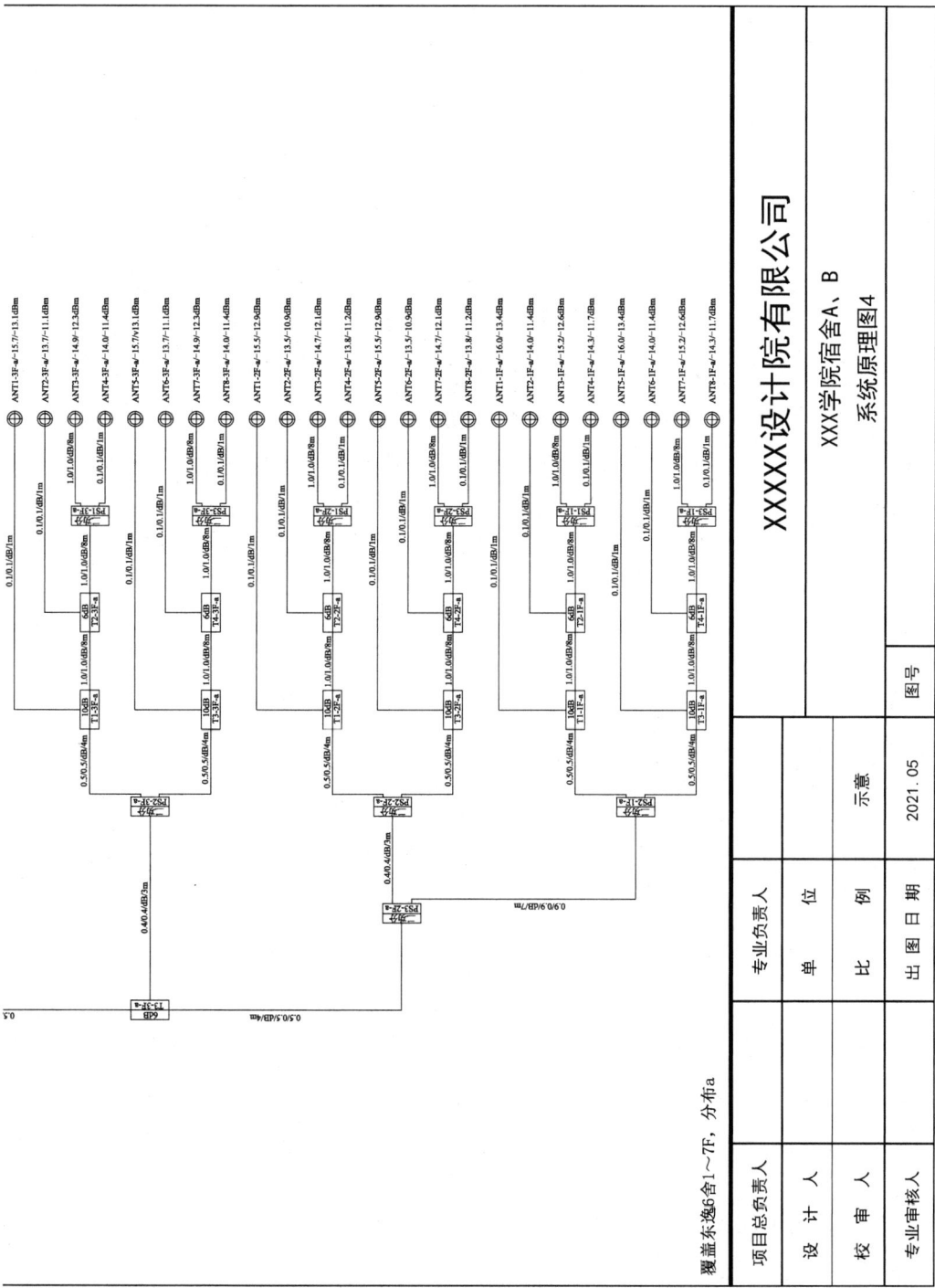

图8-36 ×××学院宿舍A、B系统原理图4

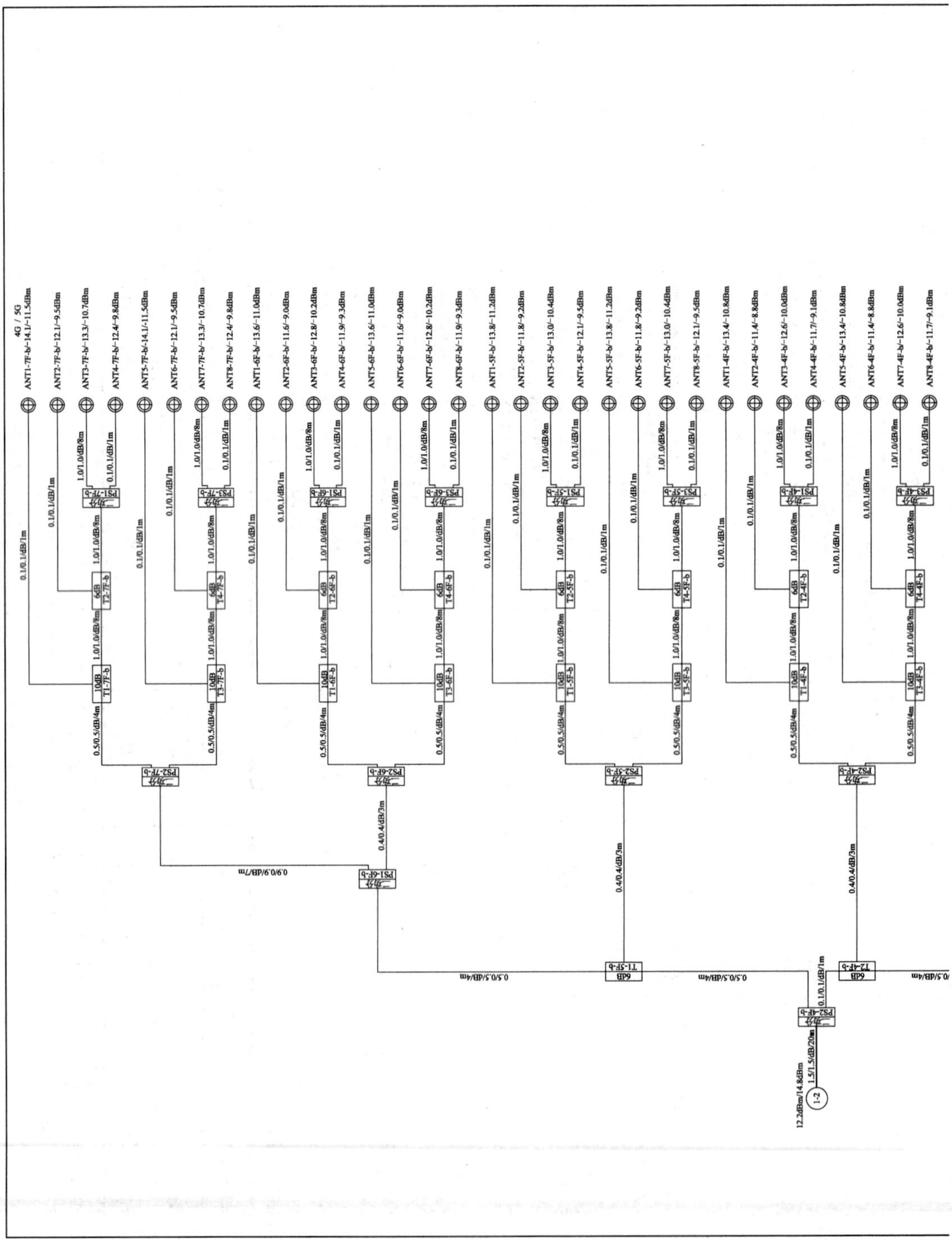

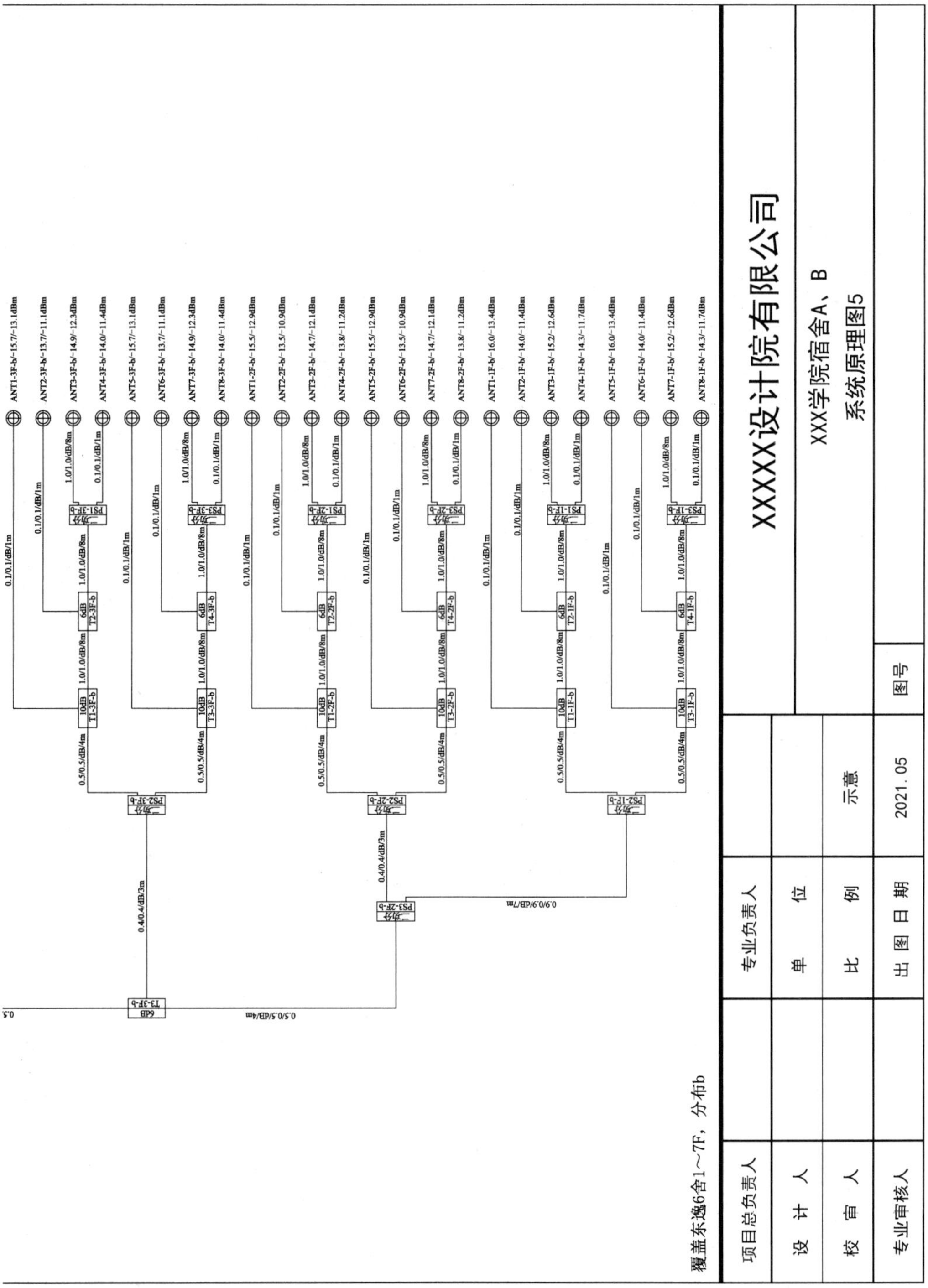

模块8 通信工程设计

图8-37 ×××学院宿舍A、B系统原理图5

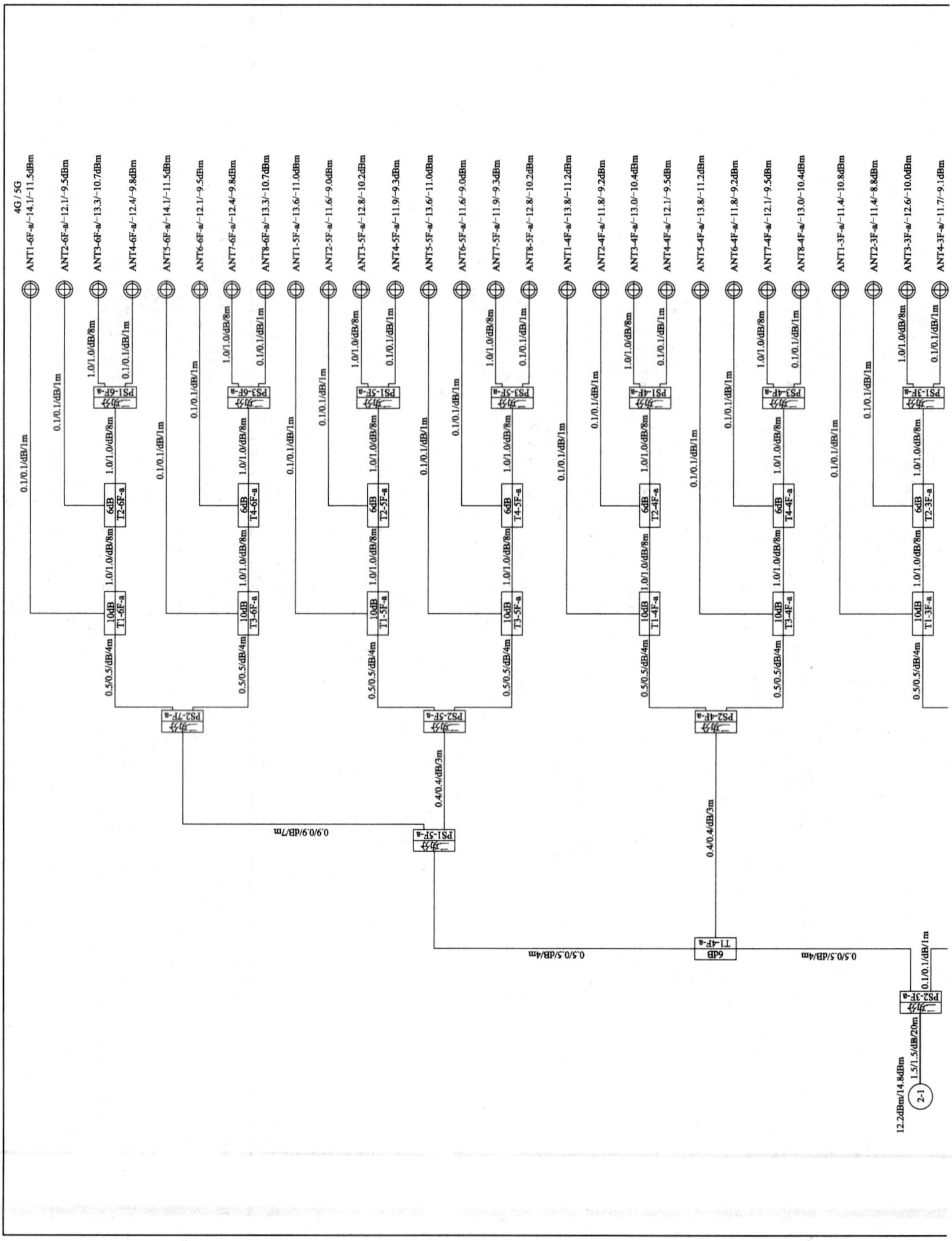

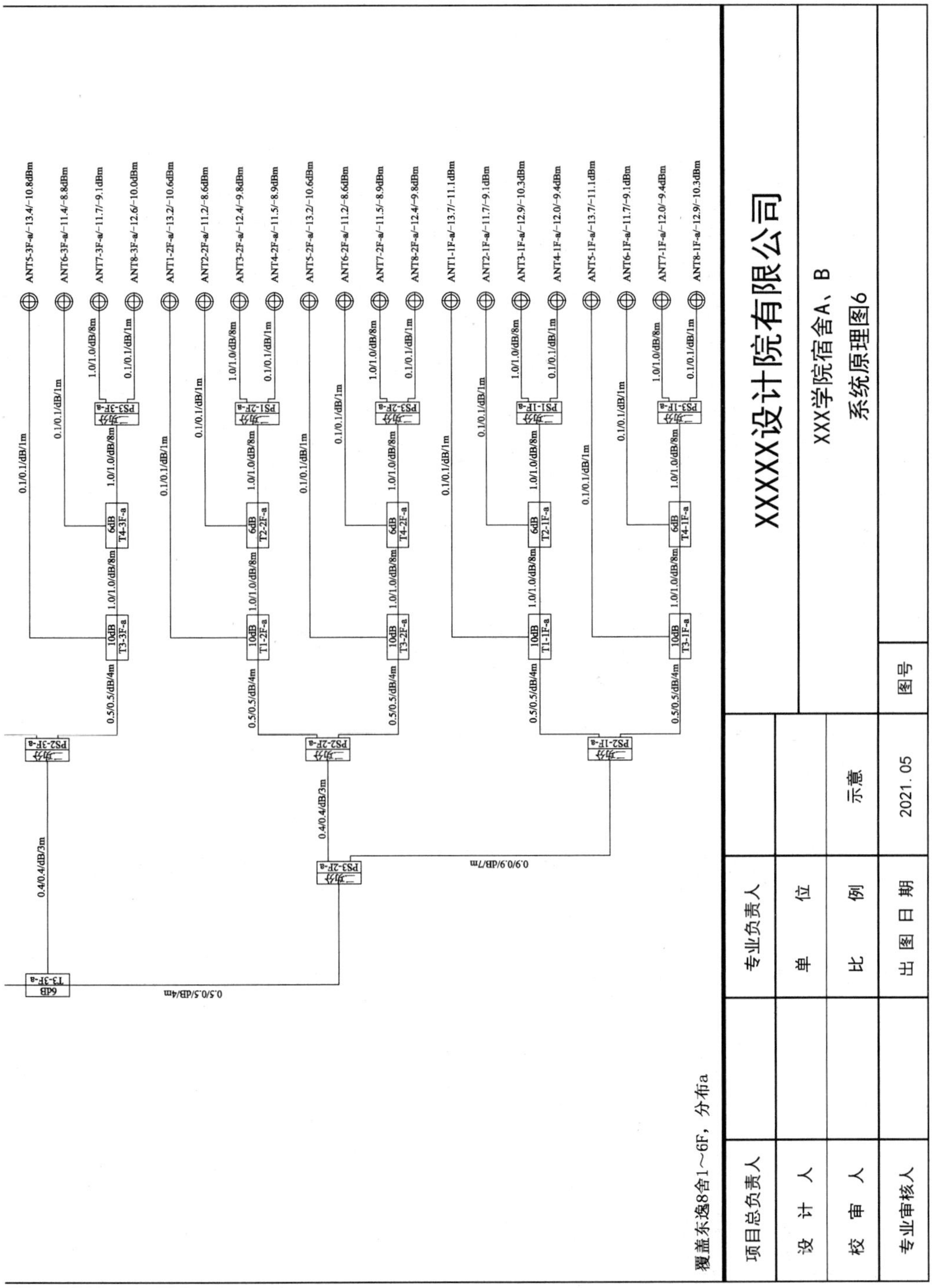

模块8 通信工程设计

图8-38 ×××学院宿舍A、B系统原理图6

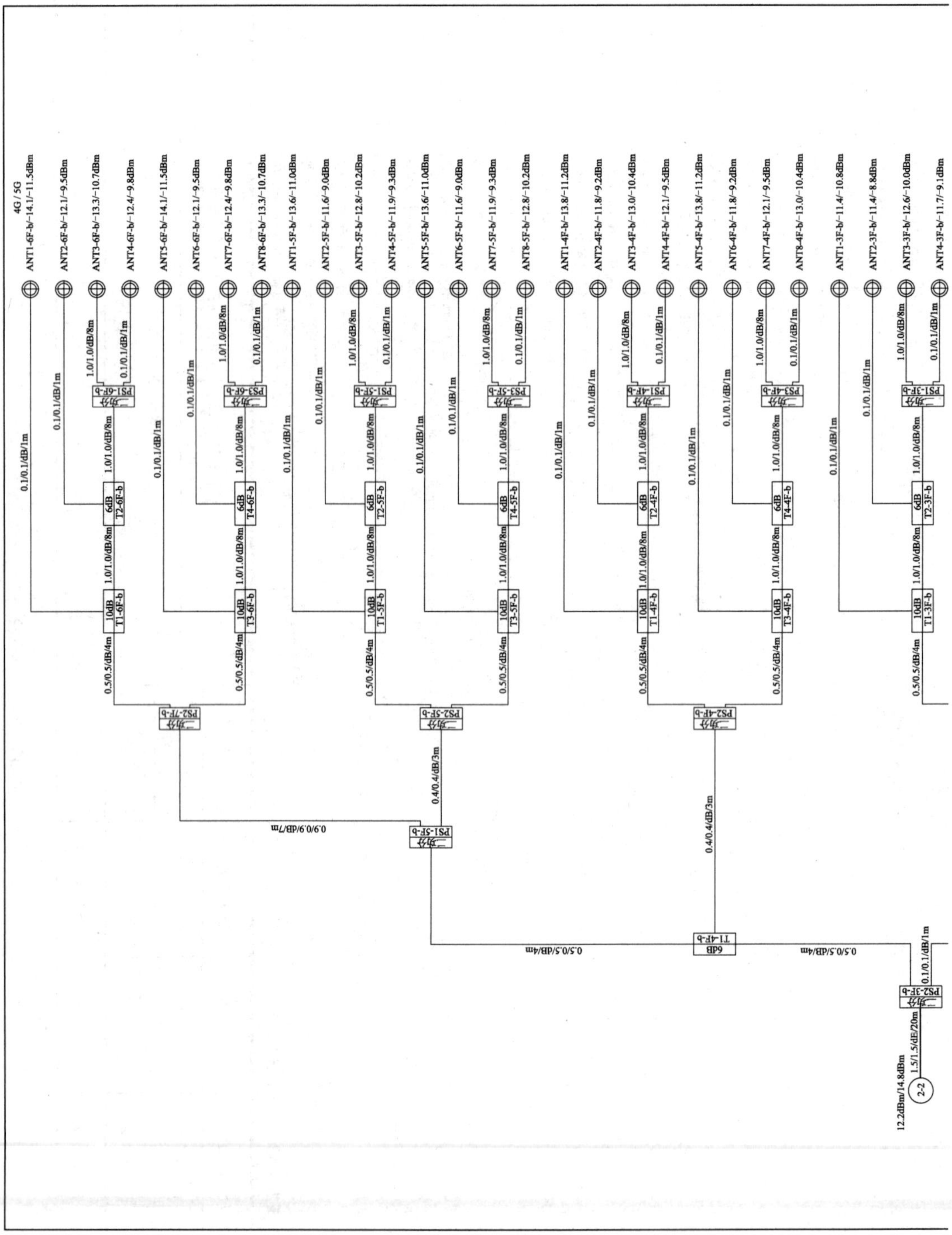

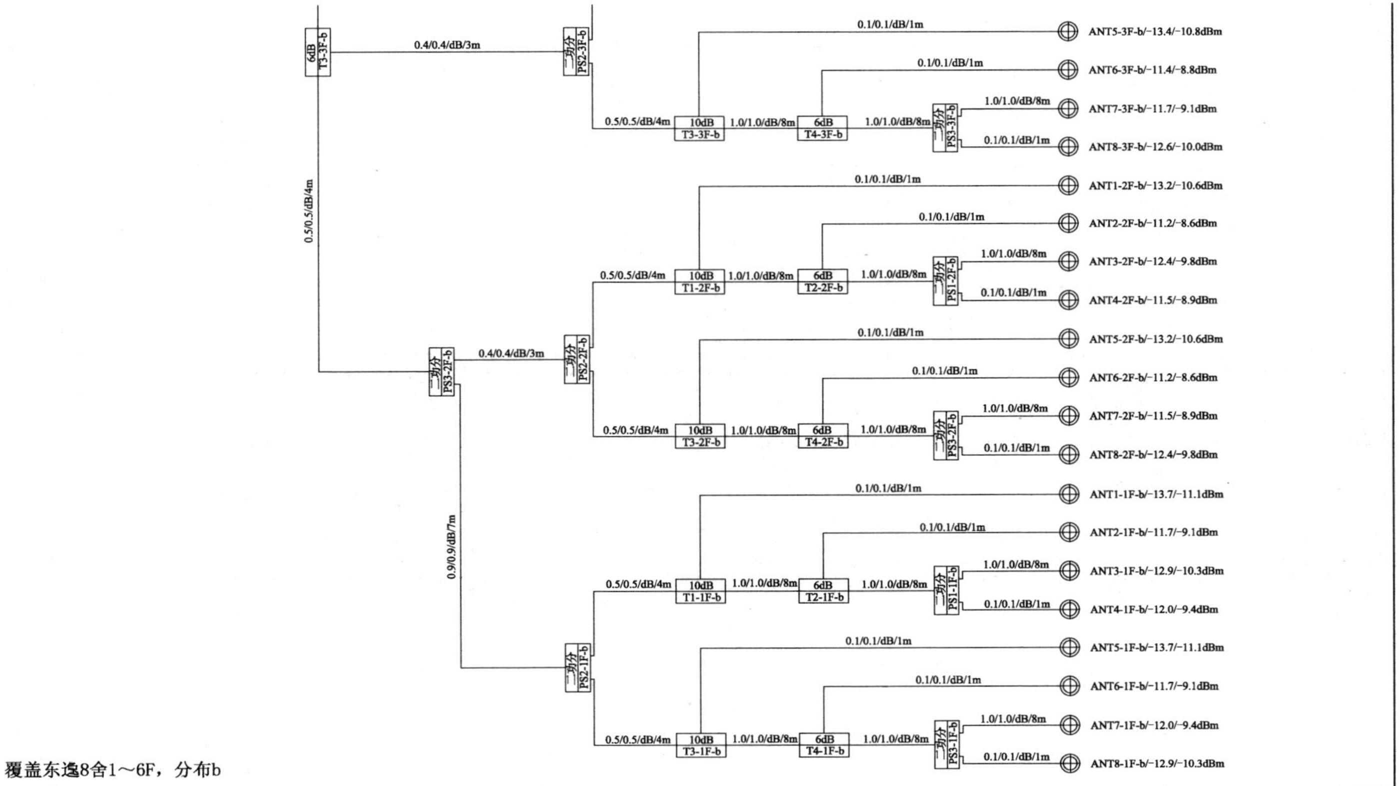

图8-39 ×××学院宿舍A、B系统原理图7

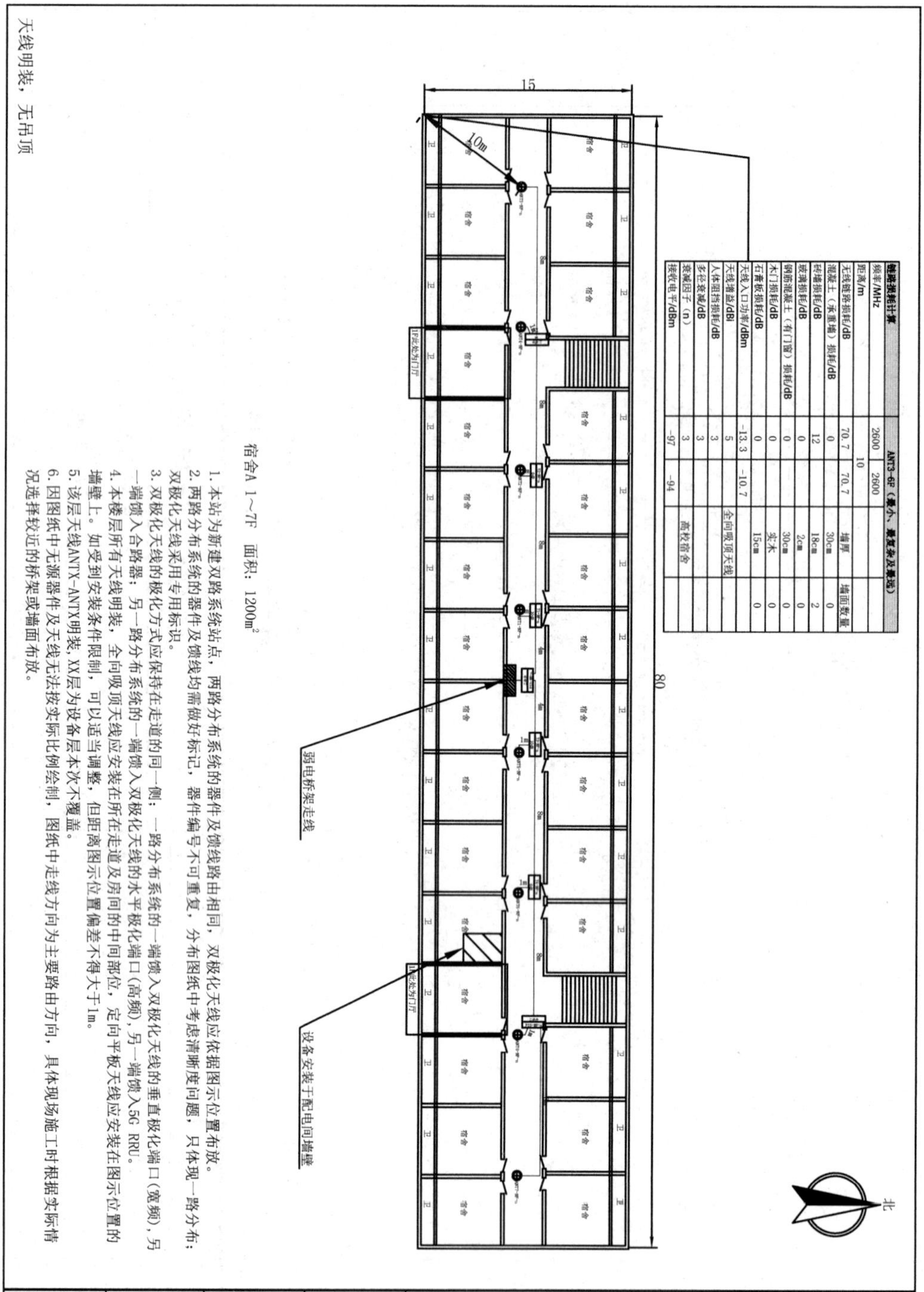

链路损耗计算	ANT3-6F（最小、最复杂及最远）			
频率/MHz	2600	2600		
距离/m	10			
无线链路损耗/dB	70.7	70.7	墙厚	墙面数量
混凝土（承重墙）损耗/dB	0		30cm	0
砖墙损耗/dB	12		18cm	2
玻璃损耗/dB	0		2cm	0
钢筋混凝土（有门窗）损耗/dB	0		30cm	0
木门损耗/dB	0		实木	0
石膏板损耗/dB	0		15cm	0
天线入口功率/dBm	-13.3	-10.7		
天线增益/dBi	5		全向吸顶天线	
人体阻挡损耗/dB	3			
多径衰减/dB	3			
衰减因子（n）	3		高校宿舍	
接收电平/dBm	-97	-94		

项目总负责人		专业负责人		XXXXX设计院有限公司	
设 计 人		单 位		XXX学院宿舍A、B	
校 审 人		比 例	示意	天馈平面安装示意图1	
专业审核人		出 图 日 期	2021.05	图号	

图 8-40 ×××学院宿舍 A、B 天馈平面安装示意图 1

天线明装，无吊顶

链路损耗计算	ANT8-6F（最小、最复杂及最远）			
频率/MHz	2600	2600		
距离/m	10			
无线链路损耗/dB	70.7	70.7	墙厚	墙面数量
混凝土（承重墙）损耗/dB	0		30cm	0
砖墙损耗/dB	12		18cm	2
玻璃损耗/dB	0		2cm	0
钢筋混凝土（有门窗）损耗/dB	0		30cm	0
木门损耗/dB	0		实木	0
石膏板损耗/dB	0		15cm	0
天线入口功率/dBm	-13.3	-10.7		
天线增益/dBi	5	全向吸顶天线		
人体阻挡损耗/dB	3			
多径衰减/dB	3			
衰减因子（n）	3		高校宿舍	
接收电平/dBm	-97	-94		

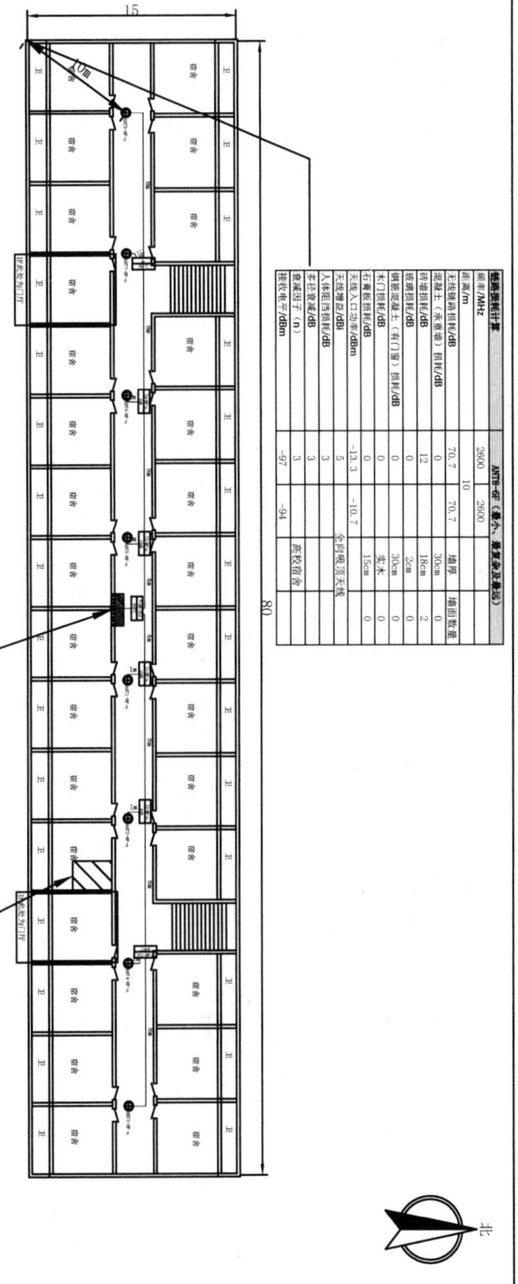

宿舍B 1～6F　面积：1200m²

1. 本站为新建双路系统站点，两路分布系统的器件及馈线路由相同，双极化天线应依据图示位置布放。
2. 两路分布系统的器件及馈线均需做好标记，器件编号不可重复，分布图纸中考虑清晰度问题，只体现一路分布；双极化天线采用专用标识。
3. 双极化天线的极化方式应保持在走道的同一侧；一路分布系统的一端馈入双极化天线的垂直极化端口(宽频)，另一端馈入合路器；另一路分布系统的一端馈入双极化天线的水平极化端口(高频)，另一端馈入5G RRU。
4. 本楼层所有天线明装，全向吸顶天线应安装在所在走道及房间的中间部位，定向平板天线应安装在图示位置的墙壁上。如受到安装条件限制，可以适当调整，但距离图示位置偏差不得大于1m。
5. 该层天线ANTX-ANTX明装，××层为设备层本次不覆盖。
6. 因图纸中无源器件及天线无法按实际比例绘制，图纸中走线方向为主要路由方向，具体现场施工时根据实际情况选择较近的桥架或墙面布放。

项目总负责人		专业负责人		XXXXX设计院有限公司
设　计　人		单　　位		XXX学院宿舍A、B
校　审　人		比　　例	示意	天馈平面安装示意图2
专业审核人		出 图 日 期	2021.05	图号

图 8-41　×××学院宿舍 A、B 天馈平面安装示意图 2

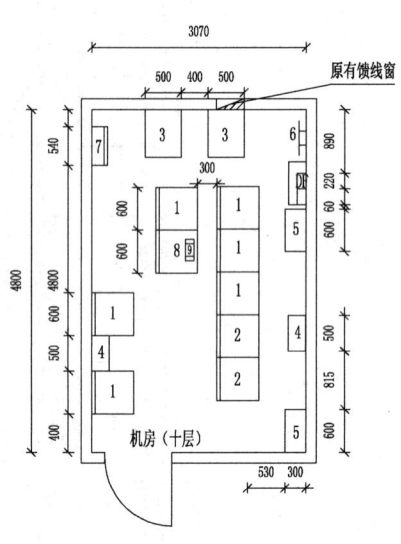

设 备 表

序号	设备名称	规格尺寸(mm³)	单位	数量	备注
1	网络柜	600×600×2000	架	5	原有
2	一体化开关电源	600×440×1600	架	2	原有
3	蓄电池	300×600	组	2	原有
4	交流配电箱	500×200×600	个	2	原有
5	空调	600×300×1700	台	2	原有
6	地线排		块	1	原有
7	防雷箱		台	1	原有
8	网络柜	600×600×2000	架	1	原有
9	V9200	88.4×445×370	套	1	新装

说明：
1. 本基站为CRAN架构新建5G系统基站CRAN机房。
2. 设备类型及新装要求：本期工程新装1台中兴BBU V9200，安装在网络柜内。
3. 机房情况：本机房产权归属铁塔，利旧租用机房。机房净高2700mm。
4. 设备供电：新装主设备由直流供电模块保险空开直接供电，直流供电模块电源线连接到列头柜。
5. 设备接地：本期工程新装BBU及直流供电模块接地线连接到设备柜接地排，新装网络柜接地线连接到室内接地排。
6. 开关电源情况：本期工程利旧一体化开关电源。
7. 蓄电池情况：利旧蓄电池200A·h×5组，经核算满足3小时备电时长。

项目总负责人		专业负责人		XXXXX设计院有限公司	
设计人		单位	mm	XXX学院宿舍A、B 设备安装示意图1	
校审人		比例	示意		
专业审核人		出图日期	2022.1	图号	

图 8-42 ×××学院宿舍 A、B 设备安装示意图 1

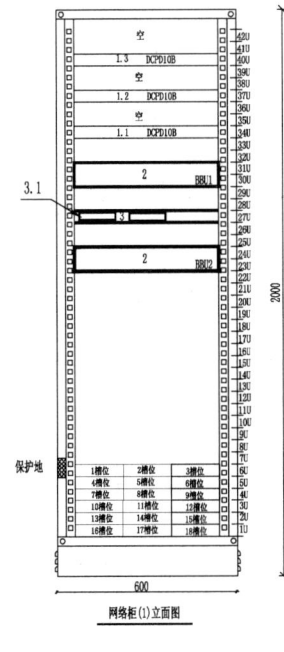

图 8-43 ×××学院宿舍 A、B 设备安装示意图 2

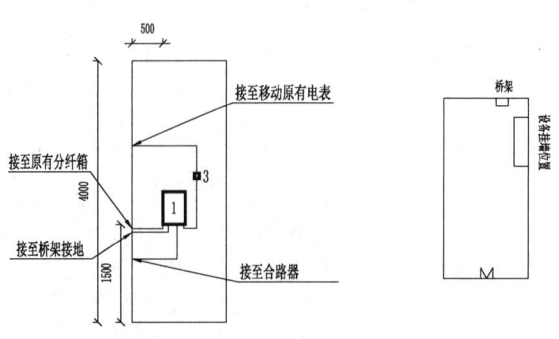

正视图　　　　　　　俯视图

宿舍A-4F电井
设备表

序号	设备名称	设备尺寸（高×宽×深）单位：mm³	单位	数量	备注
1	RRU	500×360×119	台	1	新装
2	光缆分纤箱	340×265×120	个	1	原有
3	空开	10A端子	个	1	新装

注：
1. 本室内分布信源采用BBU+RRU方式，RRU安装在宿舍A-4F配电房，类型为：R9619；交流供电。
2. 新布放电缆及光纤需加线槽(线管)保护。
3. 部分原有设备及新增线缆路由未在图中标出，具体按照现场环境来施工，但施工时应注意避免线缆间的交叉。
4. 设备电源线需加PVC管保护。
5. 新装设备由新装空开控制。
6. 本期新装设备均由设备安装位置通过地线引至桥架进行接地。
7. 信号线、控制线应尽量避免与强电高压管道和消防管道一起布放走线，确保无强电、强磁的干扰。
8. 光缆分纤箱安装位置应距离地面1m以上，光缆进入熔纤盒应预留1~2m冗余长度，便于后期熔接施工。

项目总负责人		专业负责人		XXXXX设计院有限公司
设计人		单位	mm	XXX学院宿舍A、B 设备安装示意图3
校审人		比例	示意	
专业审核人		出图日期	2022.1	图号

图8-44　×××学院宿舍A、B设备安装示意图3

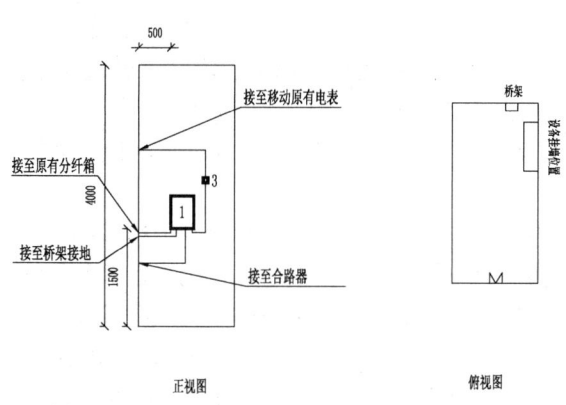

设备表

宿舍B-3F电井

序号	设备名称	设备尺寸（高×宽×深）单位：mm³	单位	数量	备注
1	RRU	500×360×119	台	1	新装
2	光缆分纤箱	340×265×120	个	1	原有
3	空开	10A端子	个	1	新装

注：
1. 本室内分布信源采用BBU+RRU方式，RRU安装在宿舍B-3F配电房，类型为：R9619；交流供电。
2. 新布放电缆及光纤需加线槽（线管）保护。
3. 部分原有设备及新增线缆路由未在图中标出，具体按照现场环境来施工，但施工时应注意避免线缆间的交叉。
4. 设备电源线需加PVC管保护。
5. 新装设备由新装空开控制。
6. 本期新装设备均由设备安装位置通过地线引至桥架进行接地。
7. 信号线、控制线应尽量避免与强电高压管道和消防管道一起布放走线，确保无强电、强磁的干扰。
8. 光缆分纤箱安装位置应距离地面1m以上，光缆进入熔纤盒应预留1-2m冗余长度，便于后期熔接施工。

项目总负责人		专业负责人		XXXXX设计院有限公司
设 计 人		单 位	mm	XXX学院宿舍A、B 设备安装示意图4
校 审 人		比 例	示意	
专业审核人		出图日期	2022.1	图号

图8-45 ×××学院宿舍A、B设备安装示意图4

3. 预算表格编制

（1）编制依据

① 工信部通信〔2016〕451号《工业和信息化部关于印发信息通信建设工程预算定额、工程费用定额及工程概预算编制规程的通知》。

② 工业和信息化部2021年5月发布的《第五代移动通信设备安装工程造价编制指导意见》。

③ 工业和信息化部2016年12月发布的《信息通信建设工程费用定额》。

④ 工业和信息化部2016年12月发布的《信息通信建设工程概预算编制规程》。

⑤ 工业和信息化部2016年12月发布的《信息通信建设工程预算定额》。

⑥ 工业和信息化部2017年5月发布的《2017版定额征订单及勘误》。

⑦ 《国家发展改革委关于进一步放开建设项目专业服务价格的通知》（发改价格〔2015〕299号）。

⑧ 工业和信息化部通函〔2012〕213号《关于调整通信工程安全生产费取费标准和使用范围的通知》。

⑨ 财政部、税务总局、海关总署《关于深化增值税改革有关政策的公告》（财政部 税务总局 海关总署公告2019年第39号）。

⑩ 建设单位提供的相关资料。

⑪ ××××设计院现场勘察资料。

（2）其他费用说明

① 预备费：根据建设单位要求本设计不计取预备费。

② 研究试验费、引进技术及进口设备其他费、工程保险费、工程招标代理费、专利及专有技术使用费、生产准备及开办费（运营费）等费用不进行计列。

（3）预算表格

① 建筑安装工程量预算表（表三）甲，见表8-43。

② 国内器材预算表（表四）甲（国内需要安装的设备）表，见表8-44。

③ 国内器材预算表（表四）甲（国内主要材料）表，见表8-45。

此处只列出关键表格，其他表格可自行编制，此处不再赘述。

表8-43 建筑安装工程量预算表（表三）甲

工程名称：×××5G室内覆盖工程

单位工程名称：×××学院宿舍AB　　　建设单位名称：×××　　　　表格编号：TSW-3甲　第　页

序号	定额编号	项目名称	单位	数量	单位定额值/工日		合计值/工日	
					技工	普工	技工	普工
I	II	III	IV	V	VI	VII	VIII	IX
1	T5G2-060	安装射频拉远单元（室内）	套	2.00	1.94		3.88	
2	T5G2-119	配合调测第五代移动通信基站系统	扇区	1.00	1.41		1.41	
3	T5G1-054	放绑软光纤（设备机架间）（15m以下）	条	14.00	0.29		4.06	
4	T5G2-021	安装室内天线（安装高度6m以下）	副	104.00	0.83		86.32	

续表

序号	定额编号	项目名称	单位	数量	单位定额值/工日		合计值/工日	
					技工	普工	技工	普工
I	II	III	IV	V	VI	VII	VIII	IX
5	T5G2-035	安装调测室内天、馈线附属设备（合路器、分路器（功分器、耦合器））	个	204.00	0.34		69.36	
6	T5G2-024AC	布放射频同轴电缆（1/2″以下）（4m以下）（管内、竖井、活动地板下方、顶棚下方、其他隧道内）	条	428.00	0.26		111.28	
7	T5G2-025AC	布放射频同轴电缆（1/2″以下）（4m以上每增加1m）（管内、竖井、活动地板下方、顶棚下方、其他隧道内）	米·条	926.00	0.04		37.04	
8	T5G2-026AC	布放射频同轴电缆（7/8″以下）（10m以下）（管内、竖井、活动地板下方、顶棚下方、其他隧道内）	条	4.00	1.27		5.08	
9	T5G2-027AC	布放射频同轴电缆（7/8″以下）（10m以上每增加1m）（管内、竖井、活动地板下方、顶棚下方、其他隧道内）	米·条	40.00	0.08		3.20	
10	T5G1-026	增（扩）装子机框	个	1.00	0.20		0.20	
11	T5G1-029	安装波分复用器（室内）	个	2.00	0.34		0.68	
12	T5G1-032	测试波分复用器（1:6以下）	个	2.00	0.34		0.68	
		合计					323.19	

设计负责人：×××　　　审核：×××　　　编制：×××　　　编制日期：××××年××月

表8-44　国内器材预算表（表四）甲

（国内需要安装的设备）表

单项工程名称：×××5G室内覆盖工程

工程名称：×××学院宿舍AB　　　建设单位名称：×××　　　表格编号：TSW-4甲A　　第　　页

序号	名称	规格程式	单位	数量	单价/元			合计/元			备注
					除税价	增值税	含税价	除税价	增值税	含税价	
I	II	III	IV	V	VI	VII	VIII	IX	X	XI	XII
1	5G-RRU新购主设备		台	2.00	30739.04	3996.08	34735.12	61478.09	7992.15	69470.24	
2	5G-RRU新购主设备服务			1.00	5332.49	693.22	6025.71	5332.49	693.22	6025.71	
3	高功率等级产品（二功分）		个	90.00	11.78	1.53	13.31	1060.09	137.81	1197.90	
4	高功率等级产品-6dB		个	62.00	16.65	2.16	18.81	1032.05	134.17	1166.22	
5	高功率等级产品-10dB		个	52.00	16.65	2.16	18.81	865.59	112.53	978.12	
6	室内吸顶天线/全向/双极化/全频段（800~2700MHz）		面	104.00	42.69	5.55	48.24	4439.79	577.17	5016.96	

续表

序号	名称	规格程式	单位	数量	单价/元			合计/元			备注
					除税价	增值税	含税价	除税价	增值税	含税价	
I	II	III	IV	V	VI	VII	VIII	IX	X	XI	XII
7	合分波器（6波）		个	2.00	203.48	26.45	229.93	406.96	52.90	459.86	
8	1U机架-PB3		个	1.00							免费
9	彩光模块/CWDM 25GE（1271nm）		个	2.00	286.15	37.20	323.35	572.30	74.40	646.70	
10	彩光模块/CWDM 25GE（1291nm）		个	2.00	286.15	37.20	323.35	572.30	74.40	646.70	
11	彩光模块/CWDM 25GE（1331nm）		个	2.00	286.15	37.20	323.35	572.30	74.40	646.70	
12	彩光模块/CWDM 25GE（1351nm）		个	2.00	286.15	37.20	323.35	572.30	74.40	646.70	
	总计							76904.26	9997.55	86901.81	

设计负责人：×××　　　　审核：×××　　　　编制：×××　　　　编制日期：××××年××月

表 8-45　国内器材预算表（表四）甲

（国内主要材料）表

单项工程名称：×××5G室内覆盖工程

工程名称：×××学院宿舍AB　　　　建设单位名称：×××　　　　表格编号：TSW-4甲B　第　页

序号	名称	规格程式	单位	数量	单价/元			合计/元			备注
					除税价	增值税	含税价	除税价	增值税	含税价	
I	II	III	IV	V	VI	VII	VIII	IX	X	XI	X
1	中兴主设备材料包（电缆、野战光缆、天馈材料安装包、其他安装附件）		套	1.00	1212.82	157.67	1370.49	1212.82	157.67	1370.49	
2	软光纤（设备机架间）（15m以下）		条	14.00	21.33	2.77	24.10	298.58	38.82	337.40	
3	1/2″普通阻燃馈线		m	2182.80	9.32	1.21	10.53	20340.61	2644.28	22984.88	
4	馈线连接器/N-直/适配普通馈线/1/2″/公头		个	856.00	3.54	0.46	4.00	3030.09	393.91	3424.00	
5	馈线连接器/N-直/适配普通馈线/7/8″/公头		个	8.00	7.96	1.04	9.00	63.72	8.28	72.00	
6	非标馈线连接器-双阳N-JJ		个	100.00	3.54	0.46	4.00	353.98	46.02	400.00	

续表

序号	名称	规格程式	单位	数量	单价/元			合计/元			备注
					除税价	增值税	含税价	除税价	增值税	含税价	
I	II	III	IV	V	VI	VII	VIII	IX	X	XI	X
7	非标馈线连接器-双阴N-KK		个	8.00	3.54	0.46	4.00	28.32	3.68	32.00	
8	非标馈线连接器-直角N-JK		个	40.00	4.42	0.58	5.00	176.99	23.01	200.00	
9	7/8″普通阻燃馈线		m	102.00	21.33	2.77	24.10	2175.40	3.45	30.00	
	总计							27680.50	3319.12	28850.77	

设计负责人：×××　　　　审核：×××　　　　编制：×××　　　　编制日期：××××年××月

综合实训

根据给定的某办公楼二层平面图，参照本模块所学知识为图 8-46 中的办公楼二楼设计 5G NR 室内信号覆盖系统。

设计要求：

（1）完成天、馈线安装及走线路由设计并在图中进行标记，画出天、馈线平面布局和系统图，编制建筑安装工程量预算表。

（2）设计范围：BBU 在前期工程中已安装完成，本工程只包括 RRU 设备的安装及天、馈线系统的布放。工程中涉及的光缆、电源及地线设计均不包含在工程中。

（3）远端设备要求安装在配电间内（设 RRU 输出功率为 14.8dBm）。

（4）天线要求在楼道内安装，馈线要求在竖井和楼道顶棚内布放，器件要求随缆线布放安装，不得集中放置在配电间中。

（5）在设计过程中，要求天线口功率控制在-8～15dBm，天线间距为 8～15m。

（6）馈线统一采用 1/2″阻燃馈线，2600MHz 每百米馈线损耗为 12.5dB。

（7）元器件（功分器、耦合器、馈线等）损耗参考表 8-38。

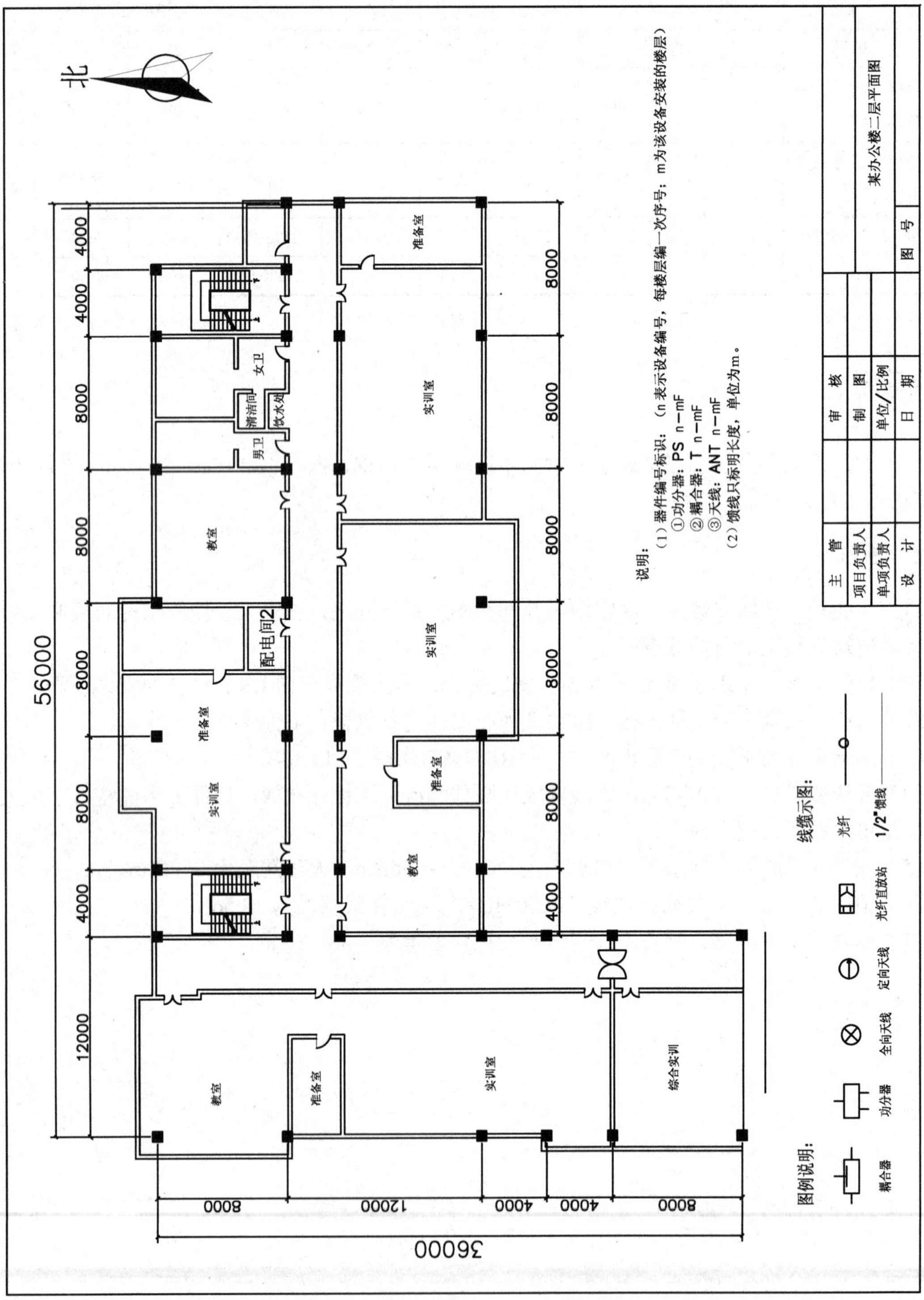

图 8-46 某办公楼二层平面图

附录 A 通信工程制图中的常用图形符号

表 A-1 符号要素

序号	名称	图例	说明
1	基本轮廓线	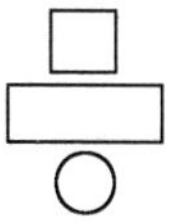	元件、装置、功能单元的基本轮廓线
2	辅助轮廓线	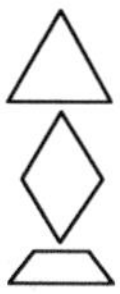	元件、装置、功能单元的基本轮廓线
3	边界线	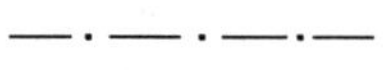 —·—·—	功能单元的边界线
4	屏蔽线（护罩）		

表 A-2 连接符号

序号	名称	图例	说明
1	连接、群连接	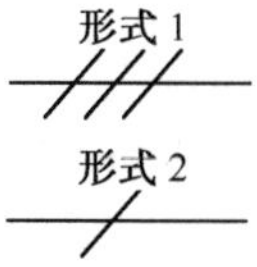 形式1 / 形式2	导线、电缆、传输通道等的连接；当用单线表示一组连接时，连接数量可用短线个数表示，或用一根短线加数字表示
2	T 形连接		
3	双 T 形连接	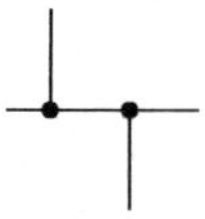	
4	十字双叉连接		
5	跨越		
6	插座	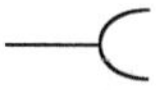	插座内孔或插座的一个极
7	插头		插头的凸头或插头的一个极
8	插头和插座		

表 A-3　交换系统、数据及 IP 网

序 号	名 称	图 例	说 明
1	国际局	(双矩形框)	可以加注文字符号表示设备的等级、容量、用途、规模及局号，例如： 必要时增加以下符号表示不同的设备、局、站： ISC：国际交换机； ISTP：国际信令转接点； Router：国际出入口路由器； ATM/FR：国际出入口 ATM/FR 交换机； ISSP：国际业务交换点
2	长途汇接点	(矩形框)	可以加注文字符号表示设备的等级、容量、用途、规模及局号，例如： 必要时增加以下符号表示不同的设备、局、站： DC1、DC2：固定网长途交换机； TMSC1、TMSC2：移动网长途汇接局； HSTP：信令转接点； SSP：业务交换点； Router：核心路由器； ATM/FR：核心 ATM/FR 交换机； PRC：基准钟； NMC-N：全国网管中心； BC-N：全国计费结算中心
3	本地汇接节点	(矩形框)	可以加注文字符号表示设备的等级、容量、用途、规模及局号，例如： 必要时增加以下符号表示不同的设备、局、站： TS：固定网长途交换机；LSTP：信令转接点； SSP：业务交换点；Router：本地核心路由器； ATM/FR：本地核心 ATM/FR 交换机； LPR：区域基准钟； NMC-P：省级网管中心； BC-P：省级计费结算中心
4	端局、汇聚层设备	(圆形)	可以加注文字符号表示设备的等级、容量、用途、规模及局号，例如： 必要时增加以下符号表示不同的设备、局、站： LS：市话交换端局；SP：信令点； SSP：业务交换点；Router：汇聚层路由器； ATM/FR：汇聚层 ATM/FR 交换机； BITS：大楼综合定时系统； OMC：本地维护中心

附录A 通信工程制图中的常用图形符号

续表

序号	名称	图例	说明
5	远端模块、接入层设备	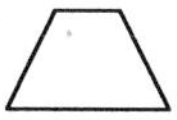 (梯形)	可以加注文字符号表示设备的等级、容量、用途、规模及局号，例如： 必要时增加以下符号表示不同的设备、局、站： RSU：远端模块； PBX：用户交换机； Router：接入层路由器； ATM/FR：接入层ATM/FR交换机； PAD：分组接入设备； MODEM：调制解调器
6	软交换机	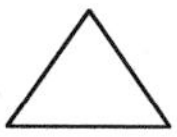 (三角形)	可以加注文字符号表示设备的等级、容量、用途、规模及局号，例如： 必要时增加以下符号表示不同的设备、局、站： SS：软交换机； MSC Server：MSC软交换服务器； GK：关守
7	网关	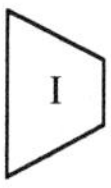 (带I的梯形)	可以加注文字符号表示设备的等级、容量、用途、规模及局号，例如： 必要时增加以下符号表示不同的设备、局、站： TG：中继网关； SG：信令网关； MGW：媒体网关； AG：接入网关； GW：IP电话网关； IAD：综合接入设备
8	HLR SCP SGSN	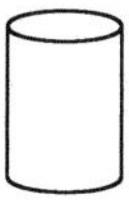 (圆柱体)	可以加注文字符号表示设备的等级、容量、用途、规模及局号，例如： 必要时增加以下符号表示不同的设备、局、站： HLR：归属位置寄存器； SCP：业务控制点； SGSN：业务GPRS支持节点
9	局域网交换机/集线器	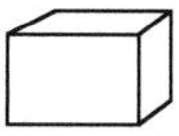 (立方体)	可以加注文字符号表示设备的等级、容量、用途、规模及局号，例如： 必要时增加以下符号表示不同的设备、局、站： L3：三层交换机； L2：二层交换机； HUB：集线器
10	防火墙	 (矩形)	

续表

序号	名称	图例	说明
11	路由器	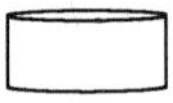	可以加注文字符号表示设备的等级、容量、用途、规模及局号，例如： 必要时增加以下符号表示不同的设备、局、站： Router：路由器； GGSN：网关 GPRS 支持节点； PDSN：分组数据服务节点； ATM/FR：ATM/FR 交换机

表 A-4　传输设备

序号	名称	图例	说明
1	光传输设备节点基本符号		表示传输设备的类型： S：SDH 设备；W：WDM 设备； A：ASON 设备；P：PDH 设备
2	微波传输	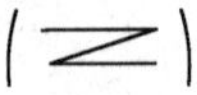	
3	告警灯		
4	告警铃		
5	公务电话		
6	大楼综合定时系统	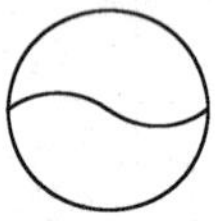	
7	网管设备	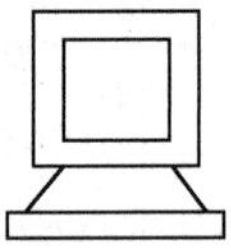	
8	ODF/DDF 架	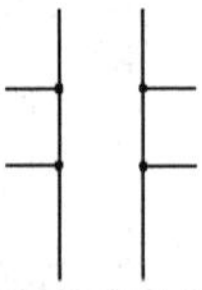	
9	WDM 终端型波分复用器	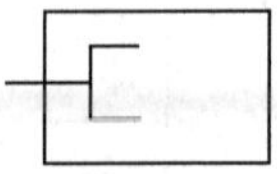	16/32/40/80 波等
10	WDM 光线路放大器		

续表

序 号	名 称	图 例	说 明
11	WDM 光分插复用器	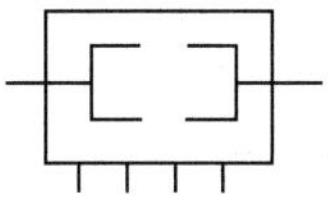	16/32/40/80 波等
12	4∶1 透明复用器	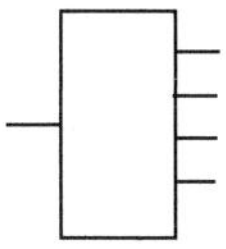	8∶1、16∶1，以此类推
13	SDH 终端复用器	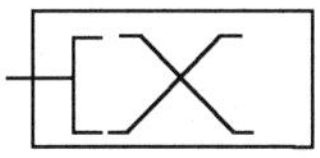	
14	SDH 分插复用器	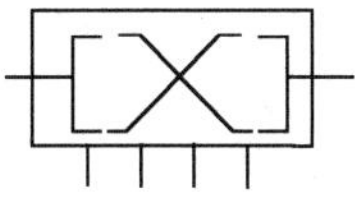	
15	SDH 中继器		
16	DXC 数字交叉连接设备	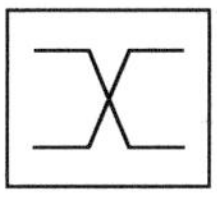	
17	ASON 设备	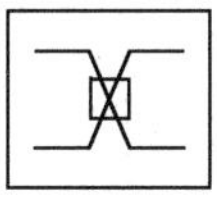	

表 A-5　机房建筑及设施

序 号	名 称	图 例	说 明
1	墙		墙的一般表示方法
2	可见检查孔		
3	不可见检查孔		
4	方形孔洞		左图表示穿墙洞，右图表示地板洞
5	圆形孔洞		
6	方形坑槽	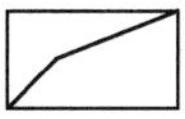	
7	圆形坑槽	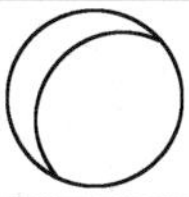	
8	墙预留洞		尺寸标注可采用（宽×高）或直径形式

续表

序号	名称	图例	说明
9	墙预留槽		尺寸标注可采用（宽×高×深）形式
10	空门洞		
11	单扇门		包括平开或单面弹簧门； 作图时开度可为45°或90°
12	双扇门		包括平开或单面弹簧门； 作图时开度可为45°或90°
13	对开折叠门		
14	推拉门		
15	墙外单扇推拉门		
16	墙外双扇推拉门		
17	墙中单扇推拉门		
18	墙中双扇推拉门		
19	单扇双面弹簧门		
20	双扇双面弹簧门		
21	转门		
22	单层固定窗		
23	双层内外开平开窗		
24	推拉窗		
25	百页窗		
26	电梯		
27	隔断		包括玻璃、金属、石膏板等； 与墙的画法相同，厚度比墙小
28	栏杆		与隔断的画法相同，宽度比隔断小，应有文字标注

续表

序号	名称	图例	说明
29	楼梯	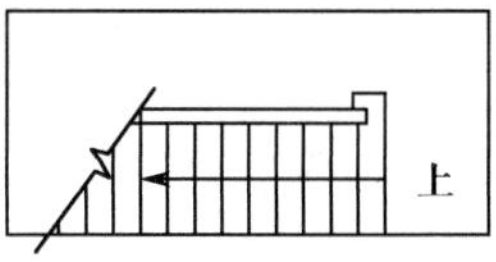	应标明楼梯上（或下）的方向
30	房柱	 □ 或 ■	可依照实际尺寸及形状绘制，根据需要可选用空心或实心
31	折断线		不需画全的断开线
32	波浪线		不需画全的断开线
33	标高	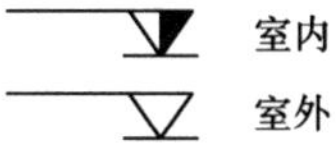 室内 室外	

表 A-6 光缆

序号	名称	图例	说明
1	光缆		光纤或光缆的一般符号
2	光缆参数标注	 a/b/c	a—光缆型号；b—光缆芯数；c—光缆长度
3	永久接头		
4	可拆卸固定接头		
5	光连接器（插头-插座）	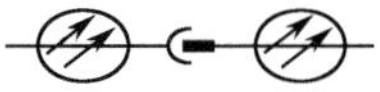	

表 A-7 通信线路

序号	名称	图例	说明
1	通信线路		通信线路的一般符号
2	直埋线路		适用于路由图
3	水下线路、海底线路		适用于路由图
4	架空线路		适用于路由图
5	管道线路	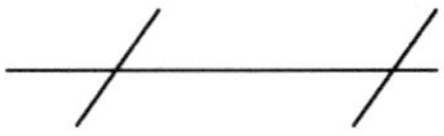	管道数量、应用的管孔位置、截面尺寸或其他特征（如管孔排列形式），可标注在管道线路的上方；虚斜线可作为人（手）孔的简易画法；适用于路由图
6	线路中的充气或注油堵头	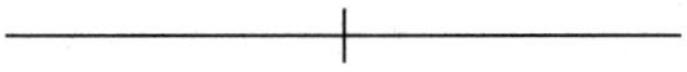	
7	具有旁路的充气或注油堵头的线路		

续表

序号	名称	图例	说明
8	沿建筑物敷设通信线路	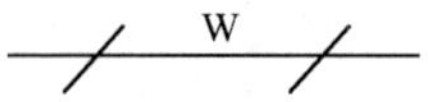 —/— W —/—	适用于路由图
9	接图线	 ←——— ←———	

表 A-8　线路设施与分线设备

序号	名称	图例	说明
1	防电缆光缆蠕动装置		类似于水底光电缆的丝网或网套锚固
2	线路集中器		
3	埋式光缆电缆铺砖、铺水泥盖板保护		可加文字标注表示铺砖为横铺、竖铺及铺设长度或注明铺水泥盖板及铺设长度
4	埋式光缆电缆穿管保护	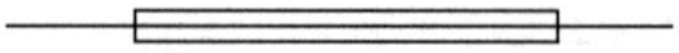	可加文字标注表示管材规格及数量
5	埋式光缆电缆上方敷设排流线	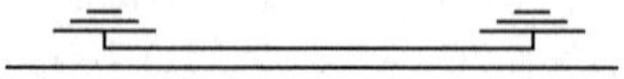	
6	埋式电缆旁边敷设防雷消弧线		
7	光缆电缆预留		
8	光缆电缆蛇形敷设		
9	电缆充气点	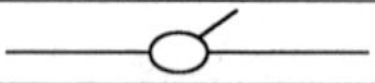	
10	直埋线路标石	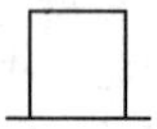	直埋线路标石的一般符号： 加注 V 表示气门标石； 加注 M 表示监测标石
11	光缆电缆盘留	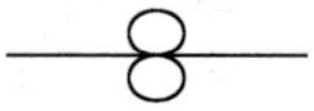	
12	电缆气闭套管		
13	电缆直通套管	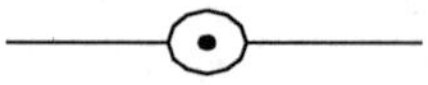	
14	电缆分支套管		
15	电缆接合型接头套管	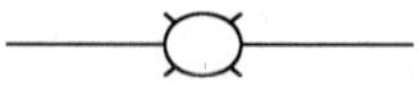	
16	引出电缆监测线的套管	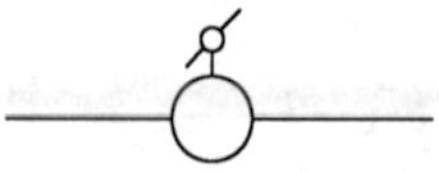	
17	含有气压报警信号的电缆套管	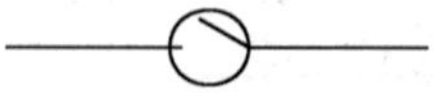	

续表

序号	名称	图例	说明
18	压力传感器		
19	电位针式压力传感器		
20	电容针式压力传感器		
21	水线房		
22	水线标志牌	或	单杆及双杆水线标牌
23	通信线路巡房		
24	光电缆交接间		
25	架空交接箱		加注 GL 表示光缆架空交接箱
26	落地交接箱		加注 GL 表示光缆落地交接箱
27	壁龛交接箱		加注 GL 表示光缆壁龛交接箱
28	分线盒	简化形	分线盒一般符号； 注：可加注 $\frac{N-B}{C}\left\|\frac{d}{D}\right.$。 式中 N——编号； 　　B——容量； 　　C——线序； 　　d——现有用户数； 　　D——设计用户数
29	室内分线盒		
30	室外分线盒		
31	分线箱	简化形	分线箱的一般符号； 加注同 3~28
32	壁龛分线箱	简化形　W	壁龛分线箱的一般符号； 加注同 3~28

表 A-9　通信杆路

序号	名　称	图　例	说　明
1	电杆的一般符号	○	可以用文字符号 $\dfrac{A-B}{C}$ 标注； 式中　A——杆路或所属部门； 　　　B——杆长； 　　　C——杆号
2	单接杆	○o	
3	品接杆	○o○	
4	H形杆	○ᴴ 或 ○○	
5	L形杆	○ᴸ	
6	A形杆	○ᴬ	
7	三角杆	○△	
8	四角杆	○#	
9	带撑杆的电杆	○⊢	
10	带撑杆拉线的电杆	○↔⊣	
11	引上杆	○•	小黑点表示电缆或光缆
12	通信电杆上装设避雷线	○⏚	
13	通信电杆上装设带有火花间隙的避雷线	○ ⏚	
14	通信电杆上装设放电器	○ᴬ⏚	在 A 处注明放电器型号
15	电杆保护用围桩	⊙	河中打桩杆

续表

序号	名称	图例	说明
16	分水桩	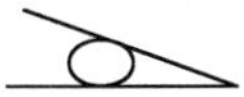	
17	单方拉线	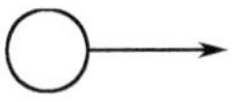	拉线的一般符号
18	双方拉线	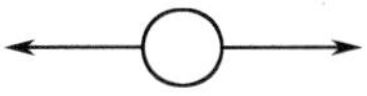	
19	四方拉线	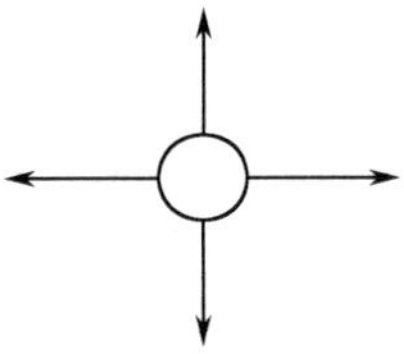	
20	有V形拉线的电杆	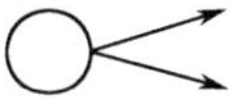	
21	有高桩拉线的电杆	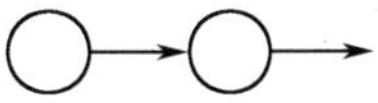	
22	横木或卡盘		

表 A-10 通信管道

序号	名称	图例	说明
1	直通型人孔	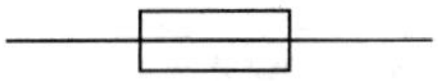	人孔的一般符号
2	手孔	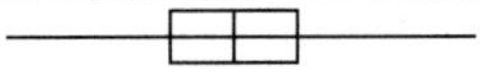	手孔的一般符号
3	局前人孔	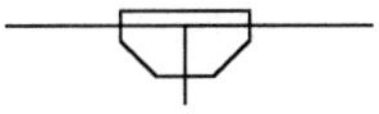	
4	斜通型人孔	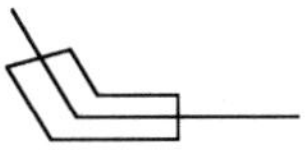	
5	三通型人孔	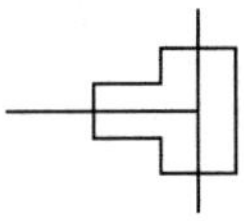	
6	四通型人孔	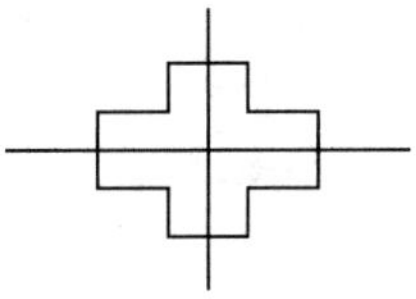	
7	埋式手孔	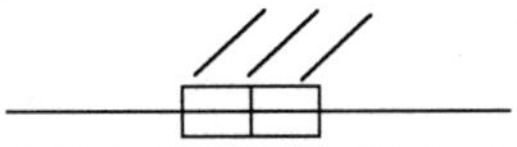	

表 A-11　地形图常用符号

序号	名称	图例	说明
1	房屋		
2	窑洞		
3	油井		
4	油库		
5	矿井		
6	建筑物下通道		
7	体育场		
8	过街天桥		
9	过街地道		
10	一般铁路		
11	电气化铁路		
12	一般公路		
13	大车路、机耕路		
14	乡村小路		
15	高架路		
16	涵洞		
17	铁路桥		
18	公路桥		
19	人行桥		
20	常年河		

续表

序号	名称	图例	说明
21	时令河		
22	常年湖	青湖	
23	时令湖		
24	池塘		
25	水井		
26	稻田		
27	旱地		
28	菜地		
29	果园		果园及经济林一般符号；可在其中加注文字，表示果园的类型，如苹果园、梨园等
30	林地	松	
31	灌木林		
32	天然草地		
33	人工草地		
34	国界		

续表

序号	名称	图例	说明
35	省、自治区、直辖市界	 —••—••—	
36	地区、自治州、盟、地级市界	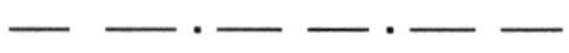 —·—·—	
37	围墙	▪—▪—▪	
38	栅栏、栏杆	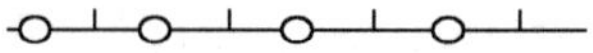 ○—○—○—○	

表 A-12 移动通信及无线传输

序号	名称	图例	说明
1	手机	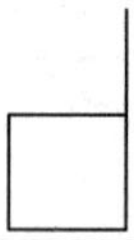 □	
2	基站	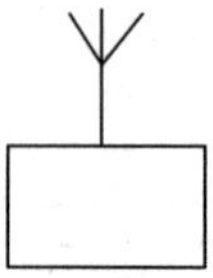 (天线图形)	可在图形内加注文字符号表示不同技术，例如： BTS：GSM 或 CDMA 基站； NodeB：WCDMA 或 TD-SCDMA 基站
3	全向天线	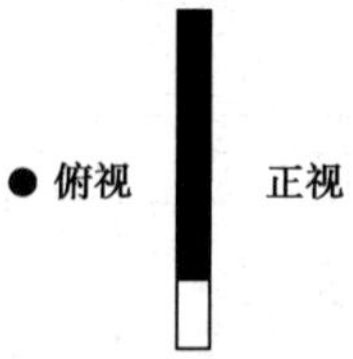 ● 俯视　正视	可在图形内加注文字符号表示不同类型，例如： Tx：发送天线； Rx：接收天线； Tx/Rx：收发共用天线
4	板状定向天线	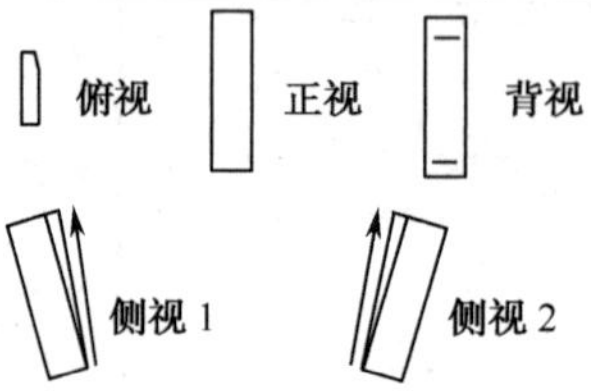 俯视　正视　背视　侧视1　侧视2	可在图形内加注文字符号表示不同类型，例如： Tx：发送天线； Rx：接收天线； Tx/Rx：收发共用天线
5	八木天线	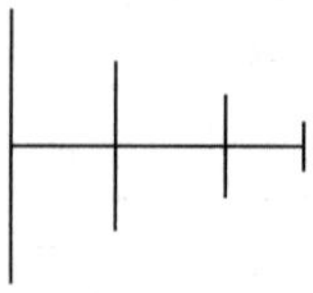 (图形)	
6	吸顶天线	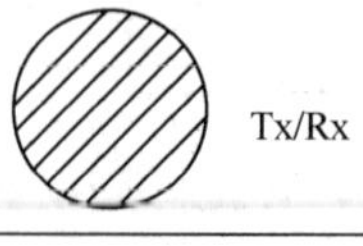 Tx/Rx	
7	抛物面天线	 (图形)	
8	馈线	▬▬▬	
9	泄漏电缆	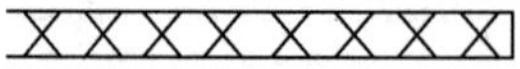 ⟨XXXXXXX⟩	

续表

序号	名称	图例	说明
10	二功分器		
11	三功分器		
12	耦合器		
13	干线放大器		
14	传输电路	V+S+T+ ……	如需要表示业务种类，可在虚线上方加注如下字符： V：电视通道； T：数据通道； S：语音通道
15	波导及同轴电缆一般符号		
16	矩形波导		
17	圆形波导		
18	椭圆形波导		
19	同轴波导		
20	矩形软波导		